"十三五"江苏省高等学校重点教材

可靠性原理与方法

（第二版）

上册

孙有朝　李龙彪　张永进　编著

科学出版社

北京

内 容 简 介

本书在跟踪可靠性研究前沿的基础上,以航空、航天与民航为背景,结合数理统计和工程设计原理,系统地阐述了可靠性理论与工程应用方法。全书包括可靠性基本概念、可靠性统计原理、可靠性建模方法、复杂系统可靠性分析方法、关联系统可靠性原理、面向过程的系统可靠性、可靠性预计与分配、机械可靠性设计原理、制造过程可靠性分析、可靠性试验与评定、可靠性物理与失效分析、基于大数据的可靠性分析、网络可靠性评估方法、民用飞机安全风险评估与管理等,给出了近年来在航空、航天与民航领域成功应用的典型可靠性工程案例。

本书可供从事机械和电子产品可靠性设计、制造、试验和管理的工程技术人员使用和参考,也可作为高等工科院校机械、电子、自动化、航空、航天、民航、船舶等相关专业高年级本科生、硕士和博士研究生的教材和教学参考书。

图书在版编目(CIP)数据

可靠性原理与方法. 上册/孙有朝,李龙彪,张永进编著. —2版. —北京:科学出版社,2024.6

"十三五"江苏省高等学校重点教材

ISBN 978-7-03-077416-3

Ⅰ.①可… Ⅱ.①孙…②李…③张… Ⅲ.①可靠性理论-高等学校-教材 Ⅳ.①O213.2

中国国家版本馆 CIP 数据核字(2024)第 005881 号

责任编辑:姚庆爽 / 责任校对:崔向琳
责任印制:师艳茹 / 封面设计:无极书装

科学出版社 出版
北京东黄城根北街 16 号
邮政编码:100717
http://www.sciencep.com
北京九州迅驰传媒文化有限公司印刷
科学出版社发行 各地新华书店经销

＊

2016 年 5 月第 一 版 开本:720×1000 1/16
2024 年 6 月第 二 版 印张:22 1/2
2024 年 6 月第二次印刷 字数:454 000
定价:180.00 元
(如有印装质量问题,我社负责调换)

第二版前言

可靠性理论与方法是一门多学科交叉的新兴边缘性学科,涉及基础科学、技术科学、信息科学与管理科学等诸多领域。任何产品和技术,尤其是高科技大型复杂装备以及尖端技术的快速发展,均需要以可靠性技术为支撑。可靠性已经成为衡量产品质量和技术措施的重要指标之一。随着我国制造业的快速发展,我国正在从制造大国向制造强国的目标迈进,在这一进程中,我国工业界对可靠性理论与技术的迫切需求也越来越强烈。

本书自第一版出版以来,获得了广大师生以及科研人员的一致好评和认可,国内多所高校选用作为教材或教学参考书。在"江苏省高等学校重点教材"项目的支持下,我们认真总结近年来的课堂教学经验,充分吸收国际前沿学术发展、最新研究成果和实践经验,广泛吸取同类教材的精华,对本教材进行了修订。第二版教材继承了第一版中的经典理论内容,保持了第一版教材颇具特色和深受好评的一些特点,内容组织注重基础性、理论性与系统性,围绕可靠性数学、可靠性工程、可靠性试验、可靠性物理与安全风险等内容,系统地阐述了可靠性理论与工程的基本理论与方法,同时注重体现航空、航天与民航领域的最新科研成果。主要变化包括:进一步完善了教材的理论与方法体系,调整了各章节知识结构,新增习题与思考题等,强调由浅入深、循序渐进、系统明了,突出基础性与先进性的结合;新增了可靠性设计、评估、试验与验证等实践性强的案例内容,将理论与工程应用相结合,提高学生掌握和解决工程实际问题的能力;新增了多阶段多任务可靠性分析、制造过程可靠性分析方法、高加速寿命可靠性试验、基于大数据的可靠性分析以及网络可靠性评估等相关内容,体现了可靠性领域前沿研究的最新成果。

感谢国家自然科学基金、工信部民机专项、国防基础科研计划、国防技术基础、民航局科技计划等对课题组可靠性领域相关项目给予的资助。在撰写过程中,参阅了国内外同行专家、学者的大量科技文献、手册和教材等,在此一并致以诚挚的感谢。

由于作者水平有限,疏漏及不妥之处在所难免,敬请广大读者批评指正!

2023 年 10 月

第一版前言

可靠性理论与方法是一门多学科交叉的新兴边缘性学科,涉及基础科学、技术科学、信息科学和管理科学诸多领域。

由于任何产品和技术,尤其是高科技产品、大型复杂系统设备,以及尖端技术的发展,都要以可靠性技术为基础,可靠性已经成为衡量产品质量和技术措施的重要指标之一。20 世纪 40 年代初期到 60 年代末期,是可靠性理论与工程发展的重要时期,1952 年,由美国军方、工业领域和学术领域三方共同组成了电子设备可靠性咨询小组(AGREE),并于 1957 年发表《军用电子设备可靠性》的研究报告,成为可靠性学科发展的奠基性文件和重要里程碑。20 世纪 60～80 年代,可靠性理论与实践进入全面发展阶段,拓展到与工程应用有密切关系的多学科领域。进入 20世纪 80 年代,在机械可靠性、软件可靠性和微电子可靠性等领域进行了深入的研究,全面推广计算机辅助设计技术在可靠性中的应用,我国也从这一时期开始,逐步颁布了一系列可靠性工程技术标准和管理规定,在现代武器装备等大型系统研制中全面推行可靠性工程技术,使工程型号的可靠性工作进入规范化轨道,并得到迅速发展。自 20 世纪 90 年代以来,可靠性向着模块化、综合化、自动化、系统化、智能化的方向发展,形成了多学科交叉、渗透和融合的学科发展趋势。

近年来,国内出版了不少关于可靠性工程技术方面的论著,然而缺少对可靠性理论问题的论述及研究前沿的跟踪,本书全面阐述可靠性理论、方法、工程与应用,涵盖可靠性数学、可靠性工程、可靠性物理等内容,强调基本理论与技术的系统性、融合性和前瞻性,反映了可靠性研究前沿的最新理论与方法。

本书是作者在多年从事可靠性理论、方法、工程和技术应用的教学与科学研究工作基础上,经过凝练与整理完成的。全书内容涵盖可靠性统计,包括可靠性参数估计、可靠性数据统计分析、可靠性计数过程等;可靠性工程,包括系统可靠性建模、复杂系统可靠性分析、关联系统可靠性、面向过程的系统可靠性、可靠性预计与分配、可靠性实验与评定、机械可靠性设计、安全风险评估与可靠性管理等;可靠性物理,包括材料/器件的性能退化、机械与电子的失效机理与失效模型,以及基于失效机理的元器件可靠性设计改进技术等。给出了近年来在航空、航天与民航领域成功应用的典型可靠性工程案例。

感谢国家自然科学基金、工信部民机专项、国防基础科研计划、国防技术基础、民航局科技计划等对课题组可靠性领域相关项目给予的资助。在写作过程中,参阅了国内外同行专家、学者的大量科技文献、手册和教材等,在此一并致以诚挚的感谢。

由于作者水平有限,疏漏及不妥之处在所难免,敬请广大读者批评指正!

2015 年 6 月

目　　录

第二版前言

第一版前言

第1章　可靠性概论 ··· 1

1.1　可靠性工程发展简史 ··· 1

1.2　五性及与其相关概念 ··· 1

1.3　可靠性与维修性基本特征量 ································· 13

1.4　可靠性中常用分布函数及应用案例 ······················· 17

1.5　本章小结 ··· 33

习题及思考题 ··· 33

第2章　可靠性统计原理 ··· 35

2.1　随机变量特征数 ··· 35

2.2　基本抽样分布 ··· 41

2.3　顺序统计量及其分布 ··· 48

2.4　参数估计 ··· 51

2.4.1　点估计的优劣性 ······································· 53

2.4.2　区间估计 ··· 58

2.5　可靠性数据的回归分析 ······································· 60

2.5.1　一元线性回归模型 ····································· 60

2.5.2　多元线性回归模型 ····································· 66

2.5.3　非线性问题的线性回归 ································· 73

2.6　截尾数据及其统计分析 ······································· 76

2.6.1　截尾类型与定义 ······································· 77

2.6.2　Ⅰ型截尾 ··· 78

2.6.3　Ⅱ型截尾 ··· 79

2.6.4　随机截尾 ··· 79

2.6.5　一般性截尾过程 ······································· 80

2.6.6　估计模型的检验方法 ··································· 82

2.7　可靠性中的计数过程 ··· 84

2.7.1　齐次 Poisson 过程 ····································· 84

2.7.2　非齐次 Poisson 过程模型 ······························· 87

2.7.3 其他型 Poisson 过程简介 ················ 92
2.7.4 更新过程 ······················· 93
2.8 本章小结 ························· 95
习题及思考题 ·························· 95

第3章 不可修系统可靠性模型 ··················· 98
3.1 系统可靠性功能逻辑图 ··················· 98
3.2 串联系统 ························· 102
3.3 并联系统 ························· 104
3.4 混联系统 ························· 106
3.5 表决系统(r/n) ····················· 108
3.6 贮备系统 ························· 111
3.6.1 冷贮备系统 ····················· 111
3.6.2 温贮备系统 ····················· 117
3.6.3 热贮备系统 ····················· 119
3.7 网络系统 ························· 120
3.7.1 全概率分解法 ···················· 121
3.7.2 布尔真值表法 ···················· 122
3.7.3 最小路集法 ····················· 124
3.7.4 最小割集法 ····················· 126
3.8 本章小结 ························· 127
习题及思考题 ·························· 127

第4章 可修系统可靠性模型 ···················· 129
4.1 马尔可夫过程 ······················ 129
4.1.1 马尔可夫过程基本概念 ················· 130
4.1.2 极限概率及各状态遍历性 ················ 131
4.1.3 过渡状态的概率 ···················· 134
4.1.4 吸收状态时的平均转移次数 ··············· 136
4.1.5 连续型马尔可夫过程 ·················· 138
4.2 单部件可修系统 ····················· 140
4.3 典型可修复系统可用度 ··················· 142
4.3.1 串联系统可用度 ··················· 142
4.3.2 并联系统可用度 ··················· 145
4.3.3 表决系统可用度 ··················· 149
4.3.4 旁联系统可用度 ··················· 150
4.4 系统维修周期 ······················ 154

　　4.4.1　定时拆修与定时报废 ┄┄┄┄┄┄┄┄┄┄┄┄┄┄┄┄┄┄┄┄┄┄┄┄ 154

　　4.4.2　全部定时更换的间隔期 ┄┄┄┄┄┄┄┄┄┄┄┄┄┄┄┄┄┄┄┄┄┄ 157

　4.5　本章小结 ┄┄┄┄┄┄┄┄┄┄┄┄┄┄┄┄┄┄┄┄┄┄┄┄┄┄┄┄┄┄┄┄ 160

　习题及思考题 ┄┄┄┄┄┄┄┄┄┄┄┄┄┄┄┄┄┄┄┄┄┄┄┄┄┄┄┄┄┄┄┄┄ 160

第5章　复杂系统可靠性分析方法 ┄┄┄┄┄┄┄┄┄┄┄┄┄┄┄┄┄┄┄┄┄┄┄ 162

　5.1　故障模式、影响及危害性分析 ┄┄┄┄┄┄┄┄┄┄┄┄┄┄┄┄┄┄┄┄ 162

　　5.1.1　概述 ┄┄┄┄┄┄┄┄┄┄┄┄┄┄┄┄┄┄┄┄┄┄┄┄┄┄┄┄┄┄┄┄ 162

　　5.1.2　故障模式与影响分析 ┄┄┄┄┄┄┄┄┄┄┄┄┄┄┄┄┄┄┄┄┄┄┄ 162

　　5.1.3　危害性分析 ┄┄┄┄┄┄┄┄┄┄┄┄┄┄┄┄┄┄┄┄┄┄┄┄┄┄┄┄ 166

　　5.1.4　FMECA 应用示例 ┄┄┄┄┄┄┄┄┄┄┄┄┄┄┄┄┄┄┄┄┄┄┄┄ 170

　5.2　故障树分析 ┄┄┄┄┄┄┄┄┄┄┄┄┄┄┄┄┄┄┄┄┄┄┄┄┄┄┄┄┄┄ 171

　　5.2.1　概述 ┄┄┄┄┄┄┄┄┄┄┄┄┄┄┄┄┄┄┄┄┄┄┄┄┄┄┄┄┄┄┄┄ 171

　　5.2.2　建立故障树的方法 ┄┄┄┄┄┄┄┄┄┄┄┄┄┄┄┄┄┄┄┄┄┄┄┄ 174

　　5.2.3　故障树的定性分析 ┄┄┄┄┄┄┄┄┄┄┄┄┄┄┄┄┄┄┄┄┄┄┄┄ 178

　　5.2.4　故障树的定量分析 ┄┄┄┄┄┄┄┄┄┄┄┄┄┄┄┄┄┄┄┄┄┄┄┄ 183

　　5.2.5　故障树和可靠性框图的关系 ┄┄┄┄┄┄┄┄┄┄┄┄┄┄┄┄┄┄ 185

　　5.2.6　故障树应用案例 ┄┄┄┄┄┄┄┄┄┄┄┄┄┄┄┄┄┄┄┄┄┄┄┄┄ 187

　5.3　基于贝叶斯方法的可靠性分析 ┄┄┄┄┄┄┄┄┄┄┄┄┄┄┄┄┄┄┄ 193

　　5.3.1　贝叶斯统计分析方法 ┄┄┄┄┄┄┄┄┄┄┄┄┄┄┄┄┄┄┄┄┄┄┄ 193

　　5.3.2　贝叶斯网络分析方法 ┄┄┄┄┄┄┄┄┄┄┄┄┄┄┄┄┄┄┄┄┄┄┄ 199

　5.4　模糊可靠性分析方法 ┄┄┄┄┄┄┄┄┄┄┄┄┄┄┄┄┄┄┄┄┄┄┄┄ 203

　　5.4.1　模糊可靠性的基本概念 ┄┄┄┄┄┄┄┄┄┄┄┄┄┄┄┄┄┄┄┄┄ 203

　　5.4.2　模糊可靠性基本指标 ┄┄┄┄┄┄┄┄┄┄┄┄┄┄┄┄┄┄┄┄┄┄┄ 204

　　5.4.3　模糊可靠性模型 ┄┄┄┄┄┄┄┄┄┄┄┄┄┄┄┄┄┄┄┄┄┄┄┄┄ 208

　　5.4.4　系统模糊可靠性分析 ┄┄┄┄┄┄┄┄┄┄┄┄┄┄┄┄┄┄┄┄┄┄┄ 214

　5.5　信息融合的可靠性分析法 ┄┄┄┄┄┄┄┄┄┄┄┄┄┄┄┄┄┄┄┄┄ 221

　　5.5.1　多来源可靠性数据分析 ┄┄┄┄┄┄┄┄┄┄┄┄┄┄┄┄┄┄┄┄┄ 221

　　5.5.2　先验数据信息融合分析 ┄┄┄┄┄┄┄┄┄┄┄┄┄┄┄┄┄┄┄┄┄ 223

　5.6　基于 Petri 网的可靠性分析 ┄┄┄┄┄┄┄┄┄┄┄┄┄┄┄┄┄┄┄┄ 227

　　5.6.1　Petri 网基本概念 ┄┄┄┄┄┄┄┄┄┄┄┄┄┄┄┄┄┄┄┄┄┄┄┄ 227

　　5.6.2　Petri 网的图形表示 ┄┄┄┄┄┄┄┄┄┄┄┄┄┄┄┄┄┄┄┄┄┄┄ 228

　　5.6.3　典型系统可靠性的 Petri 网模型 ┄┄┄┄┄┄┄┄┄┄┄┄┄┄┄ 229

　　5.6.4　Petri 网可靠性分析应用示例 ┄┄┄┄┄┄┄┄┄┄┄┄┄┄┄┄┄ 233

　5.7　本章小结 ┄┄┄┄┄┄┄┄┄┄┄┄┄┄┄┄┄┄┄┄┄┄┄┄┄┄┄┄┄┄┄ 235

　习题及思考题 ┄┄┄┄┄┄┄┄┄┄┄┄┄┄┄┄┄┄┄┄┄┄┄┄┄┄┄┄┄┄┄┄ 236

第 6 章 关联系统可靠性原理 ·· 239
  6.1 多状态系统 ·· 239
    6.1.1 三态系统 ·· 240
    6.1.2 一般多态系统 ·· 243
  6.2 单调关联系统 ·· 248
    6.2.1 单调关联系统定义 ·· 249
    6.2.2 基本性质 ·· 250
    6.2.3 单调关联系统的数学描述 ·· 253
    6.2.4 单调关联系统可靠度计算 ·· 257
  6.3 单元的结构重要性 ·· 260
    6.3.1 结构重要度 ·· 260
    6.3.2 概率重要度 ·· 261
    6.3.3 B-P 重要度 ·· 262
    6.3.4 C 重要度和 P 重要度 ·· 262
  6.4 失效相关 ·· 263
    6.4.1 相关失效模式 ·· 263
    6.4.2 相依性与协方差 ·· 266
    6.4.3 相依性与 Copula 函数 ·· 268
  6.5 本章小结 ·· 271
  习题及思考题 ·· 271
第 7 章 面向过程的系统可靠性 ·· 273
  7.1 贮存可靠性 ·· 273
    7.1.1 基本概念 ·· 273
    7.1.2 贮存可靠性评估方法 ·· 274
    7.1.3 贮存检修方案 ·· 278
    7.1.4 加速贮存方程 ·· 281
  7.2 多阶段任务系统可靠性 ·· 282
    7.2.1 基本概念 ·· 282
    7.2.2 PMS 建模方法 ·· 283
  7.3 人机系统可靠性 ·· 294
    7.3.1 基本概念 ·· 294
    7.3.2 人机系统可靠性分析 ·· 298
    7.3.3 人机系统可靠性设计 ·· 303
  7.4 本章小结 ·· 305
  习题及思考题 ·· 306

第 8 章　可靠性预计与分配 ·· 307

　8.1　可靠性预计方法 ·· 307

　　8.1.1　相似产品法 ·· 307

　　8.1.2　元器件计数法 ·· 308

　　8.1.3　应力分析法 ·· 309

　　8.1.4　故障率预计法 ·· 310

　　8.1.5　评分预计法 ·· 311

　　8.1.6　上下限法 ··· 312

　8.2　可靠性分配 ··· 317

　　8.2.1　等分配法 ··· 317

　　8.2.2　再分配法 ··· 318

　　8.2.3　相对失效率与相对失效概率法 ·· 319

　　8.2.4　AGREE 分配法 ·· 325

　　8.2.5　评分分配法 ·· 326

　　8.2.6　工程加权法 ·· 328

　　8.2.7　阿林斯分配法 ·· 329

　　8.2.8　最优化方法 ·· 330

　8.3　本章小结 ·· 339

　习题及思考题 ·· 339

参考文献 ·· 343

第1章 可靠性概论

1.1 可靠性工程发展简史

可靠性理论源于电子技术,是第一次世界大战后出现的,首先被用于军用单缸飞机、双缸飞机及四缸飞机的安全性分析方面,近年来发展到机械技术与现代工程管理领域,成为一门新兴的边缘学科[1]。

20世纪30年代初,Shewhart等成功地采用统计方法代替理论分析,对工业产品的质量进行评估,但是这种方法直到第二次世界大战后才得到大力推广。这时工业产品的复杂程度大大提高,出现了以电视机、电子计算机等为代表的复杂电子产品。随着汽车工业的发展,复杂系统的可靠性和安全性已经提到了研究日程[2]。

20世纪50年代末到60年代初,美国洲际弹道导弹和太空开发计划的发展,尤其是墨丘利计划和双子星计划的推进,使得人类首次登上了月球,并给可靠性的发展提供了良好的契机,国际上首个可靠性专业学术杂志 *IEEE Transactions on Reliability* 在1963年问世[3]。

20世纪70年代,美国和其他一些国家开始大力发展原子能,美国专门成立了以 Rasmussen 教授为首的研究小组开展对原子能安全风险评估方面的工作,数百万美元研究经费的投入造就了世界上第一份原子能安全风险评估报告,即著名的 Rasmussen 报告[4]。

近年来,欧洲和亚洲各国在工业系统的可靠性和安全性领域也开展了大量有意义的工作,例如挪威海洋石油天然气及北海石油天然气开发等,使得深海设备的可靠性问题成为和太空飞船等航空航天设备等一样的研究热点[5]。

1.2 五性及与其相关概念

可靠性、维修性、安全性、保障性、测试性统称为五性,下面从各个特性角度介绍其相关概念。

1. 可靠性

可靠性的理论基础是概率论和数理统计,其任务是研究系统或产品的可靠程度,提高质量和经济效益,提高生产的安全性。国际标准化组织(ISO 8402)将可靠性定义为单元在给定的环境和运行条件下,在给定的时间内完成规定功能的能力。

单元既可以是一个元件、设备或者一个子系统,也可以是一个系统;给定的环境和运行条件包括使用条件、应力条件、环境条件和贮存条件等;时间一词也应从广义的角度去理解,可以是时间、次数、里程,如车辆的行驶里程、零件受到的应力循环次数等。

可靠性分析方法大致可以分为硬件可靠性、软件可靠性、人因可靠性[6]。许多系统同时包括硬件、软件和人的因素(如设计者、操作者和维修者),本书主要涉及硬件可靠性中的部件与系统的可靠性。目前,硬件可靠性分析主要包括机理模型法和统计分析法。

机理模型法主要用于结构产品单元(如梁、桥、机械构件等)的可靠性分析,也被称为结构可靠性分析法。在机理模型法中,涉及应力与强度两个基本概念。应力通常指引起系统或产品失效的外载荷。强度通常指产品抵抗失效的能力。产品的失效通常是由于其承受的载荷超过了产品在当前状态下极限承载能力[7]。

定义强度与载荷分别为随机变量 S 和 s。在时刻 t,应力的大小是一个不确定值,一个产品或系统的应力由若干构成,可抽象为随机变量组成的多元随机函数,它们都具有一定的分布规律,如图 1-1 所示。

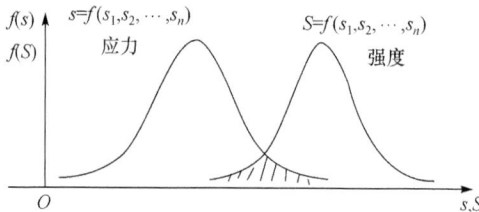

图 1-1　应力-强度分布规律

当应力大于强度时则失效,可靠度 R 定义为强度大于应力的概率,即

$$R = P\{S > s\}$$

应力和强度通常随时间变化,因此可以看作是时间的函数,分别记为 $s(t)$ 和 $S(t)$,其概率密度函数分别记为 $f(s)$ 和 $f(S)$。应力与强度的分布情况如图 1-2 所示,表示应力 s 与强度 S 分布与时间之间的关系。

失效时间 T 定义为到 $S(t) < s(t)$ 为止的(最短)时间,即

$$T = \min\{t : S(t) < s(t)\}$$

可靠度 $R(t)$ 定义为

$$R(t) = P(T > t)$$

统计分析法通过分析在失效时间 T 内荷载和强度的概率分布函数 $F(t)$ 获得

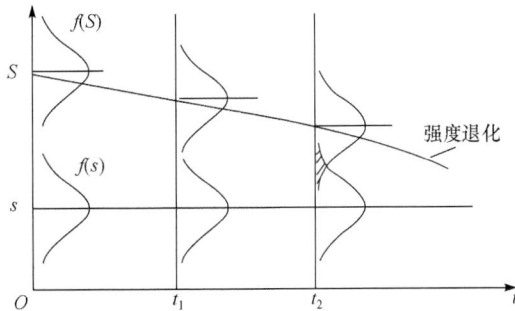

图 1-2　应力-强度分布与时间之间的关系

可靠性。评价可靠性的指标包括失效率(failure rate)、平均故障发生时间(mean time to failure,MTTF)和平均剩余寿命(mean residual life,MRL)等。

随着可靠性相关领域的发展,逐渐形成可靠性领域的四个相关研究方向。

① 可靠性数学,是研究与解决各种可靠性问题的数学方法与模型,涉及概率论、测度论、数理统计、随机过程和运筹学等相关学科知识[8]。

② 可靠性物理,也称失效物理(physics of failure),主要是从失效的物理机理与原因等角度研究结构器件等的可靠性。

③ 可靠性工程,是对产品(元件、设备、系统、整机等)的失效及其发生的概率进行统计分析,是可靠性设计与实验评估、检验、控制、维修等行为,包含工程技术的应用型工程学科。

④ 可靠性管理,是指为确定和满足产品可靠性要求而必须进行的一系列计划、组织、协调、监督等工作,从制定设计方案、分配、优化等对产品或系统进行管理,对管理成功性提出概率和行为要求的软科学。

1980 年美国军用标准将可靠性定义为任务可靠性与基本可靠性两类。把产品在规定的任务剖面内完成规定功能的能力,即执行任务时成功的概率定义为任务可靠性,而把在规定的条件下,无故障的持续时间与概率定义为基本可靠性。此外,也常见到如下一些其他的专门定义。

① 工作可靠性(operational reliability),产品运行时的可靠性,包含产品制造与使用两方面的因素。针对制造生产确定的可靠性,称为固有可靠性或潜在可靠性(inherent reliability),是制造商在模拟实际工作的标准条件下,对产品检测并给予保证的可靠性。与产品使用密切相关,在真实环境中表现出来的可靠性称为使用可靠性(use reliability)。

② 贮存可靠性,也称储存可靠性(storage reliability),通常针对长期贮存、一次使用的产品,如火药、导弹等产品,也有关于一些重要系统备件的可靠性问题,指在规定的贮存条件和时间内,保存其使用规定功能部件的能力。

③ 动态可靠性(dynamic reliability),描述系统或产品随时间变迁时表现出的可靠性,通常可用随机过程、随机 Petri 网等来描述和建模。

2. 维修性

维修性(maintainability)是指产品在规定的条件下和时间内,按照规定的程序和方法进行维修时,保持或修复到完成规定状态的能力,是一个重要的产品属性。在工程实践中,对维修性的任何定量度量一般都应该从概率统计的意义上去理解[9]。

① 规定的条件是指进行维修的不同的处所(即维修级别)、不同素质的维修人员、不同水平的维修设施与设备等所构成的实施维修的条件,也涉及与之关联的环境条件。

② 规定的时间是指直接完成维修工作需用时间所规定的限度,是衡量产品维修性好坏的主要度量尺度。

③ 规定的程序和方法是指针对同一故障,以不同的程序和方法进行维修,完成维修工作所需时间会有所不同,规定的程序和方法通常是经过优化的维修操作过程。

④ 规定的状态是指通过维修应保持或恢复的功能状态。

维修性作为产品性能的一种度量,既影响任务的完成,也影响维修费用的高低。因为维修的目的是使设计和制造出来的产品能够方便而经济地保持在或恢复到规定的状态,如果需要以过量的时间或过量的资源才能完成产品的维修工作,产品的维修性差,通过虚拟维修可以评估维修性的优劣,虚拟维修示例如图 1-3 所示。

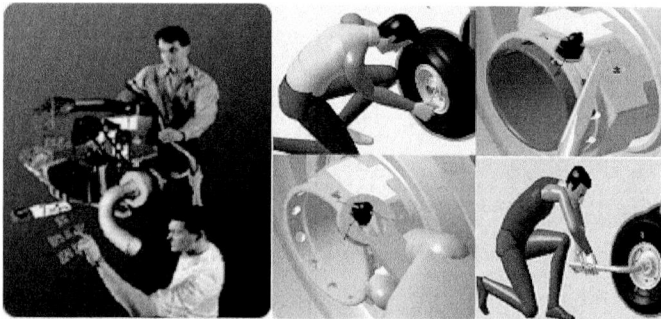

图 1-3　虚拟维修示例

维修性的定性要求一般体现在以下几个方面。

① 可达性,即应易于接近需要进行维修的产品或部位,并具有进行检查、修理或更换等操作所需的活动空间。

② 标准化、互换性和通用性。

③ 防差错措施和识别标志,即从设计上采取措施,防止在维修过程中出现装错、装反或装漏等差错,在产品的适当部位加上明显的识别标志。

④ 维修安全性,保障维修工作人员的生命财产安全。

⑤ 检测诊断,即维修人员能对产品故障进行准确快速和简便的检测和诊断。

⑥ 零部件可修复性,即对于可修器件,在设计上可通过调整、局部更换零部件等措施使得零部件发生故障后易于修理。

⑦ 维修时可以减少维修内容,对维修工的技能要求不能太高。

定量的维修要求是与设计人员可控的设计特性相关联的,可以用不同的维修性参数表述定量的维修性要求,如维修时间、费用、故障的检测与隔离等相关参数。工程上通常用指数分布、正态分布和对数正态分布等描述不同维修情况的随机维修时间。

维修度是指可修产品发生故障或失效后,在规定的条件和时间 $(0, \tau)$ 内完成修复的概率,可用下式表示,即

$$M(\tau) = P(T \leqslant \tau)$$

其中, T 是在规定的约束条件下完成维修的时间; τ 是规定的维修时间;维修度 $M(\tau)$ 是对时间 τ 的累积概率,是 τ 的非降函数,如图 1-4 所示。

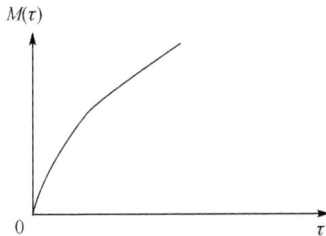

图 1-4　维修度函数曲线

记 $m(\tau)$ 为单位时间内产品被修复的概率,则有

$$m(\tau) = \frac{\mathrm{d}M(\tau)}{\mathrm{d}\tau}$$

维修的修复率 $\mu(\tau)$ 为

$$\mu(\tau) = \frac{1}{1-M(\tau)} \cdot \frac{\mathrm{d}M(\tau)}{\mathrm{d}\tau} = \frac{m(\tau)}{1-M(\tau)}$$

其中, $1-M(\tau)$ 表示 τ 时刻未完成修复的概率。

维修度与修复率之间的关系为

$$M(\tau) = 1 - \exp\left[-\int_0^\tau \mu(\tau)\mathrm{d}\tau\right]$$

当维修时间 T 服从指数分布时,修复率为常数,即 $\mu(\tau)=\mu$,从而有

$$M(\tau)=1-\exp(-\mu\tau)$$

平均修复时间是表示产品维修性的基本参数,是在规定的条件下和时间内,系统修复性维修的总时间与被修复产品的故障总数之比,即维修排除故障所需实际时间的平均值,包括准备、拆卸、更换、安装、调校、检测等维修作业的时间。对于一系列离散维修时间 $t_1,t_2,\cdots,t_n$,其平均维修时间(mean time to repair,MTTR)为

$$\mathrm{MTTR} = \frac{1}{n}\sum_{i=0}^n t_i$$

若为连续型维修时间,平均修复时间可以表示为

$$\mathrm{MTTR} = \int_0^{+\infty} \tau \cdot m(\tau)\mathrm{d}\tau = \int_0^{+\infty} \tau\mathrm{d}M(\tau)$$

其中,$m(\tau)$ 表示维修时间密度函数。

若修复率为 μ,则维修度为

$$M(\tau)=1-\exp(-\mu\tau)$$

平均维修时间为

$$\mathrm{MTTR}=\frac{1}{\mu}$$

平均预防性维修时间(mean preventive maintenance time,MPMT),是系统在维修级别上每项预防性维修所需时间的平均值,可以表示为

$$\mathrm{MPMT} = \frac{\sum_{i=1}^m f_{pi}\mathrm{MPMT}_i}{\sum_{i=1}^m f_{pi}}$$

其中,f_{pi} 表示第 i 个预防性维修事件的频率,MPMT_i 表示第 i 项预防性维修事件平均时间。

平均维修时间是将修复性维修与预防性维修综合起来考虑的维修性参数,是指在规定条件下和规定期间内,系统预防性维修和修复性维修总的时间与该产品计划维修和非计划维修时间总数之比,即

$$\mathrm{MTTR}=\frac{\lambda \cdot \mathrm{MPMT}+f_p \cdot \mathrm{MTTR}}{\lambda+f_p}$$

其中,λ 表示系统故障率,f_p 表示系统的预防性维修频率。

3. 安全性

安全性(safety)是指在规定的时间与条件下,产品不导致人员伤亡、不危害健康和环境、不造成设备损坏和财产损失的意外事件的能力,这些意外事件通常称为事故,而导致事故发生的状态称为危险,要保证安全,最根本的问题是消除或控制这些潜在的危险。安全性是通过设计赋予产品的一种产品特性,是武器装备设计必须满足的首要特性,包括定性要求和定量要求,定量要求采用安全性参数、指标来规定对产品安全性的要求。定性的安全性要求包括对危险(事故)影响的严重性、危险(事故)发生的可能性和危险风险评估指数的要求。

① 危险(hazard),是指可能导致事故的状态,是发生事故的先决条件,这种状态有物质状态、环境状态和人员活动状态,以及它们的组合。

② 危险事件(hazard incident),是指产生危险的事态,即可能导致发生事故或在事故前所产生的一些事件。危险事件概率用于定量描述危险事件发生的可能性,在风险分析中经常应用。

③ 事故(mishap accident),是指使一项正常进行的活动中断,并导致人身伤亡、职业病、设备损坏或财产损失的一个或一系列意外事件,这些事件无例外地都是由不安全状态、不安全动作或它们的组合为先导的。

④ 危险可能性(hazard probability),是指危险事件发生的可能程度,是危险的风险评估的一个重要参数,有定性和定量两种量度。危险可能性的定性量度是用危险事件出现的频繁程度等级来量度,如经常发生、偶尔发生或很少发生等。

⑤ 危险严重性(hazard severity),是指描述某种危险可能引起的事故的严重程度,也是危险风险评估的一个重要参数,通常有定性和定量两种估计值。危险严重性等级是一种定性的严重程度量度,一般分为四级,即灾难的、严重的、轻度的和轻微的,按由危险事件将会造成事故的人身伤亡和设备损伤程度而具体拟定。

安全性要求是进行安全性设计、分析、实验和验收的依据,包括定性和定量两种要求。我国国家军用标准 GJB 900-90《系统安全性通用大纲》和美国军用标准 MIL-STD-882D《系统安全标准实践》等都对系统规定了定性安全性要求,包括对事故影响的严重性、事故发生的可能性及危险风险评价指数的要求,如危险(事故)影响的严重性通常分为灾难、严重、轻度和轻微四个等级,危险发生的可能性通常分为频繁、很可能、有时、极少和不可能五个等级。

安全性主要针对一些交通运输、战略武器、核设施等,其中适航性(airworthiness)是针对飞机按照批准的使用条件和限制,安全地实现、持续保持和结束飞行的特性,即飞机固有的安全性。民用飞机的设计首先必须严格开展安全性设计,满足适航条例规定的安全性要求。例如,在飞机系统设计与分析中,美国联邦航空局

FAA 咨询通报 AC 25.1309-1A 对民用飞机的定性安全性分为灾难(catastrophic)、危险(hazardous)、较大(major)、较小(minor)和无安全影响 5 个等级。

系统或设备定量的安全性要求,通常是采用各种安全性参数和指标进行度量,常用的安全性参数有事故率或事故概率、损失率或损失概率、安全可靠度、故障状态发生概率和风险频率等,相关度量方法通常有以下形式。

① 事故概率是指在规定的条件下和时间内,系统的事故总次数与寿命单位总数之比,即

$$P_A = N_A/N_T$$

其中,P_A 表示事故率(次/单位时间)或事故概率(百分数%),N_A 表示事故总数,N_T 表示寿命单位总数。

② 损失率或损失概率(lose rate,loss probability,P_L)是指在规定的条件下和时间内,系统的灾难事故总次数与寿命单位总数之比,即

$$P_L = N_L/N_T$$

系统的损失概率也可以表示为

$$P_L = 1 - R_S$$

其中,R_S 表示安全可靠度(%)。

③ 安全可靠度(safety reliability,R_S)是与故障有关的安全性参数,是指在规定的条件下和时间内,系统执行任务过程不发生由于设备或部件故障造成的灾难事故的概率,即

$$R_S = N_W/N_T$$

其中,N_W 表示不发生由于系统或设备故障造成灾难事故的任务次数。

4. 保障性

保障性(indemnificatory)是系统(装备)的固有属性,指系统的设计特性和计划的保障资源满足平时战备完好性和战时使用要求的能力,包含两个方面的含义,即与装备保障性有关的设计特性,保障资源的充足和适用程度,下面给出相关概念解释[10]。

(1) 与定义相关概念

① 设计特性,是指与装备保障有关的设计特性,如可靠性、维修性、运输性等,以及使装备便于操作、检测、维修、装卸、消耗品等方面的设计特性,这些设计特性都是通过设计途径赋予装备的硬件和软件。

② 计划的保障资源,是指为保证装备实现平时战备完好性和战时使用要求所规划的人力、物资和信息资源。保障资源的满足有两个方面的含义:一是指数量与

品种上的满足,二是保障资源要与装备相互匹配,这二者需要通过保障性分析和保障资源的设计与研制来实现。

③ 战备完好性,是指装备在平时和战时使用条件下,能随时开始执行预定任务的能力。

④ 战时使用率,是指装备在规定的日历期间内所使用的平均寿命单位数或执行的平均任务次数,如坦克的年度使用小时数、飞机的出动架次率等。

（2）保障系统作为工程系统的特性

保障系统作为一类特殊的工程系统,拥有自身的系统特性,主要有及时性、有效性、部署性、经济性、可用性和通用性,如图 1-5 所示。

① 及时性,是指保障系统在装备需要保障时,能否马上提供服务,以及系统一旦开始执行任务,能否快速完成。

② 有效性,主要用各类资源的利用率来度量。

③ 部署性,是指保障系统满足部署机动性要求的能力。

④ 可用性,是指由于保障物质资源自身的可靠性、维修性对保障系统运行状态的影响程度。

⑤ 通用性,是指保障系统沿用现有保障资源、保障组织与保障功能的程度。

⑥ 经济性,是指用尽可能少的经费保证实施保障功能的特性。

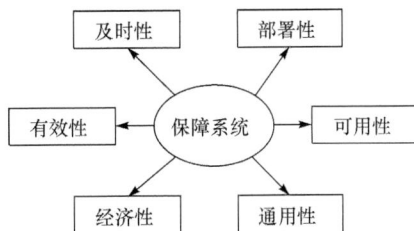

图 1-5　保障系统的特性

（3）保障性综合表述

保障性综合要求描述了装备系统保障性的总体目标,是对装备系统战备完好能力和持续能力的度量。战备完好能力一般用战备完好率和可用度进行度量,持续能力一般用满足出动强度和持续时间要求的持续概率进行度量[11]。

① 战备完好率,是指当要求装备投入作战或使用时,装备准备好能够执行任务的概率,通常可以表示为

$$P_{OR} = P_{op}\{t_{op} < t_c\} \cdot [R(t) + Q(t) \cdot P(t_m < t_d)]$$

其中,P_{OR} 为战备完好率,t_{op} 为装备完成使用准备工作的总时间,t_c 为从接到任务命令到任务开始时间,$P_{op}\{t_{op} < t_c\}$ 为完成使用准备工作的概率,$R(t)$ 为装备在执

行任务前不发生故障的概率,$Q(t)$ 为装备在执行任务前发生故障的概率,t 为接到任务到任务开始时间,t_m 为装备的修理时间,t_d 为从发现故障到任务开始时间,$P(t_m < t_d)$ 为维修概率。

② 使用可靠度,是指表征装备当需要时能够正常工作的程度,其常用的参数为

$$A_0 = UT/(UT + DT)$$

其中,A_0 为使用可用度;UT 为能工作时间,包括工作时间、不工作时间(能工作)、待命时间等;DT 为不能工作时间,包括预防性和修复性维修时间、管理和保障资源延误时间。

将上式右端各项均除以故障次数可以得到下式,即

$$A_0 = \frac{T_{BF}}{T_{BF} + T_{MT} + T_{MLD}}$$

其中,T_{BF} 为平均故障间隔时间;T_{MT} 为平均维修时间;T_{MLD} 为平均保障延误时间,是指除平均维修时间以外的所有为维修而等待的平均延误时间。

③ 持续概率,基于任务强度要求采用如下模型表达,即

$$R = P(t \geq T)$$
$$= P(O_1 \cdots O_i \cdots O_n)$$
$$= P(O_n | O_{n-1}, \cdots, O_2, O_1) \cdots P(O_{n-i} | O_{n-i-1}, \cdots, O_2, O_1) \cdots P(O_2 | O_1) P(O_1)$$

其中,t 为装备任务中断前的时间;T 为规定的装备任务持续时间;O_i 为装备任务持续时间内第 i 个单位时间装备的任务强度 S_{GRi} 或能执行任务率 R_{MCi} 满足装备任务要求的事件,即

$$P(O_i) = P(S_{GRi} \geq S^0_{GRi}) \text{ 或 } P(O_i) = P(R_{MCi} \geq R^0_{MCi})$$

其中,S^0_{GRi} 为持续任务要求的第 i 个单位时间装备的任务强度,R^0_{MCi} 为持续任务要求的第 i 个单位时间装备的能执行任务率。

5. 测试性

测试性(testability)是系统及设备的一种设计特性,是指产品(系统、子系统、设备或组件)能够及时而准确地确定其状态(可工作、不可工作或性能下降程度),是描述和确定系统检测和隔离故障的能力。因此,测试性参数首先要反映对装备故障或异常的可测性和易测试性能力,主要包括故障检测能力和故障隔离能力。测试性是产品为故障诊断提供方便的特性,如机内测试、性能测试或状态监测、与外部测试设备兼容、便于用自动测试设备进行测试或人工测试等。

　　测试性参数(testability parameters)是指可以用于度量产品测试性定量要求的一些参数,可用的测试性参数有多个,常用的参数包括故障检测率(fault detect rate, FDR)、故障隔离率(fault isolation rate,FIR)、虚警率(false alarm rate,FAR)等。

　　① 故障检测率(FDR),是指在规定的时间内,用规定的方法正确检测到的故障数与被测单元发生的故障数之比,即

$$FDR = \frac{N_D}{N_T} \times 100\%$$

其中,N_T 为故障总数,N_D 为正确检测到的故障数。

　　② 故障隔离率(FIR),是指在规定的时间内,用规定的方法将检测到的故障正确隔离到不大于规定的可更换单元的故障数与同一时间内检测到的故障数之比,即

$$FIR = \frac{N_L}{N_D} \times 100\%$$

其中,N_L 为在规定条件下能够正确隔离到小于或等于 L 个可更换单元的故障数,N_D 为在规定条件下能够正确检测到的故障数。

　　③ 虚警率(FAR),是指在规定的时间内发生的虚警数和同一时间内的故障总数之比。虚警是指当机内测试(built-in test,BIT)的被测单元有故障,而实际上该单元不存在故障的情况。FAR 可以表示为

$$FAR = \frac{N_{FA}}{N} = \frac{N_{FA}}{N_F + N_{FA}} \times 100\%$$

其中,N_{FA} 为虚警次数,N_F 为真实故障指示次数,N 为指示(报警)总次数。

　　④ 关键故障检测率(critical fault detect rate,CFDR),是指在规定的时间内,用规定的方法,正确检测到的关键故障数与被测单元发生的关键故障总数之比。CFDR 可以表示为

$$CFDR = \frac{N_{CD}}{N_{CT}} \times 100\%$$

其中,N_{CD} 为在规定的工作时间 T 内,用规定的方法正确的检测出的关键故障数;N_{CT} 为在规定的工作时间 T 内,发生关键故障的总数。

　　⑤ 平均虚警间隔时间(mean time between false alarm,MTBFA),是指在规定工作时间内产品运行总时间与虚警总次数之比,即

$$MTBFA = \frac{T}{N_{FA}}$$

其中，T 为产品运行总时间，N_{FA} 为虚警总次数。

⑥ 故障检测时间（fault detection time，FDT），是指从开始故障检测到给出故障指示所经历的时间，FDT 是系统故障潜伏时间的一部分，FDT 越短，潜伏故障发现的越早，其可能造成的危害就越小。FDT 还可以用平均故障检测时间（mean fault detection time，MFDT）表示，平均故障检测时间是指开始执行检测到给出故障指示所需时间的平均值，即

$$\text{MFDT} = \frac{\sum t_{Di}}{N_D} \times 100\%$$

其中，t_{Di} 为检测并指示第 i 个故障所需时间，N_D 为检测出的故障数。

⑦ 平均故障隔离时间（mean fault isolated time，MFIT），是指从检测出故障到完成故障隔离所经历时间的平均值，或者测试设备完成故障隔离过程所需的平均时间，即

$$\text{MFIT} = \frac{\sum t_{ii}}{N_D} \times 100\%$$

其中，t_{ii} 为隔离第 i 个故障所需的时间。

6. 与五性有关的特性和综合参数

有效性也称可用性（availability），是指装备在任一随机时刻需要和开始执行的任务，是处于可工作或可使用状态的能力，是综合反映可靠性与维修性的一个重要特征量，是一个反映可维修产品使用效率的广义可靠性尺度，包括可靠性及维修性等，在 t 时刻的有效度定义为维修产品在某时刻 t 具有或维持其功能的概率，可以用 $A(t)$ 表示，即

$A(t)=$平均失效前时间/（平均失效前时间＋平均故障修复时间）

瞬时有效度表示产品在某一特定瞬时，可能维修的产品保持正常使用状态或功能的概率，记平均有效度为 $\overline{A}(t)$，则产品在时间(t_1, t_2)内的平均有效度为

$$\overline{A}(t) = A(t_1, t_2) = \frac{1}{t_2 - t_1} \int_{t_1}^{t_2} A(t) \mathrm{d}t$$

系统效能是指系统在规定的条件下和时间内，满足一组特定任务要求的程度，是装备系统的综合特性，综合了系统可用度 A、可信度 D（描述可用性及其影响因素，即可靠性、维修性和保障性的集合术语）、完成功能的固有能力 C 等的一个综合尺度，是系统开始使用时的可用度、使用期间的可信度和固有能力的乘积，通常用概率进行度量，其表达式为

$$E = ADC$$

因此，系统效能是包括装备可靠性、维修性、保障性和固有能力等指标的一个综合参数。

1.3 可靠性与维修性基本特征量

1. 可靠性与失效率函数

设 T 是单元到失效的时间，是一个随机变量。根据可靠性的定义，事件 $\{T > t\}$ 的概率是单元在时刻 t 时的可靠性，即单元在 $(0, t)$ 不发生失效的概率。设 $R(t)$ 为可靠性函数，则有

$$R(t) = P\{T > t\} \tag{1-1}$$

事件 $\{T \leqslant t\}$ 是事件 $\{T > t\}$ 的对立事件，概率称为累积分布函数，用 $F(t)$ 来表示，那么

$$F(t) = P\{T \leqslant t\} = 1 - R(t) \tag{1-2}$$

是指单元在时间间隔 $(0, t)$ 失效的概率。另一个可靠性基本函数是概率密度函数，常用 $f(t)$ 表示，定义为

$$f(t) = \frac{\mathrm{d}F(t)}{\mathrm{d}t} = -\frac{\mathrm{d}R(t)}{\mathrm{d}t} \tag{1-3}$$

其物理意义是在时间间隔 $(t, t + \mathrm{d}t)$ 的单位时间内发生失效的概率。若已知一个单元在时刻 t 是工作的，称它在时间间隔 $(t, t + \mathrm{d}t)$ 的单位时间内发生失效的概率为单元在时刻 t 的失效率，常记作 $\lambda(t)$，即

$$\lambda(t) = \frac{P\{t < T \leqslant t + \mathrm{d}t \mid T > t\}}{\mathrm{d}t} = \frac{f(t)}{R(t)} \tag{1-4}$$

例 1.1 设某机械系统失效时间 T 的分布函数为 $F(t) = 1 - \exp(-0.5t^{2.5})$，则有

$$R(t) = \exp(-0.5t^{2.5}), \quad f(t) = 1.25t^{1.5}\exp(-0.5t^{2.5}), \quad \lambda(t) = 1.25t^{1.5}$$

这四个可靠性基本函数曲线如图 1-6 所示。

若已知密度函数 $f(t)$，由式 (1-3) 可得下式，即

$$F(t) = \int_0^t f(t)\mathrm{d}t \tag{1-5}$$

$$R(t) = \int_t^{+\infty} f(t)\mathrm{d}t \tag{1-6}$$

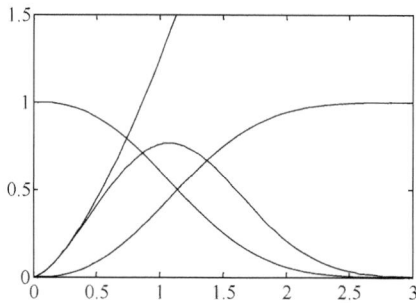

图 1-6　四个可靠性基本函数曲线

由式(1-4)可得下式,即

$$\lambda(t) = \frac{f(t)}{\int_t^{+\infty} f(t)\,\mathrm{d}t} \tag{1-7}$$

若已知失效率函数 $\lambda(t)$,则由式(1-3)和式(1-4)可得下式,即

$$\lambda(t) = \frac{f(t)}{R(t)} = -\frac{1}{R(t)}\frac{\mathrm{d}R(t)}{\mathrm{d}t} \tag{1-8}$$

对上式求积分并整理可得下式,即

$$R(t) = \exp\left[-\int_0^t \lambda(t)\,\mathrm{d}t\right] \tag{1-9}$$

由此求得其余两个函数的表达式为

$$F(t) = 1 - \exp\left[-\int_0^t \lambda(t)\,\mathrm{d}t\right] \tag{1-10}$$

$$f(t) = \lambda(t)\exp\left[-\int_0^t \lambda(t)\,\mathrm{d}t\right] \tag{1-11}$$

2. 失效率函数图形

　　产品的失效率遵循如图 1-7 所示的浴盆曲线,它是不可修复产品的失效率的变化曲线。在系统或产品使用的早期,由于加工或装配过程中存在内部缺陷,失效率往往较高。通常在产品出厂前,要进行老化筛选实验,将早期失效消除。当产品系统或经历了早期失效期之后,失效率在一个较低的稳定水平,系统或产品的失效往往是由随机的原因引起,称之为偶然失效。对应于这个时期的使用时间称为使用寿命。产品在经历了一个比较稳定的失效率的时期之后,由于零部件老化、耗损等原因,失效率开始增加。若此时对产品进行维修,则可以遏制失效率上升的趋势,延长产品的使用寿命。

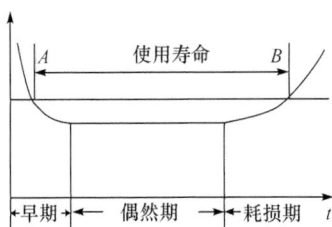

图 1-7　浴盆曲线

3. 平均寿命

不可修复产品的平均寿命指的是产品失效前工作时间的平均值,即平均故障发生时间(MTTF),单元平均故障发生时间,即

$$\mathrm{MTTF} = E(T) = \int_0^{+\infty} t f(t)\,\mathrm{d}t \qquad (1\text{-}12)$$

由于 $f(t) = -R'(t)$,则有

$$\mathrm{MTTF} = -\int_0^{+\infty} t R'(t)\,\mathrm{d}t = -\left[t R(t) \right]_0^{+\infty} + \int_0^{+\infty} R(t)\,\mathrm{d}t$$

当 $\mathrm{MTTF} < +\infty$ 时,可以得到 $\left[t R(t) \right]_0^{+\infty} = 0$,此时有

$$\mathrm{MTTF} = \int_0^{+\infty} R(t)\,\mathrm{d}t \qquad (1\text{-}13)$$

MTTF 还可以用拉普拉斯变换来推导,可靠性函数 $R(t)$ 的拉普拉斯变换为

$$R^*(t) = \int_0^{+\infty} R(t)\,\mathrm{e}^{-st}\,\mathrm{d}t \qquad (1\text{-}14)$$

可以看出,MTTF 等于拉普拉斯变换形式 $s=0$ 时的可靠度函数。

当故障产品单元的修理时间相对于 MTTF 非常短,甚至可以忽略时,MTTF 约等于平均故障间隔时间(mean time between failure,MTBF),即可修复产品两次相邻故障之间的平均时间。当故障产品单元的修理时间不能忽略时,MTBF 还包含平均维修时间(MTTR)。

4. 剩余寿命

平均剩余寿命(mean residual life,MRL)。当一个产品到时刻 t 时尚未失效,剩余的寿命 $(T-t)$ 是一个随机变量,数学期望为平均剩余寿命,则

$$\mathrm{MRL}(t) = E\{T-t \,|\, T \geq t\}$$

$$\begin{aligned}
&= \frac{P\{T-t, T \geqslant t\}}{P\{T \geqslant t\}} \\
&= \frac{\int_{t}^{+\infty}(x-t)f(x)\mathrm{d}x}{R(t)} \\
&= \frac{\int_{t}^{+\infty}xf(x)\mathrm{d}x}{R(t)} - t
\end{aligned} \tag{1-15}$$

由于 $R'(t)=-f(t)$,从而有

$$\int_{t}^{+\infty}(x-t)f(x)\mathrm{d}x = -(x-t)R(x)\mid_{x=t}^{+\infty} + \int_{t}^{+\infty}R(x)\mathrm{d}x = \int_{t}^{+\infty}R(x)\mathrm{d}x$$

其中,$R(+\infty)=0$。

从而,式(1-15)可以表示为

$$\mathrm{MRL}(x) = \begin{cases} \dfrac{\int_{t}^{+\infty}R(x)\mathrm{d}x}{R(t)}, & R(t)>0 \\ 0, & R(t)=0 \end{cases} \tag{1-16}$$

5. 可靠寿命

在工程上,通常需要知道给定可靠度情况下与其相对应的工作时间,即可靠寿命。

设产品的可靠度函数为 $R(t)$,使其等于给定值 $R(0<R<1)$ 的时间 t_R 称为可靠度为 R 的可靠寿命,简称可靠寿命 t_R,其中 R 称为可靠水平。可靠水平为 0.5 的可靠寿命 $t_{0.5}$ 称为中位寿命,可靠水平 $R=\mathrm{e}^{-1}=0.368$ 的可靠寿命 $t_{0.368}$ 称为特征寿命(图 1-8)。

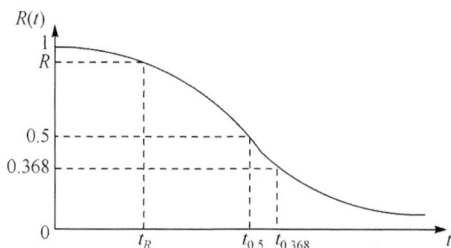

图 1-8　特征寿命

从分布的角度看,可靠寿命 t_R 满足下式,即

$$R(t_R)=R \text{ 或 } P(T{\geqslant}t_R)=R$$

可见,可靠寿命 t_R 就是失效分布的上侧 R 分位数。中位寿命 $t_{0.5}$ 就是失效分布的中位数。例如,某产品的中位寿命 $t_{0.5}=5000\text{h}$,表示该产品中约有一半产品寿命低于 5000h,另一半产品寿命高于 5000h。

可靠寿命 t_R 在实际中常有应用。

① 作为产品的可靠性指标使用。例如,轴承的可靠性指标就是 $R=0.9$ 的可靠寿命 $t_{0.9}$,比较两种轴承可靠性的高低就看其 $t_{0.9}$ 的大小, $t_{0.9}^{(1)}=1500\text{h}$ 与 $t_{0.9}^{(2)}=2000\text{h}$ 相比,后者可靠性比前者高。

② 对可靠度有一定要求的产品,工作到了可靠寿命 t_R 时就要替换,否则就不能保证其可靠度。例如,飞机的操纵杆要求可靠度 $R=99.9\%$,若其可靠寿命 $t_{0.999}=100\text{h}$,则其飞行 100h 后,无论失效与否均应更换新的。

例 1.2　指数分布的可靠寿命可由下式给出: $t_R=-\theta\ln R$,其中 θ 为平均寿命。如果保证有 90% 的可靠度,在产品寿命服从指数分布的条件下,产品的可靠寿命 $t_R=-\theta\ln 0.9 \approx\theta/10$,即其工作时间不应超过平均寿命 1/10。

1.4　可靠性中常用分布函数及应用案例

系统可靠性大都服从指数分布、正态分布、伽马分布、对数正态分布、威布尔分布和极值分布。其中,最基本的分布模型是指数分布、正态分布和伽马分布。威布尔分布和极值分布可以看成是由指数分布派生而来的,而对数正态分布可以看作是由正态分布派生而来的。

1. 指数分布(exponential distribution)模型

指数分布是一种单参数分布函数,主要用于机械系统、电子元件及承受一定载荷而磨损量又小的机械零部件寿命、复杂大系统故障间隔时间与维修时间的描述。

(1) 概率密度与分布函数

设连续型随机变量 T 的概率密度函数为

$$f(t)=\frac{1}{\theta}\exp\left(-\frac{t}{\theta}\right), \quad t{\geqslant}0$$

其中, $\theta>0$ 为常数,则称 T 服从参数为 θ 的指数分布,从而该随机变量 T 的分布函数为

$$F(t)=\int_{-\infty}^{t}f(t)\mathrm{d}t=1-\exp\left(-\frac{t}{\theta}\right), \quad t{\geqslant}0$$

(2) 相关性质

设随机变量 T 服从参数为 θ 的指数分布。

① 寿命均值,$E(T)=\theta$,可见分布参数 θ 为指数分布的均值,通常称 θ 为指数分布的平均故障间隔时间。

② 寿命方差,$D(T)=\theta^2$。

③ 可靠度函数,$R(t)=1-F(t)=\exp\left(-\dfrac{t}{\theta}\right),t\geqslant 0$。

④ 故障率函数,$\lambda(t)=\dfrac{f(t)}{R(t)}=\dfrac{1}{\theta}\overset{\text{def}}{=\!=}\lambda(常数),t\geqslant 0$。

由可靠度表达式可知,只要确定其单一参数 λ(故障率),可靠度函数就可以完全确定。可知,曲线在形状上相似,但是 λ 的大小直接影响可靠度下降的快慢。

⑤ 无记忆性,对于任意时间 $t_1,t_2>0$,有 $P\{X>t_1+t_2\,|\,X>t_1\}=P\{X>t_2\}$,称为无记忆性。

⑥ 维修性相关特征量,当维修时间服从指数分布时,系统的维修性评价指标如下。

第一,修复率,$\mu(t)=\mu$。

第二,维修度函数(维修概率),$M(t)=1-\exp(-\mu t)$。

第三,平均维修时间,$\text{MTTR}=\dfrac{1}{\mu}$。

第四,中位维修时间,$t_M=-\dfrac{\ln 0.5}{\mu}$。

由于指数分布在数学运算上最为简单,因此在很多随机问题中,常假定随机变量服从指数分布。

例 1.3　某飞行控制系统中电子设备的故障分布为指数分布,根据历史数据分析知,该设备在 50h 的工作时间内有 20% 的设备出现故障,试求其平均寿命 θ、中位寿命 $t(0.5)$、可靠寿命 $t(0.9)$,以及工作 100h 的可靠度。

解　因 $t=50$ 时

$$F(50)=1-\mathrm{e}^{-\frac{50}{\theta}}=0.2$$

所以

$$\theta=\frac{-50}{\ln 0.8}=224(\mathrm{h})$$

又因为中位寿命

$$t=(0.5)=\frac{1}{\lambda}\ln\frac{1}{0.5}=\theta\ln\frac{1}{0.5}=224\times 0.693\approx 115(\mathrm{h})$$

可靠性寿命

$$t(R)=\frac{1}{\lambda}\ln\frac{1}{R}=\theta\ln\frac{1}{R}$$

所以

$$t(0.9)=224\times\ln\frac{1}{0.9}\approx24(\text{h})$$

而可靠度函数为

$$R(t)=1-F(t)=\text{e}^{-\frac{t}{\theta}}=\text{e}^{-\frac{t}{224}}$$

所以

$$R(100)=\text{e}^{-\frac{102}{224}}\approx0.6399$$

即工作 100h 的可靠度为 0.6399。

例 1.4　有一批同型号的电机设备,根据以往的试验资料得知,其在某种负荷的应力条件下寿命服从指数分布,并且这种产品在 100h 的工作时间内将有 5% 失效。试求这种机电设备的平均寿命、特征寿命、中位寿命、可靠寿命 $T_{0.9}$ 及可靠度 $R(1000)$。

解　已知 $t=50\text{h},F(100)=0.05$,故 $R(100)=0.95$,即

$$R(100)=\text{e}^{-100\lambda}=0.95$$

故解得 $\lambda=0.0005\text{h}^{-1}$。所以

$$\theta=T_{\text{e}^{-1}}=\frac{1}{\lambda}=\frac{1}{0.0005}=2000(\text{h})$$

$$T_{0.5}=\frac{1}{\lambda}\ln2=\frac{1}{0.0005}\ln2=1386.3(\text{h})$$

$$T_{0.9}=\frac{1}{\lambda}\ln\frac{1}{R}=\frac{1}{0.0005}\ln\frac{1}{0.9}=210.7(\text{h})$$

$$R(1000)=\text{e}^{-\lambda t}=\text{e}^{-0.0005\times1000}=0.6065$$

2. 正态分布(normal distribution)模型

正态分布又称高斯(Gauss)分布,是概率分布中最普通和最常用的一种统计分布,很多自然现象都可以用它来描述,如工艺(测量、尺寸等)误差、机械装置的磨损、老化与腐蚀而发生的产品失效、材料特性、应力分布、机械系统的维修时间,也可以用于产品的质量控制等。

(1) 概率密度与分布函数

设连续型随机变量 X 的概率密度函数为

$$f(x)=\frac{1}{\sqrt{2\pi}\sigma}\exp\left[-\frac{1}{2}\left(\frac{x-\mu}{\sigma}\right)^2\right],\quad-\infty<x<+\infty$$

其中,μ 是均值,是抽样总体的集中趋势尺度,即总体的数学期望;σ 是方差,反映随机变量的离散程度,是总体的均方差。

μ 和 σ 是正态分布的两个参数,其概率密度函数曲线如图 1-9 所示。

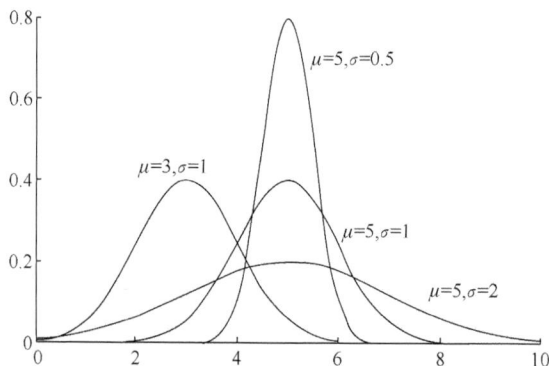

图 1-9　正态分布概率密度函数曲线

相应地,其累积概率分布函数为

$$F(x) = \frac{1}{\sqrt{2\pi}\sigma}\int_{-\infty}^{x}\exp\left[-\frac{1}{2}\left(\frac{x-\mu}{\sigma}\right)^2\right]\mathrm{d}x, \quad -\infty < x < +\infty \quad (1\text{-}17)$$

正态分布概率密度函数具有以下性质。

① $f(x)$ 关于 $x=\mu$ 对称。

② 当 $x=\mu$ 时,$f(x)$ 取得最大值,即 $f(\mu)=\dfrac{1}{\sqrt{2\pi}\sigma}$。

③ 在 $x=\mu\pm\sigma$ 处,$f(x)$ 有拐点,且曲线以 x 轴为渐近线。

④ 如果固定 σ,改变 μ 值时,则曲线沿着 x 轴平移,但形状不发生改变;如果固定 μ 不变 σ 改变时,分布曲线的位置不变但是离散程度有所改变,反映在曲线上就是"肥""瘦"的不同,如图 1-9 所示。

(2) 标准正态分布函数

当 $\mu=0,\sigma=1$ 时,称随机变量 X 服从标准正态分布,其概率密度和分布函数分别用 $\varphi(x)$ 和 $\Phi(x)$ 表示,对应地,有

$$\varphi(x) = \frac{1}{\sqrt{2\pi}}\exp\left(-\frac{1}{2}x^2\right), \quad -\infty < x < +\infty$$

$$\Phi(x) = \frac{1}{\sqrt{2\pi}}\int_{-\infty}^{x}\exp\left(-\frac{1}{2}x^2\right)\mathrm{d}x, \quad -\infty < x < +\infty$$

显然,有 $\Phi(-x)=-\Phi(x)$。一般地,按式(1-17)计算时很复杂,将其表达式进行

变换,令 $z=\dfrac{x-\mu}{\sigma}$,则有 $\mathrm{d}x=\sigma\mathrm{d}z$,从而有

$$F(x)=\frac{1}{\sqrt{2\pi}}\int_{-\infty}^{\frac{x-\mu}{\sigma}}\exp\left(-\frac{1}{2}z^2\right)\mathrm{d}z$$

$$=\int_{-\infty}^{z}\varphi(z)\mathrm{d}z$$

$$=\Phi(z)$$

其中,$\varphi(z)$ 和 $\Phi(z)$ 分别是标准正态分布的密度函数和累积概率分布函数。

因此,当随机变量 X 服从正态分布,且均值 μ 和标准差 σ 已知时,可以将它的分布函数转换为标准正态分布函数,其函数特性保持不变,即 $F(t)=\Phi(z)$,有关标准正态变量 z 对应的累积概率值可以查标准正态概率表。

(3) 可靠性与质量控制的 σ 法则

假设寿命时间 T 服从均值为 μ,标准差为 σ 的正态分布,正态分布在数值上有如下特征。

① 正态分布曲线与 T 轴所围面积等于 1。

② $\mu\pm\sigma$ 区间的面积占全部总面积的 68.3%;$\mu\pm2\sigma$ 区间的面积占全部总面积的 95.4%;$\mu\pm3\sigma$ 区间的面积占全部总面积的 99.87%,因此随机变量的值落在 $\mu\pm3\sigma$ 中几乎是一必然事件,通常将正态分布的这种概率法则称为"3σ"法则。目前的热点问题是对"6σ"法则的讨论。

(4) 相关性质

若寿命随机变量 $X\sim N(\mu,\sigma^2)$,则有如下性质。

① X 的均值为 $E(X)=\mu$,方差为 $D(X)=\sigma^2$。

② 可靠度函数 $R(x)$ 为

$$R(x)=1-F(x)=1-\Phi\left(\frac{x-\mu}{\sigma}\right)$$

例 1.5　某信号发射器件寿命服从正态分布,其 $\mu=5000\mathrm{h}$,$\sigma=1500\mathrm{h}$。试求执行任务时间为 4100h 时该发射器件的可靠度,并评估任务时间为 4400h 时发射器件的瞬时故障率。

解　已知

$$R(t)=1-\Phi\left(\frac{t-\mu}{\sigma}\right)$$

所以

$$R(4100)=1-\Phi\left(\frac{4100-5000}{1500}\right)\approx0.7257$$

又因为

$$\lambda(t)=\frac{f(t)}{R(t)}=\frac{\dfrac{1}{\sigma}\varphi\left(\dfrac{t-\mu}{\sigma}\right)}{1-\varPhi\left(\dfrac{t-\mu}{\sigma}\right)}$$

所以

$$\lambda(4400)=\frac{\dfrac{1}{1500}\varphi(-0.4)}{0.6554}\approx3.746\times10^{-4}(\text{h})$$

即 4100h 时搭设器件的可靠度为 72.57%,当任务时间为 4400h 时的瞬时故障率为 3.746×10^{-4}/h。

例 1.6 已知某轴在精加工后其直径尺寸 d 的变动可用正态分布来描述,即 $d\sim N(14.90,0.05^2)$mm。图纸规定的轴径尺寸为 $d=(14.90\pm0.1)$mm。求这批轴的合格品率?

解 由图纸规定尺寸可知,轴径尺寸 d 在$(14.8\sim15.0)$mm 区间内变动即为合格品。所以合格品率为 $P(14.8\leqslant d\leqslant15.0)$。

已知 $\mu_d=14.90,\sigma_d=0.05$,根据公式 $Z=\dfrac{x-\mu}{\sigma}$ 进行标准化

$$\begin{aligned}P(14.8\leqslant d\leqslant15.0)&=P\left(\frac{14.8-\mu}{\sigma}\leqslant\frac{d-\mu}{\sigma}\leqslant\frac{15.0-\mu}{\sigma}\right)\\&=P\left(\frac{14.8-14.90}{0.05}\leqslant\frac{d-14.90}{0.05}\leqslant\frac{15.0-14.90}{0.05}\right)\\&=P\left(-2\leqslant\frac{d-14.90}{0.05}\leqslant2\right)=\varPhi(2)-\varPhi(-2)\\&=2\varPhi(2)-1=0.9544\end{aligned}$$

3. 对数正态分布(log-normal distribution)模型

正态分布虽然应用较广,但是由于分布规律的对称性,往往使其在使用中受到一定的限制,例如常应力下材料的疲劳寿命及维修时间均不服从正态分布,即分布曲线不对称。对数正态分布是描述此类寿命与耐久性的一种较好的分布,解决了对称正态分布在描述试样或维修工作在未经实验及维修,即 $t=0$ 时出现故障的不合理性,使之更符合实际。机械零部件的疲劳寿命和维修时间、半导体寿命和加速寿命实验数据等,一般选择对数正态分布来描述。

(1) 概率密度与分布函数

假设随机变量 x 服从正态分布 $N(\mu_x,\sigma_x)$,则 $t=e^x$ 随机变量服从对数正态分布,其概率密度函数为

$$f(t)=\frac{1}{\sqrt{2\pi}\sigma_x t}\exp\left[-\frac{1}{2}\left(\frac{\ln t-\mu_x}{\sigma_x}\right)^2\right],\quad t>0$$

因此,概率分布函数为

$$F(t)=\frac{1}{\sqrt{2\pi}\sigma_x t}\exp\left[-\frac{1}{2}\left(\frac{\ln t-\mu_x}{\sigma_x}\right)^2\right]dt,\quad t>0$$

或者写成标准正态分布形式,即

$$F(t)=\int_0^{\mu_p}\frac{1}{\sqrt{2\pi}}\exp\left(-\frac{1}{2}x^2\right)dt,\quad t>0$$

其中,$\mu_p=(\ln p-\mu_x)/\sigma_x$。

事实上,对数正态分布是一个单峰的偏态分布。

(2) 相关性质

设随机变量 T 服从参数为 μ 和 σ^2 的对数正态分布,即 $T\sim\ln(\mu,\sigma^2)$,则有如下性质。

① T 的均值为 $E(T)=\exp\left(\mu+\frac{1}{2}\sigma^2\right)$,可见对数均值 μ 并不是对数正态分布的均值。

② T 的方差为 $D(T)=(E(T))^2\,(\exp(\sigma^2)-1)$。

③ 可靠度函数为 $R(t)=1-F(t)=1-\varPhi\left(\frac{\ln t-\mu}{\sigma}\right)$。

④ 失效率函数为 $\lambda(t)=\dfrac{f(t)}{R(t)}=\dfrac{\dfrac{1}{t\sigma}\exp\left[-\dfrac{1}{2}\left(\dfrac{\ln t-\mu}{\sigma}\right)^2\right]}{\displaystyle\int_{\mu_p}^{+\infty}\exp\left(-\dfrac{x^2}{2}\right)dt},t<0$。

对数正态分布的两个参数 μ 和 σ,分别称为对数均值和对数标准差,通常 μ 和 σ 确定后,分布曲线形状也就确定下来了。当 $\mu=0$ 时,对应概率密度函数曲线如图 1-10 所示。

例 1.7　某厂为用户生产直径为 5mm 的钢丝,要求其在工作应力下承受 10^6 次载荷循环后立即更换。根据以往的试验知,该弹簧在恒定应力条件下的疲劳寿命为对数正态分布,其参数 $\mu=13.9554,\sigma=0.1035$,试问在更换弹簧之前,其故障的可能性有多大? 若要保证更换前的可靠度为 99%,求其寿命。

解　由于 10^6 次循环时弹簧的失效率为

$$F(t)=\varPhi\left(\frac{\ln t-\mu}{\sigma}\right)$$

所以

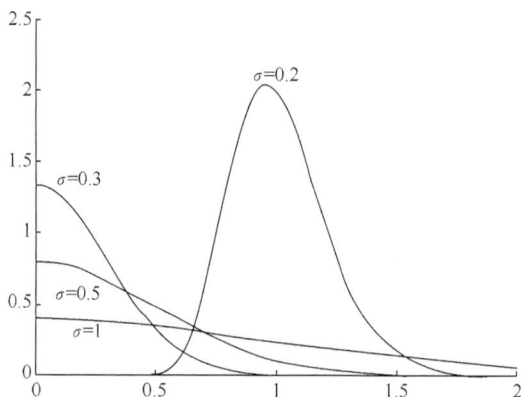

图 1-10　对数正态分布概率密度函数曲线

$$F(10^6)=\varPhi\left(\frac{\ln10^6-13.9554}{0.1035}\right)\approx0.08851$$

若可靠度为 0.99,则可靠性寿命

$$t(R)=\mathrm{e}^{\mu+\mu_p\sigma}=\mathrm{e}^{\mu+\mu_{1-0.99}\sigma}$$

即

$$t(0.99)=\mathrm{e}^{13.9554+(-2.325)\times0.1035}\approx904160(\text{次})$$

即需要在 904160 次循环时更换,寿命为 904160 次循环。

例 1.8　某机械零件的疲劳寿命 T 服从对数正态分布,即 $\ln T\sim N(4.5,1)$,求该零件在 $t=110$ 单位时间内的可靠度和失效率? 该零件在 $t=90$ 单位时间内的可靠度又是多少?

解　(1) $t=110$ 单位时间内的可靠度为

$$R(t)=P\{T\geqslant t\}=1-P\{T\leqslant t\}$$

$$=1-P\left\{\frac{\ln T-\mu}{\sigma}\leqslant\frac{\ln t-\mu}{\sigma}\right\}=1-P\left\{\frac{\ln T-4.5}{1}\leqslant\frac{\ln110-4.5}{1}\right\}$$

$$=1-P\left\{\frac{\ln T-4.5}{1}\leqslant0.2005\right\}=1-\varPhi(0.2005)=0.4187$$

即失效率为

$$\lambda(t)=\frac{\varphi\left(\dfrac{\ln t-\mu}{\sigma}\right)}{t\sigma\left[1-\varPhi\left(\dfrac{\ln t-\mu}{\sigma}\right)\right]}=\frac{\varphi\left(\dfrac{\ln110-4.5}{\sigma}\right)}{110\times1\times0.4187}$$

$$=\frac{\varphi(0.2005)}{46.09}=\frac{0.3906}{46.09}=0.00847$$

（2）　$R(t) = 1 - \Phi\left(\dfrac{\ln t - \mu}{\sigma}\right) = 1 - \Phi\left(\dfrac{\ln 90 - 4.5}{1}\right) = 1 - \Phi(0) = 0.5$

可见，当 $R = 0.5$ 即 $\dfrac{\ln t - \mu}{\sigma} = 0$ 时，所对应的工作时间 t 为产品的中位寿命，即 $T_{0.5} = \mathrm{e}^{\mu}$。根据平均寿命公式可知，服从对数正态分布的产品平均寿命为 $E(T) = \mathrm{e}^{\mu + \frac{\sigma^2}{2}} = T_{0.5} \cdot \mathrm{e}^{\frac{\sigma^2}{2}}$。

4. 威布尔分布（Weibull distribution）模型

威布尔分布是近年来在可靠性分析中使用最为广泛的分布模型。一方面，它能合理描述大多数元器件的寿命，如真空管、球轴承、复合材料等。另一方面，这个分布模型包含形状参数，使得它在数据拟合上极其富有弹性。最后，它的所有可靠性基本函数都具有封闭性的解析表达式，使得数学处理十分便利，尤其是经过双对数变换后能转化成线性形式，从而计算机图形处理及线性回归等技术能够很方便地应用于处理分布参数问题。

1951 年，瑞典科学家威布尔在研究链强度问题时，根据薄弱环节思想（图 1-11），发现该链寿命数据符合一特定概率分布模型，命名为威布尔分布。在机械强度的可靠性计算中，威布尔分布是除正态分布外经常用于强度及寿命的一种分布形式。

图 1-11　薄弱链图示

（1）概率密度与分布函数

若连续型随机变量 T 的概率密度函数为

$$f(t) = \frac{\beta}{\alpha^{\beta}}(t - t_0)^{\beta - 1}\exp\left[-\left(\frac{t - t_0}{\alpha}\right)^{\beta}\right], \quad t_0 \leqslant t < +\infty$$

其中，$t \geqslant t_0$，$\alpha, \beta > 0$，β 为形状参数，α 为尺度参数，t_0 为位置参数，则称寿命随机变量 T 服从参数为 β, η, t_0 的威布尔分布，记为 $T \sim W(\beta, \alpha, t_0)$。

随机变量 T 的分布函数为

$$F(t) = 1 - \exp\left[-\left(\frac{t - t_0}{\alpha}\right)^{\beta}\right], \quad t_0 \leqslant t < +\infty$$

当 $t_0 \neq 0$ 时，称为三参数威布尔分布，而通常所说的威布尔分布是指 $t_0 = 0$ 时的两参数威布尔分布，其函数曲线如图 1-12 和图 1-13 所示。

（2）相关函数与性质

① 若数据描述系统或产品的可靠性，则根据分布函数得到随机变量 T 的可靠

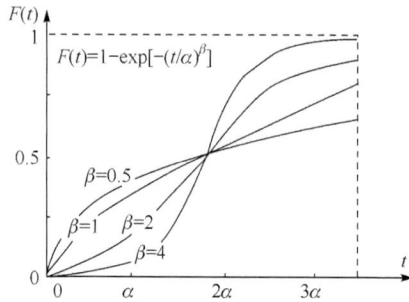

图 1-12　威布尔累积分布函数

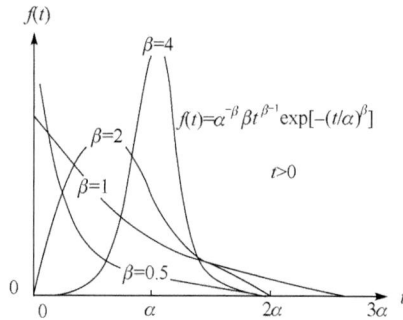

图 1-13　威布尔概率密度函数

度函数为

$$R(t) = \exp\left[-\left(\frac{t-t_0}{\alpha}\right)^{\beta}\right], \quad t_0 \leqslant t < +\infty$$

因此,失效率函数 $\lambda(t) = \dfrac{\beta}{\alpha^{\beta}}(t-t_0)^{\beta-1}$, $t_0 = 0$ 时的失效率函数曲线如图 1-14 所示。

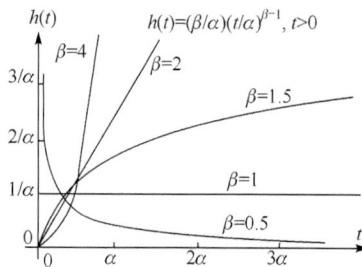

图 1-14　威布尔失效率函数曲线

随机变量 T 的数学期望(均值)为

$$E(T) = t_0 + \alpha \Gamma \left(1 + \frac{1}{\beta}\right)$$

方差为

$$D(T) = \alpha^2 \left[\Gamma \left(1 + \frac{2}{\beta}\right) - \Gamma^2 \left(1 + \frac{1}{\beta}\right) \right]$$

②　当维修时间服从威布尔分布时,下面给出维修性相关评价指标函数。

随机变量 T 的维修密度函数为

$$m(t) = \frac{\beta}{\alpha^\beta} (t - t_0)^{\beta - 1} \exp\left[-\left(\frac{t - t_0}{\alpha}\right)^\beta \right], \quad t_0 \leqslant t < +\infty$$

从而维修度函数(即维修概率)为

$$M(t) = 1 - \exp\left[-\left(\frac{t - t_0}{\alpha}\right)^\beta \right], \quad t_0 \leqslant t < +\infty$$

瞬时修复率为

$$\mu(t) = \frac{\beta}{\alpha^\beta} (t - t_0)^{\beta - 1}$$

平均维修时间为

$$\text{MTTR} = E(T) = \alpha \Gamma \left(1 + \frac{1}{\beta}\right)$$

其中,$\Gamma(\cdot)$ 代表伽马函数。

③　选用不同的形状参数 β,威布尔可以用于描述早期失效、偶然失效和耗损失效三种失效类型。当 $\beta > 1$ 时,失效率呈现上升趋势,可以用于描述耗损失效类型,尤其是当 $m \approx 3$ 时,威布尔分布与正态分布接近;当 $\beta = 1$ 时,威布尔分布退化为指数分布,失效率恒定,可以用于偶然失效类型;当 $\beta < 1$ 时,失效率呈现下降趋势,可以用于描述早期失效类型。这些性质说明,威布尔分布对各种失效类型数据的拟合能力很强。

例 1.9　某发射管的故障时间服从威布尔分布,其参数 $m = 2$,$\eta = 1000\text{h}$,确定执行任务时间为 100h 时,发射管的可靠度及工作 100h 的失效率。

解　因为

$$R(t) = \exp\left[-\left(\frac{t}{\alpha}\right)^\beta \right]$$

所以

$$R(100) = \exp\left[-\left(\frac{100}{1000}\right)^2\right] \approx 0.99$$

而

$$\lambda(t) = \left(\frac{\beta}{\alpha}\right)\left(\frac{t}{\alpha}\right)^{\beta-1}$$

所以

$$\lambda(100) = \left(\frac{2}{1000}\right) \times \left(\frac{100}{1000}\right)^{2-1} \approx 0.0002/\text{h}$$

例 1.10　已知某机械部件的疲劳寿命服从威布尔分布,且由历次试验得知,$m=2$,$\eta=200\text{h}$,$\delta=0\text{h}$,试求该部件的平均寿命;可靠度 $R=0.95$ 时的可靠寿命;在 200h 内最大失效率和平均失效率,以及当 $\lambda=0.001\text{h}^{-1}$ 时的可靠度。当位置参数 $\delta=30\text{h}$ 时,求该部件工作到 50h 不失效的概率。

解　根据平均寿命公式并查 Γ 分布表,得该部件的平均寿命为

$$E(T) = \delta + \eta\Gamma\left(1 + \frac{1}{m}\right) = 0 + 200\Gamma\left(1 + \frac{1}{2}\right) = 200 \times 0.886 = 177.2(\text{h})$$

根据可靠性寿命公式得 $R=0.95$ 时的可靠寿命为

$$T_{0.95} = \delta + \eta\left(\ln\frac{1}{R}\right)^{\frac{1}{m}} = 0 + 200\left(\ln\frac{1}{0.95}\right)^{\frac{1}{2}} = 200 \times (0.051293)^{\frac{1}{2}} \approx 45.3(\text{h})$$

由威布尔分布的概率密度函数曲线可知,当 $m=2$ 时,失效率曲线随时间单调递增,所以 200h 内最大失效率是在 200h 处,由失效率函数公式可得

$$\lambda_{\max}(t) = \lambda(2 \times 10^2) = \frac{m}{\eta}\left(\frac{t-\delta}{\eta}\right)^{m-1} = \frac{2}{200}\left(\frac{200}{200}\right)^{2-1} = 0.01(\text{h}^{-1})$$

即可得平均失效率为

$$\bar{\lambda}(t) = \bar{\lambda}(2 \times 10^2) = \frac{1}{t}\left(\frac{t-\delta}{\eta}\right)^m = \frac{1}{200}\left(\frac{200}{200}\right)^2 = 0.005(\text{h}^{-1})$$

当 $\lambda=0.001\text{h}^{-1}$ 时的可靠度为

$$R(t) = R(20) = \exp\left[-\left(\frac{t-\delta}{\eta}\right)^m\right] = \exp\left[-\left(\frac{20}{200}\right)^2\right] = 0.99$$

当参数 $\delta=30\text{h}$ 时,该部件工作到 50h 不失效的概率即可靠度为

$$R(t) = R(50) = \exp\left[-\left(\frac{t-\delta}{\eta}\right)^m\right] = \exp\left[-\left(\frac{50-30}{200}\right)^2\right] = 0.99$$

5. 极值分布模型

极值分布是与威布尔分布和指数分布具有密切关系的一种分布形式,由 Gumbel 于 1958 年最先使用,因此也称 Gumbel 分布,虽然极值分布适合描述低温

度、干旱期间的降雨量、材料的电强度等极端现象,同时也适合由于连续的化学腐蚀引起的失效建模,也适合于串、并联系统的失效建模。

（1）概率密度与分布函数

若随机变量 X 的概率密度函数为

$$f(x)=\frac{1}{b}\exp\left[\frac{x-\mu}{b}-\exp\left(\frac{x-\mu}{b}\right)\right], \quad -\infty<x<+\infty$$

其中,$b>0$ 和 $-\infty<\mu<+\infty$ 均为参数,则称 X 服从极值分布。

极值概率分布函数为

$$F(x)=1-\exp\left[-\exp\left(\frac{x-\mu}{b}\right)\right], \quad -\infty<x<+\infty$$

当 $\mu=0,b=1$ 时,极值分布又称为标准极值分布。由于 μ 是一个位置参数,而 b 是一个尺度参数,从而在极值分布的概率密度函数中 μ 和 b 不是 0 和 1 时,$f(x)$ 的形状并不改变,只是改变了其位置和刻度。

（2）与威布尔分布关系

当随机变量 T 服从威布尔分布时,令 $x=\log T$,则 x 服从 $b=\beta^{-1}$ 和 $\mu=-\log\lambda$ 的极值分布。事实上,这个分布也可以看作是 $\exp[(x-\mu)/b]$ 服从指数分布得到的。在数据分析时使用对数寿命时间常常很方便,因此当寿命时间服从威布尔分布时,极值分布就产生了。

（3）标准极值分布的均值与方差

对于标准极值分布,其矩母函数为

$$M(\theta)=E(e^{\theta x})=\int_{-\infty}^{+\infty}e^{\theta x}\exp(x-e^x)\mathrm{d}x$$

令 $y=e^x$,有 $M(\theta)=\int_0^{+\infty}y^\theta\exp(-y)\mathrm{d}y=\Gamma(1+\theta)$,从而标准极值分布的均值为

$$E(T)=\Gamma'(1)=-\gamma$$

方差为

$$D(T)=\Gamma''(1)-\gamma^2=\frac{\pi^2}{6}$$

其中,$\gamma=0.5772\cdots$,即欧拉常数。

6. 伽马分布模型

伽马分布也可以作为寿命分布模型,但不及威布尔分布那样常用,在一定程度

上是由于伽马分布的可靠性函数与失效率函数不能以简单形式表达,因此用起来比威布尔分布困难。然而,伽马分布的确能够足以适合广泛的寿命数据,并且有一些失效过程模型还可以导出伽马分布。伽马分布也可以从数学上导出,一个很有名的结果是独立同分布(i.i.d)指数分布的随机变量之和服从伽马分布。

(1) 概率密度与分布函数

若随机变量 T 的概率密度函数为

$$f(t)=\frac{1}{\eta^{\alpha}\Gamma(\alpha)}t^{\alpha-1}\exp\left(-\frac{t}{\eta}\right),\quad t>0$$

其中,$\Gamma(\cdot)$是伽马函数,η 是尺度参数,α 是形状参数。

伽马函数 $\Gamma(\cdot)$的定义为

$$\Gamma(x)=\int_0^{+\infty}\mu^{x-1}\exp(-\mu)\mathrm{d}\mu$$

则称 T 服从伽马分布(或 Γ 分布),从而伽马分布函数为

$$F(t)=\int_0^t f(t)\mathrm{d}t=\int_0^t\frac{1}{\eta^{\alpha}\Gamma(\alpha)}t^{\alpha-1}\exp\left(-\frac{t}{\eta}\right)\mathrm{d}t$$

其可靠度函数和故障率函数没有封闭形式的表达式。如同威布尔分布一样,指数分布也是伽马分布的特殊情形(取 $k=1$ 即可)。下面给出几个伽马分布的密度函数,如图 1-15 所示。

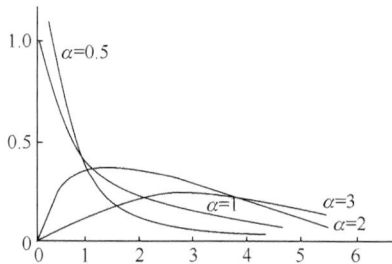

图 1-15　$\alpha=0.5,1,2,3$ 时的概率密度函数

(2) 相关特征值与性质

① 通过计算,伽马分布的均值和方差分别为

$$E(T)=\alpha\eta,\quad D(T)=\alpha\eta^2$$

② 伽马分布的概率密度函数、故障率函数和瞬时修复率取决于形状参数 α,如图 1-15 所示,不同 α 对应图像有所区别。

当 $\alpha<1$ 时,$m(t)$ 和 $f(t)$ 均为递减函数,$\mu(t)$ 和 $\lambda(t)$ 也为递减函数。

当 $\alpha=1$ 时,$m(t)$ 和 $f(t)$ 均为递减函数,$\mu(t)$ 和 $\lambda(t)$ 均为常数。

当 $\alpha>1$ 时,$m(t)$ 和 $f(t)$ 均为单峰形状,$\mu(t)$ 和 $\lambda(t)$ 也均为递增函数。

例 1.11　某系统故障服从伽马分布,其中 $\eta=20,\alpha=3$,计算该系统在 24h 任务时间的可靠度及 24h 结束时的瞬时故障率。

解　由于

$$R(t) = \exp\left(-\frac{t}{\eta}\right) \cdot \sum_{i=1}^{\alpha-1} \frac{\left(\frac{t}{\eta}\right)^i}{i!}$$

所以

$$R(24) = \exp\left(-\frac{24}{20}\right) \cdot \sum_{i=1}^{3-1} \frac{\left(\frac{24}{20}\right)^i}{i!} \approx 0.876$$

又因为

$$f(t) = \frac{1}{\eta^{\alpha}\Gamma(\alpha)}t^{\alpha-1} \cdot \exp\left(-\frac{t}{\eta}\right), \quad t>0$$

所以

$$f(24) = \frac{\left(\frac{1}{20}\right)^3 \times 24^{3-1}\exp\left(-\frac{1}{20}\times 24\right)}{\Gamma(3)} \approx 0.011$$

所以

$$\lambda(24) = \frac{f(24)}{R(24)} = \frac{0.011}{0.876} \approx 0.012/\text{h}$$

7. 泊松分布模型

泊松分布可以描述机械系统在一定时间区间的故障数或缺陷一致性的分布。对于成败型实验,当 n 很大而 p 很小时,实际上当 $n \geqslant 20$, $p \leqslant 0.05$ 时,二项分布近似于泊松分布。泊松分布是只有一个参数的分布,此参数 $\lambda>0$。

(1) 概率密度与分布函数

若随机变量 X 服从泊松分布,其分布密度函数可以用 $f(x,\lambda)$ 表示,即

$$f(x,\lambda) = P(X=x) = \frac{\lambda^x}{x!}\exp(-\lambda), \quad x=0,1,\cdots$$

X 取值 $0\sim x$ 的概率称为泊松分布函数,记为 $P(x,\lambda)$,即

$$P(x,\lambda) = P(X \leqslant \lambda) = \sum_{k=0}^{x} \frac{\lambda^k}{k!}\text{e}^{-\lambda}$$

（2）相关性质

① 随机变量 X 的期望与方差均为λ。

② 泊松分布具有可加性,设 $X_1,X_2,\cdots,X_n$ 是独立同分布的随机变量,$X_i(i=1,2,\cdots,n)$服从参数为 λ 的泊松分布,则有

$$X \stackrel{\text{def}}{=} \sum_{i=1}^{n} X_i \sim P(x,\lambda)$$

其中,$\lambda = \sum_{i=1}^{n} \lambda_i$ 。

（3）恒定故障率情况

若已知机械系统的常量故障率 λ 时,在$[0,t]$时间区间内平均故障数 $\bar{\lambda}=\lambda t$,这样机械系统在规定时间区间内的失效数 X 服从泊松分布,即

$$P(X=x)=\frac{(\lambda t)^x}{x!}\mathrm{e}^{-\lambda t}$$

故障数为 $0\sim x$ 的概率为

$$P(X\leqslant x) = \sum_{k=0}^{x} \frac{(\lambda t)^k}{k!}\mathrm{e}^{-\lambda t}$$

即故障时间服从指数分布的机械系统,规定时间内的故障数服从参数为 λt 的泊松分布。

例 1.12　现有 90 台同类型的设备,各台设备的工作是相互独立的,发生故障的概率都是 0.01,且一台设备的故障能由一个人处理。配备维修工人的方法有两种:一种是由 3 人分开维护,每人负责 30 台;另一种是由 3 人共同维护 90 台。求两种情形下该人机系统的可靠性。

解　设 $A_i(i=1,2,3)$为第 i 个人负责的 30 台设备发生的故障无人修理的事件,X_i表示第 i 个负责的 30 台设备中发生故障的设备台数,则 $X_i\sim B(30,0.01)$,$\lambda=np=0.3$。所以

$$P(A_i) = P(X_i\geqslant 2) \approx \sum_{k=2}^{+\infty} \frac{0.3^k}{k!}\mathrm{e}^{-0.3} \approx 0.0369$$

从而 90 台设备发生故障无人修理的事件为 $A_1\cup A_2\cup A_3$,故采用第一种人机系统方法,所得人机系统可靠度为

$$R_1=P(\overline{A_1}\ \overline{A_2}\ \overline{A_3})=P(\overline{A_1})P(\overline{A_2})P(\overline{A_3})=(1-0.0369)^3\approx 0.8933$$

若采用第二种人机系统方法,设 X 为 90 台设备中同时发生故障的设备台数,则 $X_i\sim B(90,0.01)$,$\lambda=np=0.9$。所以

$$R_2 = 1-P(X\geqslant 4) \approx 1-\sum_{k=4}^{+\infty} \frac{0.9^k}{k!}\mathrm{e}^{-0.9} \approx 0.9865$$

故

$$R_1 \approx 0.8933 < R_2 \approx 0.9865$$

从而第二种人机系统更可靠。

1.5　本章小结

现代质量概念表明,质量包含了系统的性能特性、专门特性、适应性等方面,是系统满足使用要求的特性的总和。系统的性能特性可采用性能指标来描述,如发动机的输出功率;而系统的专门特性描述了系统保持规定性能指标的能力,包括五性:可靠性、维修性、安全性、测试性、保障性等;适应性则反映了系统满足用户需求、符合市场需要的能力。

其中可靠性是最重要的质量属性,其分析方法有机理模型法和概率分析法,分析对象涉及硬件、软件、人因等。随着可靠性相关领域的发展,逐渐形成可靠性领域的四个相关研究方向:可靠性数学、可靠性物理、可靠性工程、可靠性管理等。根据不同的研究方法和对象,形成了工作可靠性、任务可靠性、多态可靠性、动态可靠性等不同的研究领域。

为后续章节分析需要,本章介绍了可靠性相关特征量、常用寿命分布(如指数分布、正态分布、对数正态分布、威布尔分布、极值分布、伽马分布、泊松分布等),并给出了相关案例分析。

习题及思考题

1. 根据产品可靠性、维修性、安全性、测试性、保障性的定义,试图分析讨论这些单个特性之间的关系以及相关影响特性。

2. 试推导故障率函数、可靠性函数与寿命分布密度函数之间的关系。

3. 指数分布与威布尔分布有何特点? 为何在可靠性研究中得到广泛应用?

4. 假定某飞机上某无线电设备共有 70 件,工作 100h 的故障统计结果如下表,求该设备的可靠度、故障率函数,并根据故障率曲线判别该产品处于何种故障期?

工作时间 t_i/h	0	10	20	30	40	50	60	70	80	90
故障数 $\Delta r(t_i)$	0	0	0	2	11	16	20	14	6	1

5. 一个具有恒定故障率 $\lambda = 2 \times 10^{-3} h^{-1}$ 的机器每天工作 8h,每年 230 天。需要用于维修机器并使它回到运行状态的平均停机时间为 MDT=5h,假设机器在运行中才出现故障,若一个维修行为在正常工作时间内不能完成,将使用超时来完

成维修,使得机器在第二天早晨可以使用。

(1) 求机器的平均可用性;

(2) 若不允许使用超时,求机器的平均可用性。

6. 已知产品的失效密度函数 $f(t)=\lambda\exp[-\lambda(t-\gamma)],t\geqslant\gamma$。试推导该产品的失效分布函数、可靠性函数、失效率函数、平均寿命、可靠性为 0.80 的可靠寿命、使用时间为 T_0 后剩余寿命的相关表达式。

7. 微波发射管寿命服从正态分布,其寿命均值为 $\mu=5000h$,标准差为 $\sigma=1500h$。试求当工作时间为 4100h 时,这种管子的可靠度? 使用到 4400h 时,该管子的瞬时失效率又是多少?

8. 某机械厂生产一批电机轴,该轴上轴颈直径尺寸精度因制造原因产生变动,根据以往的经验可以判断其变动服从于正态分布。通过抽样检测得知其均值为 20.49cm,标注差为 0.02cm。若按该轴的技术要求,轴颈直径尺寸在 20.47～20.53cm 尺寸范围内为合格品,试求该批轴的合格率。

9. 现有一组滚珠轴承疲劳失效的完全样本数据如下(单位:10^6 转):

17.88　28.92　33.00　41.52　42.12　45.60　48.48　51.84　51.96

54.12　55.56　67.80　68.64　68.64　68.88　84.12　93.12　98.64

105.12　105.84　127.92　128.01　173.40

假定上述数据服从对数正态分布,请给出可靠度不低于 0.80 的可靠寿命,以及使用 10^8 转时的可靠度。

10. 某厂生产的直径为 5mm 的钢丝弹簧,要求承受耐剪力强度为 3×10^4 Pa,且弹簧在工作应力条件下承受 10^6 次载荷循环以后立即更换。根据以往的试验,该弹簧在恒定应力条件下的疲劳寿命服从参数为 $\mu=6.1399$、$\sigma=0.1035$ 的对数正态分布,试问在更换之前,弹簧失效的可能性有多大? 若要保证更换前具有 99% 的可靠度,应在多少次循环前更换?

11. 某产品的寿命服从参数为 $m=2$、$\eta=2000$ 的威布尔分布,请评估 1000h 时的工作可靠度以及故障率。

12. 某元件的参数服从威布尔分布,形状参数为 4,尺度参数为 1000h,位置参数 3h,求该元件的平均寿命、可靠度为 0.95 时的可靠寿命、在 100h 内的最大失效率和平均失效率,以及 $t=500h$ 的可靠度和失效率。

13. 推导参数为 λ 的 Poisson 分布的参数 λ 的无偏估计,样本容量为 n 且置信水平为 $1-\alpha$ 的置信区间。若某一地区在一个世纪中发生 4 次洪水,如果假设各个世纪发生洪水的次数服从 Poisson 分布,试求一个世纪中发生洪水平均次数的 95% 的置信区间。

第 2 章　可靠性统计原理

可靠性统计原理源于 20 世纪 30 年代,随着现代技术的不断进步,可靠性统计原理日趋完善。机器维修问题是最早研究的热点之一,而另一个重要的研究工作是将更新理论应用于零部件更换问题。Weibull、Gumbel 和 Epstein 等系统研究了材料的疲劳寿命问题和有关极值理论。自 50 年代至今,可靠性数学应用领域已从军事技术扩展到国民经济的诸多领域[12]。

要提高产品的可靠性,需要在材料、设计、工艺、使用维修等多方面去努力,从而可靠性的改善实质上是一个工程管理问题,然而可靠性问题是以产品的寿命特征作为主要研究对象,这就离不开对产品寿命的定量分析与比较,需要对可靠性的一些基本数学概念进行严格的定义与推理,为可靠性工程与管理问题提供理论基础[13]。一般来说,产品的寿命是一个非负随机变量,从而可靠性数学成为概率论与数理统计的一个重要分支。同时,可靠性通常与决策及最优化问题有紧密联系,这决定了可靠性数学又是运筹学的一个重要分支。在管理问题中,高可靠性的管理提升企业竞争力,把可靠性应用于工程管理问题,于是可靠性数学也是质量与工程管理的一个重要基础理论知识。由于现代信息技术的快速发展,信息的存储与传播,高度复杂系统集成可靠性,需要借助计算机来完成,可靠性数学成为信息科学应用的又一个重要研究领域[14]。

为可靠性工程应用提供数学基础,本章主要介绍可靠性统计的基本原理。

2.1　随机变量特征数

由于可靠性研究的前提是实验数据的收集,而试验数据通常被看成随机变量,对于产品寿命随机变量,期望 $E(X)$、方差 $\mathrm{Var}(X)$ 和标准差 $\sigma(X)$ 是随机变量(也是相应分布)的最重要的特征数。它们分别刻画了一个分布的两个重要侧面,即位置与散布。在实际应用中,它们的使用频率最高。这里将指出它们的几项应用和其他特征数。

1. Chebyshev 不等式

对方差存在的随机变量 X,有

$$P(\,|\,X-E(X)\,|\geqslant\varepsilon)\leqslant\frac{\mathrm{Var}(X)}{\varepsilon^2} \tag{2-1}$$

其中,ε 为任一正数。

这个概率不等式表明,大偏差发生的概率被其方差所控制。

2. Bernoulli 大数定律

设事件 A 的概率 $P(A)=p$,在 n 次随机实验中 A 发生次数 X_n 服从二项分布 $B(n,p)$,对任意小的正数 ε,事件发生的频率 X_n/n 与其概率 p 之间的偏差超过 ε 的概率将随着 n 的无限增大而趋于零,即

$$\lim_{n\to+\infty}P\left(\left|\frac{X_n}{n}-p\right|\geqslant\varepsilon\right)=0 \tag{2-2}$$

这个大数定律是"频率的稳定值是概率"这句话的确切含义。

3. 中心极限定理

n 个相互独立同分布的随机变量之和的分布在一定条件下近似于正态分布,并且 n 越大,近似程度越好。研究这类结果成立的条件就构成中心极限定理。

(1) Lindeberg-Levy 中心极限定理

设 $\{X_n\}$ 是独立同分布随机变量序列,$E(X)=\mu$,$\mathrm{Var}(X)=\sigma^2$,若方差有限,且不为零,则前 n 个随机变量之和的标准化变量为

$$Y_n^* = \frac{X_1+X_2+\cdots+X_n-n\mu}{\sqrt{n}\sigma} \tag{2-3}$$

的分布函数将随着 $n\to+\infty$ 而收敛于标准正态分布 $\Phi(y)$,即对任意实数 y,有

$$\lim_{n\to+\infty}P(Y_n^*\leqslant y)=\Phi(y) \tag{2-4}$$

这个定理表明不管 X_i 是离散分布还是连续分布,也不管是正态分布还是非正态分布,只要满足如下三个条件就可以用上述正态近似来计算有关事件的概率,即

① X_i 相互独立同分布。

② 其分布的方差有限,且不为零。

③ n 充分大,如 $n\geqslant 30$。

例如,$P(X_1+X_2+\cdots+X_n)<a$,$P(\overline{X}<b)$ 等。

在概率论中,常把 n 充分大时才具有的性质称为渐近性质。于是 Lindeberg-Levy 中心极限定理可以表述为在一定条件下,Y_n^* 渐近服从标准正态分布 $N(0,1)$,

记为

$$Y_n^* = \frac{X_1 + X_2 + \cdots + X_n - n\mu}{\sqrt{n}\sigma} \sim AN(0,1)$$

（2）DeMoivre-Laplace 中心极限定理

设随机变量 $Y_n \sim B(n,p)$，则其标准化随机变量，即

$$Y_n^* = \frac{Y_n - np}{\sqrt{np(1-p)}} \tag{2-5}$$

的分布函数将随着 $n \to +\infty$ 而收敛于标准正态分布函数 $\Phi(y)$，即对任意实数 y，有

$$\lim_{n \to +\infty} P(Y_n^* \leqslant y) = \Phi(y) \tag{2-6}$$

这是最早的中心极限定理。其实质是对二项分布用正态分布作近似计算，根据这个定理，当 $Y_n \sim B(n,p)$ 时，假如 n 充分大，则有

$$Y_n \overset{\text{近似}}{\sim} N(np, np(1-p)) \tag{2-7}$$

为了提高近似程度，统计学家提出两点建议：

① 要使二项分布中的 n 与 p 满足 $np \geqslant 5$ 和 $n(1-p) \geqslant 5$。

② 若要求二项变量 Y_n 在 $[a,b]$ 的概率，应把区间修改为 $(a-0.5, b+0.5)$，即

$$P(a \leqslant Y_n \leqslant b) = \Phi\left(\frac{b+0.5-np}{\sqrt{np(1-p)}}\right) - \Phi\left(\frac{a-0.5-np}{\sqrt{np(1-p)}}\right)$$

这里使用的不等号是"$\leqslant$"或"$\geqslant$"，如要求 $P(Y_n < 20)$ 要转化为 $P(Y_n \leqslant 19)$。

例 2.1　已知某产品的正品率为 0.515，求在 10000 个产品中正品不多于不合格产品的概率是多少？

解　设 X 表示 10000 个产品中的正品数，则 $X \sim B(10000, 0.515)$。依题意要求 $P(X \leqslant 5000)$，由于 $np = 5150 > 5$，$n(1-p) = 4850 > 5$，因此可以用 DeMoivre-Laplace 定理求概率，即

$$P(X \leqslant 5000) \approx \Phi\left(\frac{5000+0.5-5150}{\sqrt{10000 \times 0.515 \times 0.485}}\right)$$

$$= \Phi(-2.991)$$

$$= 1 - \Phi(2.991)$$

$$= 1 - 0.9986$$

$$= 0.0014$$

这个概率很小,只有 1.4‰,因此其对立事件"合格多于不合格"最有可能发生。

4. 随机变量函数的数学期望

设 $g(X)$ 是随机变量 X 的函数,假如它的数学期望存在,则

$$E[g(X)] = \begin{cases} \sum_i g(x_i)p(x_i), & \text{离散场合} \\ \int_{-\infty}^{+\infty} g(x)p(x)\mathrm{d}x, & \text{连续场合} \end{cases} \quad (2\text{-}8)$$

这个性质可以简化随机变量函数的期望计算,导出如下有用性质。
① 若 C 是常数,则有 $E(C)=C, \mathrm{Var}(C)=0$。
② 若 $a\neq0, b$ 是常数,则有 $E(aX+b)=aE(X)+b, \mathrm{Var}(aX+b)=a^2\mathrm{Var}(X)$。

5. (原点)矩和中心矩

以下涉及的期望都假设存在。
① X(或分布)的 k 阶(原点)矩,$\mu_k=E(X^k)$,数学期望是 X 的一阶矩。
② X(或分布)的 k 阶中心矩,$v_k=E(X-E(X))^k$,方差 $\mathrm{Var}(X)$ 是 X 的二阶中心矩。

6. X(或分布)的变异系数

$C_v=\dfrac{\sigma(X)}{E(X)}$ 是以数学期望为单位去度量随机变量 X 取值波动程度的特征数。

7. X(或分布)的偏度(系数)

$$\beta_s=\frac{v_3}{(v_2)^{3/2}}=\frac{E(X-E(X))^3}{[\sigma(X)]^3} \quad (2\text{-}9)$$

偏度是描述分布偏离对称性(偏态)程度的特征数,可正可负,其正负反映的是偏态的方向,如图 2-1 所示。

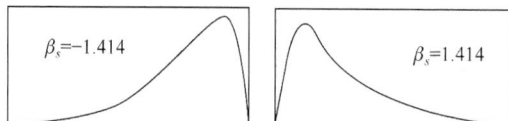

图 2-1　两个分布的偏度(负偏和正偏)

① $\beta_s>0$,分布为正偏或右偏,重尾在右侧。
② $\beta_s<0$,分布为负偏或左偏,重尾在左侧。

③ $\beta_s = 0$，分布关于其期望 $E(X)$ 对称，如正态分布。

8. X(或分布)的峰度(系数)

$$\beta_k = \frac{v_4}{v_2^2} - 3 = \frac{E(X - E(X))^4}{[\sigma(X)]^4} - 3$$

峰度是描述分布尖峭程度和(或)尾部粗细的一个特征数，可正可负，其正负反映的是峰态，与标准正态分布相比是更尖峭，还是更加平坦，如图 2-2 所示。

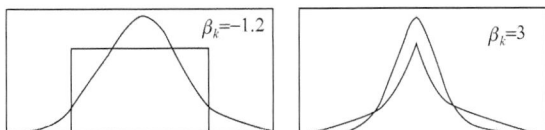

图 2-2　两个密度函数与标准正态分布密度函数的比较

① $\beta_k > 0$，标准化后的分布比标准正态分布更尖峭和(或)尾部更粗。
② $\beta_k < 0$，标准化后的分布比标准正态分布更平坦和(或)尾部更细。
③ $\beta_k = 0$，标准化后的分布与标准正态分布相当。

偏度 β_s 与峰度 β_k 都是描述分布形状的特征数，当一分布的 β_s 与 β_k 皆为 0，或近似为零时，常认为该分布近似为正态分布。

9. 中位数与分位数

连续分布的 $\alpha (0 < \alpha < 1)$(下侧)分位数 x_α 是满足下式的解，即

$$P(X \leqslant x_\alpha) = \alpha \text{ 或 } F(x_\alpha) = \alpha \tag{2-10}$$

0.5 分位数为中位数。

α 分位数 x_α 是 x 轴上的一个点(实数)，它把密度函数 $p(x)$ 下的面积(概率)分为两块，左侧的一块面积恰好为 α，中位数是把 $p(x)$ 下的面积分为相等的两块，各为 0.5，如图 2-3 所示。

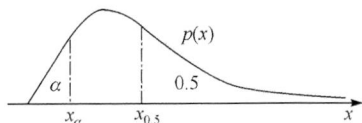

图 2-3　α 分位数与中位数

α 分位数 x_α 是 α 的非减函数，即有 $x_{0.1} \leqslant x_{0.3} \leqslant x_{0.7}$ 等。标准正态分布 $N(0,1)$ 的 α 分位数 $\mu_\alpha = \Phi^{-1}(\alpha)$，其中 $\Phi^{-1}(\alpha)$ 是标准正态分布函数 $\Phi(u)$ 的反函数，对各种

α编制了"标准正态分布的α分位数u_α表"。标准正态密度函数的对称性如图 2-4 所示。

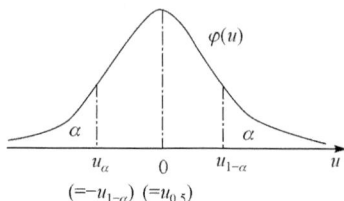

图 2-4　标准正态分布的分位数

① 当$\alpha<0.5$时,$u_\alpha<0$;当$\alpha>0.5$时,$u_\alpha>0$;当$\alpha=0.5$时,$u_\alpha=0$。

② 对任意$\alpha(0<\alpha<1)$,有$u_\alpha=-u_{1-\alpha}$。

一般正态分布$N(\mu,\sigma^2)$的α分位数$x_\alpha=\mu+\alpha u_\alpha$,其中$u_\alpha$为标准正态分布的$\alpha$分位数。连续分布的$\alpha$上侧分位数$x_\alpha'$由等式$P(X\geqslant x_\alpha')=\alpha$确定,如图 2-5 所示。

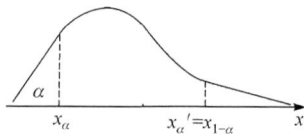

图 2-5　上下侧分位数间关系

① α(下侧)分位数x_α与α上侧分位数x_α'是两个不同概念,即$\alpha\neq0.5$时,$x_\alpha\neq x_\alpha'$。

② 它们之间有如下转换关系,即$x_\alpha'=x_{1-\alpha}$或$x_\alpha=x_{1-\alpha}'$。

例 2.2　某绝缘材料的使用寿命T(单位:h)服从对数正态分布$\ln(\mu,\sigma^2)$。

① 求对数正态分布的α分位数t_α。

② 若$\mu=10,\sigma=2$,求$t_{0.1}$。

③ 若$t_{0.2}=5000$h,$t_{0.8}=65000$h,求μ与σ。

解　① 设对数正态分布函数为$F(t)$,则其α分位数t_α满足方程$F(t_\alpha)=\alpha$,其中

$$F(t_\alpha)=P(T\leqslant t_\alpha)=P(\ln T\leqslant\ln t_\alpha)=\Phi\left(\frac{\ln t_\alpha-\mu}{\sigma}\right)$$

若令u_α为标准正态分布的α分位数,则有$\dfrac{\ln t_\alpha-\mu}{\sigma}=u_\alpha$,$t_\alpha=\exp(\mu+\sigma u_\alpha)$。

② 在$\mu=10,\sigma=2$时,$t_{0.1}=\exp(10+2u_{0.1})=\exp[10+2\times(-1.282)]=1662$h。这表明,该绝缘体材料在 1662h 内有 10% 会发生失效。若进行质量改进,把对数正态分布的标准差σ减少到 1.7,这时 0.1 的分位数为$t_{0.1}=\exp[10+1.7\times$

$(-1.282)]=2491\mathrm{h}$。这表明,该绝缘体材料的寿命被延长了,其 10% 失效会延迟到 2491h。

③ 由 $t_{0.2}=5000$ 和 $t_{0.8}=65000$ 可列出如下联立方程组,即

$$\begin{cases} \ln5000=\mu+\sigma u_{0.2} \\ \ln65000=\mu+\sigma u_{0.8} \end{cases}$$

查表知,$u_{0.8}=0.84$,$u_{0.2}=-u_{0.8}=-0.84$,代入上式,解之可得 $\mu=9.8$,$\sigma=1.527$。该绝缘体材料的平均寿命 $E(T)$ 为

$$E(T)=\exp\left(\mu+\frac{\sigma^2}{2}\right)=\exp\left(9.8+\frac{1.527^2}{2}\right)=57865\mathrm{h}$$

2.2　基本抽样分布

1. 总体与个体

在一个统计问题中,研究对象的全体称为总体,构成总体的每个成员称为个体。

总体中的个体都是实在的人或物,每个人或物都有很多侧面。例如,研究厂家生产的产品这个总体,每个产品就是一个个体,每个个体有很多侧面,如质量、长、宽、高等。若只限于研究产品的质量,其他特性暂时不考虑,这样一来,一个个体(产品)对应一个数。假如撇开实际背景,那么总体就是一堆数,这一堆数中有大有小,有的出现机会多,有的出现机会少,因此概率分布 $F(x)$ 去归纳它是恰当的,服从 $F(x)$ 的随机变量 X 就是相应的数量指标。总体可以用一个分布 $F(x)$ 表示,也可以用一个随机变量 X 表示。

总体分为有限总体与无限总体,当一个总体很大,或用不返回抽样与返回抽样的效果很接近时,该总体就可看作无限总体。

2. 样本

从总体中抽出的部分个体组成的集合称为样本,其中个体称为样品,样本中样品个数称为样本量或样本容量。为了能从样本正确地推导总体,对抽样提出两点要求。

① 代表性,总体中每个个体有同等机会被选入样本。

② 独立性,样本中每个样品的抽取不影响其他样品的抽取。

由此获得的样本称为简单随机样本,简称样本。

若 $X_1,X_2,\cdots,X_n$ 是从某总体抽取的样本,则 $X_1,X_2,\cdots,X_n$ 可以看作相互独立同总体分布的随机变量,它的观察值用小写字母 $x_1,x_2,\cdots,x_n$ 表示。

例 2.3 对 363 个零售商店调查月零售额的结果如表 2-1 所示。

表 2-1　363 个零售商店的月零售额 （单位:万元）

零售额	≤10	(10,15]	(15,20]	(20,25]	(25,50]
商店数	61	135	110	42	15

这是一个容量为 363 的样本的观察值,对应的总体是所有零售店的月零售额。但是这里没有给出每一个样品的具体观察值,而是给出了样本观察值所在的区间,称为分组样本的观察值。分组样本的优点是简明地概括出总体一些有用的信息,实际中常用;缺点是失去了样品的部分信息。

3. 统计量

设 $X_1, X_2, \cdots, X_n$ 是来自总体的一个样本,则不含未知参数的样本函数 $T = T(X_1, X_2, \cdots, X_n)$ 称为统计量,其分布称为抽样分布。

最常用的统计量是样本均值 $\overline{X}$、样本方差 S^2 和样本标准差 S,即 $\overline{X} = \frac{1}{n} \sum_{i=1}^{n} X_i$,$S^2 = \frac{1}{n-1} \sum_{i=1}^{n} (X_i - \overline{X})^2$ 和 $S = \sqrt{S^2}$。

下面对这三个基本统计量作一些说明。

① 样本均值 $\overline{X}$ 总位于样本中间位置,常用来估计总体均值 μ,记为 $\hat{\mu} = \overline{X}$。

② 样本的偏差平方和 $Q = \sum_{i=1}^{k} (X_i - \overline{X})^2$ 表征样本分散程度,它还有两个简便公式,即

$$Q = \sum_{i=1}^{n} X_i^2 - \frac{1}{n} \left(\sum_{i=1}^{n} X_i \right)^2 = \sum_{i=1}^{n} X_i^2 - n \overline{X}^2$$

③ 偏差平方和 Q 的自由度 f 是指独立偏差的个数。Q 含有 n 个偏差 $X_1 - \overline{X}, X_2 - \overline{X}, \cdots, X_n - \overline{X}$,由于其和恒为零,因此自由度 $f = n - 1$。

④ 样本方差 S^2 =样本的偏差平方和除以自由度=$Q/(n-1)$,又称均方,是总体方差 σ^2 的最好估计,记为 $\hat{\sigma}^2 = S^2$。

⑤ 样本标准值差 $S = \sqrt{S^2}$ 常用来估计总体标准差 σ,记为 $\hat{\sigma} = S$。

除以上常用基本统计量外,还有一些统计量在实际中会用到。

① 分组样本的均值与方差,可分别用来估计总体均值与总体方差,即

$$\overline{X} = \frac{1}{n} \sum_{i=1}^{k} n_i X_i, \quad S^2 = \frac{1}{n-1} \sum_{i=1}^{k} n_i (X_i - \overline{X})^2$$

其中, k 为分组样本中的组数; X_i 与 n_i 分别为第 i 组的组中值与样品个数, $n = \sum_{i=1}^{k} n_i$。

② 样本 k 阶(原点)矩 $A_k = \dfrac{1}{n} \sum_{i=1}^{n} X_i^k$,反映总体 k 阶(原点)矩的信息, $k = 1$, $2, \cdots$, 样本一阶矩就是样本均值 $\overline{X}$。

③ 样本 k 阶中心矩 $B_k = \dfrac{1}{n} \sum_{i=1}^{n} (X_i - \overline{X})^k$ 反映总体 k 阶中心矩的信息, $k = 1$, $2, \cdots$。

④ 样本变异系数 $CV = \dfrac{S}{\overline{X}}$,反映总体变异系数的信息。

⑤ 样本偏度 $SK = B_3 / B_2^{3/2}$,反映总体偏度的信息。

⑥ 样本峰度 $KU = B_4 / B_2^2 - 3$,反映总体峰度的信息。

例 2.4　某飞机制造商大批生产一种零件,从中随机抽取 500 个检测其长度, 数据分组统计如表 2-2 所示。

表 2-2　分组的数据统计　　　　　　　　(单位:cm)

组号 i	区间	组中值 X_i	频数 n_i
1	$[9.6, 9.7)$	9.65	6
2	$[9.7, 9.8)$	9.75	25
3	$[9.8, 9.9)$	9.85	72
4	$[9.9, 10.0)$	9.95	133
5	$[10.0, 10.1)$	10.05	120
6	$[10.1, 10.2)$	10.15	88
7	$[10.2, 10.3)$	10.25	46
8	$[10.3, 10.4)$	10.35	10
合计			500

试计算其样本均值 $\overline{X}$、样本方差 S^2 与样本标准差 S 的近似值。

解　按照分组样本均值、方差的近似计算公式有

$$\overline{X} = \frac{1}{500} \sum_{i=1}^{8} n_i X_i = 10.0168$$

$$S^2 = \frac{1}{500 - 1} \sum_{i=1}^{8} n_i (X_i - \overline{X})^2 = 0.2102$$

$$S = \sqrt{0.2102} = 0.1450$$

4. 基本抽样分布

统计量的分布称为抽样分布。寻求抽样分布是统计推断的基础工作,有三条获得途径。

① 用严格的数学推理获得的精确抽样分布。

② 用大样本方法获得的渐近抽样分布。

③ 用随机模拟或其他拟合方法获得的近似抽样分布。

统计量作为样本的不含未知量的函数,也是一个随机变量。当总体分布确定时,统计量的分布也是确定的。抽样分布在数理统计的诸多方法及其应用中都有十分重要的作用,有些方法的核心内容就是构造一个恰当的统计量并确定其分布。一般说来,求出一个统计量的精确分布是较为困难的,但是对于最重要的正态总体的几个常用统计量的分布,已取得较为完整的结果。下面介绍几种常用的抽样分布。

(1) 样本均值 $\overline{X}$ 的分布

定理 2.1 设 $X_1, X_2, \cdots, X_n$ 是来自总体的一个样本。

① 若总体为正态分布,则样本均值 $\overline{X}$ 的精确分布为 $N(\mu, \sigma^2/n)$,即 $\overline{X} \sim N(\mu, \sigma^2/n)$。

② 若总体分布未知或是某个非正态分布,但其期望 μ 与方差 σ^2 存在,则在 n 较大时,样本均值 $\overline{X}$ 的渐近分布为 $N(\mu, \sigma^2/n)$,即 $\overline{X} \sim AN(\mu, \sigma^2/n)$。这表明无论总体分布是什么,只要其方差存在,则 $\overline{X}$ 的分布将随着样本量 n 的增加而接近正态分布,其均值不变,方差缩小 n 倍,$\overline{X}$ 的标准差 $\sigma_{\overline{X}} = \sigma/\sqrt{n}$。

(2) t 分布

定义 2.1 设随机变量 T 的概率密度函数为

$$f(x) = \frac{\Gamma\left(\dfrac{n+1}{2}\right)}{\sqrt{n\pi}\,\Gamma\left(\dfrac{n}{2}\right)} \left(1 + \frac{x^2}{n}\right)^{-\frac{n+1}{2}}, \quad -\infty < x < +\infty \qquad (2\text{-}11)$$

则称随机变量 T 服从自由度为 n 的 t 分布,记为 $T \sim t(n)$。

定理 2.2 设 $X_1, X_2, \cdots, X_n$ 是来自正态总体 $N(\mu, \sigma^2)$ 的一个样本,$\overline{X}$ 与 S^2 是其样本均值与样本方差,则有

$$t = \frac{\sqrt{n}(\overline{X} - \mu)}{S} \sim t(n-1) \qquad (2\text{-}12)$$

其中,$t(n-1)$ 表示自由度为 $n-1$ 的 t 分布,其自由度是由样本方差 S^2 带来的。

关于 t 分布有如下几点说明。

① 自由度为 n 的 t 分布 $t(n)$ 是对称分布,因此其 α 分位数 $t_\alpha(n)$ 与 $1-\alpha$ 分位数 $t_{1-\alpha}(n)$ 互为相反数,即 $t_\alpha(n)+t_{1-\alpha}(n)=0$。

② t 分布的概率密度函数与标准正态分布的密度函数很相似,其峰总比 $N(0,1)$ 的峰略低一些,而两侧的尾部概率总比 $N(0,1)$ 的尾部概率大一些(图 2-6),如表 2-3 所示。

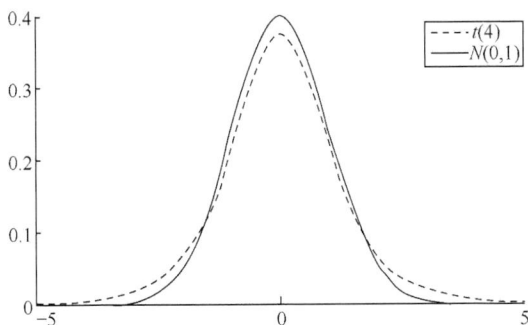

图 2-6　$t(4)$ 分布与 $N(0,1)$ 的概率密度函数

表 2-3　$N(0,1)$ 和 $t(4)$ 的尾部概率 $P(\,|\,X\,|\,\geqslant c)$

	$c=2$	$c=2.5$	$c=3$	$c=3.5$
$X \sim N(0,1)$	0.0455	0.0124	0.0027	0.000465
$X \sim t(4)$	0.1161	0.0668	0.0399	0.0249

③ 设 $T \sim t(n)$,$0<\alpha<1$,对于满足下列不等式的数 $t_\alpha(n)$,称为 $t(n)$ 分布的上侧分位数,即

$$P\{T>t_\alpha(n)\}=\int_{t_\alpha(n)}^{+\infty} f_T(x)\mathrm{d}x=\alpha \tag{2-13}$$

给定 n 及 $\alpha(0<\alpha<1)$,查表可得 $t_\alpha(n)$,如 $t_{0.025}(10)=2.2281$。

④ 若 $T \sim t(n)$,则对任意实数 x 有

$$\lim_{n \to +\infty} f_T(x)=\varphi(x)=\frac{1}{\sqrt{2\pi}}\mathrm{e}^{-\frac{x^2}{2}} \tag{2-14}$$

因此,当 n 足够大时,T 近似服从 $N(0,1)$ 分布。于是对较大的 $n(n>45)$,可以标准正态分布的上侧分位数 u_α 作为 $t(n)$ 分布的上侧分位数,即 $t_\alpha(n) \approx u_\alpha$。

(3) χ^2 分布

定义 2.2　设随机变量 χ^2 的概率密度函数为

$$f(x) = \begin{cases} \dfrac{1}{2\Gamma\left(\dfrac{n}{2}\right)}\left(\dfrac{x}{2}\right)^{\frac{n}{2}-1} \mathrm{e}^{-\frac{x}{2}}, & x > 0 \\ 0, & x \leqslant 0 \end{cases} \tag{2-15}$$

则称随机变量 χ^2 服从自由度为 n 的 χ^2 分布,记为 $\chi^2 - \chi^2(n)$。

定理 2.3 设 n 个相互独立且服从正态分布 $N(0,1)$ 的随机变量 $X_1, X_2, \cdots, X_n$,记为 $\chi^2 = \sum\limits_{i=1}^{n} X_i^2$,则随机变量 χ^2 服从自由度为 n 的 χ^2 分布。自由度为右端所包含的独立随机变量个数。

不同自由度 χ^2 分布的概率密度函数曲线如图 2-7 所示。事实上,χ^2 分布是右偏分布,是一种伽马分布,即

$$\chi^2(n-1) = \Gamma\left(\frac{n-1}{2}, \frac{1}{2}\right) \tag{2-16}$$

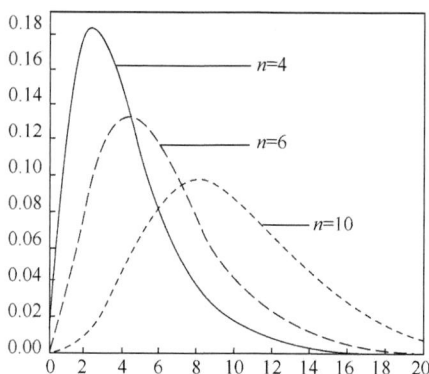

图 2-7 χ^2 分布的概率密度函数曲线

定理 2.4 设 $X_1, X_2, \cdots, X_n$ 是来自正态分布 $N(\mu_1, \sigma^2)$ 的一个样本,$\overline{X}$ 与 S^2 是其样本均值与样本方差,则有

$$\chi^2 = \frac{(n-1)S^2}{\sigma^2} = \frac{1}{\sigma^2} \sum_{i=1}^{n} (X_i - \overline{X})^2 \sim \chi^2(n-1) \tag{2-17}$$

其中,$\chi^2(n-1)$ 是自由度为 $n-1$ 的 χ^2 分布。

设 $X \sim \chi^2(n)$,对于满足下列等式的数 $\chi^2_\alpha(n)$,称为 $\chi^2(n)$ 分布的上侧临界值或上侧分位数,即

$$P\{\chi^2 > \chi^2_\alpha(n)\} = \int_{\chi^2_\alpha(n)}^{+\infty} f_{\chi^2}(x)\mathrm{d}x = \alpha, \quad 0 < \alpha < 1 \tag{2-18}$$

χ^2 分布具有以下三个重要性质。

性质 2.1 设 $X \sim \chi^2(n)$，则有 $E(X) = n, D(X) = 2n$。

性质 2.2 设 Y_1、Y_2 相互独立且 $Y_1 \sim \chi^2(n_1)$、$Y_2 \sim \chi^2(n_2)$，则有 $Y_1 + Y_2 \sim \chi^2(n_1 + n_2)$。

该性质的直接证明可以利用相互独立随机变量之和的概率密度公式得到。Y_1 和 Y_2 可以表示成 $(n_1 + n_2)$ 个标准正态变量的平方和。性质 2.2 说明 χ^2 分布具有可加性，它还可以推广到任意有限个相互独立，且服从 χ^2 分布的随机变量之和的情况。

性质 2.3 当 n 足够大时，有

$$\chi_\alpha^2(n) \approx n + u_\alpha \sqrt{2n} \tag{2-19}$$

其中，u_α 是标准正态分布的上侧分位数，即 u_α 是满足等式 $\Phi(u_\alpha) = 1 - \alpha$ 的数。

当 $n > 45$ 时，一般附表均查不到 $\chi_\alpha^2(n)$ 的值，可以通过性质 2.3 做近似计算。

（4）F 分布

定义 2.3 设随机变量 F 的概率密度函数为

$$f_X(x; n_1, n_2) = \begin{cases} \dfrac{\Gamma\left(\dfrac{n_1 + n_2}{2}\right)}{\Gamma\left(\dfrac{n_1}{2}\right)\Gamma\left(\dfrac{n_2}{2}\right)} \cdot \left(\dfrac{n_1}{n_2}\right)^{\frac{n_1}{2}} x^{\frac{n_1}{2} - 1}\left(1 + \dfrac{n_1}{n_2}x\right)^{-\frac{n_1 + n_2}{2}}, & x > 0 \\ 0, & x \leqslant 0 \end{cases} \tag{2-20}$$

则称 X 服从自由度为 n_1 和 n_2 的 F 分布，记作 $X \sim F(n_1, n_2)$。

定理 2.5 设 $X_1, X_2, \cdots, X_n$ 是来自正态分布 $N(\mu_1, \sigma^2)$ 的一个样本，$\overline{X}$ 与 S_X^2 是其样本均值与样本方差，$Y_1, Y_2, \cdots, Y_n$ 是来自正态分布 $N(\mu_2, \sigma^2)$ 的一个样本，$\overline{Y}$ 与 S_Y^2 是其样本均值与样本方差，并且两个样本相互独立，则其样本方差比为

$$F = \frac{S_X^2}{S_Y^2} \sim F(n-1, m-1) \tag{2-21}$$

其中，$F(n-1, m-1)$ 是分子自由度为 $n-1$，分母自由度为 $m-1$ 的 F 分布。

F 分布是右偏分布，分布密度函数曲线如图 2-8 所示。

定理 2.6 设随机变量 X 和 Y 相互独立，$X \sim \chi^2(n_1)$，$Y \sim \chi^2(n_2)$，记为

$$F = \frac{X/n_1}{Y/n_2} \tag{2-22}$$

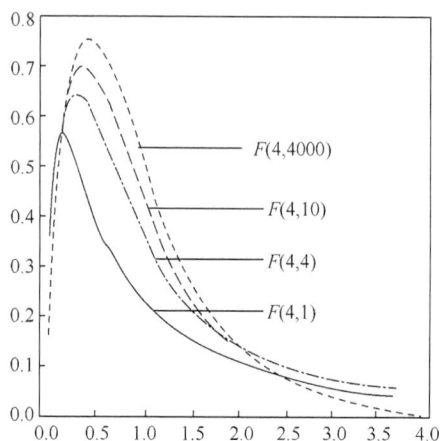

图 2-8　$F(n,m)$ 分布密度函数曲线

则随机变量 F 服从自由度为 n_1 与 n_2 的 F 分布。

设 $F \sim F(n_1, n_2)$，$0 < \alpha < 1$，对于满足下列等式的数 $F_\alpha(n_1, n_2)$，称为 $F(n_1, n_2)$ 分布的上侧分位数，即

$$P\{F > F_\alpha(n_1, n_2)\} = \int_{F_\alpha(n_1, n_2)}^{+\infty} f_F(x) \mathrm{d}x = \alpha \qquad (2\text{-}23)$$

给定 n_1、n_2 及 $\alpha(0 < \alpha < 1)$，查表可得 $F_\alpha(n_1, n_2)$。一般查表只能查到 α 较小时的值，当 α 较大(接近 1)时，可以利用下面性质。

① 若 $T \sim t(n)$，则 $T^2 \sim F(1, n)$。

② 若 $F \sim F(n_1, n_2)$，则 $\dfrac{1}{F} \sim F(n_2, n_1)$。

利用②，可计算 α 接近 1 的 $F_\alpha(n_1, n_2)$ 的值，如 $F_{0.95}(12, 9) = \dfrac{1}{F_{0.05}(9, 12)} = \dfrac{1}{2.80} = 0.3571$。

2.3　顺序统计量及其分布

1. 顺序统计量的定义

定义 2.4　设 $X_1, X_2, \cdots, X_n$ 是取自总体 X 的样本，$X_{(i)}$ 称为该样本的第 i 个顺序统计量，取值是将样本观测值由小到大排列后得到的第 i 个观测值。其中，$X_{(1)} = \min\{X_1, X_2, \cdots, X_n\}$ 称为该样本的最小顺序统计量；$X_{(n)} = \max\{X_1, X_2, \cdots, X_n\}$ 称为该样本的最大顺序统计量。

在一个(简单随机)样本中, $X_1, X_2, \cdots, X_n$ 是独立同分布的,而其顺序统计量 $X_{(1)}, X_{(2)}, \cdots, X_{(n)}$ 既不独立,分布也不相同。

2. 经验分布

经验分布主要是用来描述抽样总体不确定情况下的概率分布问题,下面给出经验分布的定义,并给出由样本推断总体的基本理论基础。

定义 2.5　设 $X_1, X_2, \cdots, X_n$ 是来自总体 X 的样本, $X_{(1)}, X_{(2)}, \cdots, X_{(n)}$ 为样本 $X_1, X_2, \cdots, X_n$ 的顺序统计量,则对 $\forall x \in \mathbf{R}$,记

$$F_n(x) = \begin{cases} 0, & x \leqslant X_{(1)} \\ \dfrac{k}{n}, & X_{(k)} < x \leqslant X_{(k+1)}, \quad k = 1, 2, \cdots, n-1 \\ 1, & x > X_{(n)} \end{cases} \tag{2-24}$$

称 $F_n(x)$ 为总体 X 的经验分布函数。

事实上,当样本量较大时,任何一个总体经验分布近似收敛于正态分布,这使得使用经验分布去估计总体分布具有一定的科学依据,下面给出这个基本定理。

定理 2.7　设 $X_1, X_2, \cdots, X_n$ 是来自总体 X 的样本, $F(x)$ 为总体 X 的分布函数, $F_n(x)$ 为总体 X 的经验分布函数,则

$$F_n(x) \overset{\text{a.s.}}{\sim} N\left(F(x), \frac{F(x)[1 - F(x)]}{n}\right), \quad n \to +\infty \tag{2-25}$$

该定理的推导思路是首先证明 $F_n(x)$ 服从二项分布,其次求出该经验分布函数的期望与方差,然后证明该经验分布依概率收敛于总体 X 的分布函数 $F(x)$,最后验证近似服从正态分布。

定理 2.8(格列汶科定理)　设总体 X 的分布函数为 $F(x)$,经验分布函数为 $F_n(x)$,则

$$P\{\lim_{n \to +\infty} \sup_{-\infty < x < +\infty} |F_n(x) - F(x)| = 0\} = 1, \quad n \to +\infty \tag{2-26}$$

该定理说明,当 n 很大时,可用经验分布 $F_n(x)$ 去估计总体分布 $F(x)$,这正是数理统计中用样本进行估计和推断总体相关性质的理论依据。

3. 顺序统计量的分布

样本的顺序统计量常在连续总体上使用。下面对来自连续总体的容量为 n 的样本给出其顺序统计量的相关分布。

定理 2.9　设 $X_1, X_2, \cdots, X_n$ 为 n 个样品的寿命数据,其中 r 个最小的寿命时间为 $X_{(1)}, X_{(2)}, \cdots, X_{(r)}$,若 $X_1, X_2, \cdots, X_n$ 独立同分布,且密度函数为 $f(x)$,分布

函数为 $F(x)$,则有

① 第 k 个秩序统计量 $X_{(k)}$ 的概率密度函数为

$$f_{X_{(k)}}(x) = kC_n^k \left[F(x)\right]^{k-1}\left[1-F(x)\right]^{n-k}f(x), \quad k=1,2,\cdots,n$$

② 最小秩序统计量 $X_{(1)}$ 和最大秩序统计量 $X_{(n)}$ 的密度函数分别为

$$f_{X_{(1)}}(x) = n\left[1-F(x)\right]^{n-1}f(x), \quad f_{X_{(n)}}(x) = n\left[F(x)\right]^{n-1}f(x)$$

③ 秩序统计量 $X_{(k)}$ 与 $X_{(j)}$ 的联合密度函数为

$$f(X_{(k)},X_{(j)}) = \frac{n!}{(k-1)!\,(j-1-k)!\,(n-j)!}\left[F(x_{(k)})\right]^{k-1}\left[F(x_{(j)})-F(x_{(k)})\right]^{j-1-k}$$
$$\cdot \left[1-F(x_{(j)})\right]^{n-j}f(x_{(k)})f(x_{(j)}), \quad 1\leqslant k<j\leqslant n$$

④ 前 r 个秩序统计量的联合密度函数为

$$L(x_{(1)},x_{(2)},\cdots,x_{(r)}) = r!C_n^r\prod_{i=1}^{r}f(x_{(i)})\cdot\left[1-F(x_{(r)})\right]^{n-r}$$

⑤ n 个样品完全失效时联合密度为

$$L(x_1,x_2,\cdots,x_n) = n!\prod_{i=1}^{n}f(x_i)$$

例 2.5 均匀分布 $U(0,1)$ 的密度函数与分布函数分别为

$$f(x) = \begin{cases} 1, & 0<x<1 \\ 0, & \text{其他} \end{cases}, \quad F(x) = \begin{cases} 0, & x\leqslant 0 \\ x, & 0<x<1 \\ 1, & x\geqslant 1 \end{cases}$$

从该均匀总体中随机抽取一个容量为 n 的样本,试求第 k 个次序统计量 $X_{(k)}$ 的期望值与 $X_{(1)}$ 与 $X_{(n)}$ 的分布的中位数。

解 由定理 2.9 可知,$X_{(k)}$ 的密度函数为

$$f_{X_{(k)}}(x) = \frac{n!}{(k-1)!\,(n-k)!}\left[F(x)\right]^{k-1}\left[1-F(x)\right]^{n-k}f(x)$$
$$= \frac{n!}{(k-1)!\,(n-k)!}x^{k-1}(1-x)^{n-k}, \quad 0<x<1$$

这是贝塔分布 $B(k,n-k+1)$ 的密度函数,其期望为

$$E(X_{(k)}) = \frac{k}{n-k+1+k} = \frac{k}{n+1}, \quad k=1,2,\cdots,n$$

另外,由 $X_{(1)}$ 与 $X_{(n)}$ 的密度函数容易写出它们各自的分布函数,即

$$F_1(x)=\begin{cases}0, & x\leqslant0 \\ 1-(1-x)^n, & 0<x<1, \\ 1, & x\geqslant1\end{cases} \quad F_n(x)=\begin{cases}0, & x\leqslant0 \\ x^n, & 0<x<1 \\ 1, & x\geqslant1\end{cases}$$

再由 $F_1(x)=0.5$ 和 $F_n(x)=0.5$，可以求出它们的中位数，即 $x_{(1),0.5}=1-0.5^{\frac{1}{n}}$，$x_{(n),0.5}=0.5^{\frac{1}{n}}$。例如，当 $n=5$ 时，$x_{(1),0.5}=0.1294$，$x_{(n),0.5}=0.8706$。

　　工程上许多数据都服从某种分布，如产品寿命大多数假定服从指数分布或威布尔分布等，或者不确定服从何种分布。若要估计该产品的相关可靠性指标，这就存在着寿命参数估计的问题。

2.4　参　数　估　计

　　参数是指总体分布 $F(x;\theta)$ 中所含的未知参数 θ（可以是向量）及其函数 $g(\theta)$，也可以是总体均值、方差和分位数等，还可以是各种事件的概率等。未知参数 θ 的一切可能取值构成参数空间 $\Theta=\{\theta\}$，事实上，参数估计有点估计与区间估计，它们互为补充。

　　参数 θ 的点估计就是要构造一个统计量 $\hat{\theta}=\hat{\theta}(X_1,X_2,\cdots,X_n)$ 去估计 θ，称 $\hat{\theta}$ 为 θ 的（点）估计量，简称为估计 θ 的点估计方法有多种，常用的是矩法与极大似然法。

　　（1）矩法

　　事实上，矩法的基本思想是"替代"，具体如下。

　　① 用样本矩去替代总体矩，即用样本矩去估计总体矩。

　　② 用样本矩的函数去估计相应总体矩的函数。例如，均匀分布 $U(0,\theta)$ 的期望 $E(X)=\theta/2$，或 $\theta=2E(X)$，因此 θ 的矩法估计为 $\hat{\theta}=2\overline{X}$。

　　③ 用频率去估计概率。

　　④ 用样本 p 分位数去估计总体 p 分位数。

　　矩法估计的优点是不要求知道总体分布形式，且随着样本量 n 的增大，矩法估计量与参数 θ 的大偏差发生的可能性越来越小。它的缺点是不唯一，如泊松分布的均值与方差相同，都为 λ。在这种场合，尽量用低阶矩给出估计，在泊松分布场合，可以选用 $\hat{\lambda}=\overline{X}$。

　　（2）极大似然法

　　极大似然法是寻求点估计最重要的方法，应用很广，但要知道其总体分布，要点如下。

　　① 似然函数。若样本 $X_1,X_2,\cdots,X_n$ 来自总体密度函数 $f(x;\theta)$ 或分布列 $\{f(x;\theta)\}$，则如下样本的联合密度或联合分布列在给定样本下是参数 θ 的函数，

这个函数称为似然函数,即

$$L(\theta) = \prod_{i=1}^{n} f(x_i;\theta) \tag{2-27}$$

它表述在给定的样本 $X_1,X_2,\cdots,X_n$ 下 θ 出现的可能性的大小。

② 极大似然估计(MLE)。在写出似然函数 $L(\theta)$ 后,若存在一个统计量 $\hat{\theta}$,使得

$$L(\hat{\theta}) = \max_{\theta \in \Theta}\{L(\theta)\} \tag{2-28}$$

则称 $\hat{\theta}$ 是 θ 的极大似然估计。它可以由定义导出,也可对似然函数 $L(\theta)$ 或对数似然函数 $l(\theta)=\ln(\theta)$ 用微分法导出。

③ 极大似然估计不变原则。若 $\hat{\theta}$ 是 θ 的极大似然估计,$g(\theta)$ 是 θ 的连续函数,则 $g(\hat{\theta})$ 亦是 $g(\theta)$ 的极大似然估计。极大似然估计不变原则扩大了极大似然估计应用范围。

④ 极大似然估计的渐近正态性。在某些一般条件下,θ 的极大似然估计 $\hat{\theta}$ 有如下渐近正态分布,即

$$\hat{\theta} \sim \mathrm{AN}\left(\theta, \left[nE\left(\frac{\partial \ln p}{\partial \theta}\right)^2\right]^{-1}\right) \tag{2-29}$$

例 2.6　截尾二项分布的分布列为

$$P(X=x;p) = \frac{\binom{m}{x}p^x(1-p)^{m-x}}{1-(1-p)^m}, \quad x=1,2,\cdots,m$$

若已知 $m=2$,可以从中获得样本 $X_1,X_2,\cdots,X_n$,求 p 的极大似然估计。

解　样本的似然函数为

$$L(p) = \left[1-(1-p)^2\right]^{-n}\left[\prod_{i=1}^{n} C_{x_i}^2\right]p^{n\overline{X}}(1-p)^{n(2-\overline{X})}$$

其对数似然函数为

$$\ln L(p) = -n\ln\left[1-(1-p)^2\right] + n\overline{X}\ln p + n(2-\overline{X})\ln(1-p) + \sum_{i=1}^{n}\ln C_{x_i}^2$$

对参数 p 求导,可以得到下式,即

$$\frac{-2n(1-p)}{1-(1-p)^2} + \frac{n\overline{X}}{p} - \frac{n(2-\overline{X})}{1-p} = 0$$

其解 $\hat{p}=\dfrac{2(\overline{X}-1)}{\overline{X}}$ 就是参数 p 的极大似然估计,因为 $\ln L(p)$ 的二阶导数在 $p=\hat{p}$ 处小于零。

2.4.1　点估计的优劣性

对于一个点的估计,需要给出点估计的优劣性判别准则。设 $\hat{\theta}(X_1,X_2,\cdots,X_n)$ 为参数 θ 的一个估计量,而 $\hat{\theta}$ 是样本的函数,样本是随机抽样的,可以看作是随机变量,从而 $\hat{\theta}$ 是一个随机变量,从而在统计上对该随机变量有如下想法。

① 估计量 $\hat{\theta}$ 与被估参数 θ 越接近越好,认为 $E(\hat{\theta})=\theta$,即 $\hat{\theta}$ 为 θ 的无偏估计。

② 方差越小,有效性越强。

③ 估计量 $\hat{\theta}$ 与被估参数 θ 越接近越好,而且还有波动越小越好。

④ 若估计量的样本容量越多,能够体现的总体信息量越多。

常用的点估计优良性的评价标准有如下几个。

(1) 无偏性

设 $\hat{\theta}$ 是参数 θ 的一个估计,如果对一切 $\theta\in\Theta$,有

$$E(\hat{\theta})=\theta$$

则称 $\hat{\theta}$ 是 θ 的无偏估计,否则称 $\hat{\theta}$ 是 θ 的有偏估计。

无偏性不是指用 $\hat{\theta}$ 估计 θ 没有偏差,而是指每次使用 $\hat{\theta}$,偏差 $\hat{\theta}-\theta$ 总是有的,但多次使用后,其平均偏差 $E(\hat{\theta}-\theta)=0$。若 $E(\hat{\theta})\neq\theta$,但 $\lim\limits_{n\to+\infty}E(\hat{\theta})=\theta$,则称 $\hat{\theta}$ 是 θ 的渐近无偏估计量。

(2) 有效性

设 $\hat{\theta}_1$ 与 $\hat{\theta}_2$ 都是 θ 的无偏估计,若对一切 $\theta\in\Theta$,有 $\mathrm{Var}(\hat{\theta}_1)\leqslant\mathrm{Var}(\hat{\theta}_2)$,且至少存在一个 $\theta_0\in\Theta$,有严格不等式成立,则称 $\hat{\theta}_1$ 比 $\hat{\theta}_2$ 有效。

有效性是一个相对概念,方差越小,有效性越强。因为方差小,$\hat{\theta}$ 的波动就小,从而风险也小。人们希望使用方差较小的估计量,这就是设立有效性的初衷。既然估计量的方差越小越好,我们自然要问,无偏估计量的方差能够小到何种程度?有没有下界? 如果有,又如何去求这个下界呢? 为了解决该问题,下面引入一致最小方差无偏估计相关概念。

(3) 一致最小方差无偏估计

定义 2.6　设 $\hat{\theta}(X_1,X_2,\cdots,X_n)$ 是 θ 的一个估计量,若对任意的 $\theta\in\Theta,\hat{\theta}$ 是 θ 的无偏估计;对 θ 的任一无偏估计 $\hat{\theta}'$,若 $\mathrm{Var}(\hat{\theta})\leqslant\mathrm{Var}(\hat{\theta}')$ 对一切 $\theta\in\Theta$ 都成立,则称 $\hat{\theta}$ 是 θ 的一致最小方差无偏估计(uniformly minimum variance unbiased estimation, UMVUE)。

一致最小方差无偏估计是一种最优估计,下面介绍利用 R-C 不等式求 UM-

VUE 的方法,即一个求解和判断估计量是否为有效估计量的一个重要定理。

定理 2.10（Rao-Cramer 不等式） 设总体 X 的分布密度函数族为 $\{f(x;\theta),\theta\in\Theta\}$,$\Theta$ 为实数轴上的一个开区间,$X_1,X_2,\cdots,X_n$ 是来自总体 X 的一个样本,$T=T(X_1,X_2,\cdots,X_n)$ 是 $g(\theta)$ 的任一无偏估计量,若下列条件成立。

① Θ 为实数域 **R** 中开区间,且集合 $\{x:f(x;\theta)>0\}$ 与 θ 无关。

② $g'(\theta)$ 和 $\dfrac{\partial f(x;\theta)}{\partial\theta}$ 存在,且对 Θ 中一切 θ 有

$$\frac{\partial}{\partial\theta}\int_{\mathbb{R}} f(x,\theta)\mathrm{d}x = \int_{\mathbb{R}} \frac{\partial}{\partial\theta}f(x,\theta)\mathrm{d}x$$

$$\frac{\partial}{\partial\theta}\int_{\mathbb{R}^n} T\cdot L(x_1,x_2,\cdots,x_n;\theta)f(x,\theta)\,\overrightarrow{\mathrm{d}x} = \int_{\mathbb{R}^n} T\cdot\frac{\partial L(x_1,x_2,\cdots,x_n;\theta)}{\partial\theta}\,\overrightarrow{\mathrm{d}x}$$

其中,$L(x_1,x_2,\cdots,x_n;\theta)=\displaystyle\prod_{i=1}^{n}f(x_i;\theta)$ 为样本 $X_1,X_2,\cdots,X_n$ 的联合概率密度函数;$\displaystyle\int_{\mathbb{R}^n}=\int_{-\infty}^{+\infty}\int_{-\infty}^{+\infty}\cdots\int_{-\infty}^{+\infty}\overrightarrow{\mathrm{d}x}=\mathrm{d}x_1\mathrm{d}x_2\cdots\mathrm{d}x_n$。

③ $I(\theta)=E\left[\dfrac{\partial\ln f(x;\theta)}{\partial\theta}\right]^2=-\left[\dfrac{\partial^2\ln f(x;\theta)}{\partial\theta^2}\right]>0$,则对一切 $\theta\in\Theta$,有 $D(T)\geqslant$ $\dfrac{[g'(\theta)]^2}{nI(\theta)}$。这里 $I(\theta)$ 称为费希尔(Fisher)信息量,$\dfrac{[g'(\theta)]^2}{nI(\theta)}$ 称为 $g(\theta)$ 的无偏估计 T 的 R-C 方差下界。

备注 2.1 对于离散型总体 X,取 $f(x;\theta)=P\{X=x\}$,将定理中积分号全改为求和号,定理的结论仍然成立。

备注 2.2 利用 R-C 不等式可以判断出一个无偏估计 T 是否为 UMVUE,这是因为在定理的条件下,若 $D(T)=[g'(\theta)]^2/nI(\theta)$,则 T 一定是 $g(\theta)$ 的 UMVUE,UMVUE 的方差不一定能达到 R-C 方差下界。

备注 2.3 当 $g(\theta)=\theta$ 时,定理结论变为 $D(T)\geqslant\dfrac{1}{nI(\theta)}$。

备注 2.4 方差 $D(T)=\dfrac{[g'(\theta)]^2}{nI(\theta)}\Leftrightarrow\dfrac{\partial}{\partial\theta}\left[\ln\displaystyle\prod_{i=1}^{n}f(x_i;\theta)\right]=C(\theta)[T-g(\theta)]$,其中 $C(\theta)(\neq0)$ 是与样本无关的数。

备注 2.5 条件①和②称为正则条件,一般分布都满足正则条件,但也有分布不满足正则条件,这时就不存在 R-C 不等式,如 $[0,\theta]$ 上的均匀分布,其中 θ 为待估参数。

例 2.7 设 $X_1,X_2,\cdots,X_n$ 是来自总体 X 的样本,X 服从 Γ 分布,其分布密度函数为

$$f(x;\theta)=\begin{cases}\dfrac{\theta^{\alpha}}{\Gamma(\alpha)}\mathrm{e}^{-\theta x}x^{\alpha-1}, & x>0 \\ 0, & x\leqslant 0\end{cases}$$

其中，$\alpha>0$ 已知，$\theta>0$ 未知，$g(\theta)=\dfrac{1}{\theta}$，试证明$\dfrac{\overline{X}}{\alpha}$是 $g(\theta)$ 的 UMVUE。

证明　因为 $E(X)=\dfrac{\alpha}{\theta},D(X)=\dfrac{\alpha}{\theta^2}$，所以有

$$E\left(\dfrac{\overline{X}}{\alpha}\right)=\dfrac{1}{\alpha}E(X)=\dfrac{1}{\alpha}\cdot\dfrac{\alpha}{\theta}=\dfrac{1}{\theta}=g(\theta)$$

因此，$\dfrac{\overline{X}}{\alpha}$是 $g(\theta)$ 的无偏估计，可以验证 $f(x;\theta)$ 满足正则条件，于是

$$\ln f(x;\theta)=\alpha\ln\theta-\theta x+(\alpha-1)\ln x-\ln\Gamma(\alpha)$$

故一阶与二阶偏导分别为

$$\dfrac{\partial\ln f(x;\theta)}{\partial\theta}=\dfrac{\alpha}{\theta}-x, \quad \dfrac{\partial^2\ln f(x;\theta)}{\partial\theta^2}=-\dfrac{\alpha}{\theta^2}$$

Fisher 信息量为

$$I(\theta)=-\dfrac{\partial^2\ln f(x;\theta)}{\partial\theta^2}=\dfrac{\alpha}{\theta^2}$$

因此，$g(\theta)$ 无偏估计的 R-C 方差下界为

$$D(\hat{g}(\theta))\geqslant\dfrac{\left[g'(\theta)\right]^2}{nI(\theta)}=\dfrac{1}{n\alpha\theta^2}$$

而 $g(\theta)$ 的无偏估计量 $T(X)=\dfrac{\overline{X}}{\alpha}$的方差 $D(T(X))=\dfrac{1}{n\alpha\theta^2}$达到了 R-C 方差下界，所以$\dfrac{\overline{X}}{\alpha}$是 $g(\theta)$ 的 UMVUE。

事实上，对于一个来自正态总体的样本来估计总体的期望参数 μ 与方差参数 σ^2，样本均值 $\overline{X}$ 的方差能达到 R-C 方差下界，因此样本均值是总体参数 μ 的 UMVUE。方差参数 σ^2 的无偏估计的 R-C 方差下界为

$$\dfrac{1}{nI(\sigma^2)}=\dfrac{2\sigma^4}{n}$$

然而，无偏样本方差 $S^2=\dfrac{1}{n-1}\sum_{i=1}^{n}(X_i-\overline{X})^2$ 的方差为$\dfrac{2\sigma^4}{n-1}$，即 $\hat{\sigma}^2=S^2$ 的方差没

有达到 R-C 方差下界,UMVUE 估计不一定达到 R-C 不等式的下界。

通过上述讨论发现,参数的 UMVUE 方差可能达到 R-C 方差下界,也可能达不到。下面给出有效估计量的相关定义。

定义 2.7　设 $T=T(X_1,X_2,\cdots,X_n)$ 是 $g(\theta)$ 的一个无偏估计,若对 $\theta\in\Theta$ 均有

$$D(T)=\frac{[g'(\theta)]^2}{nI(\theta)} \tag{2-30}$$

则称 T 是 $g(\theta)$ 的有效估计量。

事实上,有效估计一定是 UMVUE,而 UMVUE 不一定是有效估计。

定义 2.8　设 $T=T(X_1,X_2,\cdots,X_n)$ 是 $g(\theta)$ 的任一无偏估计量,记

$$e_n(T)=\frac{[g'(\theta)]^2}{nI(\theta)}/D(T) \tag{2-31}$$

则称 $e_n(T)$ 是 T 的有效率。

对任一无偏估计有 $0<e_n(T)\leqslant1$,若 $e_n(T)=1$,则 T 是 $g(\theta)$ 的有效估计量。

定义 2.9　若 $g(\theta)$ 的无偏估计 $T=T(X_1,X_2,\cdots,X_n)$ 的有效率满足 $\lim\limits_{n\to+\infty}e_n(T)=1$,则称 $T=T(X_1,X_2,\cdots,X_n)$ 为 $g(\theta)$ 的渐近有效估计量。

(4) 均方误差准则

设 $\hat\theta_1$ 与 $\hat\theta_2$ 是参数 θ 的两个估计,如果对一切 $\theta\in\Theta$,有 $E(\hat\theta_1-\theta)^2\leqslant E(\hat\theta_2-\theta)^2$,可记为 $\mathrm{MSE}(\hat\theta_1)\leqslant\mathrm{MSE}(\hat\theta_2)$,且至少对一个 $\theta_0\in\Theta$,有严格不等式成立,则在均方误差意义下 $\hat\theta_1$ 优于 $\hat\theta_2$。

θ 的均方误差 $\mathrm{MSE}(\hat\theta)$ 可分解为 $\mathrm{MSE}(\hat\theta)=E(\hat\theta-\theta)^2=\mathrm{Var}(\hat\theta)+[E(\hat\theta)-\theta]^2$。当 $\hat\theta_1$ 与 $\hat\theta_2$ 都是 θ 的无偏估计,且 $\hat\theta_1$ 比 $\hat\theta_2$ 有效,则在均方误差下 $\hat\theta_1$ 优于 $\hat\theta_2$,即当无偏性与有效性一致时,很容易决定选用哪个估计。当无偏性与有效性矛盾时,估计量的选择可按均方误差越小越好的原则去选择。

例 2.8　设 $X_1,X_2,\cdots,X_n$ 是来自均匀分布 $U(0,\theta)$ 的一个样本,其中 $\theta>0$。关于 θ 的估计有两个,一个是矩法估计 $\theta_1=2\bar{X}$,另一个是极大似然估计 $\theta_2=X_{(n)}$,比较这两个估计的优劣。

解　①先考察其无偏性。由于 $E(X)=\theta/2$,故 $E(\theta_1)=2E(\bar{X})=\theta$,所以 θ_1 是 θ 的无偏估计。关于估计量 θ_2 的无偏性,因为最大次序统计量 $X_{(n)}$ 的密度函数,可求得 $X_{(n)}$ 的密度函数如下:

$$f_n(y)=ny^{n-1}/\theta^n,\quad 0<y<\theta$$

所以 θ_2 的期望为

$$E(\theta_2)=E(X_{(n)})=\frac{1}{\theta^n}\int_0^\theta ny^n\mathrm{d}y=\frac{n}{n+1}\theta$$

可见,θ_2 是 θ 的有偏估计。但是稍做修正,可以得到 θ 的另一个无偏估计,该无偏

估计为

$$\theta_3 = \frac{n+1}{n} X_{(n)}$$

② 比较 θ_1 与 θ_3 的有效性。由于 $\mathrm{Var}(X)=\theta^2/12$,故有

$$\mathrm{Var}(\theta_1)=4\mathrm{Var}(\overline{X})=\theta^2/3n$$

为获得 $X_{(n)}$ 的方差,先计算

$$E(X_{(n)}^2) = \frac{1}{\theta^n}\int_0^\theta ny^{n+1}\mathrm{d}y = \frac{n}{n+2}\theta^2$$

从而得

$$\mathrm{Var}(\theta_3) = \left(\frac{n+1}{n}\right)^2 \mathrm{Var}(X_{(n)}) = \left(\frac{n+1}{n}\right)^2 \left[\frac{n}{n+2} - \left(\frac{n}{n+1}\right)^2\right]\theta^2 = \frac{\theta^2}{n(n+2)}$$

故当 $n>1$ 时,$\mathrm{Var}(\theta_3)<\mathrm{Var}(\theta_1)$,故 θ_3 比 θ_1 有效。

③ 比较 θ_1 与 θ_2 的均方误差。由于 θ_1 是 θ 的无偏估计,故有 $\mathrm{MSE}(\theta_1)=\mathrm{Var}(\theta_1)=\theta^2/3n$。而 θ_2 是 θ 的有偏估计,其均方误差要分两项计算,具体如下:

$$\mathrm{MSE}(\theta_2)=\mathrm{Var}(\theta_2)+[E(\theta_2)-\theta]^2=\frac{n\theta^2}{(n+1)^2(n+2)}+\left(\frac{n}{n+1}\theta-\theta\right)^2$$

$$=\frac{2\theta^2}{(n+1)(n+2)}$$

可以验证:在 $n>2$ 时,$\mathrm{MES}(\theta_2)<\mathrm{MES}(\theta_1)$,所以在均方误差下,$\theta_2$ 优于 θ_1。

（5）相合性

设 $T_n=T_n(X_1,X_2,\cdots,X_n)$ 是基于容量为 n 的样本的 $g(\theta)$ 的一个估计量,如果对任意 $\forall\varepsilon>0$,有

$$\lim_{m\to 0}P(|T_n-g(\theta)|\geqslant\varepsilon)=0$$

则称 T_n 是 $g(\theta)$ 的相合估计。

结论 2.1　设 θ_n 是 θ 的一个估计量,若有 $\lim\limits_{n\to 0}E(\theta_n)=\theta$ 且 $\lim\limits_{n\to 0}\mathrm{Var}(\theta_n)=0$,则 θ_n 是 θ 的相合估计。

证明　因为 $E(X)^2$ 存在,则对实数 C 及 $\forall\varepsilon>0$ 有

$$P(|X-C|\geqslant\varepsilon)=\int_{|X-C|\geqslant\varepsilon}f_X(x)\mathrm{d}x\leqslant\int_{+\infty}^{-\infty}\left(\frac{x-C}{\varepsilon}\right)^2 f_X(x)\mathrm{d}x$$

$$=E\left(\frac{x-C}{\varepsilon}\right)^2=\frac{E(X-C)^2}{\varepsilon^2}$$

故有

$$0\leqslant P(|\theta_n-\theta|\geqslant\varepsilon)\leqslant\frac{1}{\varepsilon^2}E(\theta_n-\theta)^2$$

$$=\frac{1}{\varepsilon^2}E[\theta_n-E(\theta_n)+E(\theta_n)\theta-\theta]^2$$

$$= \frac{1}{\varepsilon^2} E\{[\theta_n - E(\theta_n)]^2 + 2[\theta_n - E(\theta_n)][E(\theta_n) - \theta]$$

$$+ (E(\theta_n) - \theta)^2\}$$

$$= \frac{1}{\varepsilon^2} \{D(\theta_n) + E[E(\theta_n) - \theta]^2\}$$

当 $n \to +\infty$ 时有 $\lim_{n\to 0} P(|\theta_n - \theta| \geqslant \varepsilon) = 0$，所以 θ_n 是 θ 的相合估计。

结论 2.2　若 θ_n 是 θ 的相合估计，$g(x)$ 在 $x = \theta$ 处连续，则 $g(\theta_n)$ 是 $g(\theta)$ 的相合估计。

证明　因为 $g(x)$ 在 $x = \theta$ 处连续，所以对 $\forall \varepsilon > 0, \exists \delta > 0$，使得当 $|x - \theta| < \delta$ 时有 $|g(x) - g(\theta)| < \varepsilon$，故有 $P\{|g(x) - g(\theta)| < \varepsilon\} \geqslant P\{|x - \theta| < \delta\}$，取 $\theta_n \in U_\delta(\theta)$，则有

$$0 \leqslant P\{|g(\theta_n) - g(\theta)| \geqslant \varepsilon\} \leqslant P\{|\theta_n - \theta| < \delta\}$$

又因为 θ_n 是 θ 的相合估计，所以 $\lim_{n\to +\infty} P(|\theta_n - \theta| \geqslant \delta) = 0$，故 $P\{|g(\theta_n) - g(\theta)| \geqslant \varepsilon\} = 0$，从而 $g(\theta_n)$ 是 $g(\theta)$ 的相合估计。

事实上，结论 2.1 与结论 2.2 通常用来判别一个估计量是否是另一个参数的相合估计的准则。相合性是指在样本量逐渐增大时，发生大偏差"$|\theta_n - \theta| > \varepsilon$"的可能性越来越小，这是估计量的大样本性质。在大样本场合下，样本给人们的信息越来越多，一个好的估计量 $\hat{\theta}$ 与 θ 偏差要越来越小才是合理的，不满足这个基本要求的估计量不能认为是一个好的估计量，在小样本场合人们更不敢去使用这种估计量。

2.4.2　区间估计

在上述内容中，点估计的精度可用方差来表示，然而表示精度的另一种方法便是置信区间。在参数真值为 θ 时，希望随机区间 $[\hat{\theta}_L(X), \hat{\theta}_U(X)]$ 包含 θ 的概率 $P\{\hat{\theta}_L(X) \leqslant \theta \leqslant \hat{\theta}_U(X)\}$ 要大。一般来说，这个概率与 θ 有关，因此一个好的区间估计应该对所有的 $\theta \in \Theta$，概率 $P\{\hat{\theta}_L(X) \leqslant \theta \leqslant \hat{\theta}_U(X)\}$ 都相当大，然而受到区间长度的影响，区间长度越大，当然真值包含的概率越大，但是区间太大就没有什么实际意义了，因此提出在一定置信水平下寻找精度尽可能高的区间估计，也就是寻找区间平均长度尽可能短，或者区间包含非真值的概率尽可能小的区间估计。

下面给出置信区间相关定义。

定义 2.10　设总体参数 θ 的参数空间为 Θ，从总体获得的容量为 n 的样本是 $X_1, X_2, \cdots, X_n$，对给定的 $\alpha(0 < \alpha < 1)$，确定两个统计量 $\theta_L = \theta_L(X_1, X_2, \cdots, X_n)$ 与 $\theta_U = \theta_U(X_1, X_2, \cdots, X_n)$，若对任意 $\theta \in \Theta$ 有 $P\{\theta_L \leqslant \theta \leqslant \theta_U\} \geqslant 1 - \alpha$，则称随机区间 $[\hat{\theta}_L(X), \hat{\theta}_U(X)]$ 是 θ 的置信水平为 $1 - \alpha$ 的置信区间，或简称 θ 的 $1 - \alpha$ 置信区间。若有 $P_\theta\{\theta < \hat{\theta}_L(X)\} = P_\theta\{\theta > \hat{\theta}_U(X)\} = \alpha/2$，则称 $[\hat{\theta}_L(X), \hat{\theta}_U(X)]$ 为参数 θ 的 $1 - \alpha$

的等尾置信区间。

定义中的 α 是事先选定的,通常取 $0.1,0.05,0.01$ 等作为 α 的值,也就是说有 $0.9,0.95,0.99$ 等的把握认为参数真值落在该置信区间内。在实际问题中,人们有时仅对未知参数的置信下限或置信上限感兴趣。例如,电视机的寿命要求越大越好,因此人们关心的是某种型号的电视机的平均寿命的置信下限,它的大小标志着电视机质量的好坏。又如,药物的副作用要求越小越好,因此人们关心的仅是某种药物副作用的置信上限,因为它的大小标志着该药物的质量好坏,从而对这些问题去寻求两端都为有界的置信区间就没有必要的了,于是产生置信上下限相关理论。

定义 2.11　设有统计量 $\hat{\theta}_L(X)$,如果对选定的一个较小的数 $\alpha(0<\alpha<1)$,有 $P_\theta\{\theta\geqslant\hat{\theta}_L(X)\}\geqslant1-\alpha,\theta\in\Theta$,则 $\hat{\theta}_L(X)$ 称为 θ 的置信水平为 $1-\alpha$ 的单侧置信下限;若有 $P_\theta\{\theta\leqslant\hat{\theta}_U(X)\}\geqslant1-\alpha,\theta\in\Theta$,则 $\hat{\theta}_U(X)$ 称为 θ 的置信水平为 $1-\alpha$ 的单侧置信上限。

置信水平 $1-\alpha$ 的含义是在从同一总体获得的容量为 n 的 100 个样本可算得 100 个置信区间中,约有 $100(1-\alpha)$ 个区间含有未知参数 θ,对单侧置信限也可以做类似解释。在连续总体场合,构造 $1-\alpha$ 置信区间时常能用足置信水平 $1-\alpha$。在离散场合,由于分布的离散性常会使实际置信水平超过 $1-\alpha$,只期望超过的部分越小越好,在构造单侧置信限时也会遇到同样问题。

下面介绍一种常用的枢轴量法,其具体操作如下。

① 寻找 θ 的某个点估计 $\hat{\theta}$,常选 θ 的极大似然估计。

② 构造 θ 与 $\hat{\theta}$ 的一个函数 $g(\theta,\hat{\theta})$,使得 G 的分布(在大样本场合,可以是其渐近分布)是已知的,且此分布与 θ 无关,这样的 G 称为枢轴量。

③ 对给定的 $\alpha(0<\alpha<1)$,选取两个常数 c 与 d,使得 $P\{c\leqslant g(\theta,\hat{\theta})\leqslant d\}\geqslant1-\alpha$;对不等式 $c\leqslant g(\theta,\hat{\theta})\leqslant d$ 进行等价变形,得到 $P\{\theta_L\leqslant\theta\leqslant\theta_U\}\geqslant1-\alpha$,其中 $[\theta_L,\theta_U]$ 就是 θ 的 $1-\alpha$ 置信区间。

例 2.9　对于一次性使用产品,通常得到的数据是成败型,成功记为 1,失败记为 0。对于任一该产品,通常假设总体 $X\sim B(1,p)$,$p\in(0,1)$,p 为可靠性未知参数,设 $X_1,X_2,\cdots,X_n$ 为来自总体 X 的样本,求可靠性参数 p 的 $1-\alpha$ 置信区间。

解　因为 $X_i\sim B(1,p)$,$p\in(0,1)$,由中心极限定理有

$$\frac{\overline{X}-p}{\sqrt{D(X)/n}}=\frac{\overline{X}-p}{\sqrt{p(1-p)/n}}\xrightarrow{L}\xi\sim N(0,1),\quad n\rightarrow+\infty$$

又因为 $\overline{X}$ 是可靠性参数 p 的有效估计量,所以 $\left|\dfrac{\overline{X}-p}{\sqrt{p(1-p)/n}}\right|$ 通常应很小,即存

在实数 k，使得 $\left|\dfrac{\overline{X}-p}{\sqrt{p(1-p)/n}}\right|<k$。由此解出 p，从而知 p 的 $1-\alpha$ 的置信区间应该为

$$\left(\frac{-(2n\overline{X}+k^2)}{2(n+k^2)}-C,\frac{-(2n\overline{X}+k^2)}{2(n+k^2)}+C\right)$$

其中，$C=\dfrac{-k\sqrt{k^2+4n\overline{X}(1-\overline{X})}}{2(n+k^2)}$，$k$ 由 $1-\alpha$ 确定，当 n 充分大且 $1-\alpha$ 给定后，由于

$$1-\alpha=P\left(\frac{-(2n\overline{X}+k^2)}{2(n+k^2)}-C<p<\frac{-(2n\overline{X}+k^2)}{2(n+k^2)}+C\right)=P\left\{\left|\frac{\overline{X}-p}{\sqrt{p(1-p)/n}}\right|<k\right\},查$$

标准正态分布表得 $u_{1-\alpha/2}$，使得 $1-\alpha=P\left\{\left|\dfrac{\overline{X}-p}{\sqrt{p(1-p)/n}}\right|<u_{1-\alpha/2}\right\}$，所以 $k=u_{1-\alpha/2}$。

　　事实上，以上内容主要是介绍对寿命参数的点估计及区间估计，若并非知道这些数据的分布还可以通过回归分析来预测未来数据点及其分布走向。为此，给出回归分析的最小二乘法及多元回归分析法。

2.5　可靠性数据的回归分析

　　回归分析是研究一个或多个自变量与一个随机变量之间的相关关系时建立的数学模型及所做的统计分析。仅有一个自变量的回归分析称为一元回归分析；多于一个自变量的回归分析称为多元回归分析。如果建立的模型是线性的，就称为线性回归分析，否则称为非线性回归分析[15]。

2.5.1　一元线性回归模型

　　最小二乘法是一种常用的估计方法，常见于线性模型。对于一元回归，通常 x 是自变量，y 是随机变量，若设已知数据的散点图具有线性趋势，那么一部分可以理解为由于 x 的变化引起 y 线性变化，记为线性部分 $\beta_0+\beta_1 x$；另一部分则由其他许多影响较小的随机因素引起，是不可观察的随机变量，记为 ε，一般认为 $\varepsilon\sim N(0,\sigma^2)$。于是模型为

$$\begin{cases} y=\beta_0+\beta_1 x+\varepsilon \\ \varepsilon\sim N(0,\sigma^2) \end{cases} \tag{2-32}$$

其中，β_0,β_1,σ^2 是与 x 无关的未知参数。

　　实际上，要确定 y 与 x 之间的内在关系 $\widetilde{y}=\beta_0+\beta_1 x$，只要确定 β_0 和 β_1 即可。

为此,对 x 的一组不完全相同的值 $x_1,x_2,\cdots,x_n$ 做独立实验,可得随机变量 y 的相应观测值 $y_1,y_2,\cdots,y_n$,从而一元线性回归模型又可以写为

$$\begin{cases} y_i = \beta_0 + \beta_1 x_i + \varepsilon_i \\ \varepsilon_i \sim N(0,\sigma^2) \end{cases}, \quad \varepsilon_i \text{ 相互独立} \tag{2-33}$$

对一元回归分析,会产生如下问题。

① 如何由样本 (x_i,y_i) $(i=1,2,\cdots,n)$ 求出未知参数 β_0,β_1,σ^2 的估计值 $\hat{\beta}_0$, $\hat{\beta}_1,\hat{\sigma}^2$。

② 如何对所建立的回归方程进行可信度检验。

③ 若回归方程可信,如何利用回归方程进行预测和控制。

1. 未知参数的估计及其统计性质

要描述 y 与 x 之间的线性关系,可以有无数条直线,需要在其中选出一条最能反映 y 与 x 之间关系规律的直线。由于在一元线性回归模型 $y_i = \beta_0 + \beta_1 x_i + \varepsilon_i$ 中 β_0,β_1 均未知,需要根据样本数据对其进行估计。设 β_0 与 β_1 的估计值为 $\hat{\beta}_0$ 和 $\hat{\beta}_1$,则可建立一元线性回归模型 $y = \hat{\beta}_0 + \hat{\beta}_1 x$。一般而言,所求的 β_0 与 β_1 的估计值 $\hat{\beta}_0$ 和 $\hat{\beta}_1$ 应能使每个样本观测点 (x_i,y_i) 与回归直线之间的偏差尽可能小,即使观察值与拟合值的偏差平方和达到最小,这种估计方法称为最小二乘法。

令

$$Q(\beta_0,\beta_1) = \sum_{i=1}^{n} \left[y_i - (\beta_0 + \beta_1 x_i) \right]^2$$

使 Q 达到最小值的 β_0 和 β_1 称为最小二乘估计量(least square estimation,LSE)。显然,Q 是关于参数 β_0,β_1 的二元函数,且其偏导数分别为

$$\begin{cases} \dfrac{\partial Q(\beta_0,\beta_1)}{\partial \beta_0} = -2 \sum_{i=1}^{n} \left[y_i - (\beta_0 + \beta_1 x_i) \right] \\ \dfrac{\partial Q(\beta_0,\beta_1)}{\partial \beta_1} = \sum_{i=1}^{n} \left[y_i - (\beta_0 + \beta_1 x_i) \right] x_i \end{cases}$$

根据极值的必要条件,令这两个偏导数等于零,整理后得到正规方程组为

$$\begin{cases} n\beta_0 + \beta_1 \sum_{i=1}^{n} x_i = \sum_{i=1}^{n} y_i \\ \beta_0 \sum_{i=1}^{n} x_i + \beta_1 \sum_{i=1}^{n} x_i^2 = \sum_{i=1}^{n} x_i y_i \end{cases}$$

求解此方程组,可以得到参数 β_0,β_1 的最小二乘估计值,即

$$\hat{\beta}_1 = \frac{\sum_{i=1}^{n}(x_i-\bar{x})(y_i-\bar{y})}{\sum_{i=1}^{n}(x_i-\bar{x})^2} = \frac{\sum_{i=1}^{n}x_iy_i-n\bar{x}\bar{y}}{\sum_{i=1}^{n}x_i^2-n\bar{x}^2}$$

$$\hat{\beta}_0 = \bar{y}-\hat{\beta}_1\bar{x}$$

在一元线性回归模型 $y=\beta_0+\beta_1x+\varepsilon$ 中,记

$$l_{xx} = \sum(x_i-\bar{x})^2 = \sum x_i^2-n\bar{x}^2 = \sum(x_i-\bar{x})x_i$$

$$l_{yy} = \sum(y_i-\bar{y})^2 = \sum y_i^2-n\bar{y}^2 = \sum(y_i-\bar{y})y_i$$

$$l_{xy} = \sum(x_i-\bar{x})(y_i-\bar{y}) = \sum x_iy_i-n\bar{x}\bar{y} = \sum(x_i-\bar{x})y_i$$

分别称 l_{xx},l_{yy} 为 x,y 的离差平方和,称 l_{xy} 为 x 与 y 的离差乘积和。下面介绍参数 β_0,β_1 的最小二乘估计量的一些相关性质。

定理 2.11　在一元线性回归模型 $y=\beta_0+\beta_1x+\varepsilon$,$\varepsilon\sim N(0,\sigma^2)$ 的条件下有 $\hat{\beta}_1\sim N\left(\beta_1,\dfrac{\sigma^2}{l_{xx}}\right)$;$\hat{\beta}_0\sim N\left(\beta_0,\left(\dfrac{1}{n}+\dfrac{\bar{x}^2}{l_{xx}}\right)\sigma^2\right)$;$\mathrm{Cov}(\bar{y},\hat{\beta}_1)=0$;$\mathrm{Cov}(\hat{\beta}_0,\hat{\beta}_1)=-\dfrac{\bar{x}}{l_{xx}}\sigma^2$。

显然,误差 $\varepsilon_i(i=1,2,\cdots,n)$ 的方差 σ^2 描述了实际图点与线性回归直线之间的离散程度,如果 ε_i 具有可观测性,用 $\sum_{i=1}^{n}\varepsilon_i^2$ 估计 σ^2,然而 ε_i 是观测不到的,能观测到的是 y_i,由 $E(y_i)=\hat{\beta}_0+\hat{\beta}_1x_i=\hat{y}_i$ 知,可以用残差 $y_i-\hat{y}_i$ 来估计 ε_i,以及用 $\dfrac{1}{n}\sum_{i=1}^{n}(y_i-\hat{y}_i)^2=\dfrac{1}{n}\sum_{i=1}^{n}\left[y_i-(\hat{\beta}_0+\hat{\beta}_1x_i)\right]^2=\dfrac{1}{n}S_e$ 来估计 σ^2。若得到无偏估计,需要求残差平方和 S_e 的数学期望。下面给出关于残差的一个重要定理。

定理 2.12　在一元线性回归模型 $y=\beta_0+\beta_1x+\varepsilon$,$\varepsilon\sim N(0,\sigma^2)$ 的条件下,已知样本观察值 y_i 处经验回归值为 $\hat{y}_i$,记残差平方和 $S_e=\sum_{i=1}^{n}(y_i-\hat{y}_i)^2$,则有残差期望值 $E(S_e)=(n-2)\sigma^2$;$\dfrac{S_e}{\sigma^2}\sim\chi^2(n-2)$,且 S_e 与 $\bar{y}$,$\hat{\beta}_1$ 相互独立。

2. 回归效果的显著性检验

建立回归方程的目的是揭示两个相关变量 x 与 y 之间的内在规律,然而对某些样本观察值 (x_i,y_i),$i=1,2,\cdots,n$ 做出的散点图,变量 x 与 y 之间根本不存在线性相关关系,但也能够通过最小二乘估计结果计算出 $\hat{\beta}_0$ 和 $\hat{\beta}_1$,此时建立的回归方程 $\hat{y}=\hat{\beta}_0+\hat{\beta}_1\hat{x}$ 是毫无意义的。那么什么条件下才是一个有意义的回归方程呢?

需要对 x 与 y 之间的线性关系做出回归效果的显著性检验,为构造合适的检验统计量,首先引入平方和分解公式与相关系数的概念。

(1) 平方和分解公式

记 $\mathrm{SST} = \sum_{i=1}^{n}(y_i - \bar{y})^2$,称 SST 为总偏差平方和,反映数据 y_i 的总波动,易得 SST 有如下分解式,即

$$
\begin{aligned}
\mathrm{SST} &= \sum_{i=1}^{n}(y_i - \bar{y})^2 \\
&= \sum_{i=1}^{n}(y_i - \hat{y}_i + \hat{y}_i - \bar{y})^2 \\
&= \sum_{i=1}^{n}(\hat{y}_i - \bar{y})^2 + \sum_{i=1}^{n}(y_i - \hat{y}_i)^2 \\
&= \mathrm{SSR} + \mathrm{SSE}
\end{aligned}
$$

其中,$\mathrm{SSR} = \sum_{i=1}^{n}(\hat{y}_i - \bar{y})^2$ 和 $\mathrm{SSE} = \sum_{i=1}^{n}(y_i - \hat{y}_i)^2$ 称为回归平方和。

由该平方和分解表达式知,SSR 越大,SSE 就越小,表明 x 与 y 之间的线性关系就越显著;反之,x 与 y 之间的线性关系越不显著。检验回归方程是否有显著意义就是考察 SSR/SST 的大小,若其比值越大,则 SST 中 SSR 所占的比例就越大,回归效果就越显著,反之便无显著性意义。

(2) 相关系数

由于 $\dfrac{\mathrm{SSR}}{\mathrm{SST}} = \dfrac{\hat{\beta}_1^2 l_{xx}}{l_{xy}} = \dfrac{l_{xy}^2}{l_{xx} l_{xy}}$,记 $r = \sqrt{\dfrac{\mathrm{SSR}}{\mathrm{SST}}} = \dfrac{l_{xy}}{\sqrt{l_{xx} l_{xy}}}$,称 r 为 x 与 y 的相关系数。

关于相关系数,下面给出一些解释。

① 当 $r = 0$ 时,$l_{xy} = 0$,从而 $\hat{\beta}_1 = 0$,此时回归直线为 $\tilde{y} = \hat{\beta}_0$,说明 x 与 y 之间不存在线性相关关系。

② 当 $0 < |r| < 1$ 时,x 与 y 之间存在一定的线性相关关系。当 $r > 0$ 时,$\hat{\beta}_1 > 0$,称 x 与 y 正相关;当 $r < 0$ 时,$\hat{\beta}_1 < 0$,称 x 与 y 负相关;当 r 越接近于 0 时,x 与 y 之间的线性关系越弱;当 r 越接近于 1 时,x 与 y 之间的线性关系越强。

③ 当 $|r| = 0$ 时,$\mathrm{SSE} = 0$,称 x 与 y 完全线性相关。在这种情况下,x 与 y 之间存在着确定的线性函数关系。当 $r = 1$ 时,称为完全正相关;当 $r = -1$ 时,称为完全负相关。

从上述讨论知,相关系数 r 确实可以表达两个变量 x 与 y 之间的线性关系,但不能够反映出它们之间是否存在其他的曲线关系。

(3) 线性回归效果的显著性检验

对回归效果的显著性检验有三种不同的检验方法,即 F 检验法、r 检验法,其

本质上是相同的,这里仅介绍线性回归效果的 F 检验法。下面先直接引入一个柯赫伦分解定理。

定理 2.13(柯赫伦分解定理)　设 $X_1, X_2, \cdots, X_n$ 为独立同分布的随机变量,且 $X_i \sim N(0,1), i=1,2,\cdots,n$,又若 $Q_1 + Q_2 + \cdots + Q_m = \sum_{i=1}^{n} X_i^2$,其中 Q_k 是秩为 f_k 的 $X_1, X_2, \cdots, X_n$ 的非负二次型,则 $Q_k, k=1,2,\cdots,m$ 相互独立,且 $Q_k \sim \chi^2(f_k)$ 的充要条件为 $\sum_{k=1}^{m} f_k = n$。

在构造 F 检验统计量前,下面给出一个关于显著性检验的重要定理。

定理 2.14　在一元线性回归模型中,当原假设 $H_0 : \beta_1 = 0$ 成立时,$\dfrac{\text{SSR}}{\sigma^2} \sim \chi^2(1)$,且 SSE 与 SSR 相互独立。

(4) F 检验法

当 H_0 真时,由定理 2.13 及 F 分布的定义有下式,即

$$F = \frac{\text{SSR}/\sigma^2}{\text{SSE}/(n-2)\sigma^2} = \frac{\text{SSR}}{\text{SSE}}(n-2) = \frac{r^2}{1-r^2}(n-2) \sim F(1, n-2)$$

当 H_0 不真时,$\dfrac{\text{SSR}}{\text{SSE}}(n-2)$ 有变大的趋势,因此 F 也有变大的趋势,应取右侧拒绝域;当 H_0 真时,对给定的显著性水平 α,再由分位数的定义得

$$P\left\{\frac{\text{SSR}}{\text{SSE}}(n-2) \geqslant F_{1-\alpha}(1, n-2)\right\} = \alpha$$

由样本观察值计算出 F 的值,若 $F \geqslant F_{1-\alpha}(1, n-2)$,则拒绝 H_0,认为 x 与 y 有显著的线性关系,此时称线性回归效果显著;否则,接受 H_0,此时称线性回归效果不显著。

3. 点与区间预测

事实上,当我们获得回归直线后,如何对将来某个点或者所在区间进行预测呢。首先介绍点估计预测问题。对于给定的 $x = x_0$,要预测 y_0 的取值,自然会将 x_0 代入经验回归方程,可得 $\hat{y}_0 = \hat{\beta}_0 + \hat{\beta}_1 x_0$,并用 $\hat{y}_0$ 作为 y_0 的预测值,即估计值。这种做法是合理的,因为 $y_0 = \beta_0 + \beta_1 x + \varepsilon_0$,又因为 $E(\hat{y}_0) = E(\hat{\beta}_0 + \hat{\beta}_1 x_0) = \beta_0 + \beta_1 x = E(y_0)$,即 $\hat{y}_0$ 是 $E(y_0)$ 的无偏估计,故 $\hat{y}_0$ 可以作为 $E(y_0)$ 的点估计值。

所谓预测区间,就是对给定的 x_0,求 y_0 的 $1-\alpha$ 置信区间,为了解答这个问题,首先介绍下面定理。

定理 2.15　在一元线性回归模型中,设 $y_0, y_1, y_2, \cdots, y_n$ 相互独立,则

$$t=\frac{y_0-\hat{y_0}}{S\sqrt{1+\dfrac{1}{n}+\dfrac{(x_0-\overline{x})^2}{l_{xx}}}}\sim t(n-2)$$

其中，$S=\sqrt{\dfrac{\text{SSE}}{n-2}}$。

根据定理 2.15，对于给定的置信水平 $1-\alpha$，查自由度为 $n-2$ 的 t 分布表，可得 y_0 的置信度为 $1-\alpha$ 的置信区间为 $P\{|t|<t_{1-\frac{\alpha}{2}}(n-2)\}=1-\alpha$，即 $P\{\hat{y_0}-\delta(x_0)<y_0<\hat{y_0}+\delta(x_0)\}=1-\alpha$，其中 $\delta(x_0)=t_{1-\frac{\alpha}{2}}(n-2)\cdot S\sqrt{1+\dfrac{1}{n}+\dfrac{(x_0-\overline{x})^2}{l_{xx}}}$。

例 2.10 下面给出某航天电子系统贮存 10 年的周期检测数据表。在贮存开始放入 100 个该产品，经检测仅有一个产品失效。根据工程实际经验，该产品的初始可靠度 R_0 不高于 0.98，假定在每一次检测期间，产品的失效时间服从指数分布，而且在每一次检测时，若发现产品完全失效，该产品便被退出贮存。直到 t_i 时刻总失效数记为 $N(t_i)$，相应的 ML 与 Bayes 估计数据如表 2-4 所示。

表 2-4　100 个产品周期检测数据

t_i	N_i	f_i	$N(t_i)$	S_i, N_i, t_i	可靠度的 ML 估计	可靠度的 Bayes 估计
0	**100**	**1**	**1**	**(99,100,0)**	**0.9900**	**0.9804**
1	99	4	5	(95,99,1)	0.9596	0.9505
2	95	5	10	(90,95,2)	0.9474	0.9479
3	90	3	13	(87,90,3)	0.9667	0.9565
4	87	7	20	(80,87,4)	0.9195	0.9101
5	80	5	25	(75,80,5)	0.9375	0.9268
6	75	8	33	(67,75,6)	0.8933	0.8831
7	67	7	40	(60,67,7)	0.8955	0.8841
8	60	4	44	(56,60,8)	0.9333	0.9194
9	56	6	50	(50,56,9)	0.8929	0.8793
10	50	11	61	(39,50,10)	0.7800	0.7692
10	39	61	61	(39,39,10)		

建立数据的拟合模型。根据周期检测的条件，参数为 λ_0 和 β，考虑修如新且失效率增大，初始可靠度 $R_0=0.98$ 时，产品在贮存期间时刻 t 的可靠性为

$$R(t) = R_0 \exp[-\lambda_0 e^{k\beta}(t - r\tau)], \quad r = [t/\tau], \quad k = 1, 2, \cdots, n$$

由于检测数据是在维修之前记录的,从而根据周期检测数据知,对 τ 取单位时间只需对下其中参数进行估计,因此记 $R(t)$ 为 $R^-(t)$,则有

$$R^-(t) = R_0 \exp(-\lambda_0 e^{k\beta}), \quad k = 1, 2, \cdots, n$$

将上式线性化,则有

$$\ln\ln[R_0/R^-(t)] = \ln\lambda_0 + k\beta$$

令 $y = \ln\ln[R_0/R^-(t)], a_1 = \ln\lambda_0, b_1 = \beta, x = k, k = 1, 2, \cdots, n$,则有一元回归方程,即

$$y = a_1 + b_1 x$$

根据最小二乘法有

$$\hat{b}_1 = \frac{\sum\limits_{k=1}^{n} 6(2k - n - 1)Y(k)}{n(n^2 - 1)}$$

$$\hat{a}_1 = \bar{y} - \hat{b}_1 \bar{x} = \frac{1}{n}\sum\limits_{k=1}^{n} Y(k) - \frac{n+1}{2}\hat{b}_1$$

其中,$Y(k) = \ln\ln[1/\hat{R}^-(k\tau)]$。

于是 $\hat{\lambda}_0 = \exp(\hat{a}_1), \hat{\beta} = \hat{b}_1$,从而产品在贮存时间 t 后的可靠性为

$$\hat{R}(t) = R_0 \exp[-\hat{\lambda}_0 e^{k\beta}(t - r\tau)], \quad k = 1, 2, \cdots, n$$

其中,$r = [t/\tau]$。

应用表中数据,可靠度的极大似然点估计及 Bayes 点估计后,应用最小二乘法拟合的参数估计分别为 $\hat{\lambda}_0 = 2.206528 \times 10^{-3}$、$\hat{\beta} = 0.2224$ 与 $\hat{\lambda}_0 = 8.9235 \times 10^{-3}$、$\hat{\beta} = 0.2021$。运用回归模型,可以对将来某个检测周期的可靠性进行预测与评估。

一般情况下,多个变量的回归情形较为常见,下面简单介绍多元回归相关理论。

2.5.2 多元线性回归模型

在实际问题中,影响随机变量 y 的自变量不是一个而是多个,如 $x_1, x_2, \cdots, x_m$,将这类问题归结为多元线性回归分析,它是应用最广泛的统计工具之一。这里仅给出一些基本原理与性质,虽然多元回归分析与一元回归分析类似,但在计算上要复杂得多。下面给出一般的多元回归模型。

1. 模型

假设随机变量 y 与 $m(m \geqslant 2)$ 个自变量 $x_1, x_2, \cdots, x_n$ 之间存在相关关系,且

满足

$$\begin{cases} y=\beta_0+\beta_1 x_1+\cdots+\beta_m x_m+\varepsilon \\ \varepsilon\sim N(0,\sigma^2) \end{cases} \tag{2-34}$$

即 $y\sim N(\beta_0+\beta_1 x_1+\cdots+\beta_m x_m,\sigma^2)$，其中 $\beta_0,\beta_1,\cdots,\beta_m,\sigma^2$ 是与 $x_1,x_2,\cdots,x_n$ 无关的未知参数，ε 是不可观测的随机变量。称式(2-34)为 m 元理论线性回归模型，称 $\tilde{y}=\beta_0+\beta_1 x_1+\cdots+\beta_m x_m$ 为理论回归方程。

上述模型还可以具体转化为以下形式。设有 n 组不全相同的样本观测值 $(x_{i1},x_{i2},\cdots,x_{im};y_i)(i=1,2,\cdots,n)$，则式(2-34)可以改写为

$$\begin{cases} y_i=\beta_0+\beta_1 x_{i1}+\cdots+\beta_m x_{im}+\varepsilon \\ \varepsilon_i\sim N(0,\sigma^2),\quad \varepsilon_i \text{ 相互独立} \end{cases} \tag{2-35}$$

为方便，通常采用矩阵形式表达，记

$$X=\begin{bmatrix} 1 & x_{11} & x_{12} & \cdots & x_{1n} \\ 1 & x_{21} & x_{22} & \cdots & x_{2n} \\ \vdots & \vdots & \vdots & & \vdots \\ 1 & x_{n1} & x_{n2} & \cdots & x_{nm} \end{bmatrix}=(I_n,X_\beta),\quad Y=\begin{bmatrix} y_1 \\ y_2 \\ \vdots \\ y_n \end{bmatrix},\quad \beta=\begin{bmatrix} \beta_0 \\ \beta_1 \\ \vdots \\ \beta_m \end{bmatrix}=\begin{bmatrix} \beta_0 \\ b \end{bmatrix},\quad \varepsilon=\begin{bmatrix} \varepsilon_1 \\ \varepsilon_2 \\ \vdots \\ \varepsilon_n \end{bmatrix}$$

上式可以简写为

$$\begin{cases} Y=X\beta+\varepsilon=\beta_0 I_n+X_\beta b+\varepsilon \\ \varepsilon\sim N(0,\sigma^2 I_n) \end{cases}$$

其中，$Y\sim N(X\beta,\sigma^2 I_n)$；$I_n$ 为 n 阶单位矩阵，称 Y 为随机变量的观测向量；β 为未知参数向量；X 为结构矩阵，表明 $E(Y)$ 是 β 的各分量的线性组合的结构，即 $E(Y)=X\beta$；ε 为 n 维随机误差向量；I_n 为元素全为 1 的 n 维列向量。

在回归分析中，一般假定 X 的列满秩 $R(X)=m+1$。

（1）未知参数估计

设 $Q=\varepsilon'\varepsilon=(Y-X\beta)'(Y-X\beta)$，即 $Q=\sum_{t=1}^n\varepsilon_t^2=\sum_{t=1}^n\left[y_t-\sum_{i=0}^k\beta_i x_{ti}\right]^2$，其中 $x_{t0}\equiv1$，则称 Q 为误差平方和，反映 y 与 $\sum_{i=0}^k\beta_i x_i$ 之间在 n 次观察中总的误差程度，因此 Q 越小越好，可取使得 Q 达到最小值时 β 的值 $\hat{\beta}$ 作为 β 的点估计，这时 $\hat{\beta}$ 满足 $(Y-X\hat{\beta})'(Y-X\hat{\beta})=\min_\beta Q=\min_\beta\{(Y-X\beta)'(Y-X\beta)\}$。有唯一解 $\hat{\beta}$，即

$$\hat{\beta}=(X'X)^{-1}X'Y=L^{-1}X'Y \tag{2-36}$$

其中，L 为系数矩阵，$C\overset{\text{def}}{=}L^{-1}$ 为相关矩阵，$X'Y$ 为常数项矩阵。相关矩阵阶数为

$Y_{n\times1},X_{n\times(m+1)},\beta_{(m+1)\times1},\varepsilon_{n\times1}$。

（2）最小二乘估计性质

下面给出最小二乘估计 $\hat\beta=(X'X)^{-1}X'Y$ 的性质。

定理 2.16　在模型 $y_i=\beta_0+\beta_1x_{i1}+\cdots+\beta_mx_{im}+\varepsilon,\varepsilon_i\sim N(0,\sigma^2)$，且各个 ε_i 相互独立的条件下，有

① $\hat\beta$ 是 β 的线性无偏估计量，且 $\hat\beta\sim N(\beta,\sigma^2(X'X)^{-1})$。

② $\hat\beta$ 是 β 的最小方差线性无偏估计。

③ 记 $e=Y-\hat Y$，则有 $e\sim N(\mathbf{0},\sigma^2[I_n-X(X'X)^{-1}X'])$。

④ 协方差 $\mathrm{Cov}(e,\hat\beta)=0$，即 e 与 $\hat\beta$ 是不相关的。

⑤ 记 $S_e=e'e$，则有 $E(S_e)=(n-m-1)\sigma^2$，即 $\hat\sigma^2=\dfrac{S_e}{n-m-1}$ 是 σ^2 的无偏估计。

⑥ 样本与估计值之间的关系满足勾股定理，即 $DY=D\hat Y+De,Y'Y=\hat Y'\hat Y+e'e$，称 $\sqrt{Y'Y}$ 为观察向量长度，$\sqrt{\hat Y'\hat Y}$ 为估计向量长度，$\sqrt{e'e}$ 为剩余向量长度。由上式可知，这些长度满足勾股定理，e 和 $\hat Y$ 为直角边向量，Y 为斜边向量，故有 $e\perp\hat Y$。

定理 2.17　在模型(2-34)假设条件下，有 $\hat\beta$ 与 S_e 相互独立；$\dfrac{S_e}{\sigma^2}\sim\chi^2(n-m-1)$。

极大似然估计与最小二乘估计是参数估计的两种不同方法。

定理 2.18　已知多元线性回归方程 $Y=X\beta+\varepsilon,\varepsilon\sim N_n(0,\sigma^2I_n)$，则参数 β 的极大似然估计 β_{MLE} 与最小二乘估计 $\hat\beta$ 相同。

（3）回归效果的显著性检验

回归方程的回归效果如何？与一元线性回归一样，在 m 元线性模型中，经常要考虑如下的假设检验问题。

y 与 $x_1,x_2,\cdots,x_m$ 之间的线性相关关系只是一种假设，它们是否具有线性相关关系，需要进行检验。如果它们之间没有线性相关关系，就意味着一切 $b_i,i=1,2,\cdots,m$ 都为 0，这相当于检验假设 $H_0:b_1=b_2=\cdots=b_m=0$ 是否成立。

为了寻找检验 H_0 的统计量，类似于一元线性回归的检验，首先介绍平方和分解公式，记

$$\begin{aligned}\mathrm{SST}&=Y'Y\\&=\|Y\|\\&=\sum(y_i-\bar y)^2\\&=\sum[(y_i-\hat y_i)+(\hat y_i-\bar y)]^2\\&=\sum(y_i-\hat y_i)^2+\sum(\hat y_i-\bar y)^2+2\sum(y_i-\hat y_i)(\hat y_i-\bar y)\end{aligned}$$

对参数求偏导后的方程组可得 $\sum (y_i - \hat{y}_i)(\hat{y}_i - \bar{y}) = 0$，从而总偏差平方和 SST 可分解为

$$SST = \sum (y_i - \bar{y})^2 = \sum (y_i - \hat{y}_i)^2 + \sum (\hat{y}_i - \bar{y})^2 \overset{\text{def}}{=\!=} SSE + SSR$$

其中，$SSE = \sum (y_i - \hat{y}_i)^2$ 是剩余平方和，反映 y 与 $x_1, x_2, \cdots, x_m$ 之间的线性关系以外一切因素引起的数据之间的波动；$SSR = \sum (\hat{y}_i - \bar{y})^2$ 称为回归平方和，反映由变量 $x_1, x_2, \cdots, x_m$ 的变化引起的 y_i 之间的波动。

由 SST＝SSR＋SSE 知，SSR 越大，SSE 就越小，表明 y 与 $x_1, x_2, \cdots, x_m$ 的线性关系越密切。与一元线性回归一样，设想用 SSR/SSE 的比值来检验假设 H_0。为此，需要确定检验统计量的分布，具体参见以下定理。

定理 2.19　在多元回归模型 $y = \beta_0 + \beta_1 x_1 + \cdots + \beta_m x_m + \varepsilon, \varepsilon \sim N(0, \sigma^2)$ 条件下，当 H_0 为真时，$SSR/\sigma^2 \sim \chi^2(m)$，且 SSR 与 SSE 相互独立。

与一元线性回归类似，y 与 $x_1, x_2, \cdots, x_m$ 的线性关系的密切程度也可以用回归平方和 SSR 在总平方和 SST 中所占的比重来衡量，因此称 $R = \sqrt{\dfrac{SSR}{SST}} = \sqrt{1 - \dfrac{SSE}{SST}}$ 为复相关系数。

如果 y 与 $x_1, x_2, \cdots, x_m$ 确有线性相关关系，但并不意味着 $x_1, x_2, \cdots, x_m$ 对随机变量 y 都有显著影响，若 x_j 对 y 的影响不显著，就应该有 $b_j = 0$。因此，要检验 x_j 对 y 是否有显著影响，相当于检验假设 $H_0 : b_j = 0, j = 1, 2, \cdots, m$ 是否成立。

下面寻找检验假设 $H_0 : b_j = 0, j = 1, 2, \cdots, m$ 的统计量。

由于 $\hat{\beta}_i \sim N(\beta_i, c_{ii}\sigma^2)$，$i = 1, 2, \cdots, m$，于是 $\dfrac{\hat{\beta}_i - \beta_i}{\sigma \sqrt{c_{ii}}} \sim N(0, 1)$，又因为 $\dfrac{SSE}{\sigma^2} \sim \chi^2(n-m-1)$，且 SSE 与 $\hat{\beta}_i$ 相互独立，由 t 分布的定义得下式，即

$$t_i = \frac{(\hat{\beta}_i - \beta_i)/\sigma \sqrt{c_{ii}}}{SSE/[\sigma^2(n-m-1)]} = \frac{\hat{\beta}_i - \beta_i}{S \sqrt{c_{ii}}} \sim t(n-m-1)$$

当 H_0 成立时，有 $t_i = \dfrac{\hat{\beta}_i}{S \sqrt{c_{ii}}} \sim t(n-m-1)$，或者 $F_i = \dfrac{\hat{\beta}_i^2}{S^2 c_{ii}} \sim F(1, n-m-1)$。对给定的显著性水平 α，若由样本值算得的 $|t_i| \geqslant t_{1-\frac{\alpha}{2}}(n-m-1)$ 或 $F_i = F_{1-\alpha}(1, n-m-1)$，则拒绝 H_0，即认为 x_i 对 y 线性影响显著；否则，接受 H_0，即认为 x_i 对 y 线性影响不显著。

t_i 的值已经消除了单位的影响,是个无量纲的量,所以 t_i 本身除了可以作为检验统计量外,同时 t_i 之间也可以做比较。粗略地说,哪个 $|t_i|$ 或 F_i 值大,说明哪个变量对 y 的作用越显著,越重要。

(4) 回归系数 β_i 的区间估计

由于 $t_i=\dfrac{\hat{\beta}_i-\beta_i}{S\sqrt{c_{ii}}}\sim t(n-m-1)$,对于给定的显著性水平 α,由 t 分布的分位数可得下式,即

$$P\left\{\frac{|\hat{\beta}_i-\beta_i|}{S\sqrt{c_{ii}}}<t_{1-\frac{\alpha}{2}}(n-m-1)\right\}=1-\alpha$$

从而 β_i 的 $1-\alpha$ 置信区间为

$$(\hat{\beta}_i-t_{1-\frac{\alpha}{2}}(n-m-1)S\sqrt{c_{ii}},\hat{\beta}_i+t_{1-\frac{\alpha}{2}}(n-m-1)S\sqrt{c_{ii}})$$

2. 预测

与一元线性回归一样,若已经由样本 $(x_{i1},x_{i2},\cdots,x_{im};y_i)$,$i=1,2,\cdots,n$,算得 y 与 $x_1,x_2,\cdots,x_n$ 的回归方程为 $\hat{y}=\hat{\beta}_0+\hat{\beta}_1x_1+\hat{\beta}_2x_2+\cdots+\hat{\beta}_mx_m$,且经检验有回归效果及各个回归系数都是显著的。当给定一组值 $(x_{01},x_{02},\cdots,x_{0m})$ 后,如何求出 $E(y_0)$ 的点估计和 y_0 的预测区间呢?

(1) 点预测

给定自变量 $(x_1,x_2,\cdots,x_m)$ 的一组固定值 $(x_{01},x_{02},\cdots,x_{0m})$,对应的 y_0 为

$$\begin{cases}y_0=\beta_0+\beta_1x_{01}+\beta_2x_{02}+\cdots+\beta_mx_{0m}+\varepsilon_0\\ \varepsilon_0\sim N(0,\sigma^2)\end{cases}$$

将 $(x_{01},x_{02},\cdots,x_{0m})$ 代入回归方程 $\hat{y}=\hat{\beta}_0+\hat{\beta}_1x_1+\hat{\beta}_2x_2+\cdots+\hat{\beta}_mx_m$,有 $\hat{y}=\hat{\beta}_0+\hat{\beta}_1x_{01}+\hat{\beta}_2x_{02}+\cdots+\hat{\beta}_mx_{0m}$。用 $\hat{y}_0$ 作为 y_0 的点估计,由于 $E(\hat{y}_0)=\beta_0+\beta_1x_{01}+\beta_2x_{02}+\cdots+\beta_mx_{0m}$,因此 $\hat{y}_0$ 是 y_0 的无偏估计,这种做法是合理的。

(2) 区间预测

事实上,可以证明

$$t=\frac{y_0-\hat{y}_0}{S\cdot\sqrt{1+\dfrac{1}{n}+\sum_i\sum_j(x_{0i}-\bar{x}_i)(x_{0j}-\bar{x}_j)c_{ij}}}\sim t(n-m-1)$$

其中,$S=\sqrt{\dfrac{\text{SSE}}{n-m-1}}$,$c_{ij}$ 为 $L^{-1}=C=(c_{ij})$ 中的元素。

对于给定的显著性水平 α，由 t 分布的分位数，得

$$P\left\{\frac{y_0-\hat{y}_0}{S\cdot\sqrt{1+\dfrac{1}{n}+\sum_i\sum_j(x_{0i}-\bar{x}_i)(x_{0j}-\bar{x}_j)c_{ij}}}<t_{1-\frac{\alpha}{2}}(n-m-1)\right\}=1-\alpha$$

从而得 y_0 的 $1-\alpha$ 预测区间，即置信区间为

$$(\hat{y}_0-\delta(x_0),\hat{y}_0+\delta(x_0))$$

其中

$$\delta(x_0)=t_{1-\frac{\alpha}{2}}(n-m-1)S\cdot\sqrt{1+\frac{1}{n}+\sum_i\sum_j(x_{0i}-\bar{x}_i)(x_{0j}-\bar{x}_j)c_{ij}}$$

当 n 较大且 x_{0i} 接近 $\bar{x}_i$ 时，可以认为 $\delta(x_0)\approx t_{1-\frac{\alpha}{2}}(n-m-1)S$，这时 y_0 的置信度为 $1-\alpha$ 的预测区间近似为

$$(\hat{y}_0-t_{1-\frac{\alpha}{2}}(n-m-1)S,\hat{y}_0+t_{1-\frac{\alpha}{2}}(n-m-1)S)$$

3. 最优回归方程的选择

同一问题可以用不同的回归方程，即不同的回归曲线来拟合。在实际应用中，我们总希望用来预测与控制的回归方程是最优的线性回归方程。所谓最优的线性回归方程，一方面是回归方程中包含所有对 y 具有显著影响的自变量，另一方面是方程中包含的自变量的个数要尽可能少。

下面介绍以下几种选择最优方程的方法。

（1）全部列举的比较法

提出对 y 可能有影响的所有自变量，然后对所有自变量的一切可能组合都求出线性回归方程，再从中挑选出最优者。

如果所有自变量共有 m 个，则包含一个自变量的不同线性回归方程共有 C_m^1 个，包含两个自变量的不同线性回归方程共有 C_m^2 个，$\cdots$，包含 m 个自变量的线性回归方程有 C_m^m 个，总共有 2^m-1 个不同的线性回归方程，对每一个方程都计算出下式，即

$$\hat{\sigma}^2=\frac{\text{SSE}}{n-m-1}$$

从中挑选出 $\hat{\sigma}^2$ 的值最小的回归方程。虽然用这样方法总可以找到一个最优回归方程，但是当自变量个数 m 较大时，计算工作量实在太大，然而借助计算机已经可以解决变量个数小于或等于 30 的计算问题。

(2) 删除变量的回归法

假定已选定的全部自变量为 $x_1, x_2, \cdots, x_m$，并建立了包含全部自变量的回归方程，根据各个自变量线性影响的显著性，将最不显著的变量剔除，再重新建立 y 与留下的 $m-1$ 个变量的回归方程，再次提出最不显著的变量，依此重复下去，直至回归方程中每一个自变量的线性影响都显著为止，并认为最后得到的回归方程为最优方程。

这种方法的计算量比前一种方法大大减少，但由于自变量之间可能有相关关系，当被剔除的变量较多时，可能使本来显著的变量也被剔除掉。因此，用这种方法得到的回归方程不一定是真正的最优回归方程。

(3) 逐步回归法

逐步回归法是一种较理想的选最优回归方程的方法。假定已经选定全部自变量，计算出每个自变量与随机变量之间的相关系数 r，把 $|r|$ 最大的那个自变量进行一元线性回归，并对回归效果进行显著性检验，若不显著，则可以认为所选的全部自变量均不是影响随机变量的主要因素。若回归效果显著，再引入对随机变量作用最显著的第二个变量，引进变量后立即对原来引进的变量进行显著性检验，及时剔除不显著变量，然后再考虑引入新变量。直至既不能引入变量，也不能从回归方程中剔除变量为止。

这种方法也不能保证最后所得的回归方程是真正的最优回归方程。在实际应用中，用该方法得到回归方程进行预测效果还是比较好的，加之计算量不是太大，又有较成熟的计算机程序可供使用，因此是目前用得最多的一种方法。

(4) 综合评估法

一般情况下，当有几个方程都满足最优回归方程的两个方面的要求时，方差 σ^2 的无偏估计值为

$$\hat{\sigma}^2 = \frac{\text{SSE}}{n-m-1}$$

较小者为优。在计算量较小的条件下选优时，通常从如下两个不同角度给出评价回归方程好坏的数量指标。

第一，复相关系数

$$R^2 = 1 - \frac{\text{SSE}}{\text{SST}} = 1 - \frac{\sum (y_i - \hat{y}_i)^2}{\sum (y_i - \bar{y}_i)^2}$$

第二，剩余标准差

$$S = \sqrt{\frac{\text{SSE}}{n-2}} = \sqrt{\frac{\sum (y_i - \hat{y}_i)^2}{n-2}}$$

用 R^2 与 S 中任意一个来决定回归方程的优劣均可，R^2 大者为优或 S 小者为优。上面阐述的方法对于少数几个回归方程的选优具有一定的可行性，但对于较多的回归方程里选择最优却具有计算复杂性的约束。

2.5.3　非线性问题的线性回归

前面讨论的是线性回归问题，然而在用实际数据分析问题时，经常遇到非线性回归情形，随机变量 y 与自变量 $x_1, x_2, \cdots, x_m$ 之间并非都具有线性相关关系。如果假定它服从线性模型，则关于线性模型的假设检验，将会做出否定的判断。因此，通常的做法是先做出散点图，根据它所呈现的形状，粗略地看看是否像一条直线，如果很不像一条直线，就应该用非线性回归，这时通常与常见的已知函数图形进行比较，配置一条较为适合的曲线，这样要比粗糙地配置一条直线更为科学与精确[16]。

下面讨论可以转化为线性回归的非线性回归的情形，仅通过对某些常见的可化为线性回归问题的讨论来阐明解决这类问题的基本思想和方法。下面给出一些常见的非线性回归模型（设参数 $a, b > 0$）。

（1）双曲线模型

$$\frac{1}{y} = \beta_0 + \beta_1 \frac{1}{x} + \varepsilon, \quad \varepsilon \sim N(0, \sigma^2)$$

记 $y' = \dfrac{1}{y}, x' = \dfrac{1}{x}$，则回归函数化为 $y' = \beta_0 + \beta_1 x' + \varepsilon, \varepsilon \sim N(0, \sigma^2)$。

（2）幂函数回归模型

$$y = ax^b + \varepsilon \text{ 或 } y = ax^{-b} + \varepsilon, \quad \varepsilon \sim N(0, \sigma^2)$$

两边取对数有 $\ln y = \ln a + b \ln x$（或 $\ln y = \ln a - bx$），记 $y' = \ln y, x' = \ln x, a' = \ln a$ 即可。

（3）指数函数模型

$$y = a\exp(bx) + \varepsilon \text{ 或 } y = a\exp(-bx) + \varepsilon, \quad \varepsilon \sim N(0, \sigma^2)$$

两边取对数，则 $\ln y = \ln a + bx$（或 $\ln y = \ln a - bx$），记 $y' = \ln y, a' = \ln a$ 即可。

（4）对数曲线模型

$$y = a + b\ln x + \varepsilon, \quad \varepsilon \sim N(0, \sigma^2)$$

作变换 $x' = \ln x$ 即可。

（5）倒指数函数模型

$$y = a\exp\frac{b}{x} + \varepsilon \text{ 或 } y = a\exp\left(-\frac{b}{x}\right) + \varepsilon, \quad \varepsilon \sim N(0, \sigma^2)$$

两边取对数,则 $\ln y=\ln a+\dfrac{b}{x}$(或 $\ln y=\ln a-\dfrac{b}{x}$),记 $y'=\ln y,a'=\ln a,x'=\dfrac{1}{x}$。

(6) S 曲线模型

$$y=\frac{1}{a+b\exp(-x)}+\varepsilon,\quad \varepsilon\sim N(0,\sigma^2)$$

令 $\xi=\dfrac{1}{\eta},t=\exp(-x)$,上述模型成为一元线性回归模型 $\xi=a+bt+\varepsilon,\varepsilon\sim N(0,\sigma^2)$。

(7) 生长曲线回归模型

$$\eta=\frac{L}{1+\exp(a+bt)}+\varepsilon,\quad b<0,\quad t\geqslant 0,\quad \lim_{t\to+\infty}y=L,\quad \varepsilon\sim N(0,\sigma^2)$$

先做变换 $\dfrac{L}{\eta}-1=\exp(a+bt)$,然后两边取对数有 $\ln\left(\dfrac{L}{\eta}-1\right)=a+bt$,令 $y=\ln\left(\dfrac{L}{\eta}-1\right)$,上述模型就成为一元线性回归模型 $y=a+bt+\varepsilon,\varepsilon\sim N(0,\sigma^2)$。

(8) 多项式回归模型

$$y=\beta_0+\beta_1 x+\beta_2 x^2+\cdots+\beta_m x^m+\varepsilon,\quad \varepsilon\sim N(0,\sigma^2)$$

令 $x_i=x^i,i=1,2,\cdots,m$,上述模型成为 m 元线性回归模型,即

$$y=\beta_0+\beta_1 x_1+\beta_2 x_2+\cdots+\beta_m x_m+\varepsilon,\quad \varepsilon\sim N(0,\sigma^2)$$

上述模型中的 a、b 和 σ^2 均为未知参数。非线性回归模型可以通过变换化为线性回归问题以后,可以按照前面方法,求参数的最小二乘估计,从而得到原来曲线方程中的参数估计。下面给出一个实例分析,以演算非线性模型线性化及回归模型在可靠性中的使用。

例 2.11　已知 y 与三个自变量的观测值如表 2-5 所示。求 y 对 x_1、x_2、x_3 的线性回归方程,并对回归方程以及回归系数进行假设检验。

表 2-5　因变量 y 与 x_1,x_2,x_3 自变量观测值

x_1	−1	−1	−1	−1	1	1	1	1
x_2	−1	−1	1	1	−1	−1	1	1
x_3	−1	1	−1	1	−1	1	−1	1
y	7.6	10.3	9.2	10.2	8.4	11.1	9.8	12.6

解　因为

$$X' = \begin{bmatrix} 1 & 1 & 1 & 1 & 1 & 1 & 1 & 1 \\ -1 & -1 & -1 & -1 & 1 & 1 & 1 & 1 \\ -1 & 1 & -1 & 1 & -1 & 1 & -1 & 1 \\ 7.6 & 10.3 & 9.2 & 10.2 & 8.4 & 11.1 & 9.8 & 12.6 \end{bmatrix}$$

所以

$$X'X = \begin{bmatrix} 8 & 0 & 0 & 0 \\ 0 & 8 & 0 & 0 \\ 0 & 0 & 8 & 0 \\ 0 & 0 & 0 & 8 \end{bmatrix}, \quad C = (X'X)^{-1} = \begin{bmatrix} 1/8 & 0 & 0 & 0 \\ 0 & 1/8 & 0 & 0 \\ 0 & 0 & 1/8 & 0 \\ 0 & 0 & 0 & 1/8 \end{bmatrix}$$

$$X'Y = \begin{bmatrix} 79.2 \\ 4.6 \\ 4.4 \\ 9.2 \end{bmatrix}, \quad \hat{\beta} = \begin{bmatrix} \hat{\beta}_0 \\ \hat{\beta}_1 \\ \hat{\beta}_2 \\ \hat{\beta}_3 \end{bmatrix} = L^{-1} X'Y = \begin{bmatrix} 9.9 \\ 0.575 \\ 0.55 \\ 1.15 \end{bmatrix}$$

由此可知,回归模型为 $\hat{y} = 9.9 + 0.575 x_1 + 0.55 x_2 + 1.15 x_3$。

对线性模型进行检验,即检验假设 $H_0 : \beta_1 = \beta_2 = \beta_3 = 0$。因为

$$S_T = \sum_{t=1}^{n} (y_t - \bar{y})^2 = \sum_{t=1}^{8} (y_t - 9.9)^2 = 801.1 - 784.08 = 17.02$$

$$U_R = \sum_{t=1}^{8} \left[9.9 + \sum_{t=1}^{3} \hat{\beta}_i x_{ti} - 9.9 \right]^2 = \sum_{t=1}^{8} (0.575 x_{t1} + 0.55 x_{t2} + 1.15 x_{t3})^2 = 15.645$$

因此

$$Q_e = S_T - U_R = 1.375$$

从而

$$F = \frac{U_R / 3}{Q_e / (8-3-1)} = 15.171$$

对显著性水平 $\alpha = 0.5$ 查 F 分布表得临界值 $F_{0.95}(3,4) = 6.59 < 15.171 = F$,所以否定 H_0,即认为 $\beta_1, \beta_2, \beta_3$ 不全为零。

对回归系数进行检验($\alpha = 0.05$)。因为

$$F_0 = \frac{U_0}{Q_e / 4} = \frac{\hat{\beta}_0^2 / C_{00}}{Q_e / 4} = 2280.96, \quad F_1 = \frac{\hat{\beta}_1^2 / C_{11}}{Q_e / 4} = 7.695$$

$$F_2 = \frac{\hat{\beta}_2^2 / C_{22}}{Q_e / 4} = 7.04, \quad F_3 = \frac{\hat{\beta}_3^2 / C_{22}}{Q_e / 4} = 30.778$$

查 F 分布表得临界值 $F_{0.95}(1,4) = 7.71$,因此 x_1 和 x_2 对 y 的影响不显著,x_3 对 y

的影响显著,但是因为 $F_2 < F_1$,所以剔除 x_2,回归方程为 $\hat{\beta}_0^* = \hat{\beta}_0$,$\hat{\beta}_1^* = \hat{\beta}_1$,$\hat{\beta}_3^* = \hat{\beta}_3$。于是得到新的回归方程为 $\hat{y} = 9.9 + 0.575x_1 + 1.15x_3$。

为了对新的回归系数进行检验,需要计算新的相关矩阵,即

$$C^* = \begin{bmatrix} 1/8 & 0 & 0 \\ 0 & 1/8 & 0 \\ 0 & 0 & 1/8 \end{bmatrix}, \quad S_T^* = S_T = 17.02$$

$$U_R^* = \sum_{i=1}^{8}(0.575x_{t1} + 1.15x_{t3})^2 = 2.9756 \times 4 + 0.3306 \times 4 = 13.2248$$

因此

$$Q_e^* = S_T^* - U_R^* = 3.7952$$

从而

$$F_0^* = \frac{\hat{\beta}_0^* / C_{00}^*}{Q_e^* / 5} = 1033.99, \quad F_1^* = \frac{\hat{\beta}_1^* / C_{11}^*}{Q_e^* / 5} = 3.48$$

$$F_3^* = \frac{\hat{\beta}_3^* / C_{22}^*}{Q_e^* / 5} = 13.94, \quad F^* = \frac{5}{2}\frac{U_R^*}{Q_e^*} = 8.71$$

对显著水平 $\alpha = 0.05$ 查 F 分布表得临界值 $F_{0.95}(1,5) = 6.61$,比较 F_0^*、F_1^*、F_3^* 知 x_3 对 y 影响显著,x_1 对 y 影响不显著,应剔除 x_1,类似地得到新的回归方程 $\hat{y} = 9.9 + 1.15x_3$,得到新的回归平方和与新的残差平方和分别为 $U_R^{**} = 10.58$,$Q_e^{**} = 6.44$。由此得到 $F^{**} = \frac{U_R^{**}/1}{Q_e^{**}/6} = 9.857$,$F_0^{**} = 730.509$,$F_3^{**} = 9.857$。从而 $F_{0.95}(1,6) = 5.99$,与 F^{**}、F_0^{**}、F_3^{**} 比较最后得到回归方程为 $\hat{y}^{**} = 9.9 + 1.15x_3$。

事实上,在工程实际中,若是完全数据,当然可以用回归分析方法来进行预测,然而往往遇到的数据不总是完全数据,下面介绍截尾数据及其统计分析。

2.6　截尾数据及其统计分析

寿命数据常有一个被称为截尾的特性,这个特性使数据分析中产生了一些特殊的问题。基本上,数据被称为是截尾的,是当样本中有一部分样品的寿命只得到了其下界(或上界)。在收集数据时由于时间有限及其他方面的限制,截尾情形在寿命分布的研究中很普遍的。例如,在一个寿命实验中,可能难以做到把实验持续到所有受试产品都失效为止,如果在并非所有产品都失效时就停止了实验,那些未失效的产品就只得到了其寿命的一个下限信息。广义来讲,截尾是指被观测的个体中只有一部分的确切寿命知道,而剩余的寿命只知道其值少于或超过某一个特

定值。

2.6.1　截尾类型与定义

下面介绍常见的截尾类型基本概念。

1. 左截尾

一个观测被称为在 L 处左截尾,如果仅知道其观测值小于或等于 L,通常记为 L^{-}。例如,8 月 30 日去观测所实验或使用的产品,却发现该产品已经失效或发生故障,可以认为该产品的寿命是 8 月 30 日前的,寿命早于 8 月 30 日来计算。

2. 右截尾

若精确值不知道,而只知道其大于或等于 L,通常简称为截尾,记作 L^{+}。例如,某个时间点去观测受试产品,此时停止实验,发现该产品仍然正常,并未失效,则该产品的寿命大于这个观测时间点。

3. Ⅰ型截尾

有时候实验是在一定的时间范围内进行,这样样品的寿命只有在小于或等于事先给定的值时才能被观测到,此时获得的数据被称为是Ⅰ型(或定时)截尾。例如,在一个寿命实验中有 n 个受试产品,事先决定好在时间 L 后就停止实验,只有那些在 L 前失效的产品寿命才能知道确切知道。一个更复杂的Ⅰ型截尾实验,如事先决定在 9 月 1 日停止实验,这样某些产品的寿命被截尾,然而每个产品都有各自特定的截尾时间 L_i,因为所有的产品并不是同时开始实验的。

4. Ⅱ型截尾

一个Ⅱ型截尾样本是指 n 个被观测的产品中只有 r 个最小的观测值被观测到 $(1 \leqslant r \leqslant n)$。Ⅱ型截尾实验经常使用,例如,在寿命实验中,共有 n 个受试产品,实验在有 r 个失效时停止了,而不是等 n 个产品都失效了才停止。因为在某些情形直到 n 个产品都失效要花很长的时间,所以这样的截尾实验是省时、省钱的,而且对Ⅱ型截尾数据的统计处理是直接的。

5. 随机截尾

实际工程实践中的截尾时间通常是随机的。例如,在医学实验中,病人是以随机方式进入观测对象之列,如果某项观察室在事先确定好了的日期停止,那么每个病人的截尾时间就是其进入观察对象之时到观察停止的这段时间,这段时间是随机的。为了推断之便,人们常有条件地把观测到的截尾时间按Ⅰ型截尾处理,为了说明这一处理是合理的,数据的产生过程必须重作考虑。

2.6.2　Ⅰ型截尾

更确切地说,一个Ⅰ型截尾样本是这样产生的,当样品 $1,2,\cdots,n$ 分别规定在有限时间 $L_1,L_2,\cdots,L_n$ 内被观测,第 i 个样品的寿命 T_i 只有当 $T_i \leqslant L_i$ 时才能被观测到。当所有的 L_i 都相等时,通常称这类数据为简单Ⅰ型截尾样本,以区别一般的情形。进一步,Ⅰ型截尾样本中被观测到的寿命个数是随机的,不同于Ⅱ型截尾情形,因为在Ⅱ型截尾中观测到的寿命个数是事先就固定好了的。

考察 n 个样品,第 i 个样品的寿命为 T_i,其固定的截尾时间为 L_i,T_i 为独立同分布的,密度函数为 $f(t)$,可靠性函数为 $R(t)$,样品 i 的寿命 T_i 只有在 $T_i \leqslant L_i$ 时才能被观测到。

记

$$t_i = \min(T_i, L_i), \quad \delta_i = \begin{cases} 1, & T_i \leqslant L_i \\ 0, & T_i > L_i \end{cases}$$

因为 t_i 是一个含连续部分和离散部分的混合随机变量,对离散部分有 $\mathrm{Pr}\{t_i = L_i\} = \mathrm{Pr}\{\delta_i = 0\} = \mathrm{Pr}\{T_i > L_i\} = R(L_i)$,对连续部分,即 $t_i < L_i$,则连续密度函数为

$$\mathrm{Pr}\{t_i \mid \delta_i = 1\} = \mathrm{Pr}\{t_i \mid t_i < L_i\} = \frac{\mathrm{Pr}\{t_i = T_i, t_i < L_i\}}{\mathrm{Pr}\{t_i < L_i\}}$$

$$= \frac{\mathrm{Pr}\{t_i = T_i\}}{\mathrm{Pr}\{\delta_i = 1\}} = \frac{\mathrm{Pr}\{t_i = T_i\}}{F(L_i)} = \frac{f(t_i)}{1 - R(L_i)}$$

因此,混合随机变量组可以分为两部分来处理,即 $\mathrm{Pr}\{t_i = L_i, \delta_i = 0\} = \mathrm{Pr}\{\delta_i = 0\} = R(L_i)$,$\mathrm{Pr}\{t_i = L_i, \delta_i = 1\} = \mathrm{Pr}\{t_i = T_i \mid \delta_i = 1\}\mathrm{Pr}\{\delta_i = 1\} = f(t_i)$。两式合成一个式子有 t_i 和 δ_i 的联合密度函数,即 $\mathrm{Pr}(t_i, \delta_i) = f(t_i)^{\delta_i} R(L_i)^{1-\delta_i}$。又因为这些随机变量对 (t_i, δ_i) 是独立的,则似然函数为 $L = \prod_{i=1}^{n} f(t_i)^{\delta_i} R(L_i)^{1-\delta_i}$。

例 2.12　设某产品的寿命是独立且均服从指数分布,观测到失效或故障的个数为 r 个,求该截尾数据的似然函数。

解　因为寿命服从指数分布,故有 $f(t) = \lambda \exp(-\lambda t)$,$S(t) = \exp(-\lambda t)$,$t > 0$。由似然函数,得

$$L = \prod_{i=1}^{n} [\lambda \exp(-\lambda t)^{\delta_i}] \exp[-\lambda L_i(1-\delta_i)] = \lambda^r \exp\left(-\lambda \sum_{i=1}^{n} t_i\right)$$

其中,$r = \sum \delta_i$。

2.6.3 Ⅱ型截尾

Ⅱ型截尾是最常见的一种截尾方式，常用的统计理论知识是顺序统计量相关理论。值得注意的是，在一个Ⅱ型截尾实验中，观测到的产品失效个数 r 在收集数据前就已经确定了。从形式上来说，Ⅱ型截尾数据是由 n 个来自于待研究的寿命分布的寿命时间 $T_1, T_2, \cdots, T_n$ 中 r 个最小寿命时间 $T_{(1)} \leqslant T_{(2)} \leqslant \cdots \leqslant T_{(r)}$ 组成，如果 $T_1, T_2, \cdots, T_n$ 独立同分布，其密度函数为 $f(t)$，生存函数为 $R(t)$，由通常的顺序统计量的结论可以得到 $T_{(1)}, T_{(2)}, \cdots, T_{(r)}$ 的联合密度函数，即

$$\frac{n!}{(n-r)!} f(t_{(1)}) \cdots f(t_r) [S(t_{(r)})]^{n-r} \tag{2-37}$$

对于任一个给定的参数模型，统计推断都可以建立在上述似然函数之上，由此可以推断出一些抽样性质。

例 2.13 对 n 个样本 $T_1, T_2, \cdots, T_n$ 进行实验，当有 r 个样本失效时停止实验。假设该样本寿命服从参数为 λ 的指数分布，试分析似然函数及参数 λ 的充分统计量及极大似然估计。

解 由于样本寿命服从指数分布，则有 $f(t) = \lambda \exp(-\lambda t)$，$S(t) = \exp(-\lambda t)$，$t > 0$。设观测到的失效样本 $T_{(1)}, T_{(2)}, \cdots, T_{(r)}$ 的寿命分别为 $t_{(1)}, t_{(2)}, \cdots, t_{(r)}$，则似然函数为

$$L = \frac{n!}{(n-r)!} \lambda^r \exp(-\lambda \sum_{i=1}^r t_{(i)}) \exp[-(n-r)\lambda t_{(r)}]$$

$$= \frac{n!}{(n-r)!} \lambda^r \exp[-\lambda(\sum_{i=1}^r t_{(i)} + (n-r)t_{(r)})]$$

此时做统计推断是很直接的。

令 $T = \sum_{i=1}^r t_{(i)} + (n-r)t_{(r)}$，剔除常数项 $\dfrac{n!}{(n-r)!}$ 后，似然函数可取 $L(\lambda) = \lambda^r \exp(-\lambda T)$。容易看出，$T$ 是 $1/\lambda$ 的充分统计量，λ 的极大似然估计是 $\lambda = r/T$。

可以证明，T 的分布可以由 $2T/\theta \sim \chi^2(2r)$ 给出，于是参数 λ 的 $1-\alpha$ 等尾双侧置信区间为 $\Pr\{\chi_{\alpha/2}^2(2r) \leqslant 2T\lambda \leqslant \chi_{1-\alpha/2}^2(2r)\} = 1-\alpha$。于是下式，即

$$\frac{\chi_{1-\alpha/2}^2(2r)}{2T} \leqslant \lambda \leqslant \frac{\chi_{\alpha/2}^2(2r)}{2T}$$

是 λ 的 $1-\alpha$ 置信区间。

2.6.4 随机截尾

一个简单的，随机截尾过程就是假设每个样品有寿命 T 和截尾时间 L，且 T

和 L 是独立的连续随机变量,其可靠性函数分别为 $R_T(t)$ 和 $R_L(t)$。

令 (T_i, L_i), $i=1,2,\cdots,n$ 相互独立,记

$$t_i = \min(T_i, L_i), \quad \delta_i = \begin{cases} 1, & T_i \leqslant L_i \\ 0, & T_i > L_i \end{cases}$$

因此,n 个样品数据为 (t_i, δ_i), $i=1,2,\cdots,n$。令 $f(t)$ 和 $g(t)$ 分别为 T_i 和 L_i 的密度函数,则通过概率微元分析可知

$$\begin{aligned} f(t_i, \delta_i=0)\mathrm{d}t_i &= \Pr\{t_i=t, T_i > L_i\} \\ &= [F(t_i + \mathrm{d}t_i) - F(t_i)][1 - F(t_i + \mathrm{d}t_i)] \\ &= g(t_i)\mathrm{d}t_i \cdot R_L(t_i + \mathrm{d}t_i) \end{aligned}$$

从而有 $f(t_i, \delta_i=0) = g(t_i)R_L(t_i)$,又因为 $f(t_i, \delta_i=1)\mathrm{d}t_i = \Pr\{t_i=t, T_i \leqslant L_i\} = f(t_i)\mathrm{d}t_i \cdot R_T(t_i + \mathrm{d}t_i)$,所以 $f(t_i, \delta_i=1) = f(t_i)R_T(t_i)$。综合上述两式有 $f(t_i, \delta_i) = [f(t_i, \delta_i=1)]^{1-\delta_i}[f(t_i, \delta_i=0)]^{\delta_i} = [g(t_i)R_L(t_i)]^{1-\delta_i}[f(t_i)R_T(t_i)]^{\delta_i}$,因此随机向量对 (t_i, δ_i), $i=1,2,\cdots,n$ 的似然函数为

$$\begin{aligned} L &= \prod_{i=1}^{n} [f(t_i)R_T(t_i)]^{\delta_i}[g(t_i)R_L(t_i)]^{1-\delta_i} \\ &= \left[\prod_{i=1}^{n} R_T(t_i)^{\delta_i} g(t_i)^{1-\delta_i}\right]\left[\prod_{i=1}^{n} R_L(t_i)^{1-\delta_i} f(t_i)^{\delta_i}\right] \end{aligned}$$

若 $R_L(t)$ 和 $g(t)$ 都不含任何未知参数,则上式第一部分就可以被忽略,似然函数为 $L = \prod_{i=1}^{n} R_L(t_i)^{1-\delta_i} f(t_i)^{\delta_i}$。因此,前面讨论的 I 型截尾可以看作是这里的特殊情形。观测值取值示意图如图 2-9 所示。

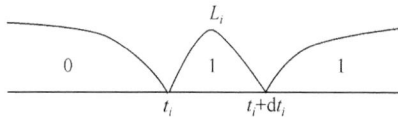

图 2-9　观测值取值示意图

2.6.5　一般性截尾过程

一般性的截尾过程已有部分研究成果,其基本思想是把随机时间展开的截尾和失效过程模型化。下面介绍连续寿命数据下的似然函数。

假设在 $t=0$ 时有 n 个样品被观测,每个样品都持续到失效或者被截尾。当个体寿命分布不同时,样本的似然函数为

$$L = \prod_{i=1}^{n} f_i(t_i)^{\delta_i} R_i(L_i)^{1-\delta_i} \tag{2-38}$$

其中，$f_i(t)$ 和 $R_i(t)$ 分别表示第 i 个样品的密度函数和生存函数。

进一步，设 D 表示那些寿命被观测到的样品的集合，C 表示那些只有截尾时间被观测到的样品的集合，则 L 可重写为

$$L = \prod_{i \in D} f_i(t_i) \prod_{i \in C} R_i(L_i)$$

若有一列不完整来自同一分布的数据，共 n 个。失效的数据为 n_f 个，记其集合为 F，右截尾的数据为 n_c 个，记其集合为 C，记参数向量为 θ，则上述似然函数又为

$$L(\theta) = \prod_{i \in D} f(t_i; \theta) \prod_{i \in C} R(t_i; \theta)$$

如果似然函数是可微分的，则通过解下面的方程组能得到参数估计 $\hat{\theta}$ 值，即

$$\frac{\partial}{\partial \theta_i} L(\theta) = 0 \quad \text{或者} \quad \frac{\partial}{\partial \theta_i} \ln[L(\theta)] = 0, \quad i = 1, 2, \cdots, k$$

如果似然函数不可微分，或者虽然可微分，但微分后的方程很复杂，也可以直接采用数值方法求出似然函数取最大值时的参数值。

例 2.14 以两参数威布尔分布为例，这是一组完整的数据，共 51 个，以增序排列，如表 2-6 所示。这列数据是模拟一个两参数威布尔分布时随机产生的。

表 2-6 数组 I（$\eta = 200, \beta = 2.5$）

40	49	59	70+	85	93	96	99	105+	111	115	116+	116	118	123
128+	128	130+	131	132	135+	136		139	146+	154+	157+		162	169
170	188	191+	199	205	207	210+		215	222+	234+	253		264+	279
281+	287	316	319+	319	321+	326		344+	386	392+				

解 因为两参数威布尔分布函数为

$$F(t) = 1 - \exp\left[-\left(\frac{t}{\eta}\right)^{\beta}\right], \quad t > 0$$

从而似然函数可以写为

$$L(\theta) = \prod_{i \in F} \frac{\beta t_i^{\beta-1}}{\eta^{\beta}} \exp\left[-\left(\frac{t_i}{\eta}\right)^{\beta}\right] \prod_{i \in C} \exp\left[-\left(\frac{t_i}{\eta}\right)^{\beta}\right]$$

其对数似然函数为

$$\ln[L(\theta)] = n_f \ln\beta - n_f\beta\ln\eta + (\beta-1)\ln\left(\sum_{i\in F} t_i\right) - \sum_{i\in F\cup C}\left(\frac{t_i}{\eta}\right)^{\beta}$$

求偏微分并令其为 0,得

$$\begin{cases} \eta = \left[\dfrac{\displaystyle\sum_{i\in F\cup C} t_i^{\beta}}{n_f}\right]^{\frac{1}{\beta}} \\ \dfrac{n_f}{\beta} - n_f\ln\eta + \displaystyle\sum_{i\in F}\ln t_i - \dfrac{1}{\eta^{\beta}}\sum_{i\in F\cup C} t_i^{\beta}\ln\dfrac{t_i}{\eta} = 0 \end{cases}$$

应用表 2-6 中数据组 I,迭代求解上面的方程组,求得两参数威布尔分布的极大似然估计分别为

$$\hat{\beta} = 2.1793, \quad \hat{\eta} = 209.4828$$

这个估计与随机模拟时参数设置比较接近。

极大似然方法是一种广泛使用的解析方法。它对完整数据和截尾数据都是适用的。在应用时,可以直接采用优化方法求似然函数,或对数似然函数取得最大值时的模型参数值。

2.6.6　估计模型的检验方法

常用的拟合优度检验方法有两种,一种为 χ^2 检验法,又称 Pearson 方法;另一种为 K-S(Kolmogorov-Smirnow)检验法。前者适合于离散分布的检验,后者适合于连续分布的检验。其基本思想都是计算样本数据的观测值与拟合模型的计算值之间的差异。当这种差异充分小时,即接受所拟合的模型是恰当的。

(1) χ^2 检验法

首先将数据划分在 k 个互不重叠的连续区间内,设 O_i 是第 i 个区间观察到的失效数据的个数,E_i 是用拟合模型计算到的第 i 个区间的期望的失效个数,则 χ^2 检验统计量为

$$\chi^2 = \sum_{i=1}^{k} \frac{(O_i - E_i)^2}{E_i}$$

对于给定的显著性水平 α,这个值如果小于某一个临界值 χ_c^2,则认为观察值与期望值间的差异是小的,而接受拟合模型认为是恰当的。要查得一个临界值,必须确定两个参数:一个是显著性水平 α,一般为 5%或 1%,另一个为自由度 f,按 $f = k-1-m$ 计算,这里 k 是区间数,m 是拟合模型中被估计得模型参数的个数。在应用该方法时,最好应使每个区间中所包含的数据个数不少于 5;否则应将其与相邻

区间合并,因为这种方法对于小样本情况很难适应。

以例 2.14 中数组 I 为例来演示检验过程。这里采用例 2.14 中参数估计的结果作为拟合模型,如表 2-7 所示。

表 2-7　χ^2 值的计算

区间	O_i	E_i	$(O_i-E_i)^2/E_i$
0~80	4	5.681230	0.497522
81~160	21	15.56239	1.899936
161~240	12	15.77200	0.902103
241~320	8	9.028829	0.117248
321~+∞	5	3.955485	0.275822
Σ	50	50	3.692631

根据计算结果,得到 $\chi^2=3.6926$,然后确定临界值 χ_c^2,取显著性水平 $\alpha=0.05$,自由度为 $f=5-1-2=2$,由 χ^2 分布表得到 $\chi_c^2=5.991>\chi^2=3.6926$,所以在显著性水平 0.05 的条件下接受所拟合的模型是恰当的。

(2) K-S 检验法

将数据划分在 k 个连续的区间内,在第 i 个区间的右端点处,观察的分布函数为 F_i,用拟合模型计算的期望分布函数为 $\hat{F}_i$,并令 $D_i=|F_i-\hat{F}_i|$,则 K-S 的检验统计量 D 为 $D=\max\{D_1,D_2,\cdots,D_k\}$。给定置信水平 α,如果 D 值小于某一个临界值 D_c(可以查表得到),则接受拟合模型为恰当的模型。对于含有 n 个失效数据的样本而言,不同的 n 对应于不同的临界值。当 n 对应于不同的临界值,n 大于 40 时,D_c 可用下面的公式计算,即

$$D_c=\begin{cases}1.36/\sqrt{n}, & \alpha=0.05 \\ 1.63/\sqrt{n}, & \alpha=0.01\end{cases}$$

仍采用例题 2.13 数组 I 中估计的结果,K-S 检验的统计量的计算过程如表 2-8 所示。

表 2-8　D 值的计算

区间	F_i	$\hat{F}_i$	D_i
0~80	0.08	0.113625	0.033625
81~160	0.50	0.424872	0.075128
161~240	0.74	0.740312	0.000312
241~320	0.90	0.920890	0.020890
321~+∞	1.00	1.000000	0.000000

从表中数据可以看出,$D=0.075128$,取显著性水平 $\alpha=0.05$,则经查表得临界值,即

$$D_c=\frac{1.36}{\sqrt{50}}=0.192333>D=0.075128$$

从而,经过 K-S 检验,接受以所估计的参数值下的两参数威布尔模型是一个拟合恰当的模型。

实际上,任何产品的失效过程基本上都是随时间变化的一个随机过程,下面介绍可靠性问题中的随机故障及随机过程在可靠性中的应用。

2.7　可靠性中的计数过程

随着科学技术的发展,可靠性分析也逐步深入随机过程相关领域,下面简单介绍可靠性中的几个常见计数过程模型,即齐次 Poisson 过程(homogeneous Poisson process,HPP)、非齐次 Poisson 过程(non-homogeneous Poisson process,NHPP)、更新过程(refresh process,RP)[17]。

随机过程主要在可修系统中应用较多,主要分类如图 2-10 所示。

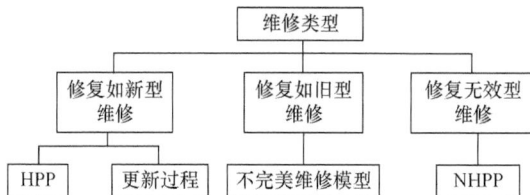

图 2-10　维修类型及其适用的随机过程

2.7.1　齐次 Poisson 过程

Poisson 过程是一类重要的计数过程,下面首先给出计数过程的定义。

定义 2.12　随机过程 $\{N(t),t\geqslant0\}$ 称为计数过程,如果 $N(t)$ 表示从 0 到 t 时刻某一特定事件 A 发生的次数,它具备以下两个特点。

① $N(t)\geqslant0$,且取值为整数。

② 当 $s<t$ 时,$N(s)\leqslant N(t)$ 且 $N(t)-N(s)$ 表示 $(s,t]$ 时间内事件 A 发生的次数。

计数过程在实际中有广泛的应用,只要对所观察的事件出现的次数感兴趣,就可以使用计数过程来描述。例如,考虑一段时间内生产产品的次品数,某地区一段时间内某年龄段的死亡人数等,都可以用计数过程来作为模型加以研究。

虽然 $N(t)$ 之间常常不是相互独立的,但人们发现许多过程的增量是相互独立的,称之为独立增量过程。

定义 2.13　如果对任何 $t_1, t_2, \cdots, t_n \in T$, $t_1 \leqslant t_2 \leqslant \cdots \leqslant t_n$,随机变量 $N(t_2) - N(t_1), \cdots, N(t_n) - N(t_{n-1})$ 是相互独立的,则称 $\{N(t), t \in T\}$ 为独立增量过程。如果对任何 t_1 和 t_2 有 $N(t_1 + h) - N(t_1) \stackrel{\text{def}}{=\!=} N(t_2 + h) - N(t_2)$,则称 $\{N(t), t \in T\}$ 为平稳增量过程。既有独立增量,又有平稳增量的过程称为平稳独立增量过程。

事实上,Poisson 过程是具有独立增量和平稳增量的计数过程,定义如下。

定义 2.14　计数过程 $\{N(t), t \geqslant 0\}$ 称为参数为 $\lambda(\lambda > 0)$ 的齐次 Poisson 过程(HPP),若满足如下条件。

① $N(0) = 0$。

② 过程具有独立增量。

③ 对任意的 $s, t \geqslant 0$,均有

$$P\{N(t+s) - N(s) = n\} = \mathrm{e}^{-\lambda t} \frac{(\lambda t)^n}{n!}, \quad n = 0, 1, \cdots$$

从上述定义可以看出,$N(t+s) - N(s)$ 的分布不依赖于 s,所以③蕴含了过程的平稳性。另外,由 Poisson 分布的性质知道,$E[N(t)] = \lambda t$,于是可以认为 λ 是单位时间内发生事件的平均次数,一般称 λ 是 Poisson 过程的强度或速率。

在实际问题处理过程中,有许多问题可以用 HPP 来描述,其基本原理是稀有事件原理。在 Bernoulli 实验中,每次实验成功的概率很小而实验次数很多时,二项分布会逼近 Poisson 分布。这一想法推广到随机过程就是指"在很短的时间内发生事故的概率是很小的,但假如考虑很多个这样很短的时间的连接,事故的发生将会有一个大致稳定的速率",这类似于 Bernoulli 实验及二项分布逼近 Poisson 分布时的假定,具体描述出来便是另一个等价定义。

定义 2.15　设 $\{N(t), t \geqslant 0\}$ 是一个计数过程,若满足如下条件。

① $N(0) = 0$。

② 过程有平稳独立增量。

③ 存在 $\lambda > 0$,当 $h \to 0$ 时,$P\{N(t+h) - N(t) = 1\} = \lambda h + o(h)$。

④ 当 $h \to 0$ 时,$P\{N(t+h) - N(t) \geqslant 2\} = o(h)$。

事实上,定义 2.14 与定义 2.15 是等价的,这里不给出严格证明,从工程上简单解释。若把区间 $[0, t]$ 划分为 n 个相等的时间区间,则当 $n \to +\infty$ 时,在每个小区间内事件发生 2 次或 2 次以上的概率趋于 0,因此事件发生 1 次的概率 $p \approx \lambda(t/n)$(显然 p 会很小),事件不发生的概率 $1 - p \approx 1 - \lambda(t/n)$,这恰好是 1 次 Bernoulli

实验。其中,事件发生 1 次即为实验成功,不发生即为失败,再由定理给出的条件平稳独立增量性,$N(t)$ 就相当于 n 次独立 Bernoulli 实验中实验成功的总次数,由 Poisson 分布的二项分布逼近可知 $N(t)$ 将服从参数为 λt 的 Poisson 分布。

在可靠性领域经常用到一些关于 HPP 的相关性质,为方便首先给出 HPP 的有关标记。Poisson 过程 $\{N(t),t \geqslant 0\}$ 的一条样本路径一般是跳跃度为 1 的阶梯函数,如图 2-11 所示。

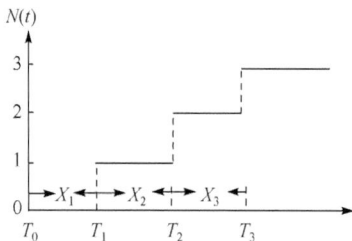

图 2-11　HPP 的样本路径

设 $T_n,n=1,2,3,\cdots$ 是第 n 次事件发生的时刻,规定 $T_0=0$, $X_n,n=1,2,\cdots$ 是第 n 次与第 $n-1$ 次事件发生的时间间隔,则有下列相关性质。

性质 2.4　随机变量 $X_1,X_2,\cdots$ 均服从参数为 λ 的指数分布 $F(t)=1-\exp(-\lambda t),t \geqslant 0$,且相互独立。事实上,该性质可以作为 HPP 的等价定义。

性质 2.5　第 n 次事件发生的时刻 $T_1,T_2,T_3,\cdots$ 服从参数为 n 和 λ 的 Γ 分布,即概率密度函数为

$$f(t)=\frac{\lambda^n}{\Gamma(n)}t^{n-1}\mathrm{e}^{-\lambda t}, \quad t>0$$

性质 2.6　任意一个长度为 t 的区间中的平均故障次数为 $\mathrm{E}(N(t))=\lambda t$,因此单位时间中的平均故障数为

$$\frac{1}{t}E(N(t))=\lambda=常数$$

若一个可修系统的故障相继发生时刻 $T_1,T_2,\cdots$ 可以用 HPP 中事件发生时刻来描述,则由性质 2.4,相邻故障间隔 $X_1,X_2,\cdots$ 必遵从指数分布,这表明 HPP 模型描述的是具有如下特征的可修系统。

① 系统的寿命有参数 λ 的指数分布。

② 系统故障后修复如新,即相继的故障间隔独立同分布。

若有一串相邻故障间隔的数据 $x_1,x_2,\cdots,x_n$,想用 HPP 模型,则必须验证 $x_1,x_2,\cdots,x_n$ 是来自指数分布总体的一组简单样本。若 HPP 模型不能用,则可考虑非齐次 Poisson 过程模型(NHPP)和更新过程模型(RP)。

2.7.2　非齐次 Poisson 过程模型

1. 定义及相关性质

当 Poisson 过程的强度 λ 不再是常数,而与时间 t 有关,HPP 被推广为非齐次 Poisson 过程(NHPP)。一般来说,NHPP 是不具备平稳增量的,即当可修系统的相邻故障间隔呈现某种趋势时,可用 NHPP 来描述。在实际工程中,NHPP 是比较常用的,如在考虑设备的故障率时,由于设备使用年限的变化,出故障的可能性会随之变化;轴轮的损伤速率会随着旋转次数及外部条件的变化而变化等,在这种情况下,再用 HPP 来描述就不合适了,应用 NHPP 来处理比较合理。

定义 2.16　计数过程 $\{N(t),t\geqslant 0\}$ 称作强度函数为 $\lambda(t)$ 的 NHPP,若满足如下条件。

① $N(0)=0$。

② 过程有独立增量。

③ 存在 $\lambda(t)>0$,当 $h\to 0$ 时,$P\{N(t+h)-N(t)=1\}=\lambda(t)h+o(h)$。

④ 当 $h\to 0$ 时,$P\{N(t+h)-N(t)\geqslant 2\}=o(h)$。

同样,类似于 HPP,若令 $m(t)=\int_0^t \lambda(s)\mathrm{d}s$,NHPP 也有如下的等价定义。

定义 2.17　计数过程 $\{N(t),t\geqslant 0\}$ 称作强度函数,为 $\lambda(t)\geqslant 0,t>0$ 的 NHPP,若满足如下条件。

① $N(0)=0$。

② 过程具有独立增量。

③ 对任意的 $t\geqslant 0,\Delta t\geqslant 0$,在 $(t,t+\Delta t]$ 中的故障数 $N(t+\Delta t)-N(t)$ 具有参数为 $\Lambda(t,\Delta t)=m(t+\Delta t)-m(t)$ 的 Poisson 分布,其中 $\Lambda(t,\Delta t)=\int_t^{t+\Delta t}\lambda(u)\mathrm{d}u$, $P\left\{N(t+\Delta t)-N(t)=n\right\}=\mathrm{e}^{-\lambda}\dfrac{\left[\Lambda(t,\Delta t)\right]^n}{n!}\exp\{-[\Lambda(t,\Delta t)]\}$,$n=0,1,2,\cdots$。

由此可见,一般的 NHPP,相邻故障间隔 $X_1,X_2,\cdots$ 既不独立,也不同分布,而且在同样长度的区间上,平均故障不仅依赖于区间的长度,还依赖于区间的起点,它用来描述不是修复如新的可修系统,记 $\Lambda(t)=\int_0^t \lambda(u)\mathrm{d}u$ 为累积强度函数。

事实上,NHPP 不过是"换了一个时钟来计时"的 HPP,即 HPP 与 NHPP 是可以相互转换的。为满足一些数据的处理方便,下面定理给出了 HPP 与 NHPP 之间的转换关系。

定理 2.20　设 $\{N(t),t\geqslant 0\}$ 是一个强度函数为 $\lambda(t)$ 的 NHPP,对任意 $t\geqslant 0$,令 $N^*(t)=N[m^{-1}(t)]$,则 $\{N^*(t)\}$ 是一个强度为 1 的 HPP。

两类过程的时间变量转换参考如图 2-12 所示。

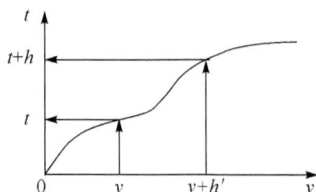

图 2-12　NHPP 到 HPP 的时间变量的转换

该定理说明,可以简化 NHPP 的问题到 HPP 中进行讨论,另一方面也可以进行反方向的操作,即从一个参数为 λ 的 Poisson 过程构造一个强度函数为 $\lambda(t)$ 的 NHPP。同样,NHPP 也具有一些重要性质,这些性质在一些可修系统的可靠性模型统计分析时有所应用。

性质 2.7　设随机变量 $T_1, T_2, \cdots, T_n$ 是强度函数为 $\lambda(t)$ 的 NHP 的开始 n 个故障发生的时刻。

① 随机变量 $T_1, T_2, \cdots, T_n$ 的联合概率密度函数为

$$f(t_1, t_2, \cdots, t_n) = \prod_{i=1}^{n} \lambda(t_i) \exp\{-\Lambda(t_n)\}, \quad 0 \leqslant t_1 \leqslant \cdots \leqslant t_n$$

特殊地,$T_j (1 \leqslant j \leqslant n)$ 的密度函数为

$$g(t) = \frac{[\Lambda(t)]^{j-1}}{(j-1)!} \lambda(t) \exp\{-\Lambda(t)\}, \quad t \geqslant 0$$

② 若有 $N(t) = n$,则 $T_1, T_2, \cdots, T_n$ 的联合概率密度函数为

$$h\{t_1, t_2, \cdots, t_n \mid N(t) = n\} = \prod_{i=1}^{n} \lambda(t_i) \exp\{-\Lambda(t)\}, \quad 0 \leqslant t_1 \leqslant \cdots \leqslant t_n \leqslant t$$

性质 2.8　在第 j 个故障发生时刻 $T_j = t$ 的条件下,第 $j+1$ 个故障间隔时间 X_{j+1} 满足下式,即

$$P\{X_{j+1} > x \mid T_j = t\} = \exp\{-[\Lambda(t+x) - \Lambda(t)]\}, \quad x \geqslant 0$$

性质 2.9　若记

$$Z_i = \int_{T_{i-1}}^{T_i} \lambda(u) \mathrm{d}u, \quad i = 1, 2, \cdots$$

则 $Z_1, Z_2, \cdots, Z_n$ 独立同分布,有参数为 1 的指数分布。

性质 2.10　非齐次 Poisson 过程在时间段 $(0, t]$ 中的平均故障数为 $E(N(t)) = \Lambda(t)$。

性质 2.11　在 $N(t)=n$ 的条件下,若

① NHPP 的开始 n 个故障发生的时刻 $T_1,T_2,\cdots,T_n$ 与 n 个独立同分布的随机变量 $U_1,U_2,\cdots,U_n$ 的顺序统计量 $U_{(1)},U_{(2)},\cdots,U_{(n)}$ 同分布。

② NHPP 的开始 $n-1$ 个故障发生的时刻 $T_1,T_2,\cdots,T_{n-1}$ 与 $n-1$ 个独立同分布的随机变量 $U_1,U_2,\cdots,U_{n-1}$ 的顺序统计量 $U_{(1)},U_{(2)},\cdots,U_{(n-1)}$ 同分布。这里 U_i 均具有密度函数,即

$$f(u)=\begin{cases}\dfrac{\lambda(u)}{\Lambda(t)}, & 0\leqslant u\leqslant t\\[2mm] 0, & 其他\end{cases}$$

例 2.15　设某航空设备的使用期限为 10 年,在前 5 年内平均 2.5 年需要维修一次,后 5 年平均 2 年需要维修一次,试求它在使用期内只维修过一次的概率。

解　用非齐次 Poisson 过程考虑,强度函数为

$$\lambda(t)=\begin{cases}\dfrac{1}{2.5}, & 0\leqslant t\leqslant 5\\[2mm] \dfrac{1}{2}, & 5< t\leqslant 10\end{cases}$$

$$m(10)=\int_0^{10}\lambda(t)\mathrm{d}t=\int_0^5\frac{1}{2.5}\mathrm{d}t+\int_5^{10}\frac{1}{2}\mathrm{d}t=4.5$$

因此

$$P\{N(10)-N(0)=1\}=\mathrm{e}^{-4.5}\frac{(4.5)^1}{1!}=\frac{9}{2}\mathrm{e}^{-\frac{9}{2}}$$

在工程实际讨论中,经常遇到下面两种最简单且常用的 NHPP。

2. 两类常用 NHPP 模型

① 若 $N(t)$ 有强度函数 $\lambda(t)=\lambda\beta t^{\beta-1},t\geqslant 0,\lambda,\beta>0$,称随机过程 $\{N(t),t\geqslant 0\}$ 为 Weibull 型 NHPP 过程。

累积强度函数为

$$\Lambda(t)=\lambda t^{\beta}, \quad t\geqslant 0$$

系统首次故障前时间 X_1 满足

$$P\{X_1>t\}=p\{N(t)=0\}=\exp\{-\Lambda(t)\}=\exp(-\lambda t^{\beta}), \quad t\geqslant 0$$

即 X_1 服从威布尔分布。但是系统的第 2 次,第 3 次,$\cdots$ 相邻故障间隔 $X_2,X_3,\cdots$ 都不服从威布尔分布。对于该 Weibull 型 Poisson 过程,当 $0<\beta<1$,相邻故障间

隔呈现变大的趋势;$\beta>1$,则呈现变小的趋势;$\beta=1$ 时即为 HPP。

② 另一类特殊的 NHP 有强度函数为 $\lambda(t)=\exp(\alpha+\beta t)$,$t\geqslant 0$,$\alpha$,$\beta$ 是任意实参数,称该过程为广义指数型 NHPP 过程。

累积强度函数为

$$\Lambda(t)=\frac{\mathrm{e}^{\alpha}}{\beta}(\mathrm{e}^{\beta t}-1)$$

当 $\beta=0$ 时,即为 HPP;当 $\beta<0$ 时,反映相邻故障间隔有变大的趋势;$\beta>0$ 时呈变小的趋势。

在许多重工业中,时有重大事故发生,造成生命财产的损失,对于这些数据的统计分析,可以提供由于技术或劳动保护的改善,如何使得事故减少的一种定量刻画。例如,英国从 1875 年 12 月 6 日～1951 年 5 月 29 日的 70 多年间共发生了 109 次重大事故($\geqslant 10$ 人以上死亡),统计分析表明,可以用 Weibull 型 NHPP 过程来很好地描述事故发生的时刻。

3. HPP 模型的判别

对于可修系统故障数据,其分析方法如图 2-13 所示。

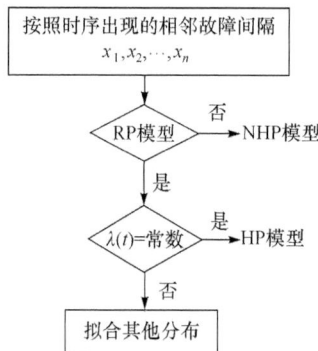

图 2-13 可修系统故障数据分析步骤

下面就不同截尾给出 HP 模型的检验。

(1) 观察定时截尾情形

设 t 固定,假定在 $(0,t]$ 中观察到 n 个故障,按时序记录的相邻故障间隔为 X_1,X_2,$\cdots$,X_n,第 i 次故障的时刻为

$$T_i=\sum_{j=1}^{i}X_j,\quad i=1,2,\cdots,n$$

检验假设 H_0:T_1,T_2,$\cdots$,T_n 是 HP 中事件相继发生的时刻。

在 H_0 成立的条件下,由 HP 性质知 $T_1,T_2,\cdots,T_n$ 与 $(0,t)$ 上独立均匀分布的随机变量 $U_1,U_2,\cdots,U_n$ 的顺序统计量 $U_{(1)},U_{(2)},\cdots,U_{(n)}$ 同分布,因此由中心极限定理,有

$$\frac{\frac{1}{n}\sum_{i=1}^{n}U_i-\frac{t}{2}}{\sqrt{\frac{1}{12n}t^2}}=\sqrt{12n}\Big(\frac{1}{nt}\sum_{i=1}^{n}U_{(i)}-\frac{1}{2}\Big)$$

$$=\sqrt{12n}\Big(\frac{1}{nt}\sum_{i=1}^{n}T_i-\frac{1}{2}\Big)\xrightarrow{\text{a. s.}}N(0,1)$$

从而对于较大的 $n(\geqslant 6)$,可用上式做显著性检验。

给定水平 α,记 z_α 为 $N(0,1)$ 的上 α 分位点。若 $X_1,X_2,\cdots,X_n$ 的观察值为 $x_1,x_2,\cdots,x_n,t_i=\sum_{j=1}^{j}x_j,i=1,2,\cdots,n$,从而有

$$\Big|\sqrt{12n}\Big(\frac{1}{nt}\sum_{i=1}^{n}t_i-\frac{1}{2}\Big)\Big|\geqslant z_{\alpha/2}$$

则在水平 α 上拒绝 H_0,否则接受 H_0。

下面来检验总体是否服从指数分布,假设数据满足 $x_{(1)},x_{(2)},\cdots,x_{(n)}$,对于:

① 方案 $(n,t_0,\text{有})$。令 $t_i=x_{(i)},i=1,2,\cdots,r,t=t_0$,将 n 换成 r 即可。

② 方案 $(n,t_0,\text{无})$。令 $t_i=\sum_{j=1}^{i}(n-j+1)(x_{(j)}-x_{(j-1)}),i=1,2,\cdots,r,x_{(0)}=0,t=\sum_{j=1}^{i}(n-j+1)(x_{(j)}-x_{(j-1)})+(n-r)(t_0-x_{(r)})$,将 n 换成 r 即可。

做了上述变换,然后再做检验。

(2) 观察定数截尾时的情形

若观察持续到第 n 个故障出现时结束,则得相邻故障间隔 $X_1,X_2,\cdots,X_n$,由 HPP 性质有

$$\sqrt{12(n-1)}\Big(\frac{1}{(n-1)t_n}\sum_{i=1}^{n-1}T_i-\frac{1}{2}\Big)\xrightarrow{\text{a. s.}}N(0,1)$$

因此,若

$$\Big|\sqrt{12(n-1)}\Big(\frac{1}{(n-1)T_n}\sum_{i=1}^{n-1}T_i-\frac{1}{2}\Big)\Big|\geqslant z_{\frac{\alpha}{2}}$$

则在水平 α 上拒绝 H_0,否则接受 H_0。

下面来检验总体是否服从指数分布,假设数据满足 $x_{(1)},x_{(2)},\cdots,x_{(n)}$,对于:

① 方案 $(n,r,\text{有})$。令 $t_i=x_{(i)},i=1,2,\cdots,r$,将 n 换成 r 即可。

② 方案$(n,r,$无$)$。令$t_i = \sum\limits_{j=1}^{i}(n-j+1)(x_{(j)}-x_{(j-1)})$, $i=1,2,\cdots,r$, $x_{(0)}=0$,将 n 换成 r 即可。

做了上述变换,然后再做显著性检验。

例 2.16　7907 号波音 720 飞机空调器按时序的故障间隔

$$194,15,41,29,33,181(\text{h})$$

检验这组数据是否可看作 HPP 中相邻事件发生的间隔,能否接受来自指数分布总体的假定,若数据来自定数截尾,能否接受 HPP 模型?

解　由该数据知,故障发生时刻 $T_i(i=1,2,\cdots,6)$ 为

$$194,209,250,279,312,493$$

从而 $T_n = T_6 = 493$,取显著性水平 $\alpha = 0.05$,则 $z_{0.025} = 1.96$,因此

$$\left| \sqrt{12 \cdot 5}\left(\frac{1244}{5 \cdot 493} - \frac{1}{2} \right) \right| = 0.036 < 1.96$$

故接受 H_0,认为空调器故障后"修复如新",其寿命服从指数分布。

下面给出基于独立样本基础上的对于指数分布的检验方法,不能用来检验 HPP 模型。现假定故障出现顺序为

$$15,29,33,41,181,194(\text{h})$$

若利用 F 检验,不难得到在 $\alpha = 0.02$ 或 $\alpha = 0.10$ 的水平上都接受样本来自指数总体的假定。但是这个推理是错误的,因为 F 检验是基于样本独立同分布这一假定的,而在数据是按照时序出现的相邻故障间隔的情形,独立同分布性或所谓"修复如新"的假定恰恰是需要检验的。

2.7.3　其他型 Poisson 过程简介

(1) 复合 Poisson 过程

随机过程$\{X(t),t \geq 0\}$称为复合 Poisson 过程,若对于 $t \geq 0$,$X(t)$ 可以表示为

$$X(t) = \sum_{i=1}^{N(t)} Y_i$$

其中,$\{N(t),t \geq 0\}$是一个 Poisson 过程$(Y_i, i=1,2,\cdots)$是一族独立同分布的随机变量,并且与$\{N(t),t \geq 0\}$也是独立的。

复合 Poisson 过程不一定是计数过程,但是当 $Y_i = c(i=1,2,\cdots)$,且 c 为常数时,可化为 Poisson 过程。下面直接给出强度为 λ 的复合 Poisson 过程相关性质。

性质 2.12　随机变量和 $X(t)$ 有独立增量。

性质 2.13　若 $E(Y_i^2)<+\infty$,则有 $E[X(t)]=\lambda t E(Y_1)$,$\mathrm{Var}[X(t)]=\lambda t E(Y_1^2)$。

（2）条件 Poisson 过程

Poisson 过程描述的是一个有"风险"参数 λ 的个体发生某一事件的频率,若考虑一个总体,其中的个体存在差异,例如发生事故的倾向性因人而异,于是将计数过程定义的第三条解释为给定 λ 时,$N(t)$ 的条件分布。

设随机变量 $\Lambda>0$,在 $\Lambda=\lambda$ 的条件下,计数过程 $\{N(t),t\geqslant 0\}$ 是参数为 λ 的 Poisson 过程,则称 $\{N(t),t\geqslant 0\}$ 为条件 Poisson 过程。若设 Λ 的分布函数是 G,那么随机选择一个个体在长度为 t 的时间区间内发生 n 次事件的概率为

$$P\{N(t+s)-N(s)=n\}=\int_0^{+\infty}\mathrm{e}^{-\lambda t}\frac{(\lambda t)^n}{n!}\mathrm{d}G(\lambda)$$

这是全概率公式。

下面对条件 Poisson 过程 $\{N(t),t\geqslant 0\}$ 中 $E(\Lambda^2)<+\infty$,给出以下性质。

性质 2.14　$E[N(t)]=tE(\Lambda)$,$\mathrm{Var}[N(t)]=t^2\mathrm{Var}(\Lambda)+tE(\Lambda)$。

2.7.4　更新过程

更新过程(renewal process,RP)是 HPP 的一个直接推广。因为 HPP 是事件发生的时间间隔 $X_1,X_2,\cdots$ 服从同一指数分布的计数过程,若保留 $X_1,X_2,\cdots$ 的独立且同分布性质,但是分布可以是任意分布,不必局限于指数分布,这样的计数过程便是更新过程。下面给出更新过程的严格定义。

定义 2.18　设随机变量 $X_1,X_2,\cdots$ 独立且同分布 $F(t)$,$F(0)=0$。记

$$T_0=0,\quad T_n=\sum_{i=1}^n X_i,\quad N(t)=\sup\{n:T_n\leqslant t\},\quad t\geqslant 0$$

则计数过程 $\{N(t),t\geqslant 0\}$ 是一个更新过程。

在可靠性工程中,更新过程的一个典型例子是机器零件的更换问题。在 0 时刻,安装上一个新零件并开始运行,设此零件在 X_1 时刻损坏,马上用一个新的来替换,这里假定更换时间忽略不计,则第二个零件在 X_1 时刻开始运行,设它在 X_2 时刻损坏,同样马上换第三个,……,这样很自然可以认为这些零件的使用寿命是独立同分布的,那么到 t 时刻为止所更换的零件数目就构成一个更新过程。下面简要介绍更新过程的相关结论及性质。

定理 2.21　设 F_n 是 T_n 的分布,以 $M(t)$ 记 $E[N(t)]$,则有更新函数为 $M(t)=\sum_{n=1}^{+\infty}F_n(t)$。

定理 2.22　记 $m(t)\overset{\text{def}}{=\!=}\mathrm{d}M(t)/\mathrm{d}t$,且 $M(t)=\sum_{n=1}^{+\infty}F_n(t)$,$m(t)=\sum_{n=1}^{+\infty}f_n(t)$,

$f_n(t)$ 是 $F_n(t)$ 的密度函数。

① $M(t)$ 和 $m(t)$ 满足如下形式的更新方程,即

$$K(t) = H(t) + \int_0^t K(t-s)\,\mathrm{d}F(s)$$

其中,$H(t)$ 和 $F(t)$ 已知;当 $t<0$ 时,$H(t)$ 和 $F(t)$ 均为 0。

② 设 $H(t)$ 为有界函数,则方程存在唯一的在有限区间内有界的解,即

$$K(t) = H(t) + \int_0^t H(t-s)\,\mathrm{d}M(s)$$

作为更新方程的一个重要应用,下面直接给出更新过程的一个重要等式,即 Wald 等式。

定理 2.23(Wald 等式)　设 $E(X)_i<+\infty, i=1,2,\cdots$,则有

$$E(T_{N(t)+1})=E[X_1+X_2+X_{N(t)+1}]=E(X_1)E[N(t)+1]$$

由于强度为 λ 的 Poisson 过程的两次事件发生的时间间隔 X_n 服从参数为 λ 的指数分布,且其更新函数为 $M(t)=E[N(t)]=\lambda t$,于是 $\dfrac{M(t)}{t}=\lambda=\dfrac{1}{E(X_n)}$,那么对于一般的更新过程是否还有这样的性质呢?当 $t\to+\infty$ 时,下面的 Feller 的初等更新定理 2.23 给出了肯定的答复。

定理 2.24(Feller 初等更新定理)　记 $\mu=E(X_n)$,则

$$\frac{M(t)}{t}\to\frac{1}{\mu}(t\to+\infty), \quad \mu=+\infty, \quad \frac{1}{\mu}=0$$

上述定理是最基本的更新定理,由该定理加上适当条件,可以得到下面的相关结论。

① 在时间间隔 $(0,t]$ 的平均故障数(即平均更新个数)可近似为

$$E[N(t)]=M(t)\approx\frac{t}{\mu}=\frac{t}{\mathrm{MTBF}}, \quad t\to+\infty$$

其中,$\mu=\mathrm{MTBF}$ 为平均故障间隔时间。

② 在时间间隔 $(t,t+\mu]$ 的平均故障数可近似为

$$M(t+\Delta t)-M(t)\approx\frac{\Delta t}{\mu}, \quad t\to+\infty, \quad \Delta t>0$$

事实上,这个结果被称为 Blackwell 定理。

随着可靠性及统计方法的研究深入,可靠性数学理论不断深化,促成可靠性数学理论的日趋完备。本章节介绍的内容多数是后续内容基础,有的是一些可靠性数据分析的常规方法原理。

2.8　本　章　小　结

本章介绍了可靠性统计的基本原理,介绍了相关重要统计量及其分布、可靠性参数估计的优劣性、估计值的区间及上下限、常用的数据回归分析、截尾数据似然分析,以及可靠性中的计数过程等,上述内容为本书后续章节的可靠性分析提供了数学基础。

习题及思考题

1. 某型号电子元件的寿命 X(单位:h)具有以下密度函数:

$$p(x)=\begin{cases} \dfrac{1000}{x^2}, & x>1000 \\ 0, & 其他 \end{cases}$$

现从中任取 1 只,

(1) 求其寿命大于 1500h 的概率;

(2) 若 1 只元件已工作到 1500h 尚未失效,问它还能再工作 500h 的概率。

2. 设 $X_1,X_2,\cdots,X_n$ 是来自正态总体 $N(\mu,\sigma^2)$ 的一个样本,试选择适当的 C,使得 $S^2 = C\sum\limits_{i=1}^{n-1}(X_{i-1}-X_i)^2$ 为 σ^2 的无偏估计。

3. 设 $X_1,X_2,\cdots,X_n$ 是来自下列双参数指数分布的一个样本:

$$p(x)=\frac{1}{\theta}\mathrm{e}^{-\frac{x-\mu}{\theta}}, \quad x\geqslant\mu$$

试求 μ 与 θ 的极大似然估计。

4. 设总体 $X\sim U\left(\theta-\dfrac{1}{2},\theta+\dfrac{1}{2}\right)$,$X_1,X_2,\cdots,X_n$ 为 X 的样本,$X_{(1)},X_{(2)},\cdots,X_{(n)}$ 为样本的顺序统计量。试求 $X_{(1)}$、$X_{(n)}$ 及 $(X_{(1)},X_{(2)})$ 的分布。

5. 设 $X_1,X_2,\cdots,X_n$ 为总体 X 的样本,X 具有分布率:$P(X=a)=1-p$,$P(X=b)=p$,$0<p<1$,a、b 均为已知常数,求未知参数 p 的极大似然估计量。

6. 设总体 $X\sim N(\mu,\sigma^2)$,μ 为已知,$X_1,X_2,\cdots,X_n$ 为 X 的样本,问下列 4 个统计量

$$S_1^2 = \frac{1}{n-1}\sum_{i=1}^{n}(X_i-\overline{X})^2, \quad S_2^2 = \frac{1}{n}\sum_{i=1}^{n}(X_i-\overline{X})^2$$

$$S_3^2 = \frac{1}{n+1}\sum_{i=1}^{n}(X_i-\overline{X})^2, \quad S_4^2 = \frac{1}{n}\sum_{i=1}^{n}(X_i-\mu)^2$$

中哪个是 σ^2 的无偏估计量,哪个对 σ^2 的均方误差 $E(S_i^2 - \sigma^2)^2$ 最小,哪个方差最小,哪个比较有效?

7. 若某寿命总体 $X \sim N(\mu, \sigma^2)$,试讨论未知参数 μ、σ^2 的有效估计量及一致最小方差无偏估计。

8. 设 $t_1 \leqslant t_2 \leqslant \cdots \leqslant t_r$ 是来自参数为 λ 的指数分布的定数截尾样本,试证明该样本的联合概率密度函数 $f(t_1, \cdots, t_r)$ 中的总试验时间 $T_r = \sum_{i=1}^{r} t_i + (n-t)t_r$ 服从参数为 r, λ 的 Γ 分布。

9. 来自参数为 λ 的指数分布的 20 个产品进行为时 150h 的定时截尾寿命试验,期间共有 10 个产品失效,失效时间(单位:h)为

$$23, 27, 38, 45, 58, 84, 90, 99, 109, 138$$

试给出平均寿命 θ 的极大似然估计及其 0.95 置信区间和 0.95 置信下限。

10. 设产品寿命服从指数分布,抽取 20 个产品进行为时 500h 的有替换定时截尾试验,在试验期间无一失效发生,如何对平均寿命 θ 做出评估?

11. 某厂生产的二极管,在高温下做贮存寿命试验,投入 18 个样品,在规定失效标准后,进行定期周期测试,测试时间和观察到的失效数据如下:

测试时间/h	100	500	1000	2000	3500	5000	5500
失效数 r_i	1	1	2	2	3	1	1

试问这批二极管在高温贮存下的失效分布是否服从威布尔分布?

12. 设某系统可靠性与其子系统的性能状态满足线性关系 $y_i = \beta_0 + \beta_1 x_i + \beta_2 (3x_i^2 - 2) + \varepsilon_i$,$i = 1, 2, 3$,$x_1 = -1, x_2 = 0, x_3 = 1$,$\varepsilon_1$、$\varepsilon_2$、$\varepsilon_3$ 相互独立,且均服从正态分布 $N(0, \sigma^2)$。

(1) 写出设计矩阵 X;

(2) 求 β_0、β_1、β_2 的最小二乘估计;

(3) 证明:当 $\beta_2 = 0$ 时,β_0 与 β_1 的最小二乘估计量不变。

13. 已知某系统故障出现情况符合强度为 λ 的 Poisson 过程,在系统工作到时刻 t,试计算在此之前每一个故障发生时间后系统工作时间总和的期望值,即求

$$E(V) = E\left[\sum_{i=1}^{N(t)} (t - T_i)\right]$$

其中,T_i 是第 i 个乘客来到的时刻。

14. 可修系统故障的发生形成强度为 λ 的 Poisson 过程 $\{N(t), t \geqslant 0\}$,如果每个故障发生时以概率 p 检测到并记录下来,设 $M(t)$ 表示到 t 时刻被记录下来的事件总数,则

(1) $\{M(t), t \geqslant 0\}$ 是一个强度为 λp 的 Poisson 过程。

（2）若每个故障发生时被记录到的概率随时间发生变化，记故障在 s 时刻发生且被检测到的概率为 $p(s)$，那么它还是 Poisson 过程吗？若是，试图给出 $M(t)$ 的分布。

15. 假设在时间 $[0,t]$ 内某系统受到冲击的次数为 $N(t)$，形成参数为 λ 的 Poisson 过程。每次冲击造成的损害为 $X_i(i=1,2,\cdots,n)$，且是独立同指数分布的，均值为 μ。由于系统的损害具有累积损伤，当累积损伤超过一定极限 A 时，系统将终止运行。记 T 为系统运行的时间，即系统寿命，试求系统的平均寿命 $E(T)$。

（提示：对于非负随机变量，平均寿命 $E(T)=\int_0^{+\infty}P\{T>t\}\mathrm{d}t$）

16. 假设某系统具有 n 个状态 $1,2,\cdots,n$。最初处于状态 1，工作时间为 X_1，从状态 1 到达状态 2 工作时间为 X_2，再到达状态 3，$\cdots$，最后工作到状态 n，通过完美维修又到达状态 1，周而复始，并且整个工作过程对每一个状态下工作时间的长度是相互独立的，且 $E(X_1+\cdots+X_n)<+\infty$，试求极限值 $\lim_{t\to+\infty}P\{$时刻 t 系统处于状态 $i\}$。

第3章 不可修系统可靠性模型

系统按修复与否分为不可修复系统和可修复系统两类[18-21]。所谓不可修复系统,是指系统或其组成单元一旦发生失效,不再修复,系统处于报废状态,这样的系统称为不可修复系统。通过维修而恢复其功能的系统,称为可修复系统。不可修复系统通常是因为技术上不可能修复,经济上不值得修复,或者一次性使用不必要进行修复所致。

虽然绝大多数的机械设备是可修复系统,但不可修复系统的分析方法是研究可修复系统的基础。此外,对机械系统进行可靠性预测和分配时,也可简化为不可修复系统来处理。

3.1 系统可靠性功能逻辑图

所谓系统,是为了完成某一特定功能,由若干彼此有联系,而且又能相互协调工作的单元组成的综合体。系统单元的含义均为相对而言,由研究对象而定。例如,把一条生产线当成一个系统时,组成作业线的各个部分或单机都是单元;把一台设备作为系统时,组成设备的部件(或零件)都可以当作单元;把部件作为系统研究时,组成部件的零件等就作为单元了。因此,单元可以是系统、机器、部件或者零件等。

为了定量分配、估计和评价产品的可靠性,建立产品的可靠性模型是一种直观、有效的方法。可靠性模型的建立应解决以下两个方面的问题,即明确产品失效条件;建立产品可靠性框图,确定计算产品可靠性的概率表达式,即求解系统可靠性的数学模型。在分析系统可靠性时,需要将系统的工程结构图转换成系统的可靠性框图,再根据可靠性框图及组成系统各单元的可靠性特征量,计算出该系统的可靠性特征量。

要建系统可靠性框图,就必须对系统的主要任务和系统内部结构十分清楚。因此,首先要进行系统任务分析和结构功能分析。任务分析和功能包括以下六个步骤。

① 确定系统的全部任务。一个复杂系统往往具有多种功能,即有不同的用途,可以完成若干不同的任务。例如,一个柔性制造系统可以完成不同种类的零件加工任务;一架军用飞机可以用以侦察、轰炸、扫射或者截击任务。

② 任务阶段的划分。对每一个任务,按照时间顺序,将任务分成若干阶段。例如,柔性制造系统加工某一工件也可划分为系统准备阶段、装夹工件、运送工件到机床、加工清洗、测量、卸工件、入库等阶段。

③ 结构分解。按照实际的子系统将系统分解,这样便于子系统的进一步分解。这是系统可靠性分解的第一步,可以将系统包括的子系统列一个表。

④ 环境分析。环境分析要将每一个任务阶段里的每一个硬件在环境(如温度、振动、冲击、加速、辐射等)应力中预期所处时间列成表,对环境要求准确的描述。

⑤ 任务周期分析。任务周期分析要对反映每个任务阶段系统中每个组成单元的状态(工作的、不工作的、间歇工作的),包括如下两项。

第一,每个任务阶段的持续时间、距离、周期等。

第二,各单元在每一任务阶段里必须完成的功能,包括成功标准和故障标准的说明书。

⑥ 确定工作模式。系统工作模式一般有功能工作模式和替换工作模式两种。

第一,功能工作模式。有些多用途产品需要用不同设备或机组完成多种功能。例如,在雷达系统中探索和跟踪必定是两种功能工作模式。

第二,替换工作模式。当产品有不止一种方法完成某种特定功能时,它就具有替换工作模式。例如,通常用甚高频发射机发射的信息,也可以用超高频发射机发射,作为一种替换工作模式。

以上任务分析和结构功能分解的内容在开展具体研究时可以通过建立一些表格来进行,根据这些表的信息来建立相应的可靠性框图。这些信息是开展可靠性分析工作的基础。

系统的工程结构图表示组成系统单元之间的物理关系和工作关系,而可靠性框图则表示系统的功能与组成系统的单元之间的可靠性功能关系,因此可靠性框图与工程结构图并不完全等价。建立可靠性框图时,需要了解系统中各单元的功能,各单元之间的可靠性功能上的联系,以及这些单元功能、失效模式对系统的影响。不能从工程结构上判定系统类型,而应从功能上研究系统类型,即分析系统的功能及其失效模式,保证功能关系的正确性。

可靠性框图中的每个方框都代表被分析系统可靠性值的单元或功能,所有连接方框的线被认为是可靠的(可靠度为 1)。在建立可靠性框图时,要充分掌握系统结构性能特征与可靠性框图的关系。

例如,一个电容 C 和一个电感线圈 L 在电路上并联成一个振荡电路,从可靠性关系来看,两个单元 L 和 C 中只要有一个失效,这个振荡电路就失效,因此振荡回路的可靠性框图是 L 和 C 组成的串联系统。LC 振荡器的功能系统图(原理框图)及其可靠性框图分别如图 3-1 和图 3-2 所示。

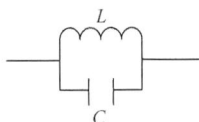

图 3-1　LC 振荡回路功能系统图

图 3-2　LC 振荡回路可靠性框图

　　如图 3-3 所示的流体系统工程结构图,从结构上看是由管道及两个阀门串联组成,为确定系统类型,下面分析系统的功能及其失效模式。

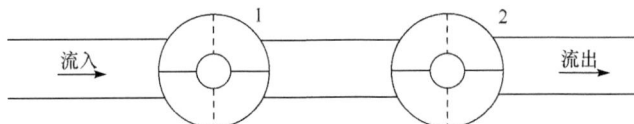

图 3-3　两个阀门串联的系统工程结构图

　　当阀 1 与阀 2 处于开启状态功能时液体流通,系统失效时液体不能流通,若阀 1 与阀 2 这两个单元功能是相互独立的,只有这两个单元都正常开启,系统才能实现液体流通的功能,因此该系统为串联系统。其可靠性框图如图 3-4 所示。

图 3-4　两个阀门串联可靠性框图

　　当阀 1 与阀 2 处于闭合状态时,两个阀的功能是截流(图 3-3 中虚线所示),不能截流为系统失效,若阀 1 与阀 2 这两个单元功能是相互独立的,这两个单元至少有一个正常闭合,系统就能实现其截流功能,因此该系统的可靠性框图如图 3-5 所示,是并联系统。

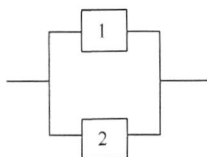

图 3-5　两个阀门并联可靠性框图

　　某飞机液压功能系统如图 3-6 所示。

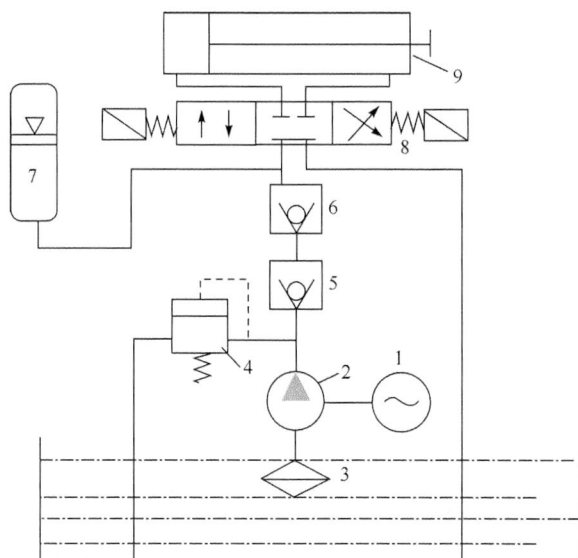

图 3-6　某飞机液压功能系统

1-电动机;2-泵;3-滤油器;4-溢流阀;5,6-单向阀(防止泵不工作时产生倒流);

7-蓄能器;8-三维四通电磁换向阀;9-工作油缸

　　分析保证该液压系统正常工作时各单元的工作状态,可以画出系统的可靠性框图,如图 3-7 所示。

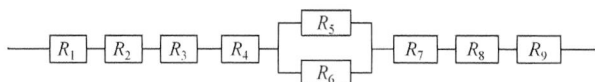

图 3-7　液压功能系统可靠性框图

　　从上述例子的分析可见,系统功能框图和可靠性框图是不同的。可靠性框图不是表示系统结构原理,而是表示系统成功状态。同一系统功能要求不同,可靠性框图也不一样。为把结构函数与可靠性框图融合,首先介绍结构函数的基本概念。由 n 个不同单元组成的系统又可以称为 n 阶系统。系统的单元可标记为 1~n。假设系统与单元仅有两种状态,即正常和失效,则可定义第 i 个单元的二元变量 x_i 为

$$x_i=\begin{cases}1,&\text{单元正常}\\0,&\text{单元失效}\end{cases},\quad i=1,2,\cdots,n$$

称 $x=(x_1,x_2,\cdots,x_n)$ 为状态向量,从而系统状态可用二元函数 $\phi(x)$ 表示,即

$$\phi(x)=\phi(x_1,x_2,\cdots,x_n)$$

其中

$$\phi(x) = \begin{cases} 1, & 单元正常 \\ 0, & 单元失效 \end{cases}$$

其中,$\phi(x)$ 称为系统的结构函数或结构。

3.2 串 联 系 统

系统由 n 个部件串联而成,即任一部件失效就引起系统失效。图 3-8 表示 n 个部件组成串联系统的可靠性框图。令第 i 个部件的寿命为 x_i,可靠度为 $R_i(t) = P\{X_i > t\}$,$i = 1, 2, \cdots, n$,假定 $X_1, X_2, \cdots, X_n$ 相互独立。若初始时刻 $t = 0$,所有部件都是新的,且同时开始工作。

图 3-8　串联系统

显然,串联系统的寿命是 $X = \min\{X_1, X_2, \cdots, X_n\}$,因此系统的可靠度为

$$\begin{aligned} R(t) &= P\{\min\{X_1, X_2, \cdots, X_n\} > t\} \\ &= P\{X_1 > t, X_2 > t, \cdots, X_n > t\} \\ &= \prod_{i=1}^{n} P\{X_i > t\} \\ &= \prod_{i=1}^{n} R_i(t) \end{aligned} \tag{3-1}$$

当第 i 个部件的失效率为 $\lambda_i(t)$ 时,则系统的可靠度为

$$R(t) = \prod_{i=1}^{n} \exp\left\{-\int_0^t \lambda_i(u)\,\mathrm{d}u\right\} = \exp\left\{-\sum_{i=1}^{n} \int_0^t \lambda_i(u)\,\mathrm{d}u\right\} \tag{3-2}$$

系统的失效率为

$$\lambda(t) = \frac{-R'(t)}{R(t)} = \sum_{i=1}^{n} \lambda_i(t) \tag{3-3}$$

因此,一个由独立部件组成的串联系统的失效率是所有部件的失效率之和。

系统的平均寿命为

$$\mathrm{MTTF} = \int_0^t R(t)\,\mathrm{d}t = \int_0^{+\infty} \exp\left\{-\int_0^t \lambda(u)\,\mathrm{d}u\right\}\mathrm{d}t \tag{3-4}$$

当 $R_i(t) = \exp\{-\lambda_i t\}$,$i = 1, 2, \cdots, n$,即当第 i 个部件的寿命遵从参数 λ_i 的指数分

布时,系统的可靠度和平均寿命为

$$\begin{cases} R(t) = \exp\left\{-\sum_{i=1}^{n}\lambda_i t\right\} \\ \mathrm{MTTF} = 1\Big/\sum_{i=1}^{n}\lambda_i \end{cases} \tag{3-5}$$

特别的,当 $R_i(t) = \exp(-n\lambda t)$, $i=1,2,\cdots,n$ 时,有

$$\begin{cases} R(t) = \mathrm{e}^{-n\lambda t} \\ \mathrm{MFFT} = \dfrac{1}{n\lambda} \end{cases} \tag{3-6}$$

串联系统在由 n 个不同单元组成的系统中,若每个单元都正常工作时,系统才能正常工作,则该系统称为串联结构系统,其结构函数为

$$\phi(x) = x_1 x_2 \cdots x_n = \prod_{i=1}^{n} x_i$$

例 3.1 计算由两个单元组成的串联系统可靠度、失效率和平均寿命。已知两个单元的失效率分别为 $\lambda_1 = 0.00005(1/\mathrm{h})$, $\lambda_2 = 0.00001(1/\mathrm{h})$,工作时间 $t = 1000\mathrm{h}$。

解 对于串联系统,相关结论如下。

① $\lambda_s = \sum_{i=1}^{n}\lambda_i$。

② $R(t) = \prod_{i=1}^{n} \mathrm{e}^{-\lambda_i t} = \exp\left(-\sum_{i=1}^{n}\lambda_i t\right) = \mathrm{e}^{-\lambda_s t}$。

③ $\theta_s = \dfrac{1}{\lambda_s}$。

由①可得

$$\lambda_s = \lambda_1 + \lambda_2 = 0.00005 + 0.00001 = 0.00006(1/\mathrm{h})$$

由②可得

$$R_s(t) = \mathrm{e}^{-\lambda_s t} = \mathrm{e}^{-0.00006 \times 1000} = 0.94176$$

由③可得

$$\theta_s = 1/\lambda_s = 1/0.00006 = 16667(\mathrm{h})$$

3.3 并联系统

系统由 n 个部件并联而成,当这 n 个部件都失效时系统才失效。图 3-9 表示 n 个部件组成并联系统的可靠性框图,令第 i 个部件的寿命为 X_i,可靠度为 $R_i(t)$,$i=1,2,\cdots,n$,假定 $X_1,X_2,\cdots,X_n$ 相互独立。

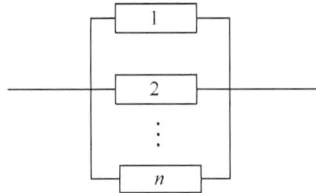

图 3-9　并联系统

若初始时刻 $t=0$,所有部件都是新的,且同时开始工作,则并联系统寿命为

$$X=\max(X_1,X_2,\cdots,X_n)$$

系统可靠度为

$$
\begin{aligned}
R(t) &= P\{\max(X_1,X_2,\cdots,X_n) > t\} \\
&= 1 - \prod_{i=1}^{n}\left[1-R_i(t)\right]
\end{aligned}
\tag{3-7}
$$

当 $R_i(t)=\mathrm{e}^{-\lambda_i t}$ 时,$i=1,2,\cdots,n$,则

$$R(t) = 1 - \prod_{i=1}^{n}(1-\mathrm{e}^{-\lambda_i t}) \tag{3-8}$$

上式可以改写为

$$
R(t) = \sum_{i=1}^{n}\mathrm{e}^{-\lambda_i t} - \sum_{1\leqslant i<j\leqslant n}\mathrm{e}^{-(\lambda_i+\lambda_i)t} + \cdots + (-1)^{i-1}\sum_{1\leqslant j_1<\cdots<j_n\leqslant n}\mathrm{e}^{-(\lambda_{j1}+\lambda_{t2}+\cdots+\lambda_{ji})t} \\
+ \cdots + (-1)^{n-1}\mathrm{e}^{-(\lambda_1+\cdots+\lambda_n)t}
$$

因此,系统的平均寿命为

$$
\mathrm{MTTF} = \int_0^{+\infty} R(t)\mathrm{d}t = \sum_{i=1}^{n}\frac{1}{\lambda_i} - \sum_{1\leqslant i<j\leqslant n}\frac{1}{\lambda_i+\lambda_j} + \cdots + (-1)^{n-1}\frac{1}{\lambda_1+\lambda_2+\cdots+\lambda_n}
\tag{3-9}
$$

特别地,当 $n=2$ 时,有

$$R(t) = \mathrm{e}^{-\lambda_1 t} + \mathrm{e}^{-\lambda_2 t} + \mathrm{e}^{-(\lambda_1+\lambda_2)t}$$

$$\text{MTTF} = \frac{1}{\lambda_1} + \frac{1}{\lambda_2} - \frac{1}{\lambda_1 + \lambda_2}$$

$$\lambda(t) = \frac{\lambda_1 e^{-\lambda_1 t} + \lambda_2 e^{-\lambda_2 t} - (\lambda_1 + \lambda_2) e^{-(\lambda_1 + \lambda_2)t}}{e^{-\lambda_1 t} + e^{-\lambda_2 t} - e^{-(\lambda_1 + \lambda_2)t}} \tag{3-10}$$

当 $R_i(t) = e^{-\lambda t}, i = 1, 2, \cdots, n$ 时，则

$$\begin{cases} R(t) = 1 - (1 - e^{-\lambda t})^n \\ \text{MTTF} = \displaystyle\int_0^{+\infty} [1 - (1 - e^{-\lambda t})^n] \mathrm{d}t = \sum_{i=1}^n \frac{1}{i\lambda} \end{cases} \tag{3-11}$$

只要变量代换 $y = 1 - e^{-\lambda t}$，就可得上述最后一个等号关系。系统失效率为

$$\lambda(t) = \frac{n\lambda e^{-\lambda t}(1 - e^{-\lambda t})^{n-1}}{1 - (1 - e^{-\lambda t})n} \tag{3-12}$$

可靠性框图表示部件好坏与系统好坏之间的关系，即部件和系统之间的可靠性关系。可靠性框图与工程结构图并不完全等价。举例来说，最简单的振荡电路由一个电感 L 和一个电容 C 组成，在工程结构图中，电感 L 和电容 C 是并联连接，但在可靠性框图中是串联关系。这是因为电感 L 和电容 C 中的任何一个失效都引起振荡电路失效，这符合串联系统的定义，图 3-10 给出了振荡电路的工程结构图和可靠性框图。

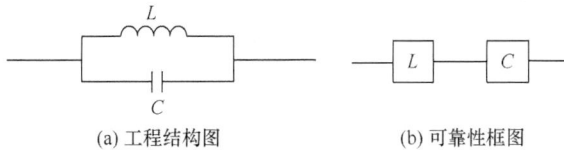

(a) 工程结构图　　　　　(b) 可靠性框图

图 3-10　LC 振荡电路

并联结构是由 n 个不同单元组成的系统，其中至少一个单元正常工作，系统就可以正常工作，则该系统称为并联结构系统，其结构函数为

$$\phi(x) = 1 - (1 - x_1)(1 - x_2) \cdots (1 - x_n) = 1 - \prod_{i=1}^n (1 - x_i)$$

等号右边也可写成 $\coprod_{i=1}^n x_i$，因此由两个单元组成的并联系统，其结构函数也可以表示为 $\phi(x) = 1 - (1 - x_1)(1 - x_2) = 1 - \coprod_{i=1}^2 x_i$，等号右边也可写成 $x_1 \coprod x_2$。注意到 $\phi(x_1, x_2) = x_1 + x_2 - x_1 x_2$，由于 x_1 和 x_2 都是二元变量，则 $x_1 \coprod x_2$ 等于 x_i 中的最大值。同理，有 $\coprod_{i=1}^n x_i = \max_{i=1,2,\cdots,n} x_i$。

例 3.2　已知两个单元的失效率为 $\lambda_1=0.00005(1/\text{h})$，$\lambda_2=0.00001(1/\text{h})$，工作时间 $t=1000\text{h}$。计算由两个单元组成的并联系统可靠度、失效率和平均寿命。

解　并联系统相关结论如下。

① $R_s(t)=\text{e}^{-\lambda_1 t}+\text{e}^{-\lambda_2 t}-\text{e}^{-(\lambda_1+\lambda_2)t}=R_1(t)+R_2(t)-R_1(t)R_2(t)$。

② $\theta_s=\dfrac{1}{\lambda_1}+\dfrac{1}{\lambda_2}-\dfrac{1}{\lambda_1+\lambda_2}$。

③ $\lambda_s(t)=\dfrac{\lambda_1\text{e}^{-\lambda_1 t}+\lambda_2\text{e}^{-\lambda_2 t}-(\lambda_1+\lambda_2)\text{e}^{-(\lambda_1+\lambda_2)t}}{\text{e}^{-\lambda_1 t}+\text{e}^{-\lambda_2 t}-\text{e}^{-(\lambda_1+\lambda_2)t}}$。

由①可得下式，即

$$R_s(1000)=\text{e}^{-0.00005\times1000}+\text{e}^{-0.00001\times1000}-\text{e}^{-(0.00005+0.00001)\times1000}=0.99925$$

由②可得下式，即

$$\theta_s=\frac{1}{0.00005}+\frac{1}{0.00001}-\frac{1}{0.00005+0.00001}=10333.33\text{h}$$

由③可得下式，即

$$\lambda_s(t)=\frac{0.00005\text{e}^{-0.0005\times1000}+0.00001\text{e}^{-0.0001\times1000}-0.00006\text{e}^{-0.0006\times1000}}{\text{e}^{-0.0005\times1000}+\text{e}^{-0.0001\times1000}-\text{e}^{-(0.0005+0.00001)\times1000}}$$

$$=0.57\times10^{-7}(1/\text{h})$$

3.4　混联系统

图 3-11 所示的系统称为串-并联系统，若各部件的可靠度分别为 $R_{ij}(t)=1$，$2,\cdots,n,j=1,2,\cdots,m_i$，且所有部件的寿命都相互独立。

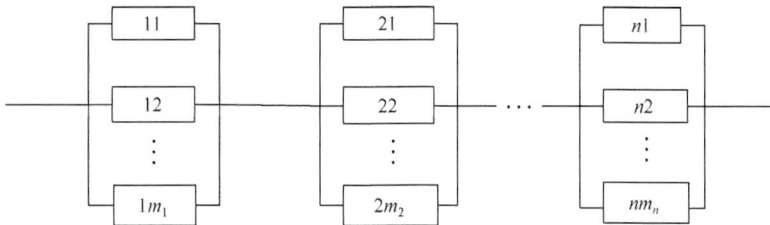

图 3-11　串-并联系统

由串联系统和并联系统的可靠性公式可得下式，即

$$R(t) = \prod_{i=1}^{n} \left\{ 1 - \prod_{j=1}^{m_i} \left[1 - R_{ij}(t) \right] \right\} \tag{3-13}$$

当所有 $R_{ij} = R_0(t)$，所有 $m_i = m$ 时，有

$$R(t) = \left\{ 1 - \left[1 - R_0(t)^m \right] \right\}^n \tag{3-14}$$

当 $R_0(t) = e^{-\lambda t}$ 时，有

$$\begin{cases} R(t) = \left\{ 1 - \left[1 - e^{-\lambda t} \right]^m \right\}^n \\ \mathrm{MTTF} = \dfrac{1}{\lambda}(-1)^j \begin{bmatrix} n \\ j \end{bmatrix} \sum_{k=1}^{m_j} (-1)^k \begin{bmatrix} m_j \\ k \end{bmatrix} \dfrac{1}{k} \end{cases} \tag{3-15}$$

图 3-12 表示的系统称为并-串联系统。若各部件的可靠度分别为 $R_{ij}(t)$，$i = 1,2,\cdots,n$，$j = 1,2,\cdots,m_i$，且所有部件相互独立。此时系统的可靠度为

$$R(t) = 1 - \prod_{i=1}^{n} \left[1 - \prod_{j=1}^{m_j} R_{ij}(t) \right] \tag{3-16}$$

当 $R_{ij}(t) = R_0(t)$，$m_i = m$ 时，有

$$R(t) = 1 - \left[1 - R_0^m(t) \right]^n \tag{3-17}$$

当 $R_0(t) = e^{-\lambda t}$ 时，有

$$\begin{cases} R(t) = 1 - \left[1 - R_0^m(t) \right]^n \\ \mathrm{MTTF} = \dfrac{1}{m\lambda} \sum_{i=1}^{n} \dfrac{1}{i} \end{cases} \tag{3-18}$$

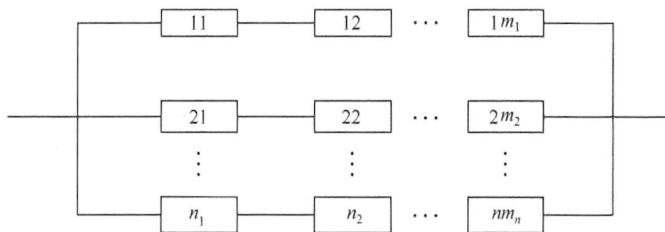

图 3-12　并-串联系统

例 3.3　若在 $m = n = 5$ 的串-并联系统与并-串联系统中，单元可靠度均为 $R(t) = 0.75$，试分别求出这两个系统的可靠度。

解　对于串-并联系统

$$R_{s1}(t) = \left\{ 1 - \left[1 - R(t) \right]^m \right\}^n = \left[1 - (1 - 0.75)^5 \right]^5 = 0.99513$$

对于并-串联系统

$$R_{s2}(t)=1-[1-R^n(t)]^m=1-(1-0.75^5)^5=0.74192$$

计算结果表明,在单元数目及单元可靠度相同的情况下,串-并联系统可靠度高于并-串联系统可靠度。

3.5　表决系统(r/n)

n 中取 k 的表决系统由 n 个部件组成,当 n 个部件中有 k 个或 k 个以上部件正常工作时,系统才能正常工作($1\leqslant k\leqslant n$),即当失效的部件数大于或等于 $n-k-1$时,系统失效,简记为 $k/n(G)$ 系统。图 3-13 表示该系统的可靠性框图。假设 $X_1,X_2,\cdots,X_n$ 是 n 个部件的寿命,它们相互独立,且每个部件的可靠度均为 $R_0(t)$,则

$$R(t) = \sum_{j=k}^{n}\begin{bmatrix}n\\j\end{bmatrix}P\{X_{j+1},\cdots,X_n\leqslant t<X_1,\cdots,X_j\}$$

$$= \frac{n!}{(n-k)!(k-1)!}\int_0^{R_0(t)}x^{k-1}(1-x)^{n-k}\mathrm{d}x \tag{3-19}$$

若部件寿命存在密度函数 $f_0(t)$,则系统的失效率为

$$\lambda(t)=\frac{f_0(t)R_0^{k-1}(t)[1-R_0(t)]^{n-k}}{f_0(t)x^{k-1}(1-x)^{n-k}\mathrm{d}x} \tag{3-20}$$

当 $R_0(t)=\mathrm{e}^{-\lambda t}$时,则有

$$R(t) = \sum_{i=k}^{n}\begin{bmatrix}n\\i\end{bmatrix}\mathrm{e}^{-\lambda t}(1-\mathrm{e}^{-\lambda t})^{n-i}$$

$$\mathrm{MTTF} = \int_0^{+\infty}\sum_{i=k}^{n}\begin{bmatrix}n\\i\end{bmatrix}\mathrm{e}^{-\lambda t}(1-\mathrm{e}^{-\lambda t})^{n-i}\mathrm{d}t = \frac{1}{\lambda}\sum_{i=k}^{n}\frac{1}{i} \tag{3-21}$$

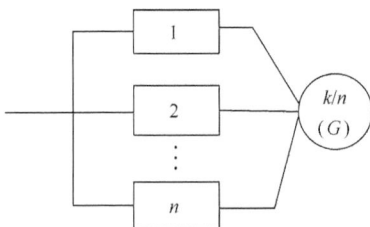

图 3-13　表决系统

当部件的可靠度不相同时,可类似求得表决系统的各种可靠性指标。例如,一个 $2/3(G)$ 系统,部件的可靠度为 $R_i(t), i=1,2,3$,则

$$R(t) = R_1(t)R_2(t)R_3(t) + R_1(t)R_2(t)\overline{R_3}(t) + R_1(t)\overline{R_2}(t)R_3(t) + \overline{R_1}(t)R_2(t)R_3(t)$$
$$= R_1(t)R_2(t) + R_1(t)R_3(t) + R_2(t)R_3(t) - 2R_1(t)R_2(t)R_3(t) \tag{3-22}$$

表决系统的另一种形式是 $k/n(F)$ 系统,表示在 n 个部件组成的系统中,有 k 个或 k 个以上部件失效时,系统就失效。易见,$k/n(F)$ 系统等价于 $n-k+1/n(G)$ 系统。

表决系统有以下的特殊情形。

① $n/n(G)$ 系统或 $1/n(F)$ 系统等价于 n 个部件的串联系统。

② $1/n(G)$ 系统或 $n/n(F)$ 系统等价于 n 个部件的并联系统。

③ $(n+1)/(2n+1)(G)$ 系统或 $(n+1)/(2n+1)(F)$ 系统是多数表决系统。

表决系统结构函数是指由 n 个单元组成的系统,当且仅当至少 k 个单元正常工作,系统才能正常工作,此时该系统称为 n 中取 k 系统。串联系统为 n 中取 n 系统;并联系统为 n 中取 1 系统。

n 中取 k 系统的结构函数表达为

$$\phi(x) = \begin{cases} 1, & \sum_{i=1}^{n} x_i \geqslant k \\ 0, & \sum_{i=1}^{n} x_i < k \end{cases}$$

图 3-14 所示为一典型的 3 中取 2 系统。此时,系统中的一个单元失效是可容忍的,但是两个或两个以上单元失效则会造成系统失效。该 3 中取 2 系统的可靠性框图如图 3-14(b)所示。该系统的结构函数为

$$\phi(x) = (x_1 x_2) \bigcup (x_1 x_3) \bigcup (x_2 x_3)$$
$$= 1 - (1 - x_1 x_2)(1 - x_1 x_3)(1 - x_2 x_3) \tag{3-23}$$
$$= x_1 x_2 + x_1 x_3 + x_2 x_3 - 2x_1 x_2 x_3$$

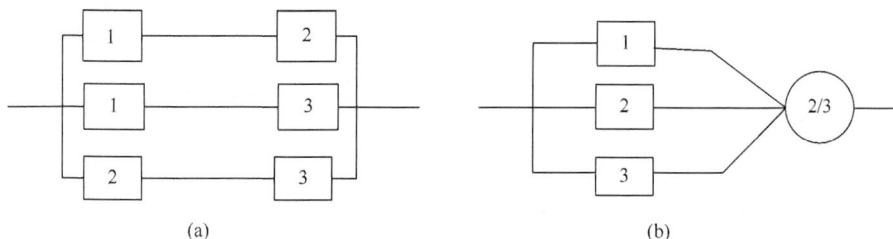

图 3-14 一典型的 3 中取 2 系统

例 3.4　某 3/6 表决系统,各单元寿命均服从指数分布,失效率均为 $\lambda = 4 \times 10^{-5}\,h^{-1}$,若工作时间 $t = 7200h$,求系统的可靠度及平均寿命。

$$R_s(t) = \sum_{i=r}^{n} \left\{ \begin{bmatrix} n \\ i \end{bmatrix} R^i(t) [1 - R(t)]^{n-i} \right\}$$

$$= R^n(t) + nR^{n-1}(t)[1 - R^n(t)]$$

$$+ \frac{n(n-1)}{2!} R^{n-2}(t) [1 - R(t)]^2$$

$$+ \cdots + \frac{n!}{r!(n-r)!} R^r(t) [1 - R(t)]^{n-r}, \quad r < n$$

$$\theta_s = \int_0^{+\infty} R_s(t) \mathrm{d}t = \sum_{i=r}^{n} \begin{bmatrix} n \\ i \end{bmatrix} \int_0^{+\infty} \mathrm{e}^{-i\lambda t} (1 - \mathrm{e}^{-\lambda t})^{n-i} \mathrm{d}t = \sum_{i=r}^{n} \frac{1}{i\lambda}$$

解　① 单元的可靠度为
$$R(t) = R(7200) = \mathrm{e}^{-\lambda t} = \mathrm{e}^{-0.00004 \times 7200} = 0.75$$

3/6 表决系统的可靠度为

$$R_s(t) = R^n(t) + nR^{n-1}(t)[1 - R^n(t)] + \frac{n(n-1)}{2!} R^{n-2}(t)[1 - R(t)]^2$$

$$+ \frac{n(n-1)(n-2)}{3!} R^{n-3}(t)[1 - R(t)]^3$$

$$= 0.17798 + 0.355957 + 0.29663 + 0.13184 = 0.9624$$

可以这样理解,一驱动系统,若用 1 个大原动机驱动,可靠度 $R = 0.75$,若用 6 个小原动机同时驱动,只要 3 个正常工作就能保证系统正常工作,其他 3 个原动机属于工作贮备,这样可以说系统的可靠度由 0.75 提高到 0.9624。

② 3/6 表决系统的平均寿命为

$$\theta_s = \sum_{i=3}^{n} \frac{1}{i\lambda} = \frac{1}{\lambda} \sum_{i=3}^{6} \frac{1}{i} = \frac{1}{\lambda} \left(\frac{1}{3} + \frac{1}{4} + \frac{1}{5} + \frac{1}{6} \right) = \frac{1}{4 \times 10^{-5}} \left(\frac{57}{60} \right) = 23750h$$

例 3.5　某工厂生产流程中,需要某类型消耗型部件,通常情形下采用表决系统形式进行冗余配置以保证生产线的可靠性与生产能力。实际生产中需要定期对部件进行更换,以保证系统正常运作,下面对该系统的年龄更换策略进行研究。

若系统正常运作需要至少 30 个部件正常运作,由于环境条件限制,系统最多可以容纳 50 个部件,即 $k = 30$。原系统采用系统容量为 35 的冗余设置,希望能够拓宽系统容量以得到更小的单位时间期望成本。进而假定所有部件的寿命 X_0 都独立同分布于形状参数 $\alpha = 1.2$、尺度参数 $\lambda = 0.008$ 的威布尔分布 $F_0(t)$。不同系统容量下系统寿命 X_n($n = 35, 36, \cdots, 45$)的可靠性函数随时间的变化趋势如图 3-15 所示。

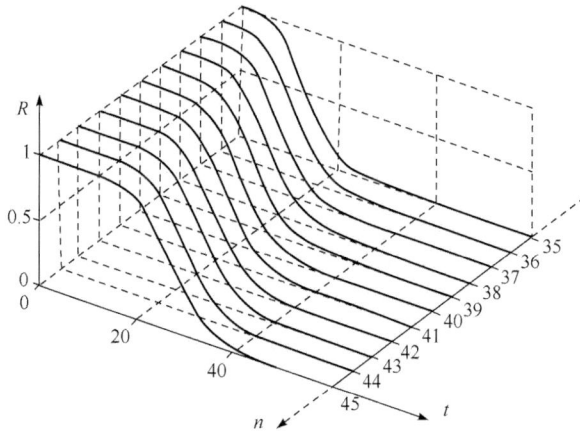

图 3-15 不同系统容量表决系统的可靠度变化趋势

假定系统花费的参数 $c_\omega=2, c_r=10, c_p=150, c_f=8000$，系统最小工作部件数 $k=35$，系统容量 $n=50$，系统部件的寿命分布 $F_0(t)$ 为

$$F_0(t)=1-e^{-(\lambda t)^\alpha}$$

其中，$\lambda=0.008, \alpha=1.2$。在此参数下，系统预防性更换的费用 C_P 为

$$C_P=\sum_{i=1}^{n-k}[ic_r+(n-i)c_\omega+c_p]C_n^i(1-F_0(T))^{n-i}F_0(T)^i$$

事后更换的费用 C_F 为

$$C_F=[(n-k+1)c_r+(k-1)c_\omega+c_f]\int_0^T kC_n^{n-k}(1-F_0(T))^{n-i}F_0(T)^i\mathrm{d}T$$

3.6 贮 备 系 统

3.6.1 冷贮备系统

1. 转换开关完全可靠的情形

设某系统由 n 个部件组成，在初始时刻，一个部件开始工作，其余 $n-1$ 个部件作冷贮备。当工作部件失效时，贮备部件逐个去替换，直到所有部件都失效时，系统就失效。假设这 n 个部件的寿命分别为 $X_1, X_2, \cdots, X_n$，且它们相互独立。易见，冷贮备系统的寿命是

$$X = X_1 + X_2 + \cdots + X_n \tag{3-24}$$

因此,系统的寿命分布为

$$F(t) = P\{X_1 + \cdots + X_n \leqslant t\} = F_1(t) * F_2(t) * \cdots * F_n(t)$$

其中,$F_i(t)$ 是第 i 个部件的寿命分布。

因此,系统的可靠度为

$$R(t) = 1 - F_1(t) * F_2(t) * \cdots * F_n(t)$$

系统的平均寿命为

$$MTTF = E\{X_1 + X_2 + \cdots + X_n\} = \sum_{i=1}^{n} E(X_i) = \sum_{i=1}^{n} T_i$$

其中,T_i 是第 i 个部件的平均寿命。

当 $F_i(t) = 1 - e^{-\lambda t}(i = 1, 2, \cdots, n)$ 时,系统的寿命是 n 个独立同指数分布的随机变量之和,则系统的可靠度和平均寿命为

$$\begin{cases} R(t) = e^{-\lambda t} \displaystyle\sum_{k=0}^{n-1} \frac{(\lambda t)^k}{k!} \\ MTTF = \dfrac{n}{\lambda} \end{cases} \tag{3-25}$$

当 $F_i(t) = 1 - e^{-\lambda_i t}(i = 1, 2, \cdots, n)$,且 $\lambda_1, \lambda_2, \cdots, \lambda_n$ 两两不相等时,记系统的寿命分布 $F(t)$ 的 LS 变换为

$$\widehat{F}(s) = \int_0^{+\infty} e^{-st} \, \mathrm{d}F(t), \quad s \geqslant 0$$

则

$$\widehat{F}(s) = E\{e^{-sX}\} = E\{e^{-s(X_1 + \cdots + X_n)}\} = \prod_{i=1}^{n} \frac{\lambda_i}{s + \lambda_i} = \sum_{i=1}^{n} c_i \frac{\lambda_i}{s + \lambda_i}, \quad s \geqslant 0 \tag{3-26}$$

其中

$$c_i = \prod_{\substack{k=1 \\ k \neq i}}^{n} \frac{\lambda_k}{\lambda_k - \lambda_i}, \quad i = 1, 2, \cdots, n$$

在等号两端同乘 $s + \lambda_j$,可以得到下式,即

$$\lambda_j \prod_{\substack{i=1 \\ i \neq j}}^{n} \frac{\lambda_i}{s + \lambda_i} = (s + \lambda_j) \sum_{i=1}^{n} \frac{c_i \lambda_i}{s + \lambda_i}$$

将 $s=-\lambda_j$ 代入上式两端,可得下式,即

$$\lambda_j \prod_{\substack{i=1 \\ i \neq j}}^{n} \frac{\lambda_i}{\lambda_i - \lambda_i} = c_i \lambda_i$$

对所有 $j=1,2,\cdots,n$ 都成立,经过 LS 变换的反演,得

$$F(t) = \sum_{i=1}^{n} c_i (1 - e^{-\lambda_i t}) = \sum_{i=1}^{n} c_i - \sum_{i=1}^{n} c_i e^{-\lambda_i t}$$

当 $t \to +\infty$ 时,有 $F(t) \to 1$,因此 $\sum_{i=1}^{n} c_i = 1$。因此,最后得到的系统可靠度和平均寿命为

$$\begin{cases} R(t) = \sum_{i=1}^{n} \left[\prod_{\substack{k=1 \\ k \neq i}}^{n} \frac{\lambda_k}{\lambda_k - \lambda_i} \right] e^{-\lambda_i t} \\ \mathrm{MTTF} = \sum_{i=1}^{n} \frac{1}{\lambda_i} \end{cases} \qquad (3\text{-}27)$$

当系统由两个部件组成时,有

$$\begin{cases} R(t) = \frac{\lambda_2}{\lambda_2 - \lambda_1} e^{-\lambda_1 t} + \frac{\lambda_1}{\lambda_1 - \lambda_2} e^{-\lambda_2 t} \\ \mathrm{MTTF} = \frac{1}{\lambda_1} + \frac{1}{\lambda_2} \end{cases} \qquad (3\text{-}28)$$

2. 转换开关不完全可靠的情形:开关寿命 0-1 型

在实际问题中,冷贮备系统的转化开关也可能失效,因此转换开关的好坏是影响系统可靠度的一个重要因素。

假设系统由 n 个部件和一个转换开关组成。在初始时刻,一个部件开始工作,其余部件做冷贮备。当工作部件失效时,转换开关立即从刚失效的部件转向下一个贮备部件。这里的转换开关不完全可靠,其寿命是 0-1 型的,即每次使用开关时,开关正常的概率为 p,开关失效的概率为 $q=1-p$。有以下两种情形之一系统就失效。

① 当正在工作的部件失效,使用转换开关时开关失效,此时系统失效。

② 所有 $n-1$ 次使用开关时,开关都正常,在这种情形下,n 个部件都失效时系统失效。

假设 n 个部件的寿命 $X_1, X_2, \cdots, X_n$ 独立同指数分布 $1-e^{-\lambda t}$,且与开关的好坏也是独立的。

为求得系统的可靠度,我们引进一个随机变量 v,当 $v=j$ 时,表示开关首次失效,当 $v=n$ 时,表示若 $n-1$ 次使用开关,开关都正常。由 v 的定义得

$$P\{v=j\}=p^{j-1}q, \quad j=1,2,\cdots,n-1$$

$$P\{v=n\}=p^{n-1}$$

由于

$$\sum_{j=1}^{n} P\{v=j\} = 1$$

可知 v 是一个随机变量,并且有

$$E\{v\} = \sum_{j=1}^{n} jP\{v=j\}$$

$$= \sum_{j=1}^{n-1} jp^{j-1}q + np^{n-1}$$

$$= \frac{1}{q}(1-p^n)$$

用随机变量 X 来表示系统寿命,则有

$$X = X_1 + X_2 + \cdots + X_v$$

由于 $X_1,X_2,\cdots,X_n$ 与开关好坏相互独立,因此它们与 v 相互独立。系统的可靠度为

$$\begin{aligned}
R(t) &= P\{X_1 + X_2 + \cdots + X_v > t\} \\
&= \sum_{j=1}^{n} P\{X_1 + X_2 + \cdots + X_v > t \mid v=j\}P\{v=j\} \\
&= \sum_{j=1}^{n} P\{X_1 + X_2 + \cdots + X_j > t\}p^{j-1}q \\
&\quad + P\{X_1 + X_2 + \cdots + X_v > t\}p^{n-1}
\end{aligned} \tag{3-29}$$

整理上式可以得到下式,即

$$P\{X_1 + X_2 + \cdots + X_j > t\} = \sum_{i=0}^{j-1} \frac{(\lambda t)^i}{i!} e^{-\lambda t}, \quad j=1,2,\cdots,n$$

代入上式得

$$R(t) = \sum_{j=1}^{n-1} p^{j-1} q \sum_{i=0}^{j-1} \frac{(\lambda t)^i}{i!} e^{-\lambda t} + p^{n-1} \sum_{i=0}^{n-1} \frac{(\lambda t)^i}{i!} e^{-\lambda t}$$
$$= \sum_{i=0}^{n-1} \frac{(\lambda p t)^i}{i!} e^{-\lambda t} \tag{3-30}$$

利用 $X_1, X_2, \cdots, X_n$ 与 v 的独立性,可以推出系统的平均寿命为

$$\text{MTTF} = E\{X_1 + X_2 + \cdots + X_v\}$$
$$= \frac{1}{\lambda q}(1 - p^n) \tag{3-31}$$

当每个部件的失效率都两两不相同时,可以类似地求得 $R(t)$ 和 MTTF,但是表达是比较复杂,我们仅对两个部件的情形列出结果,即

$$P\{v = j\} = \begin{cases} q, & j = 1 \\ p, & j = 2 \end{cases}$$

可靠性函数为

$$R(t) = P\left\{\sum_{j=1}^{v} X_j > t\right\} = e^{-\lambda_1 t} + \frac{p\lambda_1}{\lambda_1 - \lambda_2}(e^{-\lambda_2 t} + e^{-\lambda_1 t})$$
$$\text{MTTF} = \frac{1}{\lambda_1} + p\frac{1}{\lambda_2}$$

当 $p = 1$,即当转换开关完全可靠时,这里所有的结果与转换开关完全可靠时的情况完全一致。

3. 转换开关不完全可靠的情形:开关寿命指数型

假设开关寿命 X_K 遵从参数 λ_K 的指数分布,并与各部件的寿命相互独立,此时开关对系统的影响还可能存在两种情况。

① 当开关失效时,系统立即失效。显然,该系统的寿命为

$$X = \min(X_1 + X_2 + \cdots + X_n, X_K)$$

系统可靠度与平均寿命为

$$R(t) = P\{\min|X_1 + X_2 + \cdots + X_n, X_K| > t\}$$
$$= P\{X_K > t\} P\{X_1 + X_2 + \cdots + X_n > t\} \tag{3-32}$$
$$= e^{-(\lambda + \lambda_K)t} \sum_{k=0}^{n-1} \frac{(\lambda t)^k}{k!}$$

$$\text{MTTF} = \int_0^{+\infty} R(t)\,\mathrm{d}t$$

$$= \sum_{k=0}^{n-1} \frac{\lambda^k}{k!} \int_0^{+\infty} t^k \mathrm{e}^{-(\lambda+\lambda_K)t}\,\mathrm{d}t \qquad (3\text{-}33)$$

$$= \frac{1}{\lambda_K}\left[1-\left(\frac{\lambda}{\lambda+\lambda_K}\right)^n\right]$$

② 开关失效时,系统不会立即失效,当工作部件失效需要开关转换时,由于开关失效而使系统失效。为简化,只考虑两个部件的情形。假设两个部件的寿命 X_1、X_2 和开关寿命 X_K 分别遵从参数 λ_1、λ_2 和 λ_K 的指数分布,且它们都相互独立。在初始时刻部件 1 进入工作状态,部件 2 作冷贮备。当部件 1 失效时,需要使用转换开关,若此时开关已经失效($X_K<X_1$),则系统失效。因此,系统的寿命就是部件 1 的寿命 X_1;当部件 1 失效时,若转换开关正常($X_K>X_1$),则部件 2 替换部件 1 进入工作状态,直到部件 2 失效,系统就失效,这时系统的寿命是 X_1+X_2,根据以上系统的描述,系统寿命 X 为

$$X = X_1 + X_2 I_{\{X_K>X_1\}}$$

其中,$I_{\{X_K>X_1\}}$ 是随机事件 $\{X_K>X_1\}$ 的示性函数,即

$$I_{\{X_K>X_1\}} = \begin{cases} 1, & X_K>X_1 \\ 0, & X_K \leqslant X_1 \end{cases}$$

因此,有

$$1 - R(t) = P\{X \leqslant t\}$$

$$= P\{X_1 \leqslant t, X_K \leqslant X_1\} + P\{X_1+X_2 \leqslant t, X_K > X_1\}$$

$$= \int_0^t P\{X_K \leqslant u\}\mathrm{d}P\{X_1 \leqslant u\} + \int_0^t P\{X_2 \leqslant t-u, X_K > u\}\mathrm{d}P\{X_1 \leqslant u\}$$

$$= 1 - \mathrm{e}^{-\lambda_1 t} - \frac{\lambda_1}{\lambda_K + \lambda_1 - \lambda_2}\left[\mathrm{e}^{-\lambda_2 t} - \mathrm{e}^{-(\lambda_1+\lambda_K)t}\right] \qquad (3\text{-}34)$$

系统的可靠度和平均寿命为

$$\begin{cases} R(t) = \mathrm{e}^{-\lambda_1 t} + \dfrac{\lambda_1}{\lambda_K + \lambda_1 - \lambda_2}\left[\mathrm{e}^{-\lambda_2 t} - \mathrm{e}^{-(\lambda_1+\lambda_K)t}\right] \\[3mm] \text{MTTF} = \dfrac{1}{\lambda_1} + \dfrac{\lambda_1}{\lambda_2(\lambda_1+\lambda_K)} \end{cases} \qquad (3\text{-}35)$$

3.6.2　温贮备系统

1. 转换开关完全可靠的情形

温贮备系统与冷贮备系统的不同在于,温贮备系统中贮备部件在贮备期内也可能失效,部件的贮备寿命分布和工作寿命分布一般不相同。

假设系统由 n 个同型部件组成,部件的工作寿命和贮备寿命分别遵从参数 λ 和 μ 的指数分布。在初始时刻,一个部件工作,其余部件处于温贮备状态,所有部件均可能失效。当工作部件失效时,由尚未失效的贮备部件去替换,直到所有部件都失效,则系统失效。在此,假设具体如下情况。

① 转换开关是完全可靠的,且转换是瞬间的。

② 部件的工作寿命与其曾经贮备了多长时间无关,都遵从分布 $1-\mathrm{e}^{-\lambda t}$,$t \geqslant 0$。

③ 所有部件的寿命均相互独立。

为求系统的可靠度和平均寿命,我们用 S_i 表示第 i 个失效部件的失效时刻,$i=1,2,\cdots,n$,且令 $S_0=0$。显然,$S_n = \sum_{i=1}^{n}(S_i-S_{i-1})$ 是系统的失效时刻。在时间区间 (S_{i-1},S_i) 中,系统已有 $i-1$ 个部件失效,还有 $n-i+1$ 个部件是正常的,其中一个部件工作,$n-i$ 个部件处于温贮备状态。由于指数分布的无记忆性,S_i-S_{i-1} 遵从参数 $\lambda+(n-i)\mu$ 的指数分布,$i=1,2,\cdots,n$,且它们都相互独立。因此,该系统等价于 n 个独立部件组成的冷贮备系统,其中第 i 个部件的寿命遵从参数 $\lambda_i = \lambda+(n-i)\mu$ 的指数分布,当 $\mu > 0$ 时,得

$$
\begin{aligned}
R(t) &= P\{S_n > t\} \\
&= \sum_{i=1}^{n}\left[\prod_{\substack{k=1 \\ k \neq i}}^{n} \frac{\lambda+(n-k)\mu}{(i-k)\mu}\right]\mathrm{e}^{-[\lambda+(n-i)\mu]t} \\
&= \sum_{i=0}^{n-1}\left[\prod_{\substack{k=1 \\ k \neq i}}^{n-1} \frac{\lambda+k\mu}{(k-i)\mu}\right]\mathrm{e}^{-(\lambda+i\mu)t}
\end{aligned}
$$

$$
\mathrm{MTTF} = \sum_{i=1}^{n}\frac{1}{\lambda_i} = \sum_{i=1}^{n}\frac{1}{\lambda+(n-i)\mu} = \sum_{i=0}^{n-1}\frac{1}{\lambda+i\mu} \tag{3-36}
$$

当部件寿命分布的参数不相同时,计算温贮备系统可靠度相当烦琐。在这里,我们仅讨论两个部件的情形。在初始时刻,部件 1 工作,部件 2 处于温贮备。部件 1 和 2 的工作寿命 X_1 和 X_2,部件 2 的贮备寿命 Y_2 遵从参数 λ_1、λ_2 和 μ 的指数分布。此时系统的寿命为

$$
X = X_1 + X_2 I_{\{Y_2 > Y_1\}}
$$

系统的可靠度和平均寿命为

$$\begin{cases} R(t) = e^{-\lambda_1 t} + \dfrac{\lambda_1}{\lambda_1 - \lambda_2 + \mu} \left[e^{-\lambda_2 t} - e^{-(\lambda_1 + \mu)t} \right] \\ \text{MTTF} = \dfrac{1}{\lambda_1} + \dfrac{1}{\lambda_2} \left(\dfrac{\lambda_1}{\lambda_1 + \mu} \right) \end{cases} \tag{3-37}$$

2. 转换开关不完全可靠的情形:开关寿命 0-1 型

假定使用开关时,开关正常的概率是 p。为简化情况,只考虑两个不同类型部件的情形,即开关正常时 $X_K = 1$,开关失效时 $X_K = 0$。于是系统的寿命可以表示为

$$X = X_1 + X_2 I_{\{Y_2 > X_1\}} I_{\{X_K = 1\}}$$

由全概率公式和独立性,有

$$\begin{aligned} R(t) &= P\{X > t\} \\ &= P\{X_1 > t, X_K = 0\} + P\{X_1 + X_2 I_{\{Y_2 > X_1\}} > t, X_K = 1\} \\ &= e^{-\lambda_1 t} + p \frac{\lambda_1}{\lambda_1 - \lambda_2 + \mu} \left[e^{-\lambda_2 t} - e^{-(\lambda_1 + \mu)t} \right] \end{aligned} \tag{3-38}$$

系统的平均寿命为

$$\text{MTTF} = \frac{1}{\lambda_1} + p \frac{\lambda_1}{\lambda_2 (\lambda_1 + \mu)} \tag{3-39}$$

3. 转换开关不完全可靠的情形:开关寿命指数型

假设开关的寿命 X_K 遵从参数 λ_K 的指数分布,并与部件的寿命相互独立。此时,开关对系统的影响有两种不同形式。

① 当开关失效时,系统立即失效。此时,系统的寿命为

$$X = \min\{X_1 + I_{\{Y_2 > X_1\}} X_2, X_K\}$$

可得

$$\begin{aligned} R(t) &= P\{X_K > t\} P\{X_1 + X_2 I_{\{Y_2 > X_1\}} > t\} \\ &= e^{-\lambda_K t} \left\{ e^{-\lambda_1 t} + \frac{\lambda_1}{\lambda_1 - \lambda_2 + \mu} \left[e^{-\lambda_2 t} - e^{-(\lambda_1 + \mu)t} \right] \right\} \end{aligned} \tag{3-40}$$

$$\text{MTTF} = \frac{1}{\lambda_1 + \lambda_K} + \frac{\lambda_1}{(\lambda_2 + \lambda_K)(\lambda_1 + \mu + \lambda_K)} \tag{3-41}$$

② 当开关失效时,系统不立即失效,当工作部件失效需要开关转换时,由于开

关失效而使系统失效。记开关寿命为 X_K,则系统寿命为

$$X = X_1 + X_2 I_{\{Y_2 > X_1\}} I_{\{X_K > X_1\}}$$

因此

$$
\begin{aligned}
1 - R(t) &= P\{X \leqslant t\} \\
&= P\{X \leqslant t, Y_2 < X_1\} + P\{X \leqslant t, Y_2 > X_1, X_K < X_1\} \\
&\quad + P\{X \leqslant t, Y_2 > X_1, X_K > X_1\} \\
&= P\{X_1 \leqslant t, Y_2 < X_1\} + P\{X_1 < t, Y_2 > X_1, X_K < X_1\} \\
&\quad + P\{X_1 + X_2 \leqslant t, Y_2 > X_1, X_K > X_1\} \\
&= \int_0^t (1 - e^{-\mu u}) \lambda_1 e^{-\lambda_1 u} du + \int_0^t e^{-\mu u}(1 - e^{-\lambda_K u}) \lambda_1 e^{-\lambda_1 u} du \\
&\quad + \int_0^t (1 - e^{-\lambda_2(t-u)}) e^{-\mu u} e^{-\lambda_K u} \lambda_1 e^{-\lambda_1 u} du \\
&= 1 - e^{-\lambda_1 t} - \frac{\lambda_1}{\lambda_1 + \lambda_K + \mu - \lambda_2} \left[e^{-\lambda_2 t} - e^{-(\lambda_1 + \lambda_K + \mu)t} \right]
\end{aligned}
$$

因此

$$
\begin{cases}
R(t) = e^{-\lambda_1 t} - \dfrac{\lambda_1}{\lambda_1 + \lambda_K + \mu - \lambda_2} \left[e^{-\lambda_2 t} - e^{-(\lambda_1 + \lambda_K + \mu)t} \right] \\
\text{MTTF} = \dfrac{1}{\lambda_1} + \dfrac{\lambda_1}{\lambda_2(\lambda_1 + \lambda_K + \mu)}
\end{cases}
\tag{3-42}
$$

3.6.3　热贮备系统

　　热贮备系统比冷贮备系统复杂得多,贮备部件在贮备期间可能通电和运转,有可能发生故障。其贮备寿命与工作寿命分布一般不相同。假设系统由 n 个相同的部件组成,部件的工作寿命和贮备寿命分别服从参数为 λ 和 μ 的指数分布。在初始时刻,一个部件工作,其余的部件作热贮备。这期间所有的部件均可能发生故障,但工作部件发生故障时,由尚未发生故障的贮备部件去替换,直到所有的部件都发生故障,则系统发生故障。

　　设热贮备系统 n 个部件的寿命均相互独立,部件的工作寿命与曾经贮备了多长时间无关,所有部件的工作寿命和贮备寿命分别服从参数为 λ 和 μ 的指数分布。为了求系统的可靠度和平均寿命,用 t_i 表示第 i 个故障部件的故障时刻,$i = 1, 2, \cdots, n$,且令 $t_0 = 0$,显然热贮备系统的寿命为

$$X = \sum_{i=1}^{n} (t_i - t_{i-1})$$

在时间区间(t_i,t_{i-1})中,系统已有$i-1$个部件发生故障,还有$n-i+1$个部件是正常的,其中一个部件工作,$n-i$个部件作热贮备。由于指数分布的无记忆性,t_i-t_{i-1}服从参数为$\lambda+(n-i)\mu$的指数分布,$i=1,2,\cdots,n$,且它们都相互独立,因此该系统等价于n个独立部件组成的冷贮备系统,其中第i个部件的寿命服从$\lambda_i=\lambda+(n-i)\mu$的指数分布。当$\mu>0$时,可以得到

$$\begin{cases} R(t)=P(X>t)=\sum_{i=0}^{n-1}\left[\prod_{\substack{k=0\\k\neq i}}^{k=0}\frac{\lambda+k\mu}{(k-i)\mu}\right]\cdot\mathrm{e}^{-(\lambda+i\mu)t}\\ \theta=\sum_{i=0}^{n-1}\frac{1}{\lambda+i\mu} \end{cases} \quad (3\text{-}43)$$

当$\mu=0$时,为冷贮备系统;当$\mu=\lambda$时,系统归结为并联系统。

当部件寿命分布的参数不同时,热贮备系统可靠度的表达式相当烦琐。在初始时刻,部件1工作,部件2热贮备。部件1和2的工作寿命分别为x_1和x_2,部件2的贮备寿命为y。因此,系统的累积故障分布分别服从参数为λ_1、λ_2和μ的指数分布。此时,系统的可靠度和平均寿命为

$$\begin{cases} R(t)=\mathrm{e}^{-\lambda_1 t}+\dfrac{\lambda_1}{\lambda_1-\lambda_2+\mu}\left[\mathrm{e}^{-\lambda_2 t}-\mathrm{e}^{-(\lambda_1+\mu)t}\right]\\ \theta=\dfrac{1}{\lambda_1}+\dfrac{1}{\lambda_2}\left(\dfrac{\lambda_1}{\lambda_1+\mu}\right) \end{cases} \quad (3\text{-}44)$$

假定转换开关不完全可靠,转换开关寿命服从 0-1 型,使用开关时开关正常的概率为R_{SW}。为简单,这里仅考虑两个不同型部件的情形。在初始时刻部件1工作,部件2热贮备。部件1和2的工作寿命分别为x_1和x_2,部件2的贮备寿命为y,因此系统的累积故障分布分别服从参数为λ_1、λ_2和μ的指数分布。此时,系统的可靠度和平均寿命为

$$\begin{cases} R(t)=\mathrm{e}^{-\lambda_1 t}+R_{SW}\dfrac{\lambda_1}{\lambda_1-\lambda_2+\mu}\left[\mathrm{e}^{-\lambda_2 t}-\mathrm{e}^{-(\lambda_1+\mu)t}\right]\\ \theta=\dfrac{1}{\lambda_1}+R_{SW}\dfrac{1}{\lambda_2}\left(\dfrac{\lambda_1}{\lambda_1+\mu}\right) \end{cases} \quad (3\text{-}45)$$

3.7　网络系统

网络系统由节点和节点间的连线(弧或单元)连接而成,通常假定弧(或单元)和系统只有正常和失效两种状态,弧(或单元)之间相互独立,而且节点不失效。下

面介绍网络系统的基本求解方法。

3.7.1　全概率分解法

应用全概率公式,选择分解元,对复杂网络进行分解,化简为一般的串并联系统,从而计算其成功概率,这叫全概率分解法,设 G 为系统正常事件,x 表示被选分解单元正常事件,$\bar{x}$ 表示被选分解单元失效事件,由全概率公式有

$$R(G) = P(\bar{x})P(G \mid x) + P(\bar{x})P(G \mid \bar{x}) \tag{3-46}$$

其中,$P(G \mid x)$ 表示在单元 x 正常的条件下系统正常工作的概率,$P(G \mid \bar{x})$ 表示在单元 x 失效条件下系统正常工作的概率。

这种方法首先要选分解元,分解元的选取方法如下。

① 任一无向单元都可作为分解元。如图 3-16 所示的系统,任一单元都可作为分解元。

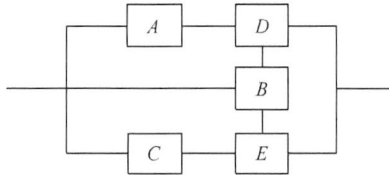

图 3-16　网络框图

若选 B 为分解元,则得 G 和 G_2 均为简单网络,B 正常时 G 中的 A 和 C 成为无用单元被去掉。

$$\begin{aligned} R(G) &= P(B)P(G \mid B) + P(\bar{B})P(G \mid \bar{B}) \\ &= P(B)[1 - P(\bar{D})P(\bar{E})] + P(\bar{B})[1 - P(\overline{AD})P(\overline{CE})] \end{aligned} \tag{3-47}$$

② 任一有向单元,若其两端点中有一端只有流出(或流入)单元,则此单元可作为分解单元。如图 3-17 中的 x 可作为分解单元,而 y 则不行。分解单元若选得好,会加快分解速度,迅速得到简化的结果;若选得不好,则可能要多分解几次才能得到简化的最终结果。

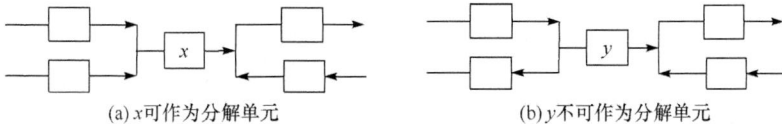

(a) x 可作为分解单元　　　　　　　　(b) y 不可作为分解单元

图 3-17　有向分解单元的选取

例如,对图 3-18 所示的可靠性框图,单元 e 不能作为分解元,若选 e 作为分解元,则当 e 正常时,得到的图 $G_1(G \mid e)$ 中多一条成功的路径 cb,这与原网络不符。

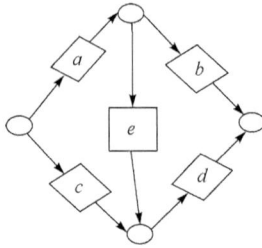

图 3-18　有向可靠性框图

选 a 作为分解单元可得图 3-19,从而系统 G 的可靠性为

$$R(G)=P(a)P(G_1)+P(\bar{a})P(G_2)$$

$$=P(a)[1-P(\bar{b})P(\overline{(e+c)d})]+P(\bar{a})P(cd) \tag{3-48}$$

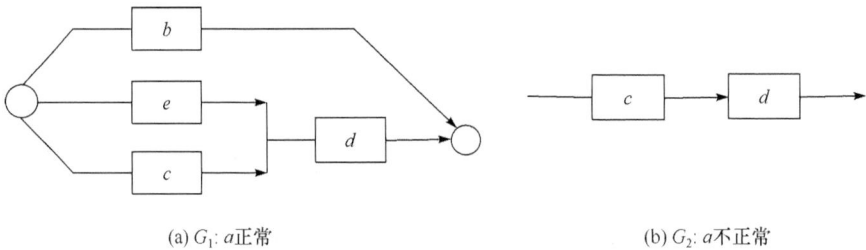

(a) G_1: a 正常　　　　　　　　　　　　　　(b) G_2: a 不正常

图 3-19　图 3-17 的等效有向框图

3.7.2　布尔真值表法

布尔真值表法也称状态穷举法,是一种最直观的计算系统可靠度方法。假定系统由 n 个单元组成,因为每个单元仅有两种可能状态,用 1 表示单元正常工作,0 表示单元失效。显然,n 个单元所构成的系统共有 2^n 个可能状态及相应系统的状态。在这些状态中,如果系统能正常工作,记作 $S(i)$。其中,i 表示在这个状态下引起系统失效的失效单元个数。系统的可靠度即为各种状态使系统正常工作的概率之和。

例 3.6　设 X 是某一桥式系统的可靠性逻辑框图,如图 3-20 所示,其中 5 个单元的可靠度分别为 $R_1=0.8,R_2=0.7,R_3=0.8,R_4=0.7,R_5=0.9$,试用穷举法求该系统的可靠度。

解　该系统共有 5 个单元,因此系统共有 $2^5=32$ 种状态,见表 3-1。如果其中 16 种状态系统能正常工作,另 16 种状态系统失效,分别标以 $S(i)$ 和 $F(i)$。计算 16 种状态 $S(i)$ 系统正常工作的概率,如状态编号为 7 时系统正常工作的概率为

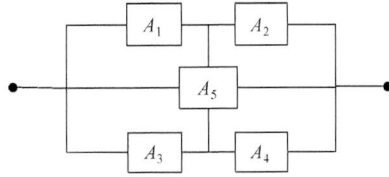

图 3-20　桥式网络图

$$P(A_1'A_2'A_3A_4A_5') = R_1'R_2'R_3R_4R_5' = (1-R_1)(1-R_2)R_3R_4(1-R_5) = 0.00336$$

表 3-1　桥式系统可靠性数据

系统状态编号	单元工作状态					系统状态	概率
	A_1	A_2	A_3	A_4	A_5		
1	0	0	0	0	0	$F(5)$	
2	0	0	0	0	1	$F(4)$	
3	0	0	0	1	0	$F(4)$	
4	0	0	0	1	1	$F(3)$	
5	0	0	1	0	0	$F(4)$	
6	0	0	1	0	1	$F(3)$	
7	0	0	1	1	0	$S(2)$	0.00336
8	0	0	1	1	1	$S(3)$	0.03024
9	0	1	0	0	0	$F(4)$	
10	0	1	0	0	1	$F(3)$	
11	0	1	0	1	0	$F(3)$	
12	0	1	0	1	1	$F(2)$	
13	0	1	1	0	0	$F(3)$	
14	0	1	1	0	1	$S(3)$	0.03024
15	0	1	1	1	0	$S(3)$	0.00784
16	0	1	1	1	1	$S(4)$	0.07056
17	1	0	0	0	0	$F(4)$	
18	1	0	0	0	1	$F(3)$	
19	1	0	0	1	0	$F(3)$	

续表

系统状态	单元工作状态					系统状态	概率
编号	A_1	A_2	A_3	A_4	A_5		
20	1	0	0	1	1	$S(3)$	0.03024
21	1	0	1	0	0	$F(3)$	
22	1	0	1	0	1	$F(2)$	
23	1	0	1	1	0	$S(3)$	0.01344
24	1	0	1	1	1	$S(4)$	0.12096
25	1	1	0	0	0	$S(2)$	0.00336
26	1	1	0	0	1	$S(3)$	0.03024
27	1	1	0	1	0	$S(3)$	0.00784
28	1	1	0	1	1	$S(4)$	0.07056
29	1	1	1	0	0	$S(3)$	0.01344
30	1	1	1	0	1	$S(4)$	0.12096
31	1	1	1	1	0	$S(4)$	0.03136
32	1	1	1	1	1	$S(5)$	0.28224

系统的可靠度为 16 项概率之和,即

$$R_s = 0.00336 + 0.03024 + \cdots + 0.28224 = 0.86688$$

如果系统处于失效状态 $F(i)$ 比处于工作状态 $R(i)$ 少,则可以先计算系统的不可靠度 F_s,然后由 $R_s = 1 - F_s$ 计算出系统的可靠度。

状态枚举法原理简单,步骤清晰、直观,容易掌握,但当系统中单元个数 n 大于 6 时,计算量也比较大,此时要借助计算机进行计算。

3.7.3　最小路集法

由系统的最小路集出发,由最小通路的可靠度去求系统的可靠度,这就是最小路集法。

设网络 S 所有的最小通路为 $A_1, A_2, \cdots, A_m$,且用 $A_i (i = 1, 2, \cdots, m)$ 表示第 i 条路中所有弧正常事件,则网络 S 正常事件为

$$S = \bigcup_{i=1}^{m} A_i \tag{3-49}$$

从而,求网络系统可靠度 R 的问题可以归为两步。

第一步,求出网络 S 的最小通路 $A_1, A_2, \cdots, A_m$。

第二步,计算概率,即

$$R = P(S) = P\left(\bigcup_{i=1}^{m} A_i\right)$$

当 $m=2$ 时,则

$$R = P(A_1 \bigcup A_2) = P(A_1) + P(A_2) - P(A_1 A_2)$$

当 $m=3$ 时,则

$$R = P(A_1 \bigcup A_2 \bigcup A_3) = P(A_1) + P(A_2) + P(A_3)$$
$$- P(A_1 A_2) - P(A_1 A_3) - P(A_2 A_3) + P(A_1 A_2 A_3)$$

可以归纳出一般公式为

$$P\left(\bigcup_{i=1}^{m} A_i\right) = \sum_{i=1}^{m} (-1)^{i-1} \sum_{1 \leqslant j_1 < \cdots < j_i \leqslant m} P(A_{j_1} A_{j_2} \cdots A_{j_i}) \qquad (3\text{-}50)$$

例 3.7　如图 3-21 所示的网络系统 S,各弧的可靠度分别为 $P_1=0.7$,$P_2=0.9$,$P_3=0.8$,$P_4=0.95$,$P_5=0.6$。试求此网络系统 S 的可靠度 R。

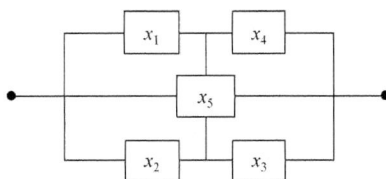

图 3-21　网络系统 S 的结构框图

解　此系统共有四个最小通路 $T_1 | x_1, x_2 |$、$T_2 | x_1, x_5, x_3 |$、$T_4 | x_4, x_5, x_2 |$、$T_4 | x_4, x_3 |$,则各最小通路的可靠度分别为

$$P(A_1) = P_1 P_2 = 0.63, \quad P(A_2) = P_1 P_5 P_3 = 0.336$$

$$P(A_3) = P_4 P_5 P_2 = 0.513, \quad P(A_4) = P_4 P_3 = 0.76$$

且

$$P(A_1 A_2) = P_1 P_2 P_3 P_5 = 0.3024, \quad P(A_1 A_3) = P_1 P_2 P_4 P_5 = 0.3591$$

$$P(A_1 A_4) = P_1 P_2 P_3 P_4 = 0.4788, \quad P(A_2 A_3) = P_1 P_2 P_3 P_4 P_5 = 0.28728$$

$$P(A_2 A_4) = P_1 P_3 P_4 P_5 = 0.3192, \quad P(A_3 A_4) = P_2 P_3 P_4 P_5 = 0.4104$$

$$P(A_1 A_2 A_3) = P(A_1 A_2 A_4) = P(A_1 A_3 A_4)$$
$$= P(A_2 A_3 A_4) = P(A_1 A_2 A_3 A_4) = P_1 P_2 P_3 P_4 P_5 = 0.28728$$

从而,得

$$R = P\{\bigcup_{i=1}^{m} A_i\}$$
$$= P(A_1) + P(A_2) + P(A_3) + P(A_4) - P(A_1 A_2) - P(A_1 A_3) - P(A_1 A_4)$$
$$- P(A_2 A_3) - P(A_2 A_4) - P(A_3 A_4) + P(A_1 A_2 A_3) + P(A_1 A_2 A_4)$$
$$+ P(A_1 A_3 A_4) + P(A_2 A_3 A_4) - P(A_1 A_2 A_3 A_4)$$
$$= 0.94366$$

当网络的结构不太复杂或最小通路的数目 m 较小时,采用最小路集法求网络可靠度 R 是比较容易的,当网络的结构比较复杂或路数 m 较大时,找出网络系统全部的最小通路就比较困难了,更难求出系统可靠度 R。

3.7.4　最小割集法

若在网络上去掉某一部分弧后,发点和收点之间便无路可通,则称这部分弧构成一个割集。发点与收点之间和每条最小路都至少包含割集中的一条弧。若在割集中任意去掉一条弧就不再成为割集,则称此割集为最小割集。

最小割集法的基本思想是:若最小割集失效,即割集中所有弧全部失效,则网络失效。因此,可由各个最小割集的不可靠度,求得网络的不可靠度,从而求得网络的可靠度。

设网络 S 的 l 个最小割集为 $B_i(i=1,2,\cdots,l)$,当任一割集 B_i 的所有弧发生失效的事件也记为 B_i,其概率记为 $Q(B_i)(i=1,2,\cdots,l)$;记系统 S 失效事件为 B,其概率为 $Q(B)$,则

$$B = \bigcup_{i=1}^{l} B_i$$

从而求网络系统可靠性 R 的问题就可归纳为以下几步。

① 求出网络 S 的所有最小割集 $B_1, B_2, \cdots, B_l$。

② 计算概率 $Q(B) = P\left(\bigcup_{i=1}^{l} B_i\right)$。

当 $m=2$ 时,则 $Q(B) = P(B_1) + P(B_2) - P(B_1 B_2)$。

当 $m=3$ 时,则 $Q(B) = P(B_1) + P(B_2) + P(B_3) - P(B_1 B_2) - P(B_1 B_3) - P(B_2 B_3) + P(B_1 B_2 B_3)$。

一般公式为

$$Q(B) = \sum_{i=1}^{l} (-1)^{i-1} \sum_{1 \leqslant j < \cdots < j_k \leqslant n} P(A_{j1}, A_{j2}, \cdots, A_{jk})$$

网络系统可靠度为

$$R = 1 - Q(B) \tag{3-51}$$

例 3.8　对于如图 3-20 所示的桥形网络系统 S,各弧的不可靠度分别为 $q_1=0.3,q_2=0.1,q_3=0.2,q_4=0.05,q_5=0.4$,求网络系统 S 的可靠度。

解　此网络系统共有 4 个最小割集,即 $B_1|x_1,x_4|$、$B_2|x_1,x_5,x_3|$、$B_3|x_4,x_5,x_2|$、$B_4|x_2,x_3|$,各个最小割集的不可靠度分别为

$$Q(B_1)=q_1q_4=0.3\times0.05=0.015,\quad Q(B_2)=q_1q_5q_3=0.3\times0.4\times0.2=0.024$$

$$Q(B_3)=q_4q_5q_2=0.05\times0.4\times0.1=0.002,\quad Q(B_4)=q_2q_3=0.1\times0.2=0.02$$

并且

$$Q(B_1B_2)=0.0012,\quad Q(B_1B_3)=0.0006,\quad Q(B_1B_4)=0.0003$$
$$Q(B_2B_3)=0.00012,\quad Q(B_2B_4)=0.0024,\quad Q(B_3B_4)=0.0004$$
$$Q(B_2B_3B_4)=Q(B_1B_3B_4)=Q(B_1B_2B_4)=Q(B_1B_2B_3)=Q(B_1B_2B_3B_4)=0.00012$$

则系统不可靠度为

$$\begin{aligned}Q(B)=&(0.015+0.024+0.002+0.02)-(0.0012+0.0006+0.0003\\&+0.00012+0.0024+0.0004)+4\times0.00012-0.00012=0.05634\end{aligned}$$

系统可靠度为

$$R=1-Q(B)=0.94366$$

3.8　本 章 小 结

本章介绍了不可修系统的可靠性模型。首先介绍了系统可靠性功能逻辑图,包括系统工程结构图和可靠性框图,并通过实例比较了两者之间的区别。随后根据单元之间不同的连接方式构成不同的系统,介绍了串联系统、并联系统、混联系统、表决系统、贮备系统和网络系统的内部结构和工作原理,列出了各系统的可靠度、失效率、平均寿命等计算公式和推导过程。

习题及思考题

1. 某系统由三单元串联构成,设各单元均服从指数分布,若各单元的平均失效时间分别为 100h、200h、300h,求系统的可靠度。

2. 已知可靠度相同的三单元并联工作,每个单元的平均寿命为 2500h,均服从指数分布,确定使系统可靠度达到 0.995 所允许的系统工作时间。

3. 某系统是由六种元器件构成的串联结构,其元器件的数量及其失效率如表 3-2所示,求系统失效率和平均寿命。

表 3-2　元器件数量及其失效率

项目	元器件失效率	数量	总失效率
集成电路	3.7×10^{-7}	3600	1.33×10^{-3}
晶体管	10^{-7}	3500	3.5×10^{-4}
电阻、电容	10^{-8}	7750	0.78×10^{-4}
厚膜电路	2.4×10^{-8}	50	1.2×10^{-6}
接插件	10^{-8}	10000	1.0×10^{-4}
焊接点	10^{-8}	83000	0.83×10^{-4}

4. 设每个单元的可靠度 $R(t) = e^{-\lambda t}$，且 $\lambda = 0.001 \mathrm{h}^{-1}$，求 $t = 100\mathrm{h}$ 时，①一个单元的系统；②二单元串联系统；③二单元并联系统；④2/3 表决系统的可靠度 R_1、R_2、R_3 和 R_4。

5. 由两个相同单元组成的旁联系统，单元寿命服从指数分布，且 $\lambda_1 = \lambda_2 = 0.0001/\mathrm{h}$，$\lambda_0 = 0.000025/\mathrm{h}$，求在 $t = 2000\mathrm{h}$ 情况下的 $R_S(t)$ 及 θ_S。

6. 一个平时能提供最大电力为 6kW，而特殊需要时要求提供 12kW 电力的电站，可以按以下三种方案配置发电机：12kW 一台，或 6kW 两台，或 4kW 三台。设三种发电机的可靠性均相等并相互独立。试比较三个方案的可靠性。

7. 试比较均由两个相同的单元组成的串联系统、并联系统、转换装置完全可靠的冷贮备系统的可靠度。假定单元的寿命服从指数分布，失效率为 λ，单元可靠度为 0.9。

第4章 可修系统可靠性模型

为了改善系统的可靠性,通常采用维修的手段。可修复系统是指系统的组成单元(或零部件)发生故障后,经过修理后系统可以恢复到正常工作状态,研究可修系统的主要数学工具是随机过程理论。

由于故障发生的原因、部位和程度不同,系统所处的环境不同,以及维修设备和修理人员水平不同,修复所用的时间是一个随机变量,修复时间的长短和修复质量的高低都将影响设备(产品)的可靠性水平。可修复产品的可靠性既包含系统的狭义可靠性,又包含维修因素在内的广义可靠性。若构成系统各部件的寿命分布、故障后的修理时间分布、故障出现的有关分布均为指数分布时,只要适当定义系统的状态,这样的系统总可以用马尔可夫(Markov)过程来描述[21]。可修复系统可靠性特征量主要有首次平均无故障工作时间、平均无故障工作间隔时间,以及平均修复时间、修复率、系统的可用度等。

4.1 马尔可夫过程

马尔可夫过程是 1907 年由马尔可夫提出来的,研究的是系统"状态"与"状态"之间相互转移的关系。假如系统完全由定义为"状态"的变量取值来描述,则说系统处于一个"状态"。假如描述系统的变量从一个状态的特定值变化到另一个状态的特定值时,则说系统实现了状态的转移。例如,对于某一设备系统,相对于运行这一状况,就存在着正常状态 S 和故障状态 F。处于 S 状态的系统由于故障会转移到 F 状态;相反,处于 F 状态的系统经过修复又会从 F 状态转移到 S 状态。这种状态转移如图 4-1 所示,其过程完全是随机的,也就是说,它不能以确定的规律转移,而只能按照某种概率转移。

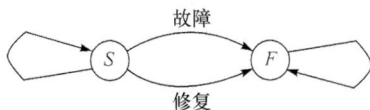

图 4-1 状态转移示意图

4.1.1　马尔可夫过程基本概念

一般地讲,只要前一个状态 $X(t_{n-1})$ 决定,下一个状态 $X(t_n)$ 的概率即可决定,并与更前面的状态无关,这就是一步马尔可夫过程,即

$$P\{X(t_n)|X(t_{n-1})\}=P\{X(t_n)|X(t_1),X(t_2),\cdots,X(t_{n-1})\} \qquad (4-1)$$

其中,$X(t_n)$ 表示处于时间 t_n 的状态,说明 $X(t_1),X(t_2),\cdots,X(t_{n-1})$ 这 $n-1$ 个状态下的条件概率等于 $X(t_{n-1})$ 状态下的条件概率。

可见,在此之前的各状态不影响现在状态的性质,称为无后效性。

举个例子,有一台机器运行到某一时刻 t 时,可能的状态有 e_1(正常运行)及 e_2(发生故障)。假设机器处于 e_1 状态的概率是 4/5,记为 $P_{11}=4/5=R(t)$,而 e_1 向 e_2 转移的概率 $P_{12}=F(t)=1-R(t)=1/5$。反过来,如果机器处于 e_2 状态,经过一段时间的修复返回到 e_1 状态的概率是 $M(\tau)$,$M(\tau)$ 称为维修度,$1-M(\tau)$ 为不可维修度。若 $P_{21}=M(\tau)=3/5$,那么它修不好仍然处于 e_2 的状态的概率是 $P_{22}=1-M(\tau)=2/5$,这一过程如图 4-2 所示。

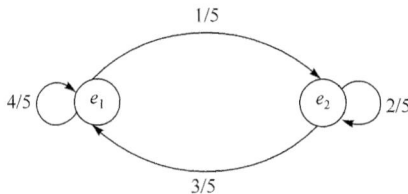

图 4-2　状态转移概率图

这样,可以将上述过程改写成矩阵形式,即

$$P=\begin{bmatrix}P_{11} & P_{12}\\ P_{21} & P_{22}\end{bmatrix}=\begin{bmatrix}4/5 & 1/5\\ 3/5 & 2/5\end{bmatrix}$$

这就是马尔可夫矩阵,或称为概率矩阵,转移矩阵中各元素 P_{ij} 为转移概率。

一般形式是,假设可能发生的状态有 e_j;在事件 e_i 发生后,事件 e_j($j\neq i,i,j=1,2,\cdots,n$)发生的条件概率为 P_{ij}(转移概率)。若由最初的分布中随机地选出 e_i 的概率为 a_i,那么当此事件组的条件概率为一定值,且有关系式,即

$$P(e_1,e_2,\cdots,e_n)=a_iP_{ij}\cdots P_{in} \qquad (4-2)$$

成立时,称此关系式为马尔可夫链。当可能的状态为有限数量时,称为马尔可夫链,其转移矩阵为

$$P = \begin{bmatrix} P_{11} & P_{12} & \cdots & P_{1n} \\ P_{21} & P_{22} & \cdots & P_{2n} \\ \vdots & \vdots & & \vdots \\ P_{n1} & P_{n2} & \cdots & P_{nn} \end{bmatrix}$$

转移矩阵具有如下性质。

① 矩阵中各元素为非负,且 $0 \leqslant P_{ij} \leqslant 1$。

② 矩阵中各行是一个概率向量,且各行元素之和为 1。

③ 概率矩阵是一个 $n \times n$ 的 n 阶方阵。

例 4.1　已知 e_1、e_2、e_3 三个状态,其状态转移图如图 4-3 所示。初始状态为 $E(0) = (1, 0, 0)$,求由 e_1 出发至第二步转移后各状态的概率。

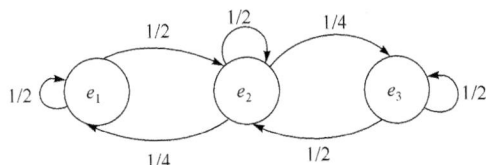

图 4-3　三个状态转移图

解　由图 4-3 可以写出转移矩阵 P,即

$$P = \begin{bmatrix} 1/2 & 1/2 & 0 \\ 1/4 & 1/2 & 1/4 \\ 0 & 1/2 & 1/2 \end{bmatrix}$$

$$P^{(2)} = P^2 = \begin{bmatrix} 1/2 & 1/2 & 0 \\ 1/4 & 1/2 & 1/4 \\ 0 & 1/2 & 1/2 \end{bmatrix} \begin{bmatrix} 1/2 & 1/2 & 0 \\ 1/4 & 1/2 & 1/4 \\ 0 & 1/2 & 1/2 \end{bmatrix} = \begin{bmatrix} 3/8 & 1/2 & 1/8 \\ 1/4 & 1/2 & 1/4 \\ 1/8 & 1/2 & 3/8 \end{bmatrix}$$

可见,由 e_1 出发至第二步转移后,处于 e_1、e_2、e_3 状态的概率就是 $P^{(2)} = P^2$ 矩阵中第一行各元素 $P_{11}^{(2)}$、$P_{12}^{(2)}$、$P_{13}^{(2)}$,即 3/8、1/2、1/8。

本题也可利用公式 $P_{ij}^{(n)} = \sum P_{iv} P_{vj}^{(n)}$ 求出。

由 $P_{ij}^{(n)} = \sum P_{iv} P_{vj}^{(n)}$, $v = 1, 2, 3, n = 2$,可得

$$P_{11}^{(2)} = P_{11} P_{11}^{(1)} + P_{12} P_{21}^{(1)} + P_{13} P_{31}^{(1)} = 1/2 \times 1/2 + 1/2 \times 1/4 + 0 \times 0 = 3/8$$

$$P_{12}^{(2)} = P_{11} P_{12}^{(1)} + P_{12} P_{22}^{(1)} + P_{13} P_{32}^{(1)} = 1/2 \times 1/2 + 1/2 \times 1/2 + 0 \times 1/2 = 1/2$$

$$P_{13}^{(2)} = P_{11} P_{13}^{(1)} + P_{12} P_{23}^{(1)} + P_{13} P_{33}^{(1)} = 1/2 \times 0 + 1/2 \times 1/4 + 0 \times 1/2 = 1/8$$

4.1.2　极限概率及各状态遍历性

一般地说,可以利用转移矩阵及系统的初始状态,求任意转移后设备的状

态,即

$$E(n) = E(0)P^n \tag{4-3}$$

其中,$E(0)$为设备初始状态向量;P为一次转移矩阵;P^n为n次转移矩阵;$E(n)$为n次转移后设备所处状态向量,n为转移次数。

例 4.2　某设备状态转移如图 4-4 所示,如果初始状态向量 $E(0) = [1, 0]$,求各次转移后设备所处的状态。

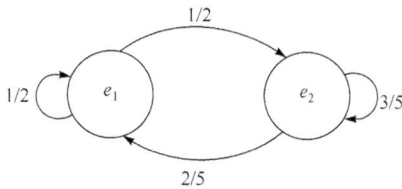

图 4-4　设备状态转移图

解　由图 4-4 可知,转移矩阵为

$$P = \begin{bmatrix} 1/2 & 1/2 \\ 2/5 & 3/5 \end{bmatrix}$$

当 $n=1$ 时,有 $E(1) = E(0)P = \begin{bmatrix} 1 & 0 \end{bmatrix} \begin{bmatrix} 1/2 & 1/2 \\ 2/5 & 3/5 \end{bmatrix} = \begin{bmatrix} 1/2 & 1/2 \end{bmatrix}$。

当 $n=2$ 时,有 $E(2) = E(0)P^2 = E(1)P = \begin{bmatrix} 1/2 & 1/2 \end{bmatrix} \begin{bmatrix} 1/2 & 1/2 \\ 2/5 & 3/5 \end{bmatrix} = \begin{bmatrix} 9/20 & 11/20 \end{bmatrix}$。

依此类推,计算结果如表 4-1 所示。

表 4-1　初始状态情况一的 n 次转移矩阵

转移次数 n	0	1	2	3	4	5	⋯
e_1(正常状态)	1	0.5	0.45	0.445	0.4445	0.44445	⋯
e_2(故障状态)	0	0.5	0.55	0.555	0.5555	0.55555	⋯

由表 4-1 可知。

① 随着转移次数 n 的增加,状态趋于稳定。稳定状态的概率称为极限概率。例如,在例 4.2 中,当 n 足够大时,e_1 稳定状态极限概率为 4/9,e_2 稳定状态的极限概率 5/9。

② 既然稳定状态极限概率为定值,当 n 无限增大而取极限值时,n 次转移矩阵 P^n 将收敛于一个定概率矩阵,即

$$P^n = \begin{bmatrix} 4/9 & 5/9 \\ 4/9 & 5/9 \end{bmatrix}$$

这个稳定状态极限概率与初始状态无关,如初始状态 $E(0)=[0,1]$,则可计算出如表 4-2 所示的值。

表 4-2　初始状态情况二的 n 次转移矩阵

转移次数 n	0	1	2	3	4	5	⋯
e_1(正常状态)	1	0.4	0.44	0.444	0.4444	0.44444	⋯
e_2(故障状态)	0	0.6	0.56	0.556	0.5556	0.55556	⋯

当 n 足够大时,e_1 稳定状态极限概率为 $4/9$,e_2 稳定状态极限概率为 $5/9$。

任何马尔可夫转移矩阵的极限概率与初始状态无关,称之为各态遍历(或历经)过程,这样的状态转移矩阵称为遍历矩阵。

如果转移矩阵经过 n 次相乘以后所得的矩阵的全部元素大于零,这样的马尔可夫链被称为正规链。正规链都是遍历矩阵。

如果概率矩阵 P 为正规的遍历转移矩阵,则 P 具有如下性质。

① 随着转移次数 n 的增加,P^n 趋于某一稳定矩阵,即各态转移的概率趋于稳定(收敛)。

② 稳定矩阵中的各元素都大于零。

③ 稳定矩阵各行是同一概率向量 $X=[x_1,x_2,\cdots,x_n]$,称为行向量 X,各元素和为 1,即 $\sum\limits_{i=1}^{n}=1$。

遍历矩阵经过 n 次转移后达到稳定状态,因此它是正规链。在这种情况下,其整体可用行向量 X 表示。在经过转移后,转移矩阵已经稳定(收敛),因此即使再转移下去,它的状态概率是不会变了,可以写为

$$XP=X \tag{4-4}$$

利用式(4-4)就可以求出行向量 X。X 称为对于 P 的固有向量,或称特征向量。

例 4.3　求转移矩阵 $P=\begin{bmatrix} 0.5 & 0.25 & 0.25 \\ 0.5 & 0 & 0.5 \\ 0.25 & 0.25 & 0.5 \end{bmatrix}$ 的特征向量 X。

解　由式(4-4)及转移矩阵性质可以写出下式,即

$$\begin{cases} \begin{bmatrix} x_1 & x_2 & x_3 \end{bmatrix} \begin{bmatrix} 0.5 & 0.25 & 0.25 \\ 0.5 & 0 & 0.5 \\ 0.25 & 0.25 & 0.5 \end{bmatrix} = \begin{bmatrix} x_1 & x_2 & x_3 \end{bmatrix} \\ \sum_{i=1}^{3} x_i = 1 \end{cases}$$

即

$$\begin{cases} x_1 + x_2 + x_3 = 1 \\ 0.5x_1 + 0.5x_2 + 0.25x_3 = x_1 \\ 0.25x_1 + 0 + 0.25x_3 = x_2 \\ 0.25x_1 + 0.5x_2 + 0.5x_3 = x_3 \end{cases}$$

解方程可得下式,即

$$X = \begin{bmatrix} 0.4 & 0.2 & 0.4 \end{bmatrix}$$

4.1.3　过渡状态的概率

如果转移次数少,则可以简单进行计算;如果转移次数增加,则计算就复杂了。这时可以引入一个矩阵的列向量 X,然后找出矩阵 P 的属于特征值 k 的特征向量 X,即

$$PX = kX \tag{4-5}$$

其中,X 是列向量,$X = \begin{bmatrix} x_1 & x_2 & \cdots & x_n \end{bmatrix}^{\mathrm{T}}$;特征值 k 必须满足 P 的特征多项式,即

$$|P - kI| = 0 \tag{4-6}$$

其中,I 为单位矩阵,$I = \begin{bmatrix} 1 & & 0 \\ & \ddots & \\ 0 & & 1 \end{bmatrix}$。

由特征方程式(4-6)求出特征值 k,在概率矩阵中,k 至少有一个解为特征值1,其余解一般小于1。

设 P 的 m 个解(特征值)为 $k_1, k_2, \cdots, k_m$,把这些解放在矩阵 D 的对角线上形成对角矩阵 D,即

$$D = \begin{bmatrix} k_1 & & & 0 \\ & k_2 & & \\ & & \ddots & \\ 0 & & & k_m \end{bmatrix}$$

利用 D 可以写出

$$P = RDR^{-1} \tag{4-7}$$

其中,R 为矩阵,第 i 列是对应特征值 k_i,求出的矩阵 P 的特征向量,R^{-1} 是 R 的逆矩阵,且有

$$P^n = RD^n R^{-1} \tag{4-8}$$

因此,只要求出矩阵 R 及其逆矩阵 R^{-1}。对角矩阵 D 的 n 次方 D^n 易求,欲求 P^n,只要求出 $RD^n R^{-1}$ 即可。

例 4.4 已知概率矩阵 $P = \begin{bmatrix} 1-\lambda & \lambda \\ \mu & 1-\mu \end{bmatrix}$,求 P^n。

解 ① 求特征值。

由特征方程 $|P - kI| = 0$,即

$$\begin{bmatrix} 1-\lambda-k & \lambda \\ \mu & 1-\mu-k \end{bmatrix} = 0$$

解得特征值为 $k_1 = 1, k_2 = 1-\lambda-\mu$。

② 求特征向量。

由式(4-5)可得下式,即

$$\begin{bmatrix} 1-\lambda & \lambda \\ \mu & 1-\mu \end{bmatrix} \begin{bmatrix} x_1 \\ x_2 \end{bmatrix} = k \begin{bmatrix} x_1 \\ x_2 \end{bmatrix}$$

得

$$\begin{cases} (1-\lambda)x_1 + \lambda x_2 = kx_1 \\ \mu x_1 + (1-\mu)x_2 = kx_2 \end{cases}$$

解得原特征向量为 $x_1 = \begin{bmatrix} 1 & 1 \end{bmatrix}^{\mathrm{T}}, x_2 = \begin{bmatrix} \lambda & -\mu \end{bmatrix}^{\mathrm{T}}$,则

$$D = \begin{bmatrix} 1 & 0 \\ 0 & 1-\lambda-\mu \end{bmatrix}$$

$$D^n = \begin{bmatrix} 1^n & 0 \\ 0 & (1-\lambda-\mu)^n \end{bmatrix} = \begin{bmatrix} 1 & 0 \\ 0 & (1-\lambda-\mu)^n \end{bmatrix}$$

$$R = \begin{bmatrix} x_1 & x_2 \end{bmatrix} = \begin{bmatrix} 1 & \lambda \\ 1 & -\mu \end{bmatrix}$$

$$R^{-1} = \begin{bmatrix} \dfrac{\mu}{\lambda+\mu} & \dfrac{\lambda}{\lambda+\mu} \\ \dfrac{1}{\lambda+\mu} & \dfrac{-1}{\lambda+\mu} \end{bmatrix} = \begin{bmatrix} u & d \\ \dfrac{1}{\lambda+\mu} & \dfrac{-1}{\lambda+\mu} \end{bmatrix}$$

其中，$u=\dfrac{\mu}{\lambda+\mu}$ 为可工作时间比，$d=\dfrac{\lambda}{\lambda+\mu}$ 为不可工作时间比。

$$P^n = RD^nR^{-1}$$

$$= \begin{bmatrix} 1 & \lambda \\ 1 & -\mu \end{bmatrix} \begin{bmatrix} 1 & 0 \\ 0 & (1-\lambda-\mu)^n \end{bmatrix} \begin{bmatrix} u & d \\ \dfrac{1}{\lambda+\mu} & \dfrac{-1}{\lambda+\mu} \end{bmatrix}$$

$$= \begin{bmatrix} u+d(1-\lambda-\mu)^n & d-d(1-\lambda-\mu)^n \\ u-u(1-\lambda-\mu)^n & d+u(1-\lambda-\mu)^n \end{bmatrix}$$

当 $n \to +\infty$ 时，极限为 $P(+\infty) = \begin{bmatrix} u & d \\ u & d \end{bmatrix}$。

可见，P^n 中的 $d(1-\lambda-\mu)^n$ 及 $u(1-\lambda-\mu)^n$ 均为过渡项，随着 n（或时间）增加而趋于 0。

4.1.4　吸收状态时的平均转移次数

当转移过程达到某一状态，再也不能向其他状态转移时，称此状态为吸收状态。为求在吸收状态时由 e_i 转移到 e_j 所需的平均转移次数（或平均时间），需先求矩阵 M，即

$$M = (I-Q)^{-1} \tag{4-9}$$

其中，I 为单位矩阵，Q 为由转移矩阵 P 中去掉吸收状态的行和列后的子矩阵。

这样求得的 M 矩阵的元素 m_{ij} 给出了在离散过程中由 e_i 转移到 e_j 所需的平均次数，对于连续过程是平均时间。

$M=(I-Q)^{-1}$ 称为基本矩阵，一般地讲，M 可以写为

$$M = \begin{bmatrix} m_{11} & m_{12} & \cdots & m_{1k} \\ m_{21} & m_{22} & \cdots & m_{2k} \\ \vdots & \vdots & & \vdots \\ m_{l1} & m_{l2} & \cdots & m_{lk} \end{bmatrix} \tag{4-10}$$

其中，元素 m_{ij} 表示离散过程从状态 e_i 出发到吸收状态时处于 e_j 状态的平均停留次数，也就是说，从 e_i 状态出发，平均在 e_1 状态停留 m_{i1} 次，在 e_2 状态停留 m_{i2} 次，以此类推，在 e_n 状态停留 m_{in} 次。

因此，处于非吸收状态的平均转移次数（或平均时间）就可利用它们的和表示。为了利用矩阵表示它，只要将基本矩阵 M 乘以全部元素为 1 的列向量 C，即

$$MC = \begin{bmatrix} m_{11} & m_{12} & \cdots & m_{1k} \\ m_{21} & m_{22} & \cdots & m_{2k} \\ \vdots & \vdots & & \vdots \\ m_{l1} & m_{l2} & \cdots & m_{lk} \end{bmatrix} \begin{bmatrix} 1 \\ 1 \\ \vdots \\ 1 \end{bmatrix} = \begin{bmatrix} \sum\limits_{j=1}^{k} m_{1j} \\ \sum\limits_{j=1}^{k} m_{2j} \\ \vdots \\ \sum\limits_{j=1}^{k} m_{lj} \end{bmatrix} \tag{4-11}$$

例 4.5　3 个状态的状态转移矩阵如图 4-5 所示,其中 e_1 为正常状态,e_2 为故障状态(可修复),e_3 为吸收状态,失效后不能再修理了。求达到吸收状态时平均转移次数及各状态的停留次数。

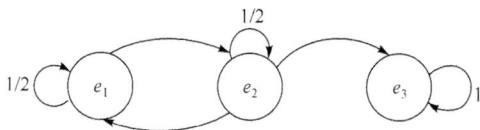

图 4-5　吸收状态图

解　① 写出转移矩阵 P,即

$$P = \begin{bmatrix} 1/2 & 1/2 & 0 \\ 1/4 & 1/2 & 1/4 \\ 0 & 0 & 1 \end{bmatrix}$$

其中,元素 $P_{33}=1$ 表示吸收状态,所以矩阵 Q 为

$$Q = \begin{bmatrix} 1/2 & 1/2 \\ 1/4 & 1/2 \end{bmatrix}$$

② 求基本矩阵 M,即

$$M = (I-Q)^{-1} = \left[\begin{bmatrix} 1 & 0 \\ 0 & 1 \end{bmatrix} - \begin{bmatrix} 1/2 & 1/2 \\ 1/4 & 1/2 \end{bmatrix} \right]^{-1} = \begin{bmatrix} 1/2 & -1/2 \\ -1/4 & 1/2 \end{bmatrix}^{-1} = \begin{bmatrix} 4 & 4 \\ 2 & 4 \end{bmatrix}$$

即由工作状态 e_1 出发再到吸收状态时在 e_1 状态平均转移次数为元素 $m_{11}=4$ 次;由 e_2 状态出发到吸收状态时,在 e_1 状态平均转移次数为元素 $m_{21}=2$ 次。

③ 平均转移次数,即

$$MC = \begin{bmatrix} 4 & 4 \\ 2 & 4 \end{bmatrix} \begin{bmatrix} 1 \\ 1 \end{bmatrix} = \begin{bmatrix} 8 \\ 6 \end{bmatrix}$$

由计算结果可知,由 e_1 状态出发,平均经过 8 次转移达到吸收状态;由 e_2 状态出发,平均经过 6 次转移达到吸收状态。

4.1.5　连续型马尔可夫过程

连续型马尔可夫过程的转移概率是 t 和 $t+\Delta t$ 之间极小的 Δt 时间内的概率。如图 4-6 所示为连续型状态转移图。图中 e_1 为正常状态,e_2 为故障状态,其失效概率 λ 与修复率 μ 均为常数。根据图 4-6 可写出马尔可夫链的矩阵 $P(\Delta t)$ 为一微系数矩阵,即

$$P(\Delta t)=\begin{bmatrix} 1-\lambda\Delta t & \lambda\Delta t \\ \mu\Delta t & 1-\mu\Delta t \end{bmatrix}$$

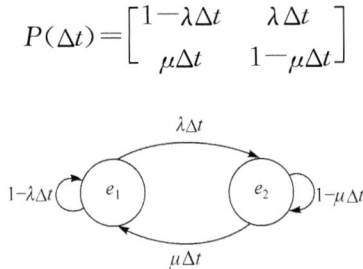

图 4-6　连续型状态吸收图

假定 $e_1=1$ 表示系统处于正常状态,$e_2=0$ 表示系统处于故障状态。由微系数矩阵可以写出 Δt 时间内的各转移概率为

$$\begin{cases} P_{11}(\Delta t)=P\{X(t+\Delta t)=1\,|\,X(t)=1\}=1-\lambda\Delta t+o(\Delta t) \\ P_{12}(\Delta t)=P\{X(t+\Delta t)=0\,|\,X(t)=1\}=\lambda\Delta t+o(\Delta t) \\ P_{21}(\Delta t)=P\{X(t+\Delta t)=1\,|\,X(t)=0\}=\mu\Delta t+o(\Delta t) \\ P_{22}(\Delta t)=P\{X(t+\Delta t)=1\,|\,X(t)=0\}=1-\mu\Delta t+o(\Delta t) \end{cases} \tag{4-12}$$

其中,$o(\Delta t)$ 为一高阶无穷小项,表示在 $t\sim t+\Delta t$ 区间内,基本上不会发生一个以上的失效,数学上记为 $o(\Delta t)$。

令

$$P_1(t)=P\{X(t)=1\}, \quad P_2(t)=P\{X(t)=0\}$$

则利用全概率公式可得下式,即

$$\begin{cases} P_1(t+\Delta t)=P_1(t)P_{11}(\Delta t)+P_2(t)P_{21}(\Delta t)=(1-\lambda\Delta t)P_1(t)+\mu\Delta t P_2(t) \\ P_2(t+\Delta t)=P_1(t)P_{12}(\Delta t)+P_2(t)P_{22}(\Delta t)=\lambda\Delta t P_1(t)+(1-\mu\Delta t)P_2(t) \end{cases} \tag{4-13}$$

由于

$$\lim_{\Delta t \to 0} \frac{P_1(t+\Delta t)-P_1(t)}{\Delta t}=P_1'(t)$$

$$\lim_{\Delta t \to 0} \frac{P_2(t+\Delta t)-P_2(t)}{\Delta t}=P_2'(t)$$

则将式(4-13)整理后可以写成微分方程组,即

$$\begin{cases} P_1'(t)=-\lambda P_1(t)+\mu P_2(t) \\ P_2'(t)=\lambda P_1(t)-\mu P_2(t) \end{cases} \tag{4-14}$$

将式(4-14)写成矩阵形式,即

$$[P_1'(t) \quad P_2'(t)]=[P_1(t) \quad P_2(t)]\begin{bmatrix} -\lambda & \lambda \\ \mu & -\mu \end{bmatrix}$$

令

$$A=\begin{bmatrix} -\lambda & \lambda \\ \mu & -\mu \end{bmatrix}$$

对式(4-14)进行拉普拉斯变换后,得

$$\begin{cases} sP_1(s)-P_1(0)=-\lambda P_1(s)+\mu P_2(s) \\ sP_2(s)-P_2(0)=\lambda P_1(s)-\mu P_2(s) \end{cases} \tag{4-15}$$

系统初始状态 $P(0)=[P_1(0) \quad P_2(0)]=[1 \quad 0]$,代入式(4-15)可得

$$\begin{cases} (s+\lambda)P_1(s)-\mu P_2(s)=P_1(0) \\ -\lambda P_1(s)+(s+\mu)P_2(s)=P_2(0) \end{cases} \tag{4-16}$$

将式(4-16)写成矩阵形式为

$$[P_1(s) \quad P_2(s)]\begin{bmatrix} (s+\lambda) & -\lambda \\ -\mu & (s+\mu) \end{bmatrix}=[P_1(0) \quad P_2(0)] \tag{4-17}$$

可以简写为

$$P(s)(sI-A)=P(0) \tag{4-18}$$

式(4-18)两边右乘 $(sI-A)^{-1}$,得

$$P(s)=P(0)(sI-A)^{-1} \tag{4-19}$$

将 $(sI-A)^{-1}$ 按部分分式法展开,并对式(4-19)进行逆变换,可得 $P(t)=[P_1(t)$ $P_2(t)]$的值。

由上述分析,可以把解连续型状态转移关系的一般过程归纳如下。

① 写出微系数矩阵 $P(\Delta t)$ 及其对应的矩阵 P。

② 由 P 求 A，即 $A=P-I$。

③ 求 $(sI-A)$ 及其逆矩阵 $(sI-A)^{-1}$。

④ 对 $(sI-A)^{-1}$ 按部分分式法展开，并代入式(4-19)后对其进行逆变换，即可得到所求解。

4.2　单部件可修系统

单部件组成的可修复系统是简单的可修复系统，为有助于理解 4.1 节中一般结果的实际背景，我们将详细讨论这个系统，并求出各种可靠性指标。

假设系统由一个部件构成，当部件工作时，系统工作；当部件故障时，系统故障，部件的寿命 X 遵从指数分布，即

$$P\{X{\leqslant}t\}=1-\mathrm{e}^{-\lambda t}, \quad t{\geqslant}0, \quad \lambda{>}0$$

部件故障后的修理时间 Y 遵从指数分布，即

$$P\{Y{\leqslant}t\}=1-\mathrm{e}^{-\mu t}, \quad t{\geqslant}0, \quad \mu{>}0$$

假定 X 和 Y 相互独立，故障部件修复后的寿命分布与新的部件相同(简称为修复如新)。

上述系统可由工作和故障两个状态不断交替的过程来描述。假定用状态 0 表示系统正常，用状态 1 表示系统故障，因此有

$$E=\{0,1\}, \quad W=\{0\}, \quad F=\{1\}$$

令

$$X(t)=\begin{cases}0, & \text{时刻 } t \text{ 系统工作} \\ 1, & \text{时刻 } t \text{ 系统故障}\end{cases}$$

显然，$\{X(t),t{\geqslant}0\}$ 是一个连续时间 $t{\geqslant}0$、有限状态空间 $E=\{0,1\}$ 的随机过程，由于指数分布的无记忆性，可以证明 $\{X(t),t{\geqslant}0\}$ 是一个时齐马尔可夫过程。事实上，若已知 $X(t)=0$(时刻 t 系统工作)或 $X(t)=1$(时刻 t 系统故障)，部件的寿命分布和修理时间分布是指数分布，因此时刻 t 以后系统发展的概率规律完全由时刻 t 系统是工作还是故障所完全决定，而与该部件在时刻 t 已工作了多长时间与已修理了多长时间无关。即时刻 t 以后系统发展的概率规律由 $X(t)=0$，还是 $X(t)=1$ 决定，而与时刻 t 以前的历史无关。

对此马尔可夫过程给出各状态转移概率：

$$\begin{cases} P_{00}(\Delta t)=P\{X(t+\Delta t)=0\,|\,X(t)=0\}=1-\lambda\Delta t+o(\Delta t) \\ P_{01}(\Delta t)=P\{X(t+\Delta t)=1\,|\,X(t)=0\}=\lambda\Delta t+o(\Delta t) \\ P_{10}(\Delta t)=P\{X(t+\Delta t)=0\,|\,X(t)=1\}=\mu\Delta t+o(\Delta t) \\ P_{11}(\Delta t)=P\{X(t+\Delta t)=1\,|\,X(t)=1\}=1-\mu\Delta t+o(\Delta t) \end{cases} \tag{4-20}$$

图 4-7 表示 Δt 时间内系统转移状态的概率,可以写出概率转移矩阵,即

$$A=\begin{bmatrix} -\lambda & \lambda \\ \mu & -\mu \end{bmatrix}$$

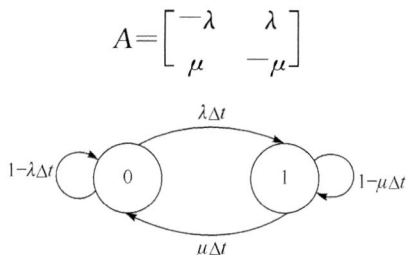

图 4-7　Δt 时间内系统转移状态的概率

当时刻 t 系统处于工作状态时,可以求得系统的瞬时可用度为

$$A(t)=P_0(t)=\frac{\mu}{\lambda+\mu}+\frac{\lambda}{\lambda+\mu}\mathrm{e}^{-(\lambda+\mu)t} \tag{4-21}$$

当时刻 t 系统处于故障状态时,可以求得系统的瞬时可用度为

$$A(t)=\frac{\mu}{\lambda+\mu}-\frac{\lambda}{\lambda+\mu}\mathrm{e}^{-(\lambda+\mu)t} \tag{4-22}$$

系统的稳态可用度为

$$A=\frac{\mu}{\lambda+\mu} \tag{4-23}$$

令系统的故障状态 1 为吸收状态,即令 $\mu=0$。这就构成一个新的马尔可夫过程 $\{\widetilde{X}(t),t\geqslant 0\}$。这个过程的状态转移图如图 4-8 所示。令 $Q_j(t)=P\{\widetilde{X}(t)=j\}$,$j=0,1$,则有

$$(Q_0'(t),Q_1'(t))=Q_0(t),Q_1(t)\begin{bmatrix} -\lambda & \lambda \\ 0 & 0 \end{bmatrix} \tag{4-24}$$

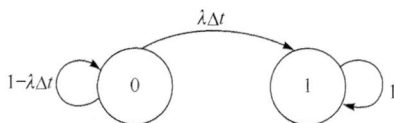

图 4-8　概率转移图

设在时刻 $t=0$，系统处在工作状态，即已知 $Q_0(0)=1,Q_1(0)=0$，解式(4-24)得

$$Q_0(t)=Q_0(0)\mathrm{e}^{-\lambda t}=\mathrm{e}^{-\lambda t} \tag{4-25}$$

从而系统首次故障前的平均时间为

$$\mathrm{MTTF}=\int_0^{+\infty}R(t)\mathrm{d}t=\frac{1}{\lambda} \tag{4-26}$$

由式(4-25)和式(4-26)可以看出，系统由一个部件构成，系统的首次故障前时间分布就是部件的寿命分布。

系统的瞬时故障频度为

$$m(t)=P_0(t)a_{01}=\lambda P_0(t) \tag{4-27}$$

若时刻 t 系统处于状态 0，则

$$m_0(t)=\lambda\left(\frac{\mu}{\lambda+\mu}+\frac{\lambda}{\lambda+\mu}\mathrm{e}^{-(\lambda+\mu)t}\right) \tag{4-28}$$

系统在 $(0,t]$ 中的平均故障次数为

$$M_0(t)=\int_0^t m_0(u)\mathrm{d}u=\frac{\lambda\mu}{\lambda+\mu}t+\frac{\lambda^2}{(\lambda+\mu)^2}[1-\mathrm{e}^{-(\lambda+\mu)t}] \tag{4-29}$$

稳态故障频度为

$$M=\frac{\lambda\mu}{\lambda+\mu} \tag{4-30}$$

同理，可得系统处于状态 1 的平均故障次数，即

$$M_1(t)=\int_0^t m_1(u)\mathrm{d}u=\frac{\lambda\mu}{\lambda+\mu}t-\frac{\lambda^2}{(\lambda+\mu)^2}[1-\mathrm{e}^{-(\lambda+\mu)t}] \tag{4-31}$$

稳态故障频度与式(4-30)相同。

4.3　典型可修复系统可用度

4.3.1　串联系统可用度

由 n 个单元构成的串联系统，每个单元的失效及维修时间均服从指数分布。n 个单元全部正常工作时系统处于正常状态，当其中某一个单元出现故障时，系统就处于故障状态，此时维修组立刻进行修复。修理期间，未发生故障的单元也处于停止工作。当故障单元修复后，n 个单元又进入工作状态，系统恢复正常工作。修复后的单元寿命仍然服从指数分布。

当 n 个单元失效相互独立,在 $t \sim t + \Delta t$,n 个单元失效率均为 λ,修复率均为 μ 时,该系统状态转移图如图 4-9 所示。e_1 为工作状态,e_2 为故障状态,其微系数矩阵为

$$P(\Delta t) = \begin{bmatrix} 1 - n\lambda\Delta t & n\lambda\Delta t \\ \mu\Delta t & 1 - \mu\Delta t \end{bmatrix}$$

这时系统的状态在形式上与前述单一设备情况一样,只是 n 个单元以 $n\lambda\Delta t$ 的概率由 e_1 向 e_2 状态转移。单一设备情况的可用度分析结果均可以用到这里,只要把 λ 改为 $n\lambda$ 即可,因此该系统的瞬时可用度和静态可用度分别为

$$A(t) = \frac{\mu}{n\lambda + \mu} + \frac{n\lambda}{n\lambda + \mu} e^{-(n\lambda + \mu)t} \tag{4-32}$$

$$A(+\infty) = \frac{\mu}{n\lambda + \mu} \tag{4-33}$$

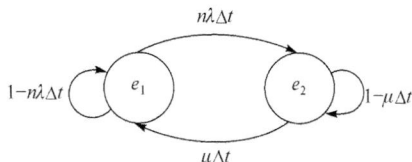

图 4-9 λ 相同时 n 个单元串联状态转移图

吸收状态时,系统可靠度及平均无故障工作时间为

$$R_S(t) = e^{-n\lambda t}$$

$$\theta_S = \frac{1}{n\lambda}$$

当 n 个单元的失效率分别为 $\lambda_i (i = 1, 2, \cdots, n)$,修复率分别为 $\mu_i (i = 1, 2, \cdots, n)$ 时,其状态转移图如图 4-10 所示。e_0 为系统工作状态,e_i 为第 i 个单元处于故障状态,其余单元正常,此时系统处于故障状态。若发生故障后立刻进行修复(采用一组维修工),则在 $t \sim t + \Delta t$ 时间内的微系数转移矩阵为

$$P(\Delta t) = \begin{bmatrix} 1 - \sum_{i=1}^{n} \lambda_i \Delta t & \lambda_1 \Delta t & \lambda_2 \Delta t & \cdots & \lambda_n \Delta t \\ \mu_1 \Delta t & 1 - \mu_1 \Delta t & 0 & \cdots & 0 \\ \vdots & \vdots & \vdots & & \vdots \\ \mu_n \Delta t & 0 & 0 & \cdots & 1 - \mu_n \Delta t \end{bmatrix}$$

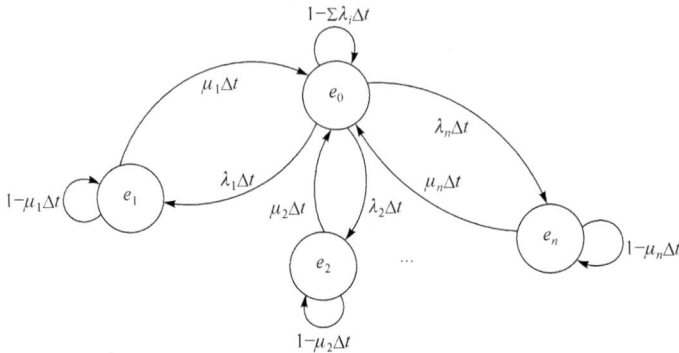

图 4-10　n 个不同单元串联状态转移图

利用拉普拉斯变换可求出稳态可用度,即

$$A(+\infty)=\frac{1}{1+\dfrac{\lambda_1}{\mu_1}+\cdots+\dfrac{\lambda_n}{\mu_n}}=\frac{1}{1+\sum\limits_{i=1}^{n}\rho_i}=\frac{1}{1+\rho_s} \tag{4-34}$$

其中,$\rho_i=\dfrac{\lambda_i}{\mu_i}$ 为第 i 个单元维修系数$(i=1,2,\cdots,n)$;$\rho_s=\sum\limits_{i=1}^{n}\rho_i$ 为系统的维修系数,即

$$\rho_s=\frac{\lambda_s}{\mu_s}=\sum_{i=1}^{n}\rho_i=\sum_{i=1}^{n}\frac{\lambda_i}{\mu_i} \tag{4-35}$$

当单元失效服从指数分布时,$\lambda_s=\sum\limits_{i=1}^{n}\lambda_i$,则

$$\mu_s=\frac{\lambda_s}{\rho_s}=\frac{\sum\limits_{i=1}^{n}\lambda_i}{\sum\limits_{i=1}^{n}\dfrac{\lambda_i}{\mu_i}} \tag{4-36}$$

若系统的可靠度仍为系统的状态 $e_i(i=1,2,\cdots,n)$。处于吸收状态时的可靠度,则得到系统首次故障前平均工作时间,即

$$\theta_s=\frac{1}{\lambda_s}$$

例 4.6　由 3 个元件组成的串联系统其可靠性参数分别为:$\lambda_1=0.1a^{-1}$,$\lambda_2=0.12a^{-1}$,$\lambda_3=0.08a^{-1}$,$r_1=2h$,$r_2=5h$,$r_3=7h$,求系统的 λ_s、r_s、A_s。

解　　　　　　　　$\lambda_s=0.1+0.12+0.08=0.3a^{-1}$

$$r_s = \frac{1}{0.3}(0.1 \times 2 + 0.12 \times 5 + 0.08 \times 7) = 4.533\mathrm{h}$$

$$U_s = \frac{0.3 \times 4.533}{8760} = 1.5525 \times 10^{-4}$$

$$A_s = 1 - U_s = 0.9998447$$

4.3.2　并联系统可用度

讨论 n 个相同单元并联,有一组维修人员情况。假设 n 个单元寿命分布平均为参数为 λ 的指数分布,维修时间分布为参数为 μ 的指数分布,且 n 个单元的失效及维修时间均相互独立,故障单元修复后的寿命仍服从参数为 λ 的指数分布。系统的可能状态有 $e_i(i=0,1,\cdots,n)$,i 表示失效单元数,这样系统的状态转移图如图 4-11 所示。

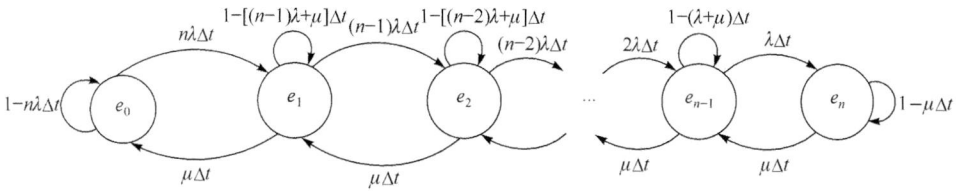

图 4-11　n 个相同单元并联状态转移图

其微系数转移矩阵为

$$P(\Delta t) = \begin{bmatrix} 1-n\lambda\Delta t & n\lambda\Delta t & 0 & \cdots & 0 & 0 \\ \mu\Delta t & 1-[(n-1)\lambda+\mu]\Delta t & (n-1)\lambda\Delta t & \cdots & 0 & 0 \\ 0 & \mu\Delta t & 1-[(n-2)\lambda+\mu]\Delta t & \cdots & 0 & 0 \\ \vdots & \vdots & \vdots & & \vdots & \vdots \\ 0 & 0 & 0 & \cdots & 1-(\lambda+\mu)\Delta t & \lambda\Delta t \\ 0 & 0 & 0 & \cdots & \mu\Delta t & 1-\mu\Delta t \end{bmatrix}_{n \times n}$$

经求解可得其稳态可用度 $A(+\infty)$ 为

$$A(+\infty) = \frac{\displaystyle\sum_{i=0}^{n-1} \frac{1}{(n-i)!}\left(\frac{\lambda}{\mu}\right)^i}{\displaystyle\sum_{i=0}^{n} \frac{1}{(n-i)!}\left(\frac{\lambda}{\mu}\right)^i} \tag{4-37}$$

若两个相同单元并联,有一组维修人员时,其他假设条件同 n 个相同单元并联一样,则状态转移图如图 4-12 所示。

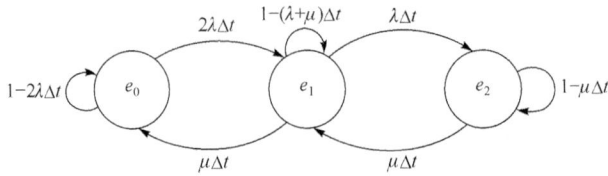

图 4-12 两个相同单元并联状态转移图

其微系数转移矩阵为

$$P(\Delta t)=\begin{bmatrix} 1-2\lambda\Delta t & 2\lambda\Delta t & 0 \\ \mu\Delta t & 1-(\lambda+\mu)\Delta t & \lambda\Delta t \\ 0 & \mu\Delta t & 1-\mu\Delta t \end{bmatrix}$$

经求解得到系统瞬时可用度及稳态可用度分别为

$$A(t)=\frac{2\lambda\mu+\mu^2}{\mu^2+2\lambda\mu+2\lambda^2}-\frac{2\lambda^2(s_2 e^{s_1 t}-s_1 e^{s_2 t})}{s_1 s_2 (s_1-s_2)} \tag{4-38}$$

其中

$$s_1,s_2=\frac{1}{2}\left[-(3\lambda+2\mu)\pm\sqrt{\lambda^2+4\lambda\mu}\right]$$

$$A(+\infty)=\frac{\mu^2+2\lambda\mu}{\mu^2+2\lambda\mu+2\lambda^2} \tag{4-39}$$

对于两个不同单元,有一组维修人员工作的并联系统,其单元失效率及修复率分别为 λ_1、λ_2 及 μ_1、μ_2,其余条件同前述。这个系统共有 5 个可能的状态。

① 状态 e_0。单元 1 和单元 2 都正常工作,系统正常工作状态。

② 状态 e_1。单元 1 正常,单元 2 故障,系统正常工作状态。

③ 状态 e_2。单元 2 正常,单元 1 故障,系统处于正常状态。

④ 状态 e_3。单元 1 在修理,单元 2 处于待修,系统处于故障状态。

⑤ 状态 e_4。单元 2 在修理,单元 1 处于待修,系统处于故障状态。

其状态转移如图 4-13 所示,微系数转移矩阵为

$$P(\Delta t)=\begin{bmatrix} 1-(\lambda_1+\lambda_2)\Delta t & \lambda_2\Delta t & \lambda_1\Delta t & 0 & 0 \\ \mu_2\Delta t & 1-(\lambda_1+\mu_2)\Delta t & 0 & 0 & \lambda_1\Delta t \\ \mu_1\Delta t & 0 & 1-(\lambda_2+\mu_1)\Delta t & \lambda_2\Delta t & 0 \\ 0 & \mu_1\Delta t & 0 & 1-\mu_1\Delta t & 0 \\ 0 & 0 & \mu_2\Delta t & 0 & 1-\mu_2\Delta t \end{bmatrix}$$

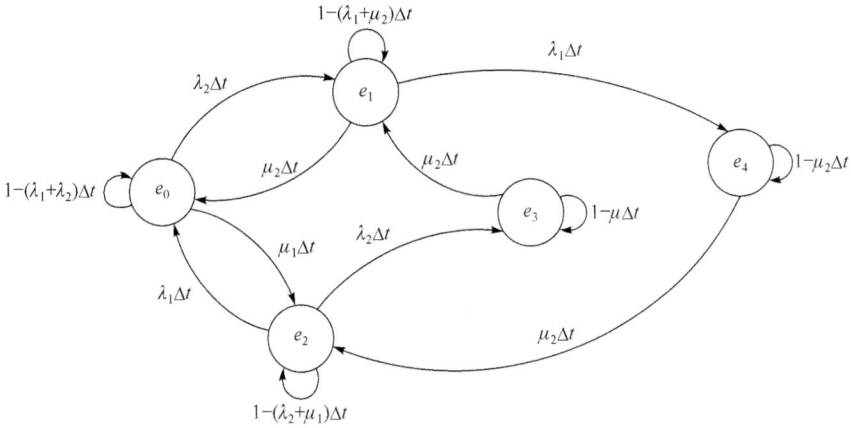

图 4-13　两个不同单元并联状态转移图

对上述情况经求解可得

$$P(t)=[P_0(t) \quad P_1(t) \quad P_2(t) \quad P_3(t) \quad P_4(t)]$$

当 $t \to +\infty$ 时，$P_i(+\infty)=\lim_{t\to+\infty}P_i(t), i=0,1,2,3,4,$ 即

$$P_0(+\infty)=$$

$$\frac{\mu_1\mu_2(\lambda_1\mu_1+\lambda_2\mu_2+\mu_1\mu_2)}{\lambda_1\mu_2(\mu_1+\lambda_2)(\lambda_1+\lambda_2+\mu_2)+\lambda_2\mu_1(\mu_2+\lambda_1)(\lambda_1+\lambda_2+\mu_1)+\mu_1\mu_2(\lambda_1\mu_1+\lambda_2\mu_2+\mu_1\mu_2)}$$

$$P_1(+\infty)=\frac{\lambda_2(\lambda_1+\lambda_2+\mu_1)}{\lambda_1\mu_1+\lambda_2\mu_2+\mu_1\mu_2}P_0(+\infty)$$

$$P_2(+\infty)=\frac{\lambda_1(\lambda_1+\lambda_2+\mu_2)}{\lambda_1\mu_1+\lambda_2\mu_2+\mu_1\mu_2}P_0(+\infty)$$

$$P_3(+\infty)=\frac{\lambda_1\lambda_2(\lambda_1+\lambda_2+\mu_2)}{\mu_1(\lambda_1\mu_1+\lambda_2\mu_2+\mu_1\mu_2)}P_0(+\infty)$$

$$P_4(+\infty)=\frac{\lambda_1\lambda_2(\lambda_1+\lambda_2+\mu_2)}{\mu_2(\lambda_1\mu_1+\lambda_2\mu_2+\mu_1\mu_2)}P_0(+\infty)$$

稳态可用度为

$$A(+\infty)=P_0(+\infty)+P_1(+\infty)+P_2(+\infty) \tag{4-40}$$

例 4.7　两个独立元件构成的并联系统，元件的故障率为 λ_1、λ_2，修复率分别为 μ_1、μ_2，求系统的状态转移平均首次故障时间。

解　状态转移图见图 4-14。

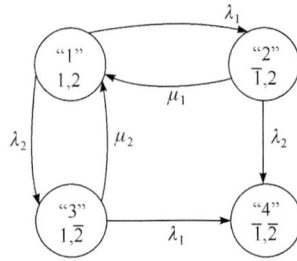

图 4-14　状态转移图

一步转移概率矩阵为

$$P=\begin{bmatrix} 1-(\lambda_1+\lambda_2) & \lambda_1 & \lambda_2 & 0 \\ \mu_1 & 1-(\mu_1+\lambda_2) & 0 & \lambda_2 \\ \mu_2 & 0 & 1-(\lambda_1+\mu_2) & \lambda_1 \\ 0 & 0 & 0 & 1 \end{bmatrix}$$

经初等变换(行、列交换)后,可得 P 的标准形式为

$$P=\begin{bmatrix} 1 & 0 & 0 & 0 \\ 0 & 1-(\lambda_1+\lambda_2) & \lambda_1 & \lambda_2 \\ \lambda_2 & \mu_1 & 1-(\mu_1+\lambda_2) & 0 \\ \lambda_1 & \mu_2 & 0 & 1-(\lambda_1+\mu_2) \end{bmatrix}=\begin{bmatrix} I & 0 \\ R & Q \end{bmatrix}$$

其中

$$Q=\begin{bmatrix} 1-(\lambda_1+\lambda_2) & \lambda_1 & \lambda_2 \\ \mu_1 & 1-(\lambda_2+\mu_1) & 0 \\ \mu_2 & 0 & 1-(\lambda_1+\mu_2) \end{bmatrix}$$

基本矩阵 N 为

$$N=[I-Q]^{-1}=\begin{bmatrix} \lambda_1+\lambda_2 & -\lambda_1 & -\lambda_2 \\ -\mu_1 & \lambda_2+\mu_1 & 0 \\ -\mu_2 & 0 & \lambda_1+\mu_2 \end{bmatrix}^{-1}$$

若 e_w 为单位列向量,则处在非吸收状态的平均步数为 Ne_w,即为平均首次故障时间

$$Ne_w=\begin{bmatrix} \lambda_1+\lambda_2 & -\lambda_1 & -\lambda_2 \\ -\mu_1 & \lambda_2+\mu_1 & 0 \\ -\mu_2 & 0 & \lambda_1+\mu_2 \end{bmatrix}^{-1}\begin{bmatrix} 1 \\ 1 \\ 1 \end{bmatrix}=\frac{1}{\lambda_1\lambda_2(\lambda_1+\lambda_2+\mu_1+\mu_2)}\begin{bmatrix} G \\ H \\ K \end{bmatrix}$$

其中

$$G=\lambda_1(\lambda_1+\mu_2)+\lambda_2(\mu_1+\lambda_2)+(\lambda_1+\mu_2)(\lambda_2+\mu_1)$$
$$H=\mu_1(\lambda_1+\mu_2)-\lambda_2(\mu_2-\mu_1)+(\lambda_1+\lambda_2)(\lambda_1+\mu_2)$$

$$K = \mu_2(\lambda_2 + \mu_1) + \lambda_1(\mu_2 - \mu_1) + (\lambda_1 + \lambda_2)(\lambda_2 + \mu_1)$$

所以，从状态"1"到达状态"4"的平均步数即平均时间为

$$\mathrm{MTTF}_{1,4} = \frac{\lambda_1(\lambda_1 + \mu_2) + \lambda_2(\mu_1 + \lambda_2) + (\lambda_1 + \mu_2)(\lambda_2 + \mu_1)}{\lambda_1 \lambda_2(\lambda_1 + \lambda_2 + \mu_1 + \mu_2)}$$

从状态"2"到达状态"4"的平均步数即平均时间为

$$\mathrm{MTTF}_{2,4} = \frac{\mu_1(\lambda_1 + \mu_2) - \lambda_2(\mu_2 - \mu_1) + (\lambda_1 + \lambda_2)(\lambda_1 + \mu_2)}{\lambda_1 \lambda_2(\lambda_1 + \lambda_2 + \mu_1 + \mu_2)}$$

从状态"3"到达状态"4"的平均步数即平均时间为

$$\mathrm{MTTF}_{3,4} = \frac{\mu_2(\lambda_2 + \mu_1) + \lambda_1(\mu_2 - \mu_1) + (\lambda_1 + \lambda_2)(\lambda_2 + \mu_1)}{\lambda_1 \lambda_2(\lambda_1 + \lambda_2 + \mu_1 + \mu_2)}$$

4.3.3　表决系统可用度

若系统由 n 个相同单元组成，单元寿命分布及故障后维修时间的分布均服从指数分布，n 个相同单元相互独立，且只有一组维修人员，那么当 1 个单元处于维修时，其他故障单元必然处于待修状态。

① 当且仅当至少 r 个单元工作时，系统处于正常工作状态。

② 当有 $n-r+1$ 个单元故障时，系统处于故障状态。未发生故障的 $r-1$ 个单元也停止工作，不再发生故障。直到有 1 个单元被修复后，又有 r 个单元同时进入工作状态时，系统才又重新进入工作状态。

一般来讲，r/n 表决系统，应有 $n-r+2$ 个不同的状态 $e_i, i = 0,1,2,\cdots,n-r+1$，即

① 状态 e_0。n 个单元都处于工作状态，系统正常工作。

② 状态 e_1。$n-1$ 个单元处于工作状态，有 1 个单元失效，故障单元进入维修，但系统还在正常工作。

③ 状态 e_2。$n-2$ 个单元处于工作状态，2 个单元失效，其中 1 个单元处于维修，另一个故障单元处于待修，但系统仍在工作状态。

④ 直到状态 e_{n-r}。r 个单元处于正常工作，$n-r$ 个单元失效，其中 1 个单元处于维修，另其余故障单元处于待修，但系统尚在工作状态。

⑤ 状态 e_{n-r+1}。$r-1$ 个单元处于正常状态，$n-r+1$ 个单元失效，系统处于故障状态。

因此，该系统状态转移图如图 4-15 所示。

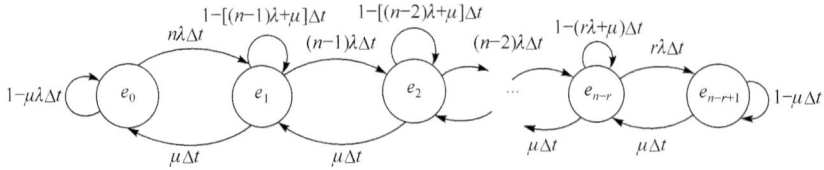

图 4-15　相同单元 r/n 表决系统状态转移图

其微系数转移矩阵为

$P(\Delta t)$

$$
=\begin{bmatrix}
1-n\lambda\Delta t & n\lambda\Delta t & 0 & \cdots & 0 & 0 \\
\mu\Delta t & 1-[(n-1)\lambda+\mu]\Delta t & (n-1)\lambda\Delta t & \cdots & 0 & 0 \\
0 & \mu\Delta t & 1-[(n-2)\lambda+\mu]\Delta t & \cdots & 0 & 0 \\
\vdots & \vdots & \vdots & & \vdots & \vdots \\
0 & 0 & 0 & \cdots & 1-(r\lambda+\mu)\Delta t & r\lambda\Delta t \\
0 & 0 & 0 & \cdots & \mu\Delta t & 1-\mu\Delta t
\end{bmatrix}
$$

经求解可得系统瞬时可用度及稳态可用度。在此只给出稳态可用度公式,即

$$
A(+\infty)=\frac{\displaystyle\sum_{j=0}^{n-r}\frac{1}{(n-j)!}\left(\frac{\lambda}{\mu}\right)^{j}}{\displaystyle\sum_{i=0}^{n-r+1}\frac{1}{(n-i)!}\left(\frac{\lambda}{\mu}\right)^{i}} \tag{4-41}
$$

4.3.4　旁联系统可用度

1. 转换装置完全可靠,贮备单元贮备期间也完全可靠

(1) 两个相同单元且有一组维修人员的旁联系统

由两个相同单元组成的旁联系统,其中一个单元工作,另一个单元贮备。当工作单元发生故障时,贮备单元立刻替换进入工作状态,而故障单元立刻进行修复。在顶替单元没有发生故障前,修复单元已修好并进入贮备状态,以此保证系统处于正常工作状态。若修复单元没修好时,顶替单元也发生了故障,则因只有一组维修人员,单元 2 只能处于待修状态,这时系统处于故障状态。当第一个故障单元修复后投入工作状态时,第二个故障单元则进入修复状态,这时系统又处于工作状态。假设转换开关是完全可靠的,而单元工作寿命服从参数为 λ 的指数分布,维修时间 τ 服从参数为 μ 的指数分布,且两个单元寿命及维修时间等随机变量均为相互独立。该系统状态转移图如图 4-16 所示。

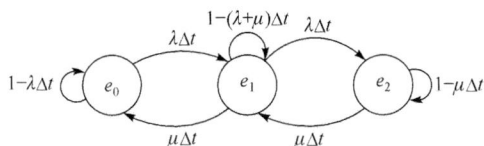

图 4-16　两个相同单元旁联系统状态转移图

图中 e_0 为没有失效单元；e_1 为一个单元工作，另一个单元修理；e_2 为两个单元失效。其微系数转移矩阵为

$$P(\Delta t)=\begin{bmatrix} 1-\lambda\Delta t & \lambda\Delta t & 0 \\ \mu\Delta t & 1-(\lambda+\mu)\Delta t & \lambda\Delta t \\ 0 & \mu\Delta t & 1-\mu\Delta t \end{bmatrix}$$

利用前述方法，得到瞬时可用度为

$$A(t)=\frac{\lambda\mu+\mu^2}{\lambda^2+\lambda\mu+\mu^2}-\frac{\lambda^2(s_2 e^{s_1 t}-s_1 e^{s_2 t})}{s_1 s_2(s_1-s_2)} \tag{4-42}$$

其中，s_1 和 s_2 是方程 $s^2+2(\lambda+\mu)s+(\lambda^2+\lambda\mu+\mu^2)=0$ 的两个根，即

$$s_1, s_2=-(\lambda+\mu)\pm\sqrt{\lambda\mu} \tag{4-43}$$

稳态可用度为

$$A(+\infty)=\frac{\lambda\mu+\mu^2}{\lambda^2+\lambda\mu+\mu^2} \tag{4-44}$$

（2）两个不同单元有一组维修人员的旁联系统

系统由单元 1、单元 2 及一组维修人员构成，单元 1 及单元 2 的工作寿命分布服从参数为 λ_1 及 λ_2 的指数分布，维修时间分布服从参数为 μ_1 和 μ_2 的指数分布，其他假设条件同前。该系统可能的状态有 6 个。

① 状态 e_0。单元 1 工作，单元 2 处于贮备状态，系统正常工作状态。

② 状态 e_1。单元 2 工作，单元 1 处于贮备状态，系统正常工作状态。

③ 状态 e_2。单元 1 工作，单元 2 处于修理状态，系统正常工作状态。

④ 状态 e_3。单元 2 工作，单元 1 处于贮备状态，系统故障状态。

⑤ 状态 e_4。单元 1 在修理，单元 2 处于待修，系统故障状态。

⑥ 状态 e_5。单元 2 在修理，单元 1 处于待修，系统故障状态。

可见，状态 e_4 和 e_5 是故障状态，其余为系统工作状态。该系统状态转移图如图 4-17 所示。

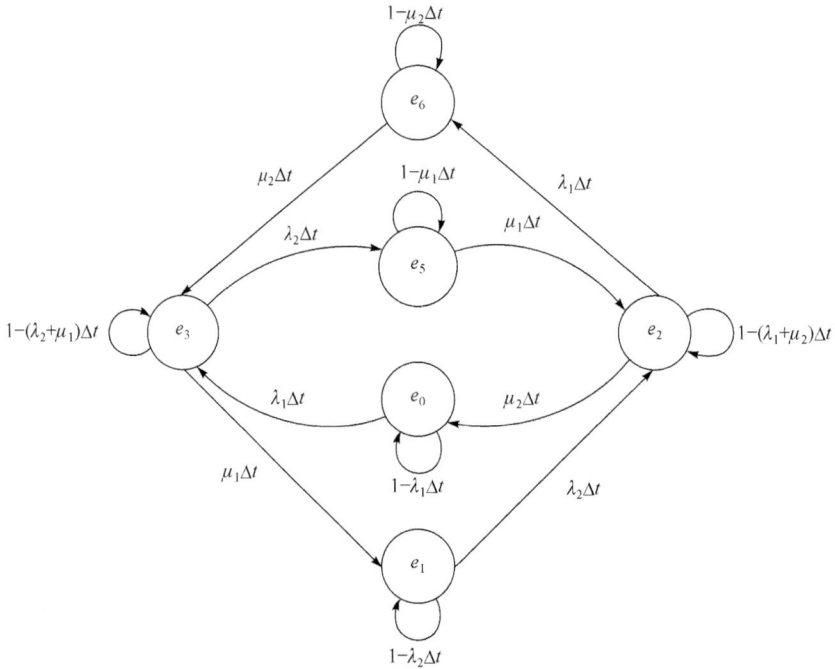

图 4-17　两个不同单元旁联系统状态转移图

其微系数转移矩阵为

$$P(\Delta t) = \begin{bmatrix} 1-\lambda_1\Delta t & 0 & 0 & \lambda_1\Delta t & 0 & 0 \\ 0 & 1-\lambda_2\Delta t & \lambda_2\Delta t & 0 & 0 & 0 \\ \mu_2\Delta t & 0 & 1-(\lambda_1+\mu_2)\Delta t & 0 & 0 & \lambda_1\Delta t \\ 0 & \mu_1\Delta t & 0 & 1-(\lambda_2+\mu_1)\Delta t & \lambda_2\Delta t & 0 \\ 0 & 0 & \mu_1\Delta t & 0 & 1-\mu_1\Delta t & 0 \\ 0 & 0 & 0 & \mu_2\Delta t & 0 & 1-\mu_2\Delta t \end{bmatrix}$$

类似地,解得系统稳态可用度为

$$A(+\infty) = P_0(+\infty) + P_1(+\infty) + P_2(+\infty) + P_3(+\infty)$$

其中

$$P_0(+\infty) = \left[1 + \frac{\lambda_1}{\mu_2} + \frac{\lambda_1^2}{\mu_2^2} + \frac{\lambda_1(\lambda_1+\mu_2)}{\mu_2(\lambda_2+\mu_1)} + \frac{\lambda_1\lambda_2(\lambda_1+\mu_2)}{\mu_1\mu_2(\lambda_2+\mu_1)} + \frac{\lambda_1\mu_2(\lambda_1+\mu_2)}{\lambda_2\mu_1(\lambda_2+\mu_1)} \right]^{-1}$$

$$P_1(+\infty) = \frac{\lambda_1\mu_2(\lambda_1+\mu_2)}{\lambda_2\mu_1(\lambda_2+\mu_1)} P_0(+\infty)$$

$$P_2(+\infty)=\frac{\lambda_1}{\mu_2}P_0(+\infty)$$

$$P_3(+\infty)=\frac{\lambda_1(\lambda_1+\mu_2)}{\mu_2(\lambda_2+\mu_1)}P_0(+\infty)$$

2. 转换装置完全可靠,贮备单元在贮备期间不完全可靠

由于这种贮备系统可用度分析更为复杂,只介绍由两个相同单元组成的系统有一组维修人员,而且工作单元与贮备单元发生故障后的维修时间假定相同的简单情况。

工作单元的寿命服从参数为 λ 的指数分布,贮备单元的寿命服从参数为 λ_0 的指数分布,工作单元与贮备单元维修时间分布均服从参数为 μ 的指数分布。假定有关随机变量相互独立,则该系统可能有 3 个状态,即

① 状态 e_0。一个单元工作,另一个单元处于贮备状态。

② 状态 e_1。一个单元工作,另一个单元处于维修状态。

③ 状态 e_2。一个单元在修理,另一个单元待修。

状态 e_0 及 e_1 均为系统工作状态,状态 e_2 为系统故障状态。系统状态转移如图 4-18 所示。

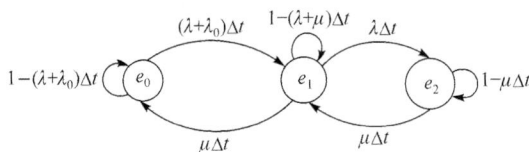

图 4-18　两个相同单元旁联,贮备期有失效的系统状态转移图

其微系数转移矩阵为

$$P(\Delta t)=\begin{bmatrix} 1-(\lambda+\lambda_0)\Delta t & (\lambda+\lambda_0)\Delta t & 0 \\ \mu\Delta t & 1-(\lambda+\mu)\Delta t & \lambda\Delta t \\ 0 & \mu\Delta t & 1-\mu\Delta t \end{bmatrix}$$

同样,对此问题经求解可得系统瞬时可用度,即

$$A(t)=\frac{\lambda\mu+\lambda_0\mu+\mu^2}{(\lambda+\lambda_0)(\lambda+\mu)+\mu^2}-\frac{\lambda(\lambda+\lambda_0)}{s_1 s_2(s_1-s_2)}(s_2 e^{s_1 t}-s_1 e^{s_2 t}) \tag{4-45}$$

其中

$$s_1,s_2=\frac{1}{2}\left[-(2\lambda+\lambda_0+2\mu)\pm\sqrt{4\lambda\mu+\lambda_0^2}\right] \tag{4-46}$$

系统稳态可用度为

$$A(+\infty)=\frac{\lambda\mu+\lambda_0\mu+\mu^2}{(\lambda+\lambda_0)(\lambda+\mu)+\mu^2} \tag{4-47}$$

4.4　系统维修周期

4.4.1　定时拆修与定时报废

定时拆修(修复)指按一定周期对设备进行预防性维修,包括将设备进行分解清洗、更换故障或性能已劣化的部件,使设备恢复至规定的性能状态,因此一般可假定设备经定时拆修(如经过大修)后恢复如新。

定时报废工作是指设备使用到一定时间后予以报废并更换新品。按时间的计算方法不同,定时更换策略可分为每个设备的实际使用时间(龄期)进行的定时更换(工龄定时更换)和按设备投入使用的时刻起所经历的日历时间进行的定时更换(全部定时更换)两种。

在实际维修工作中,这两种更换策略是有明显区别的。

定时报废与定时修复一般只适用于有明显耗损期的设备,如果我们能够掌握设备的故障规律,特别是进入损耗期的工作时间,我们就可以在设备性能即将出现明显的劣化情况前采取预防性维修措施。采用定时修复的维修策略时,这两类预防性维修工作间隔期的确定原理是相同的,这里仅以定时报废为例进行介绍。

1. 工龄定时更换的间隔期

已知损耗期的工作时间及分布时,当设备故障有安全性影响和任务性影响,定时拆修和定时更换的有效性准则是维修工作的间隔期 T 应短于设备的平均损耗期 $\overline{T}_w$。由于设备的损耗期 T_w 是一个随机变量,如果知道它的分布,并给出工作间隔 T 内达到损耗期(发生故障)的概率 F 的可接受水平要求,即可确定维修工作周期 T。

例如,已知设备的损耗期 T_w 服从正态分布,允许故障发生的概率 $P\leqslant0.1\%$, T_w 的均值 $\overline{T}_w=900h$,方差 $\sigma=20h$。按照概率论知识,我们知道服从正态分布的随机变量其值超出均值为中心的 3σ 界的概率仅为 0.003 左右,因此若不考虑偶然故障,取 $T\leqslant T_w-3\sigma=900-60=840$,可初步取工作间隔期 $T=840h$(还要考虑工作组合)。

2. 按可靠度要求确定工作间隔期

已正常工作时间 t 以后的设备,在任务期间内使用一段时间 Δt 的任务可靠

度为

$$R_M(t+\Delta t) = \frac{R(t+\Delta t)}{R(t)} = \mathrm{e}^{-\int_t^{t+\Delta t} \lambda(t)\,\mathrm{d}t} \tag{4-48}$$

指数分布有

$$R_M(t+\Delta t) = \mathrm{e}^{-\lambda \Delta t} \tag{4-49}$$

由此可知,指数分布时任务期间的任务可靠度与任务开始以前所累积的工作时间无关,因此不做定时修复或更换。

对于为威布尔分布,当位置参数 $\gamma = 0$ 时,有

$$R_M(t+\Delta t) = \frac{\mathrm{e}^{-\frac{(t+\Delta t)^m}{\eta^m}}}{\mathrm{e}^{-\frac{t^m}{\eta^m}}} = \mathrm{e}^{-\frac{(t+\Delta t)^m - t^m}{\eta^m}} \tag{4-50}$$

当给定任务可靠度要求 R_0 时,按 $R_M(t+\Delta t) \geqslant R_0$ 即可求得定时更换间隔期 T。

3. 以平均可用度最大为目标的更换期

采用工龄更换指设备使用到规定的时间间隔期 T 时,即使无故障发生也要进行预防性更换,如果没有到规定的使用间隔期就发生故障,则进行故障后更换,并重新记录设备的工作时间。采用工龄更换策略的时序图如图 4-19 所示。

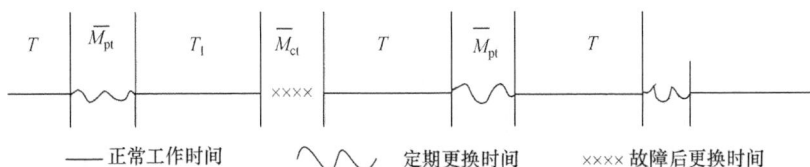

图 4-19 工龄更换策略时序图

由图 4-19 可见,设 T 为工龄更换周期,系统有可能正常使用到 T,也有可能工作到 T_1 时便发生故障($T_1 < T$),这两个事件是互斥事件,因此平均不能工作的时间 $\overline{T}_d$ 为

$$\overline{T}_d = R(T)\overline{M}_{pt} + [1 - R(T)]\overline{M}_{ct} \tag{4-51}$$

其中,$\overline{M}_{pt}$ 为定时更换平均停机时间;$\overline{M}_{ct}$ 为故障后更换平均停机时间;$R(T)$ 为 T 时刻系统的可靠度,即系统在 $(0, T)$ 不发生故障的概率;$[1 - R(T)]$ 为 T 时刻系统的不可靠度;$R(T)\overline{M}_{pt}$ 和 $[1 - R(T)]\overline{M}_{ct}$ 表示因定时更换和因故障后更换不能工作的平均时间。

每一预防性维修间隔期内,不发生故障条件下的平均无故障工作时间为 $R(T)T$,发生故障条件下的故障前的工作时间 T_1 的平均值为

$$\overline{T}_1 = \int_0^T t f(t) \mathrm{d}t$$

其中,$f(t)$ 为故障密度函数。

因此,维修间隔期内的故障平均工作时间的期望值为

$$
\begin{aligned}
\overline{T}_u &= R(T)T + \int_0^T t f(t) \mathrm{d}t \\
&= R(T)T + \int_0^T \left(-t \frac{\mathrm{d}R(t)}{\mathrm{d}t} \right) \mathrm{d}t \\
&= R(T)T + \left[-tR(t) \right]\Big|_0^T + \int_0^T R(t) \mathrm{d}t
\end{aligned}
\tag{4-52}
$$

系统的稳态可用度为

$$A = \frac{\overline{T}_u}{\overline{T}_u + \overline{T}_d} = \frac{\int_0^T R(t) \mathrm{d}t}{\int_0^T R(t) \mathrm{d}t + R(T)\overline{M}_{\mathrm{pt}} + [1 - R(T)]\overline{M}_{\mathrm{ct}}} \tag{4-53}$$

为求可用度 A 最大为目标的最佳更换间隔 T,对 T 求导并化简,即

$$\frac{\overline{M}_{\mathrm{pt}}}{\overline{M}_{\mathrm{ct}} - \overline{M}_{\mathrm{pt}}} = \lambda(T) \int_0^T R(t) \mathrm{d}t - [1 - R(T)], \quad \overline{M}_{\mathrm{ct}} > \overline{M}_{\mathrm{pt}} \tag{4-54}$$

利用上式中含 T 的项消去,无法解出 T,且 $\overline{M}_{\mathrm{pt}} = 0$。这说明对指数分布的设备如果希望获得最大可用度,就不必进行定时更换。只有当 $\lambda(t)$ 是时间的增函数时,即存在损耗故障期才需对设备进行定时更换,其最佳预防更换时间间隔期常用实测统计数据作图的方法求出。系统可用度的计算公式可以写为

$$A = \frac{1}{1 + \dfrac{\overline{T}_d}{\overline{T}_u}} = \frac{1}{1 + \alpha} \tag{4-55}$$

其中,α 为不可用系数,即

$$\alpha = \frac{\overline{T}_d}{\overline{T}_u} = \frac{R(T)\overline{M}_{\mathrm{pt}} + [1 - R(T)]\overline{M}_{\mathrm{ct}}}{\int_0^T R(t) \mathrm{d}t} \tag{4-56}$$

显然,要使可用度 A 最大就必须使用不可用系数最小。当设备的寿命为任意分布,且 $\lambda(t)$ 是时间的增函数时都可以采用上述方法。

若更换费用数据不全，则仍可用对安全性和任务性影响确定更换间隔期的方法，只是对设备可用性、可靠度的要求可低些。设已知定时更换一次的平均费用 C_p 和故障后更换一次的平均费用 C_c（C_c 包括故障后的损失费用，因此一般有 $C_c > C_p$）。

在间隔期 T 内，进行定时更换的概率仅为 $R(T)$，进行故障后更换的概率[$1-R(T)$]，因此更换间隔期内总期望费用为

$$C(T) = C_p R(T) + C_c [1 - R(T)] \tag{4-57}$$

每一间隔内平均可工作时间 $\overline{T}_u$ 为

$$C(T) = C_p R(T) + C_c [1 - R(T)] \tag{4-58}$$

因此，每单位工作时间的总费用为

$$\frac{C(T)}{\overline{T}_u} = \frac{C_p R(T) + C_c [1 - R(T)]}{\int_0^T R(t)\,\mathrm{d}t} \tag{4-59}$$

对 T 求导，化简后可得下式，即

$$\frac{C_p}{C_c - C_p} = \lambda(t) \int_0^T R(t)\,\mathrm{d}t - [1 - R(T)] \tag{4-60}$$

由此可求得 T，显然上式与可用度为目标时得到的公式相似，只需将公式中的 C_p 和 C_c 换成 $\overline{M}_{pt}$ 和 $\overline{M}_{ct}$ 即可。

4.4.2　全部定时更换的间隔期

1. 对于安全性影响和任务性影响

全部定时更换策略指按设备批投入使用时刻起经历的日历时间进行的定时更换，与设备的实际使用时间无关。在间隔期期间设备故障发生后，只进行恢复性维修，全部定时更换策略的时序图如图 4-20 所示。

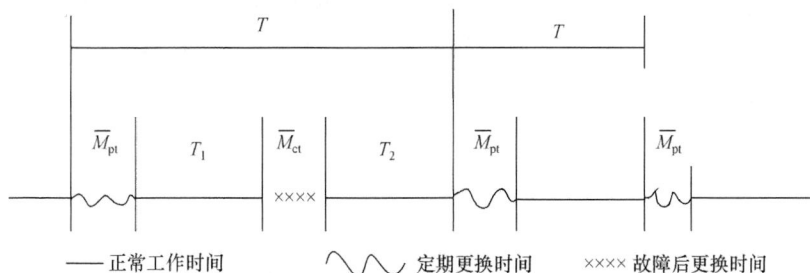

图 4-20　全部定时更换策略的时序图

在图 4-20 中，$\overline{M}_{pt}$ 为全部定时更换的平均停机时间，$\overline{M}_{ct}$ 为故障后的那个更换的平均停机时间。在每一更换间隔期内，产品的故障被修复后故障率 λ 不变，平均不能工作时间 $\overline{T}_d$ 为

$$\overline{T}_d = \overline{M}_{pt} + \overline{M}_{ct} \int_0^T \lambda(t)\,\mathrm{d}t \tag{4-61}$$

其中，$\int_0^T \lambda(t)\,\mathrm{d}t$ 的物理意义是该间隔期内故障发生的次数。

设 $H(t)$ 为可修复设备在 $(0,t]$ 发生的平均故障次数，则故障率为

$$\lambda(t) = \frac{\mathrm{d}H(t)}{\mathrm{d}t} \tag{4-62}$$

从而设备在 $(t_1,t_2]$ 的期望的故障次数为

$$\int_{t_1}^{t_2} \lambda(u)\,\mathrm{d}u$$

设每一更换间隔期内，平均能工作时间为 $\overline{T}_u$，所以可用度 A 为

$$A = \frac{\overline{T}_u}{\overline{T}_u + \overline{T}_d} = \frac{T - \overline{T}_d}{T} = \frac{T - \left(\overline{M}_{pt} + \overline{M}_{ct}\int_0^T \lambda(t)\,\mathrm{d}t\right)}{T} \tag{4-63}$$

对 T 求导化简后可得下式，即

$$T\lambda(T) - \int_0^T \lambda(t)\,\mathrm{d}t = \frac{\overline{M}_{pt}}{\overline{M}_{ct}} \tag{4-64}$$

设设备的寿命服从威布尔分布，有

$$\lambda(t) = \frac{m(t-\gamma)^{m-1}}{\eta^m} \tag{4-65}$$

威布尔分布能较好地描述设备的一般故障规律，设备寿命时间从最初工作时刻 $t=0$ 开始计算，位置参数 $\gamma=0$。浴盆曲线中的早期可用形状参数 $m<1$ 的威布尔分布描述，而随机故障期和损耗故障期可以分别用形状参数 $m=1$ 和 $m>1$ 描述。

将上式代入可得下式，即

$$T = \eta\left[\frac{\overline{M}_{pt}}{\overline{M}_{ct}(m-1)}\right]^{1/m} \tag{4-66}$$

当 $m<1$ 时，$T<0$，早期故障期全部定时更换不合理；当 $m=1$ 时，$T=+\infty$，随机故障期全部定时更换间隔期无限长，不必进行全部定时更换工作；当 $m>1$ 时，可确

定 T,损耗期故障期可进行全部定时更换。T 为以可用度最大为目标的最佳更换间隔期。

2. 对于经济性影响,以平均费用最低为目标的更换期

设全部定时更换费用为 C_p,故障后单个更换费用(含故障损失费用)为 C_c,T 为更换间隔期,则一个更换间隔期的总费用 $C(T)$ 为

$$C(T) = C_p + C_c \int_0^T \lambda(t)\,dt \tag{4-67}$$

将上式两边除以 T,可得单位工作时间的平均费用,即

$$\frac{C(T)}{T} = \frac{C_p}{T} + \frac{C_c}{T} \int_0^T \lambda(t)\,dt \tag{4-68}$$

将上式等号右边对 T 求导,得

$$T\lambda(T) - \int_0^T \lambda(t)\,dt = \frac{C_p}{C_c} \tag{4-69}$$

式(4-69)和式(4-64)的形式完全相同,只是将其中的平均维修时间分别换成更换费用,因此前式的结论也同样适用于以平均费用最低为目标的最佳预防性维修间隔期计算,即

$$C(T) = C_p R(T) + C_c [1 - R(T)] \tag{4-70}$$

3. 不知寿命分布,已知费用情况时,年平均费用最少的更换期

随着适用年限的增长,设备老化加剧。若知道由于设备的老化每年将等量增加续生费用(含保障期费用和贴现费用等)x 元,那么就可以在设备开始使用时,预测以年平均费用最省为目标的更换期 T。假定设备经过使用之后的剩余价值不计,C_N 表示设备购置费用,C_0 为第一年的续生费用,那么使用 T 年后,对设备进行更换前的全寿命费用为

$$C(T) = C_N + T C_0 + x[1 + 2 + 3 + \cdots + (T-1)] \tag{4-71}$$

年均支付费用为

$$\frac{C(T)}{T} = \frac{C_N}{T} + C_0 + x\,\frac{T-1}{2} \tag{4-72}$$

若使设备年均支付费用最少,将式(4-72)右边对 T 求导并令其为零,可得更换期,即

$$T = \sqrt{\frac{2C_N}{x}} \tag{4-73}$$

本模型更适用于完整设备的更换。

4.5　本章小结

本章应用马尔可夫过程对可修复系统可靠性进行分析。首先介绍了马尔可夫过程是一种特殊的随机过程,它要求随机变量服从指数分布。马尔可夫链是状态和时间参数均为离散变量的马尔可夫过程。马尔可夫过程和马尔可夫链是分析可修复系统可靠性的重要理论工具。其次详细讨论了可修复系统的可靠性特征量,主要有首次平均无故障工作时间和平均无故障工作间隔时间,以及平均修复时间、修复率、系统的可用度等。随后对几种典型可修复系统可用度进行了分析,包括串联系统、并联系统、表决系统以及旁联系统。最后根据实际维修工作中设备的不同更换策略,对其系统维修周期进行了分析讨论。

习题及思考题

1. 何谓系统可靠性模型? 如何建立系统可靠性模型?

2. 串联系统、并联系统、表决系统、旁联系统可用度如何计算?

3. 马尔可夫链的状态转移概率矩阵为 $P=\begin{bmatrix} 0 & \dfrac{1}{4} & \dfrac{3}{4} \\ \dfrac{1}{3} & \dfrac{1}{3} & \dfrac{1}{3} \\ \dfrac{1}{2} & 0 & \dfrac{1}{2} \end{bmatrix}$。

(1) 画出状态空间图;

(2) 求从 S_2 转移至 S_3 的概率。

4. 一计算机系统总是处在忙状态 S_1、闲置状态 S_2 或修理状态 S_3。上述三种状态的转移服从马尔可夫链,转移概率矩阵 $P=\begin{bmatrix} 0.5 & 0.2 & 0.3 \\ 0.2 & 0.7 & 0.1 \\ 0.5 & 0 & 0.5 \end{bmatrix}$,求该系统三种状态的极限概率。

5. 双连随机矩阵是指每个元素为非零,数值为 0~1,每行元素之和及每列元素之和均为 1。给定 3×3 双连随机矩阵 $\begin{bmatrix} 0.5 & 0.2 & 0.3 \\ 0.2 & 0.7 & 0.1 \\ 0.3 & 0.1 & 0.6 \end{bmatrix}$,求出每种状态的平稳概率,并证明平稳状态概率等于 $\dfrac{1}{3}$。

6. 发电厂的调峰机组可用四态模型表示,如图 4-21 所示。写出马尔可夫微分方程。

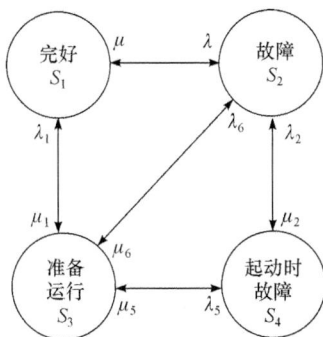

图 4-21　四态模型

7. 一种元件有正常、短路故障、开路故障三种状态。开路和短路故障率分别为 λ_o、λ_s,试推出两种故障状态的极限概率。

8. 两台发电机并联运行向用户供电,此时每台机组故障率分别为 λ_1、λ_2。若两台机组之一故障,另一台机组过负荷,故障率势必增大,过负荷时故障率分别为 λ_{1o}、λ_{2o}。假定无检修并忽略两台机组同时故障的可能性,推导出系统各状态的时变概率及平稳状态概率。

9. 一台发电机平均 1 年发生 1 次故障。根据历史数据,平均修理时间估计为 5 天。推导出发电机可用率的公式。计算使用时间为 400h 和 800h 时的可靠性及长期平稳不可用率。

10. 一个串联系统有 n 个元件,任一元件故障系统便故障,1 个以上元件同时故障的概率可忽略,第 i 个元件的故障率和修复率分别为 λ_i 和 μ_i。

(1) 画出状态空间图;

(2) 计算各状态的平稳状态概率;

(3) 求系统可用度。

第 5 章　复杂系统可靠性分析方法

针对复杂系统的认识可以是多角度和多层面的,从而可靠性分析方法与评估的研究方法也是不同的,于是导致相应的方法、技术和流程均有差别。

本章首先介绍针对系统及其组成单元的故障(失效)模式、影响与危害性的分析方法,然后介绍可靠性分析和风险评估最常用的分析方法,故障树分析法是建立在一种特殊的某个不希望发生的事件基础上的,用演绎方法找出各种可能的原因事件,直到最基本事件。由于一些复杂系统的试验信息总是不充分的,在复杂系统的可靠性研究中,利用系统和单元信息,通过单元和系统信息推断总体系统可靠性,将单元和系统信息融合,从而产生信息融合的可靠性方法,以及模糊系统信息的模糊分析法,利用先验历史信息的 Bayes 分析法,以及基于面向过程的动态 Petri 网分析法等。下面给出一些基本原理及应用分析。

5.1　故障模式、影响及危害性分析

5.1.1　概述

故障模式影响及危害性分析(failure mode effects and criticality analysis,FMECA)是分析系统中每一产品所有可能发生的故障模式及其对系统造成的所有可能影响,并按每一个故障模式的严重程度及其发生概率予以分类的一种归纳分析方法。

进行系统的 FMECA 一般按图 5-1 所示步骤进行。

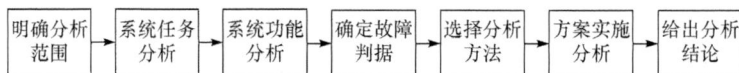

图 5-1　FMECA 步骤

5.1.2　故障模式与影响分析

1. 故障模式分析

故障是产品或产品的一部分不能或将不能完成预定功能的事件或状态(对某些产品如电子元器件、弹药等称为失效)。故障模式是故障的表现形式,如短路、开路、过度耗损等一般在研究产品的故障时往往是从产品的故障入手,进而通过故障

模式找出故障原因。

2. 故障原因分析

分析故障原因一般从两个方面着手,一方面是导致产品功能故障或潜在故障的产品自身的那些物理、化学或生物变化过程等直接原因;另一方面是由于其他产品的故障、环境因素和人为因素等引起的间接故障原因。直接故障原因又称为故障机理,如在晶体管内基片上有一个裂缝,可以导致集电极到发射极开路。集电极到发射极开路是故障模式,而晶体管内基片上有裂缝是故障机理。典型故障模式如表 5-1 所示。

表 5-1　典型故障模式

序号	故障模式	序号	故障模式	序号	故障模式
1	结构故障(破损)	12	超出允差(下限)	23	滞后运行
2	捆结或卡死	13	意外运行	24	错误输入(过大)
3	振动	14	间歇性工作	25	错误输入(过小)
4	不能保证正常位置	15	漂移性工作	26	错误输出(过大)
5	打不开	16	错误指示	27	错误输出(过小)
6	关不上	17	流动不畅	28	无输入
7	误开	18	错误动作	29	无输出
8	误关	19	不能关机	30	(电的)短路
9	内部泄漏	20	不能开机	31	(电的)开路
10	外部泄漏	21	不能切换	32	(电的)泄漏
11	超出允差(上限)	22	提前运行	33	其他

3. 故障影响分析

(1) 约定层次的划分

图 5-2 给出了某型步话机的功能层次与结构层次的对应关系。

约定层次的划分应当从效能、费用、进度等方面进行综合权衡。在系统的不同研制阶段,由于故障影响分析的目的或侧重点不同,约定层次的划分不必强求一致。

(2) 故障影响的定义

故障影响系指产品的每一个故障模式对产品自身或其他产品的使用、功能和状态的影响。通常将这些按约定层次划分的故障影响分别称为局部影响、高(上)一层次影响和最终影响,其定义如表 5-2 所示。

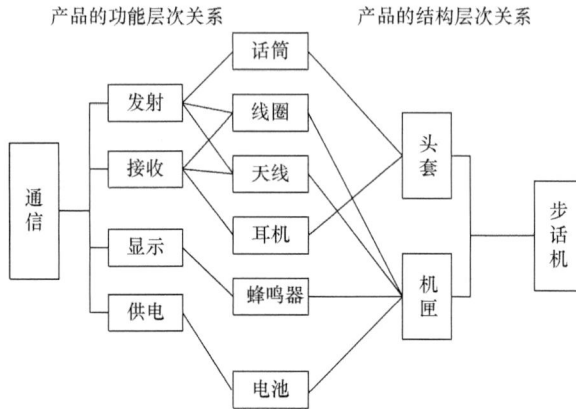

图 5-2　某型步话机的功能层次与结构层次示意图

表 5-2　故障影响定义

名称	定义
局部影响	某产品的故障模式对该产品自身和与该产品所在的约定层次相同的其他产品的使用、功能或状态的影响
高一层次影响	某产品的故障模式对该产品所在的约定层次的高一层次产品的使用、功能或状态的影响
最终影响	指系统中某产品的故障模式对初始约定层次产品的使用、功能或状态的影响

（3）严酷度定义

为了划分不同故障模式产生的最终影响的严重程度,在进行故障影响分析之前,一般需要对最终影响的后果等级进行预定义,从而对系统中各故障模式按其严重程度进行分级。

严重程度等级(严酷度类别)定义应考虑到故障所造成的最坏的潜在后果,并根据最终可能出现的人员伤亡、系统损坏或经济损失的程度来确定。表 5-3 和表 5-4分别给出了武器系统和汽车产品常用的故障严重程度等级(严酷度类别)定义。

表 5-3　武器系统故障严重程度等级定义

严酷度类别	严重程度定义
Ⅰ类(灾难的)	这是一种会引起人员死亡或系统(如飞机、坦克、导弹及船舶等)毁坏的故障
Ⅱ类(致命的)	这种故障会引起人员的严重伤害、重大经济损失或导致任务失败的系统严重损坏
Ⅲ类(临界的)	这种故障会引起人员的轻度伤害、一定的经济损失或导致任务延误或降级的系统轻度损坏
Ⅳ类(轻度的)	这是一种不足以导致人员伤害、一定的经济损失或系统损坏的故障,但它会导致非计划性维护或修理

表 5-4　汽车产品故障严重程度等级定义

故障等级	严重程度定义
Ⅰ类(致命故障)	危及人身安全,引起主要总成报废,造成重大经济损失,对周围环境造成严重危害
Ⅱ类(严重故障)	引起主要零部件、总成严重损坏或影响行车安全,不能用易损备件和随车工具在短时间内(30 min)修复
Ⅲ类(一般故障)	不影响行车安全,非主要零部件故障,可用易损备件和随车工具在短时间内(30 min)修复
Ⅳ类(轻微故障)	对汽车正常运行无影响,不需要更换零件,可用随车工具在短时间内(5 min)轻易排除

(4) 故障影响与严酷度等级确定

系统全面分析每一故障模式产生的局部影响、高一层次影响及最终影响,同时按最终影响的严重程度,对照严酷度定义,分析每一故障模式的严酷度等级。

4. 故障检测方法分析

针对分析找出的每一个故障模式,分析其故障检测方法,以便为系统的维修性、测试性设计,以及系统的维修工作提供依据。故障检测方法一般包括目视检查、离机检测、原位测试等手段,如 BIT(机内测试)、自动传感装置、传感仪器、音响报警装置、显示报警装置等。

5. 补偿措施分析

补偿措施分析是针对每个故障模式的原因、影响提出可能的补偿措施,是关系到能否有效地提高产品可靠性的重要环节,分为设计上的补偿措施和操作人员的应急补偿措施。

(1) 设计补偿措施

① 产品发生故障时,能继续工作的冗余设备。

② 安全或保险装置(如监控及报警装置)。

③ 可替换的工作方式(如备用或辅助设备)。

(2) 操作人员补偿措施

① 特殊的使用和维护规程,尽量避免或预防故障的发生。

② 一旦出现某故障,操作人员应采取的最恰当的补救措施。

6. 故障模式影响分析的实施

故障模式影响分析(failure mode effects analysis,FMEA)的实施一般通过填写 FMEA 表格进行,一种常用的表格形式如表 5-5 所示。

表 5-5　故障模式影响分析表

初始约定层次产品		任务		审核			第 页 共 页				
约定层次产品		分析人员		批准			填表日期				

代码	产品或功能标志	功能	故障模式	故障原因	任务阶段与工作方式	故障影响			严酷度类别	故障检测方法	补偿措施	备注
						局部影响	高一层次影响	最终影响				
1	2	3	4	5	6	7	8	9	10	11	12	13
对每一产品的每一故障模式采用一种编码体系进行标识	记录被分析产品或功能的名称与标志	简要描述产品所具有的主要功能	根据故障模式分析的结果简要描述每一产品的所有故障模式	根据故障原因分析结果简要描述每一故障模式的所有故障原因	简要说明发生故障的任务阶段与该阶段产品的工作方式	根据故障影响分析的结果,简要描述每一个故障模式的局部、高一层次和最终影响并分别填入第 7～第 9 栏			根据最终影响的分析结果按每个故障模式分析其严酷度类别	简要描述故障检测方法	简要描述补偿措施	本栏主要记录对其他栏的注释和补充说明

　　例如,在图 5-3 中某型飞机约定层次的划分是"飞机—系统—分系统—设备—部件",即初始约定层次产品为"整机(飞机)"。进行设备级的 FMEA 时,首先初始约定层次产品填"××飞机",约定层次产品填"液压柱塞泵 ZB-34",在 FMEA 表格中的分析对象(第 2 栏)依次填"泵轴""轴承组件""柱塞"等。

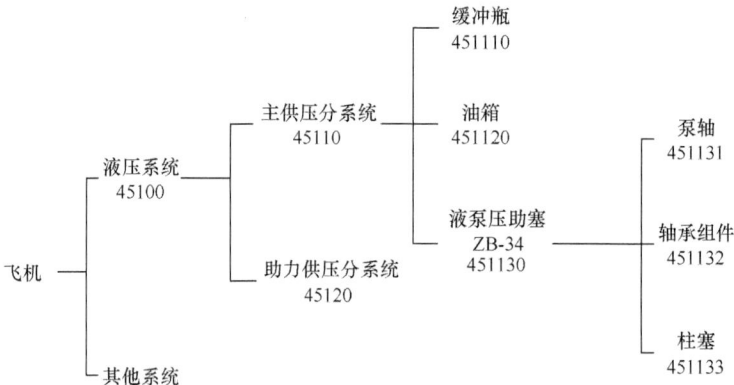

图 5-3　某型飞机约定层次的划分

5.1.3　危害性分析

　　危害性分析(CA)的目的是按每一故障模式的严重程度及该故障模式发生的

概率所产生的综合影响对系统中产品划等分类,以便全面评价系统中各种可能出现的产品故障的影响。常用的方法有风险优先数(risk priority number,RPN)法和危害性矩阵法。前者主要用于汽车等民用工业领域,后者主要用于航空、航天等军用领域。

1. 风险优先数法

某一产品故障模式的风险优先数 RPN 由故障模式发生概率等级(occurrence probability ranking,OPR)和影响严酷度等级(effect severity ranking,ESR)的乘积计算得出,即

$$RPN = OPR \cdot ESR$$

下面给出一组较常用的评分准则。

① 发生概率等级。发生概率等级用于评定某一特定的故障原因导致的某故障模式实际发生的可能性。表 5-6 给出了发生概率等级的评分准则示例,其中故障概率参考值是对应各评分等级给出的预计在产品的寿命周期内发生的故障数。

表 5-6　发生概率评分表

等级	故障发生的可能性		参考值
1	稀少	故障模式发生的可能性极低	$1/10^6$
2	低	故障模式发生的可能性相对较低	1/20000
3			1/4000
4	中等	故障模式发生的可能性中等	1/1000
5			1/400
6			1/80
7	高	故障模式发生的可能性高	1/40
8			1/20
9	非常高	故障模式发生的可能性非常高	1/8
10			1/2

② 严酷度等级。严酷度等级用于评定所分析的故障模式的最终影响。通常最终影响的描述对产品用户而言应是可见的。表 5-7 给出严酷度等级的评分准则示例。表 5-7 中的准则实质上是对表 5-3 和表 5-4 定义的细化。

表 5-7　严酷度评分准则

等级	故障影响的严重程度	
1	轻微	对系统的性能不会产生影响,用户注意不到的轻微故障
2,3	低	对系统性能有轻微影响的故障,用户可能会注意到并引起轻微抱怨

续表

等级		故障影响的严重程度
4,5,6	中等	引起系统性能下降的故障,用户会感觉不舒适和不满意
7,8	高	中断操作的重大故障(如发动机不能启动)或提供舒适性的子系统不能工作的故障(空调子系统不能工作、遮阳顶棚电源故障等),用户会感到强烈不满意,但此类故障不会引起安全性后果也不违反政府法规
9,10	非常高	引起生命、财产损失的致命故障或不符合政府法规的故障

当需要进行工艺的 FMEA 时,还应增加一个评定因素,即检测难度等级(detection difficulty ranking,DDR),是用于评定通过企业内部预定的检验程序查出引起所分析的故障模式的各种原因的可能性。检测难度评分准则如表 5-8 所示。

表 5-8　检测难度评分准则

等级		检验程序查出故障的难度
1,2	非常低	检验程序可以查出的潜在设计缺陷
3,4	低	检验程序有较大机会检出的潜在设计缺陷
5,6	中等	检验程序可能检出的潜在设计缺陷
7,8	高	检验程序不大可能检出的潜在设计缺陷
9	非常高	检验程序不可能检出的潜在设计缺陷
10	无法检出	检验程序绝不可能检出的潜在设计缺陷

当增加检测难度等级后,RPN 的表达式为

$$RPN = OPR \cdot ESR \cdot DDR$$

对上述三个(或两个)因素等级的定性评分结果相乘后将得到 RPN 的值,从而可对各故障模式进行相对的危害性评定。

2. 危害性矩阵法

危害性矩阵法又分为两种方法,其一为定性分析法,其二为定量分析法。

① 定性分析法是将每一个故障模式的发生可能性分成离散的级别,然后分析人员按所定义的级别对每一个故障模式进行评定。

② 定量分析法是计算故障模式的危害度 C_m 和产品的危害度 C_r。

第一,故障模式危害度与产品危害度。为了按单一的故障模式评价其危害性,应计算每一故障模式的危害度 $C_m(j)$,即

$$C_{m_i}(j) = \alpha_i \cdot \beta_i \cdot \lambda_p \cdot t, \quad \begin{array}{l} i = 1, 2, \cdots, n \\ j = \text{I}, \text{II}, \text{III}, \text{IV} \end{array}$$

其中，$C_{m_i}(j)$ 代表产品在工作时间 t 内以第 i 种故障模式发生第 j 类严酷度类别的故障次数；α_i 为产品第 i 种故障模式发生次数占产品所有可能故障模式发生次数的比率；β_i 为产品第 i 种故障模式发生条件下，其最终影响"初始约定层次"出现某严酷类别的条件概率；λ_p 为被分析产品在其任务阶段内的故障率单位为 $1/n$。

为了评价某一产品的危害性，应计算该产品的危害度 C_r，即

$$C_r(j) = \sum_i^n C_{m_i}(j), \quad i = 1, 2, \cdots, n$$

其中，n 为该产品在第 j 类严酷度类别下的故障模式总数；$j = I, II, III, IV$；$C_r(j)$ 代表某一产品在工作时间 t 内产生的第 j 类严酷度类别的故障次数。

例 5.1　如表 5-9 所示，假设火车制动系统的故障概率 $\lambda_p = 0.002$ 次 $/10^6$ h，工作时间为 $t = 15$ h，试分析各系统的危害度。

表 5-9　火车制动系统故障影响示例

产品名称	故障模式	故障模式频数 α	故障影响	严酷度等级	故障影响概率 β
制动系统	卡死	0.6	· 火车滑轨并驶入火车站	II	0.85
			· 火车脱轨	I	0.15
	效率降低	0.4	· 火车不能有效减速	II	0.9
			· 火车不能有效减速且发生安全事故	I	0.1

解　根据表 5-9，则第一个故障模式"制动系统卡死"的模式危害度 C_{m1} 为

$C_{m1}(II) = \alpha_1 \cdot \beta_{11} \cdot \lambda_p \cdot t = 0.6 \times 0.85 \times 0.02 \times 10^{-6} \times 15 = 1.53 \times 10^{-7}$

$C_{m1}(I) = \alpha_1 \cdot \beta_{12} \cdot \lambda_p \cdot t = 0.6 \times 0.15 \times 0.02 \times 10^{-6} \times 15 = 2.7 \times 10^{-8}$

第二个故障模式"制动效率降低"的模式危害度 C_{m2} 为

$C_{m2}(II) = \alpha_2 \cdot \beta_{21} \cdot \lambda_p \cdot t = 0.4 \times 0.9 \times 0.02 \times 10^{-6} \times 15 = 1.08 \times 10^{-7}$

$C_{m2}(I) = \alpha_2 \cdot \beta_{22} \cdot \lambda_p \cdot t = 0.4 \times 0.1 \times 0.02 \times 10^{-6} \times 15 = 1.2 \times 10^{-8}$

制动系统的产品危害度 $C_r(j)$ 分别为

$C_r(I) = C_{m1}(I) + C_{m2}(I) = 3.9 \times 10^{-8}$

$C_r(II) = C_{m1}(II) + C_{m2}(II) = 2.62 \times 10^{-7}$

③ 危害性矩阵图。

危害性矩阵是在某一特定严酷度级别下，产品各个故障模式危害程度或产品危害度相对结果的比较，因此危害性矩阵与 RPN 一样具有指明风险优先顺序的作用，如图 5-4 所示。

3. **危害性分析的实施**

危害性分析的实施与 FMEA 的实施一样，均采用填写表格的方式进行。一种

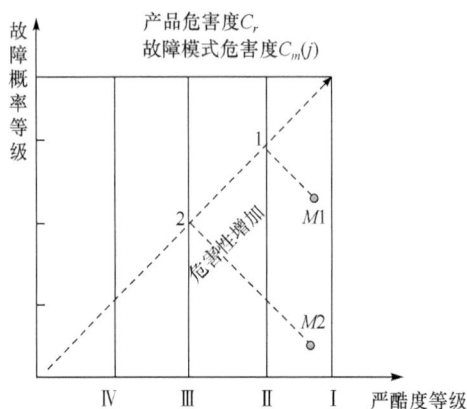

图 5-4　危害性矩阵

典型的危害性分析表格如表 5-10 所示。

表 5-10　危害性分析表

初始约定层次产品			任　务			审核				第 页 共 页		
约定层次产品			分析人员			批准				填表日期		
代码	产品或功能标志	功能	故障模式	故障原因	任务阶段与工作方式	严酷度等级	故障概率等级或故障源数据	故障率 λ_p	故障模式频率比 α_i	故障影响概率 β_i	工作时间 t	故障模式危害度 $C_{m_i}(j)$	产品危害度 $C_r(j)$	备注
1	2	3	4	5	6	7	8	9	10	11	12	13	14	15

5.1.4　FMECA 应用示例

本节以一个简单的设计示例说明 FMECA 的过程和基本概念。

例 5.2　某二次电源 5V 串联稳压电路设计如图 5-5 所示,其功能为向系统接收机提供 5V 的直流电源。用硬件的 FMECA 方法分析所设计的电路。表 5-11 给出了该电路的 FMECA 表。

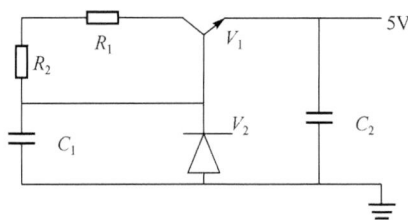

图 5-5　电路设计图

表 5-11　5V 串联稳压电路 FMECA 表

代码	产品名称	任务模式	故障模式编码	故障模式内容	严酷度	故障率 λ 10⁻⁶/h	故障模式频数 α	故障影响概率 β	工作时间 t	C_m (10⁻⁵)	C_r (10⁻⁶)
01	电容 C_1	运行	011	短路	I		0.73	1	1	0.533	$C_r(\text{I})=0.533$
			012	参数标移	IV	0.73	0.11	1	1	0.080	$C_r(\text{IV})=0.080$
			013	开路	III		0.16	1	1	0.117	$C_r(\text{III})=0.117$
02	电容 C_2	运行	021	短路	I		0.73	1	1	0.533	$C_r(\text{I})=0.533$
			022	参数标移	IV	0.73	0.11	1	1	0.080	$C_r(\text{IV})=0.080$
			023	开路	III		0.16	1	1	0.117	$C_r(\text{III})=0.117$
03	晶体管 V_1	运行	031	短路	I	2.71	0.38	1	1	1.030	$C_r(\text{I})=2.277$
			032	开路	I		0.46	1	1	1.247	
04	二极管 V_2	运行	041	开路	I		0.25	1	1	0.605	$C_r(\text{I})=1.718$
			042	参数标移	II	2.42	0.29	1	1	0.702	$C_r(\text{II})=0.702$
			043	短路	I		0.46	1	1	1.113	
05	电阻 R_1	运行	051	开路	I	0.312	0.919	1	1	0.287	$C_r(\text{I})=0.287$
			052	参数标移	IV		0.081	1	1	0.025	$C_r(\text{IV})=0.025$
06	电阻 R_2	运行	061	开路	I	0.312	0.919	1	1	0.287	$C_r(\text{I})=0.287$
			062	参数标移	III		0.081	1	1	0.025	$C_r(\text{III})=0.025$

5.2　故障树分析

5.2.1　概述

故障树分析法(fault tree analysis,FTA)是 1961 年由贝尔电话实验室 Watson 提出的,目前已广泛应用于宇航、核能、电子、机械、化工和采矿等各个领域。

1. 故障树分析法特点

故障树分析法是一种图形演绎方法,是故障事件在一定条件下的逻辑方法[22-24]。它是用一种特殊的倒立树状逻辑因果关系图,清晰地说明系统是怎样失效的。常用于分析复杂系统,因此它离不开计算机软件。

2. 故障树分析法的应用范围

① 系统的可靠性分析。
② 系统的安全性分析与事故分析。

③ 改进系统设计,对系统的可靠性进行评价。

④ 概率风险评价,尤其是在核电站中的应用。

⑤ 系统在设计维修、运行各个重要阶段进行重要度分析。

⑥ 故障诊断与检修表的制定。

⑦ 系统最佳探测器的配置。

⑧ 故障树的模拟。

⑨ 管理人员、运行人员的培训。

3. 故障树分析的术语和符号

建造故障树需要一些表示逻辑关系的门符号和事件符号,表示事件之间的逻辑因果关系。

① 顶事件是指被分析的系统不希望发生的事件,位于故障树的顶端。

② 中间事件又称故障事件,位于顶事件和底事件之间,以矩形符号表示。事件符号如图 5-6(a)所示。

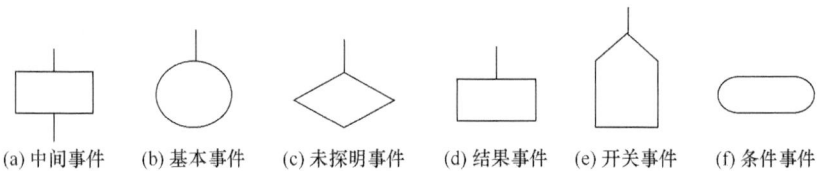

(a)中间事件　　(b)基本事件　　(c)未探明事件　　(d)结果事件　　(e)开关事件　　(f)条件事件

图 5-6　事件符号图

③ 底事件,位于故障树底部的事件,在已建成的故障树中,不必再要求分解了。故障树的底事件又分为基本事件和未探明事件。

④ 基本事件,已经探明或者尚未探明其发生原因,而有失效数据的底事件。基本元、部件的故障或者人为失误均可属于基本事件,符号如图 5-6(b)所示。

⑤ 未探明事件,一般可分为两类情况,一种是在一定条件下可以忽略的次要事件;一种是未能探明,只能看作一种假想的基本事件,符号如图 5-6(c)所示。

⑥ 结果事件,由其他事件或事件组合所导致的事件称为结果事件,如图 5-6(d)所示。结果事件由顶事件或中间事件组成。

⑦ 开关事件,位于故障树的底部,起开关作用,表示在正常工作条件下必然发生或必然不发生的特殊事件,如图 5-6(e)所示。

⑧ 条件事件,描述逻辑门起作用的具体限制事件称为条件事件。条件事件用长椭圆形符号表示,如图 5-6(f)所示。

⑨ 与门,表示事件关系的一种逻辑门,仅当所有输入与门的所有输入事件同时发生时,门的输出事件才发生,如图 5-7(a)所示。

⑩ 或门,表示至少一个输入事件发生时,输出事件才发生,如图 5-7(b)所示。

⑪ 非门,表示输出事件是输入事件的对立事件,如图 5-7(c)所示。

⑫ 表决门,表示仅当条件事件发生时,输入事件的发生方导致输出事件的发生,如图 5-7(d)所示。

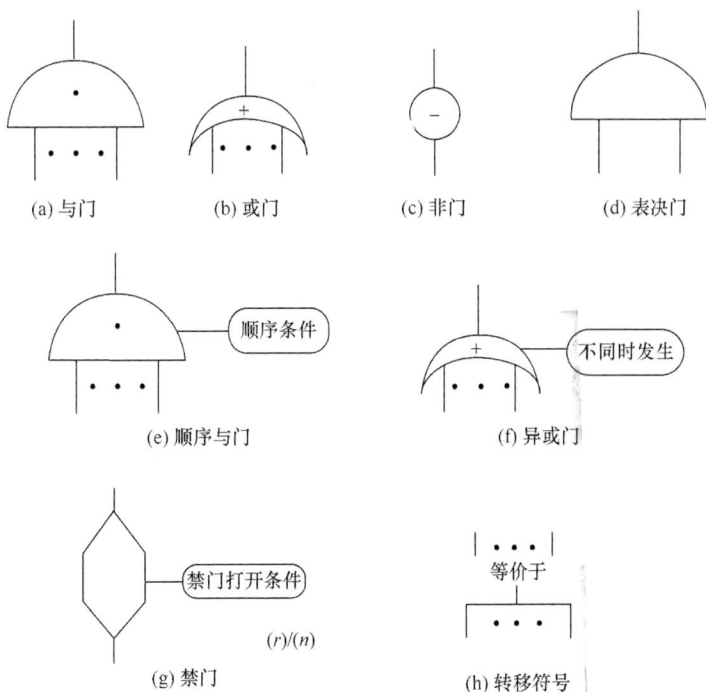

(a) 与门　　　(b) 或门　　　(c) 非门　　　(d) 表决门

(e) 顺序与门　　　　　　　(f) 异或门

(g) 禁门　　　　　　　(h) 转移符号

图 5-7　逻辑门符号图

⑬ 顺序与门,表示仅当输入事件按规定的顺序发生时,输出事件才发生,如图 5-7(e)所示。

⑭ 异或门,表示仅当单个输入事件发生时,输出事件才发生,如图 5-7(f)所示。

⑮ 禁门,表示仅当条件事件发生时,输入事件的发生方导致输出事件的发生,如图 5-7(g)所示。

⑯ 转移符号,在故障树分析中,为了避免画图重复与使图形简明,使用转移符号,如图 5-7(h)所示。

转移符号分为相同转移符号与相似转移符号两种,分别介绍如下。

① 相同转移符号是由相同转向符号及相同转此符号组成的一对符号。相同转向符号表示下面转到以代号所指的子树上去;相同转此符号表示由具有相同字母数字的转向符号处转到这里来,如图 5-8(a)和图 5-8(b)所示。

② 相似转移符号是由相似转向符号及相似转此符号组成的一对符号。相似

转向符号表示下面转到以字母数字为代号、结构相似而事件标号不同的子树上去，相似转向中的不同事件的标号在三角符号旁注明，相似转此符号表示相似转向符号所指子树与此处子树相似，但事件标号不同，如图 5-8(c)和图 5-8(d)所示。

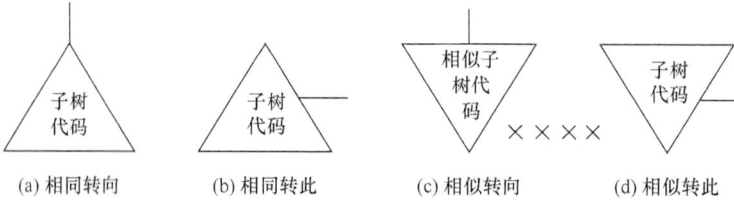

　　(a) 相同转向　　　(b) 相同转此　　　(c) 相似转向　　　(d) 相似转此

图 5-8　转移符号图

5.2.2　建立故障树的方法

1. 建立故障树的程序

(1) 确定故障树分析的范围

明确所要确定的系统结构(包括系统的设计要求、硬件及软件结构、功能、接口、工作模式、环境条件、故障判据等)，明确系统的工作条件(包括维修、安全条件)及使用条件，确定要研究的目的和内容。

(2) 掌握系统

建立故障树需要对研究的系统有详尽的正确理解。为此，需要系统设计人员、维修人员、使用人员、可靠性，及安全性工程师共同研究。一般情况下，在建立故障树前应进行系统的失效模式与效应分析(FMEA)分析，这是为掌握系统的故障特性及规律所必需的工作。

(3) 确定故障树的顶事件

在对系统的设计要求及系统特性已充分掌握的基础上，确定系统不希望发生的事件。系统不希望发生的事件很多，不能事无巨细地一起都来进行故障树分析。因此，需要从系统的主要技术指标、经济性、可靠性、安全性或其他重要特性出发，选定一个或几个最不希望发生的事件作为故障树分析的顶事件。顶事件必须有明确的定义，不能含混不清。例如，电视机的图像露边(包括卷边)是不希望发生的事件，但露边的程度必须有明确规定。我国彩电规定露边不能超过 6%，那么露边超过 6%就是一个明确定义了的顶事件。

(4) 建树

常用建树方法为演绎法。从顶事件开始，由上而下，逐级进行分析。

① 分析顶事件发生的直接原因，将顶事件作为逻辑门的输出事件，将所有引起顶事件发生的直接原因作为输入事件，根据它们之间的逻辑关系用适当的逻辑

连接起来。

② 对每一个中间事件用①的方法进行分析处理。

③ 逐级向下分析,直到所有的输入事件已不能再向下分析,或基本事件不必再向下分析(这些输入事件即未探明事件)为止。

表示这些逻辑关系的图即为故障树。在建树中,必须对每一个结果事件的所有输入事件都列出来。如果遗漏了重要的输入软件,则故障树分析将失去意义。

在建立故障树的过程中,底事件及结果事件既包括软件故障,也包括硬件故障、人为差错、环境条件变化及工作条件变化等。例如,在研究车床故障时,要考虑到停电故障,这是工作条件故障,也要考虑到输电线路受到雷击引起底故障,这是环境条件故障等。

要注意到统一事件在一个故障树内必须用统一事件进行编号。如果它是中间事件,则为了简化故障树的图形,应该用相同的转移符号予以简化。

例 5.3　已知造船厂工人从站台上坠落的诸事件含义定义如下。

X_1——安全带支撑物损坏;　　　　X_2——安全带损坏;

X_3——为转移工作地点卸除安全带;　X_4——工人疏忽未使用安全带;

X_5——工作台打滑;　　　　　　　X_6——工人身体失去平衡;

X_7——身体重心在站台之外;　　　X_8——站台高度超过若干米,下方无阻挡物;

E_1——安全带有缺陷;　　　　　　E_2——未用安全带;

E_3——安全带不起作用;　　　　　E_4——工人从站台失足坠下;

E_5——工人坠落;　　　　　　　　E_6——防护措施失效;

T——工人从站台死亡。

按建故障树的方法,分析顶事件发生的直接原因建立的故障树,如图 5-9 所示。

仅含非特殊故障事件及与门、或门、非门三种逻辑门的故障树称为规范化故障树。这里由于包括禁门等特殊门,所以不是规范化故障树。

仅含非特殊故障事件以及与门、或门的故障树称为正规故障树,否则叫非正规故障树。这里是非正规故障树。

将特殊故障事件与特殊门进行转换或删减,故障树可以转换为规范化故障树。这个做法叫故障树的规范化。

2. 建立故障树的规范化原则

(1) 特殊事件的规范化原则

① 未探明事件。根据事件的重要(如发生概率大,严重后果等)和数据的完备性,如果重要且数据完备,则当作基本事件;不重要数据不完备的则删去;其他情况

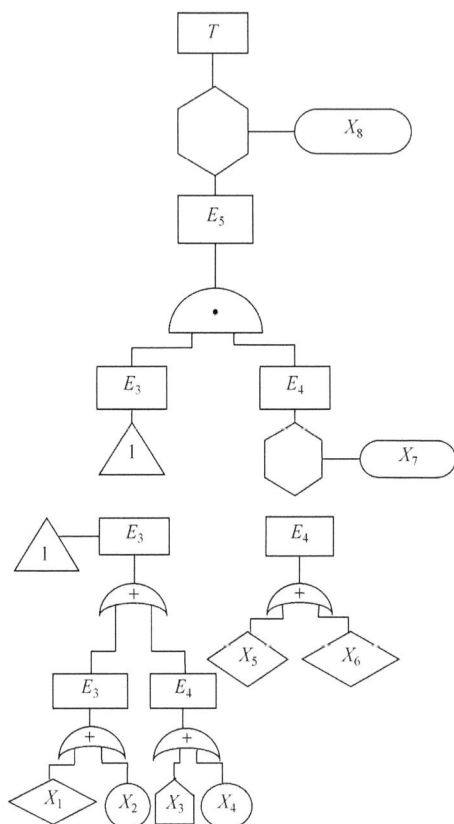

图 5-9　站台坠落故障树

由分析人员处理。

②　开关事件。将开关事件当做基本事件。

③　条件事件。特殊门的处理原则。

(2) 特殊门的规范化原则

①　顺序与门。输出事件不变,顺序与门变为与门,原来的输入事件仍为输入事件,但增加一个顺序条件事件作为新的输入事件。

②　表决门。将表决门变为或门、与门的组合。

③　异或门。将异或门变成或门、与门、非门的组合。

④　禁门。将禁门变换为与门,即把条件事件变成与门的一个输入。

(3) 模块化

对于已经规范化和简化的故障树来说,还可以利用模块概念进一步简化。一个模块是两个或两个以上的集合(但不是所有底事件的集合)。这些底事件向上可以达到同一逻辑门,而且必须通过此门才能到达顶事件,且故障树的所有其他底事件向上均不能到达该逻辑门。

(4) 利用布尔代数法则简化故障树

布尔代数是英国学者布尔(Boole)首创的一种逻辑运算方法。

设 I 为集合总体,它的子集合 $A,B,C,\cdots,O$ 为空集合,以 $A \cdot B$ 表示子集合 A 与 B 的逻辑积;$A+B$ 表示子集合 A 与 B 的逻辑和;$\overline{A}$ 表示 A 对于总体 I 的余集合,则有如下法则。

① 总体与空集合的关系

$$A \cdot I=A, \quad A \cdot O=O, \quad A+O=A, \quad A+I=I$$

② 回归律

$$\overline{\overline{A}}=A$$

③ 互补律

$$A \cdot \overline{A}=O, \quad A+\overline{A}=I$$

④ 同一律

$$A \cdot A=A, \quad A+A=A$$

⑤ 交换率

$$A \cdot B=B \cdot A, \quad A+B=B+A$$

⑥ 结合律

$$A \cdot (B \cdot C)=(A \cdot B) \cdot C, \quad A+(B+C)=(A+B)+C$$

⑦ 分配律

$$A \cdot (B+C)=A \cdot B+A \cdot C, \quad A+(B \cdot C)=(A+B) \cdot (A+C)$$

⑧ 吸收律

$$A \cdot (A+B)=A, \quad A+A \cdot B=A$$

⑨ De Morgan 法则

$$\overline{A \cdot B}=\overline{A}+\overline{B}, \quad \overline{A \cdot B}=\overline{A} \cdot \overline{B}$$

⑩ 其他

$$A+\overline{A} \cdot B=A+B, \quad A \cdot (\overline{A}+B)=A \cdot B$$

$$(A+B) \cdot (\overline{A}+C) \cdot (A+C)=A \cdot C+B \cdot C$$

$$A \cdot B+\overline{A} \cdot C+B \cdot C=A \cdot B=\overline{A} \cdot C$$

5.2.3 故障树的定性分析

1. 结构函数理论

结构函数理论是 Barlow 及 Proschan 最早加以系统化的故障树的基本理论。设 T 为故障树的顶事件,$X_1,X_2,\cdots,X_n$ 是故障树的 n 个相互独立的底事件。考虑状态故障树,令

$$X=(X_1,X_2,\cdots,X_n) \tag{5-1}$$

顶事件出现与否取决于诸底事件的状态,因此 T 的取值决定于 X_i 的取值,因此必须有

$$\Phi=\Phi(X)=\Phi(X_1,X_2,\cdots,X_n) \tag{5-2}$$

这里的 X_i 及 Φ 的取值都只能是 0 和 1,$\Phi(x)$ 称为该故障树的结构函数。

设 X 中的某一个 X_i 不论取值是 0 还是 1,其所对应的结构函数值不变,即

$$\Phi(X_1,X_2,\cdots,X_{i-1},0,X_{i+1},\cdots,X_n)=\Phi(X_1,X_2,\cdots,X_{i-1},1,X_{i+1},\cdots,X_n)$$

则 X_i 称为与结构函数是无关联的。如果任意一个 X_i 与 $\Phi(x)$ 是无关联的,则从工程上来看,不论 X_i 事件出现与否,顶事件的出现均不受其影响,从而在分析研究中可以不考虑 X_i。

在本书的讨论中,所有的 X_i 与结构函数都看作可用度是关联的。设对于任何一组 X 的取值,其中任意一个 X_i 的值从 0 变成 1 都不会使 $\Phi(x)$ 的取值减小,则结构函数 $\Phi(x)$ 称为单调关联的。由于 X_i 是一种故障事件,取值 0 表示此故障事件不出现,取值 1 表示此故障事件出现,因此某一个 X_i 的值从 0 变成 1 表示某一故障事件从不出现变成出现。如果相应的结构函数值减少,即从 1 变成 0,也就是顶事件这一故障事件反而从出现变成不出现。在工程上看,因某一组成部分出故障反使某一故障事件不出现。这是特殊情况,不予研究。

本书研究的故障树结构函数都是单调关联的。

(1) 结构函数的穷举表达式

在给定故障树后,求出它的结构函数是故障树分析的第一步。设 X 只有一个底事件 X_1,即 $\Phi(X)=\Phi(X_1)$。如果已知 $\Phi(0)$ 和 $\Phi(1)$ 的值,则有

$$\Phi(X)=\Phi(1)X_1+\Phi(0)(1-X_1) \tag{5-3}$$

设 X 只有两个底事件 X_1 和 X_2,即 $\Phi(X)=\Phi(X_1,X_2)$,如果已知 $\Phi(0,0)$,$\Phi(1,0)$,$\Phi(0,1)$,$\Phi(1,1)$ 的值,则有

$$\begin{aligned}\Phi(X)=&\Phi(1,1)X_1X_2+\Phi(1,0)X_1(1-X_2)+\Phi(0,1)(1-X_1)X_2\\&+\Phi(0,0)(1-X_1)(1-X_2)\end{aligned} \tag{5-4}$$

依此类推,如果 X 有 n 个底事件 $X_1,X_2,\cdots,X_n$,则

$$\Phi(X)=\Phi(1,1,\cdots,1)X_1X_2\cdots X_n+\Phi(1,0,1,\cdots,1)X_1(1-X_2)X_3+\cdots+X_n$$
$$+\cdots+\Phi(0,0,\cdots,0)(1-X_1)(1-X_2)\cdots(1-X_n) \qquad (5\text{-}5)$$

这叫结构函数的穷举表达式。只要求得诸 $\Phi(X_1,X_2,\cdots,X_n)$ 的值,便可以得出结构函数的穷举表达式。

例 5.4　求如图 5-10 所示的故障树的结构函数。

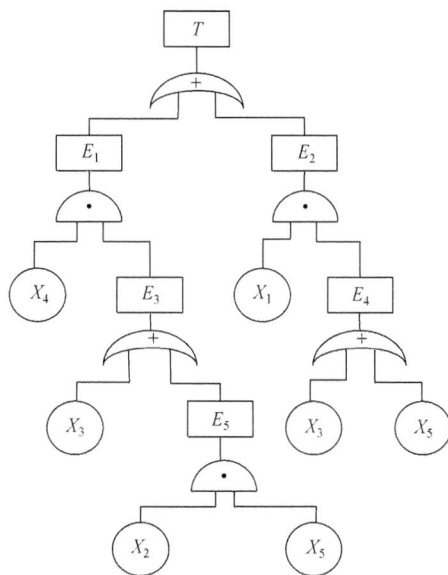

图 5-10　故障树

解　先求诸 $\Phi(X_1,X_2,\cdots,X_n)$ 值。设

$X_1=1,X_2=0,X_3=0,X_4=1,X_5=1$

$E_5=X_2X_5=0\times1=0$

$E_3=1-(1-X_3)(1-E_5)=1-(1-0)(1-0)=0$

$E_1=X_4E_3=1\times0=0$

$E_4=1-(1-X_3)(1-X_5)=1-(1-0)(1-1)=1$

$E_2=X_1E_4=1\times1=1$

$T=1-(1-E_1)(1-E_2)=1-(1-0)(1-1)=1$

现有 5 个底事件,共有 $2^5=32$ 种取值组合,求出诸 $\Phi(X_1,X_2,\cdots,X_n)$ 的值,如表 5-12 所示,写出结构函数,即

$$\Phi(X)=(1-X_1)(1-X_2)X_3X_4(1-X_5)+(1-X_1)(1-X_2)X_3X_4X_5$$

$$+(1-X_1)X_2(1-X_3)X_4X_5+\cdots+X_1X_2X_3X_4(1-X_5)$$
$$+X_1X_2X_3X_4X_5$$

表 5-12　$\Phi(X_1,X_2,\cdots,X_n)$ 的值

X_1	X_2	X_3	X_4	X_5	Φ	X_1	X_2	X_3	X_4	X_5	Φ
0	0	0	0	0	0	1	0	0	0	0	0
0	0	0	0	1	0	1	0	0	0	1	1
0	0	0	1	0	0	1	0	0	1	0	0
0	0	0	1	1	0	1	0	0	1	1	1
0	0	1	0	0	0	1	0	1	0	0	1
0	0	1	0	1	0	1	0	1	0	1	1
0	0	1	1	0	1	1	0	1	1	0	1
0	0	1	1	1	1	1	0	1	1	1	1
0	1	0	0	0	0	1	1	0	0	0	0
0	1	0	0	1	0	1	1	0	0	1	1
0	1	0	1	0	0	1	1	0	1	0	0
0	1	0	1	1	1	1	1	0	1	1	1
0	1	1	0	0	0	1	1	1	0	0	1
0	1	1	0	1	0	1	1	1	0	1	1
0	1	1	1	0	1	1	1	1	1	0	1
0	1	1	1	1	1	1	1	1	1	1	1

(2) 最小割集及最小路集

根据 X 的一组取值将底事件 $X_1,X_2,\cdots,X_n$ 分为两个集合,即 $C_0(X)$ 为取值 0 的底事件的集合,$C_1(X)$ 为取值 1 的底事件的集合。

如果某一组 X 的取值能使 $\Phi(X)=1$,则 X 中 $C_1(X_1)$ 称为一个割集。

最小割集是导致故障树事件发生的不能再缩减的底事件集合。如果某一个割集中任一个底事件删去后就不是一个割集,那么这个割集叫最小割集。

最小路集是导致故障树顶事件不能发生的不能缩减的底事件的集合,即某一路集中任一个底事件删去后就不是一个路集,则这个路集叫最小路集。

例 5.5　求例 5.4 的最小割集和最小路集。

解　设 $K=\{(1),(2),\cdots,(m)\}$,则 K 的结构函数为

$$K = X_1X_2X_3\cdots X_n = j = \prod_{j=1}^{n} X_j = \prod_{j\in k_i} X_j$$

例 5.4 的最小割集为

$$K_1 = X_3 X_4, \quad K_2 = X_2 X_4 X_5$$
$$K_3 = X_1 X_5, \quad K_4 = X_1 X_3$$

只要有一个最小割集出现，顶事件就会出现，因此故障树的结构函数是一个逻辑或门的输出，其输入为各个最小割集。于是设故障树有 m 个最小割集，则有

$$\Phi(X) = \bigcup_{i=1}^{m} K_r = i = 1 \bigcup_{i=1}^{m} \prod_{j \in K_i} X_j$$

据此，例 5.4 的故障树结构函数为

$$\Phi(X) = 1 - (1 - X_3 X_4)(1 - X_2 X_4 X_5)(1 - X_1 X_3)(1 - X_1 X_5)$$

设一个最小路集包括底事件 $X_1, X_2, \cdots, X_m$，则以 $p = \{1, 2, \cdots, m\}$ 表示这个最小路集。如果 $\{X_3, X_5\}$ 是一个最小的路集，则以 $P = \{3, 5\}$ 表示这个最小路集。

于是例 5.4 的 3 个最小路集可以表示为 $P = \{1, 2, 3\}, P = \{1, 4\}, P = \{3, 5\}$。如果一个最小路集的底事件全不会出现，则顶事件就不会出现。因此，设故障树有 m' 个最小路集，则有

$$\Phi(X) = \prod_{i=1}^{m'} P_r = \prod_{i=1}^{m'} \bigcup_{j \in p_i} X_j$$

据此，例 5.4 的故障树结构函数为

$$\Phi(X) = (1 - (1 - X_1)(1 - X_2)(1 - X_3))(1 - (1 - X_1)(1 - X_4))$$
$$\cdot (1 - (1 - X_3)(1 - X_5))$$

2. 故障树的定性分析方法

求出故障树的所有最小割集的方法有多种，最基本的是上行法和下行法。

（1）下行法

下行法的基本方法是对每一个输出事件而言，如果它是或门的输出，则将该或门的输入事件各排成一行；如果它是与门的输出，则将该与门的所有输入事件排在同一行。

下行法的工作步骤是从顶事件开始，由上而下逐个进行处理，处理的基本方法如前所述，直到所有的结构事件被处理。最后所得每一行的底事件集合都是故障树的一个割集，将这些割集进行比较，即可得出所有的最小割集。

（2）上行法

上行法的基本方法是对每一个输出事件而言，如果它是或门的输出，则将该或门的输入事件的布尔和表示此输出事件；如果它是与门的输出，则将该与门的诸输入事件的布尔积表示此输出事件。

上行法的工作步骤是从底事件开始,由下而上逐级进行处理,直到所有的结果事件都被处理为止,这样就得到一个顶事件的布尔表达式。根据布尔代数运算法则,将顶事件化成诸底事件积之和的最简式,其每一项包括的底事件集为一个最小割集,从而得出故障树的所有最小割集。

(3) 对偶树

设 E_1 和 E_2 是两个故障事件,它们是一个或门的输入,E_3 是该或门的输出。这意味着,只要 E_1 和 E_2 中有一个故障事件发生,E_3 故障事件就发生,即只有 E_1 和 E_2 都不发生,E_3 才不发生。以 $\overline{E_1}$、$\overline{E_2}$、$\overline{E_3}$ 表示 E_1、E_2、E_3 的余事件,$\overline{E_1}$ 表示 E_1 的故障事件不发生等,只有当 $\overline{E_1}$ 和 $\overline{E_2}$ 都发生时,$\overline{E_3}$ 才发生,即 $\overline{E_1}$ 和 $\overline{E_2}$ 是一个与门的输入,$\overline{E_3}$ 是该与门的输出。

如果把故障树中或门的输入输出事件都换成它们的余事件,则或门须改成与门。仿此,把故障树中与门的输入输出事件都换成它们的余事件,则与门须改或门。经过这样变换后的故障树叫做成功树,顶事件变成希望不发生的事件。成功树也称为偶故障树,简称对偶树。

最小割集是导致顶事件发生不能再缩减的底事件的集合。对成功树而言,成功树的顶事件发生即故障树的顶事件不发生,因此成功树按最小割集法求得的最小割集实际就是故障树的最小路集。

例 5.6　以例 5.3 规范化的站台坠落故障树为例,其对偶的成功树如图 5-11 所示,按下行法求最小割集。

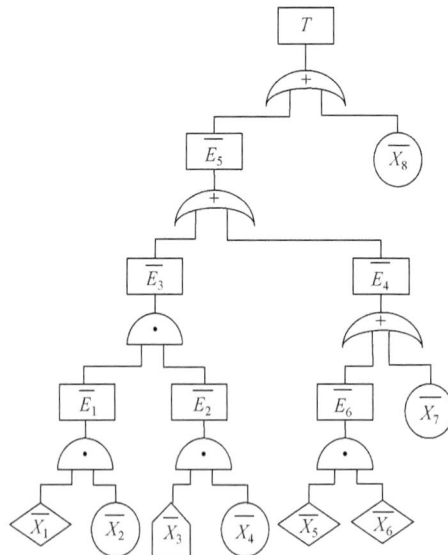

图 5-11　规范化的站台坠落故障树的对偶树

解　根据故障树有

$$\overline{T} \to \begin{bmatrix} \overline{E}_5 \\ \overline{X}_8 \end{bmatrix} \to \begin{bmatrix} \overline{E}_3 \\ \overline{E}_4 \\ \overline{X}_8 \end{bmatrix} \to \begin{bmatrix} \overline{E}_1 \cdot \overline{E}_2 \\ \overline{E}_4 \\ \overline{X}_8 \end{bmatrix} \to \begin{bmatrix} \overline{X}_1 \cdot \overline{X}_2 \cdot \overline{X}_3 \cdot \overline{X}_4 \\ \overline{E}_4 \\ \overline{X}_8 \end{bmatrix} \to \begin{bmatrix} \overline{X}_1 \cdot \overline{X}_2 \cdot \overline{X}_3 \cdot \overline{X}_4 \\ \overline{E}_6 \\ \overline{X}_7 \\ \overline{X}_8 \end{bmatrix}$$

$$\to \begin{bmatrix} \overline{X}_1 \cdot \overline{X}_2 \cdot \overline{X}_3 \cdot \overline{X}_4 \\ \overline{X}_5 \cdot \overline{X}_6 \\ \overline{X}_7 \\ \overline{X}_8 \end{bmatrix}$$

于是得到的故障树的 4 个最小路集为 $\{X_1, X_2, X_3, X_4\}$、$\{X_5, X_6\}$、$\{X_7\}$、$\{X_8\}$。在很多情况下,利用成功树求故障树的最小路集比较方便。

5.2.4　故障树的定量分析

在故障树中,底事件、结果事件和顶事件等都是故障树。取值 1 表示事件出现;取值 0 表示事件不出现。

设底事件 X_i 出现的概率为 p_i,不出现的概率为 $q = 1 - p_i$,则

$$p_i = P(X_i = 1), \quad q = P(X_i = 0) \tag{5-6}$$

同样,设顶事件 T 的出现概率为 p,不出现的概率为 $q = 1 - p_i$,则

$$p_i = P(\Phi = 1), \quad q = P(\Phi = 0) \tag{5-7}$$

显然,如令 $p = (p_1, p_2, \cdots, p_n)$,$n$ 为底事件的总数,设诸底事件是相互独立的,则有

$$\varphi(x) = \varphi(p_1, p_2, \cdots, p_n) = \varphi(p) \tag{5-8}$$

$\varphi(x)$ 称为故障树的概率组成函数。

例 5.7　设 $X_1, X_2, \cdots, X_n$ 是一个与门的输入,T 是该与门的输出,求故障树的概率组成函数。

解　只有当所有的输入事件都出现,事件 T 才出现,这是一个可靠性并联系统,因此概率的组成函数为

$$\varphi(p) = \varphi(p_1, p_2, \cdots, p_n) = \prod_{i=1}^{n} p_i = p_1 p_2 \cdots p_n$$

设 $X_1, X_2, \cdots, X_n$ 是一个或门的输入,T 是该或门的输出,则故障树的概率函数为

$$\varphi(p) = \varphi(p_1, p_2, \cdots, p_n) = \bigcup_{i=1}^{n} p_i = 1 - \prod_{i=1}^{n} (1 - p_i) = 1 - \prod_{i=1}^{n} q_i$$

由此可见,故障树的结构函数与概率函数之间有如下对应关系,即

$$\prod_{i=1}^{n} X_i \Leftrightarrow \prod_{i=1}^{n} p_i$$

$$\bigcup_{i=1}^{n} X_i = 1 - \prod_{i=1}^{n} (1 - X_i) \Leftrightarrow \bigcup_{i=1}^{n} p_i = 1 - \prod_{i=1}^{n} (1 - p_i) = 1 - \prod_{i=1}^{n} q_i$$

根据结构函数的穷举表达式,设 X 有 n 个底事件 $X_1, X_2, \cdots, X_n$,则有穷举表达式为

$$\Phi(X) = \Phi(1, 1, \cdots, 1) X_1 X_2 \cdots X_n + \Phi(1, 0, 1, \cdots, 1) X_1 (1 - X_2) X_3 \cdots X_n$$
$$+ \cdots + \Phi(0, 0, \cdots, 0)(1 - X_1)(1 - X_2) \cdots (1 - X_n)$$
$$X_1 X_2 \cdots X_n$$

穷举表达式有 2^n 项组成,第一项中 $X_1, X_2, \cdots, X_n$ 取值 1 表示 $X_1, X_2, \cdots, X_n$ 全取值 1;第二项中 $X_1, (1-X_2), X_3, \cdots, X_n$ 全取 1,但 X_2 取 0;依此类推,它们各表示一个事件。这 2^n 个事件是相互独立的,即任两个事件不会同时发生。

由于

$$p = P(\Phi = 1) = E[\Phi]$$

把结构函数的穷举表达式两端取期望值,得

$$p = E[\Phi(X)]$$
$$= \Phi(1, 1, \cdots, 1) p_1 p_2 \cdots p_n + \Phi(1, 0, 1, \cdots, 1) p_1 (1 - p_2) \cdots p_n$$
$$+ \cdots + \Phi(0, 0, \cdots 0)(1 - p_1)(1 - p_2) \cdots (1 - p_n)$$

这就是故障树概率组成函数的穷举表达式。

按照概率法则,设 A 和 B 为任意两件事,$A \cdot B$ 为两件事的积事件,即两件事同时出现;$A + B$ 是两件事的和事件,即两件事至少出现一件,则概率法则为

$$P(A+B) = P(A) + P(B) - P(A \cdot B)$$

对任意三件事 A、B、C 而言,有

$$P(A+B+C) = P(A) + P(B) + P(C) - P(A \cdot B) - P(A \cdot C)$$
$$- P(B \cdot C) + P(A \cdot B \cdot C)$$

依此类推,只有当 $A_1, A_2, \cdots, A_n$ 相互独立时,$P(A_i \cdot A_j) = 0$,$P(A_i \cdot A_j \cdot A_k) = 0, \cdots$,才有 $P(A_1 + A_2 + \cdots + A_n) = P(A_1) + P(A_2) + \cdots + P(A_n)$。因此,设故障树一共有 m 个最小割集 $K_1, K_2, \cdots, K_m$,以 F_1 表示这些最小割集出现的概率之和,

以 F_2 表示这些最小割集两两同时出现(即交集)的概率之和,以 F_3 表示这些最小割集三三交集出现的概率之和,依此类推,则按概率法则,顶事件出现的概率 p 为

$$p = F_1 - F_2 + F_3 - F_4 + \cdots + (-1)^{m-1} F_m$$

① 底事件的重要度。设故障树有 n 个底事件,它的概率组成函数为 $p = \varphi(p) = \varphi(p_1, p_2, \cdots, p_n)$,对于给定的一组 $p_0 = (p_{10}, p_{20}, \cdots, p_{n0})$ 而言,有相应的 $I_{P_0}(5) = 0.010$。

如果第 i 个底事件 X_i 的出现概率在 p_0 基础上有增长的单位,则相应 p_0 的增长率为

$$I_{P_0}(i) = \left. \frac{\partial \varphi(p)}{\partial p_i} \right|_{P = P_0} = 0.048$$

② 相对重要度。概率重要度的相对值,即

$$I_{P_0}^{CR}(i) = \frac{\varphi(p)}{p_i} I_{P_0}(i)$$

③ 结构重要度。元部件在系统中所处位置的重要程度,与元部件本身故障率毫无关系,其数学表达式为

$$I_t^\phi = \frac{1}{2^{n-1}} n_i^\phi$$

其中

$$n_i^\phi = \sum_{2^{n-1}} \left[\Phi(1, \overline{X}) - \Phi(0_i, \overline{X}) \right]$$

I_t^ϕ 为第 i 个元部件的结构重要度;n 为系统所含部件数量。

5.2.5　故障树和可靠性框图的关系

可靠性框图(RBD)和故障树(FTD)最基本的区别在于,可靠性框图从系统工作的角度分析是系统成功的集合,而 FTD 的工作从系统角度看是故障的集合。在某些实际工程中,用可靠性框图描述系统合适,还是用故障树描述合适? 下面介绍两种方法之间的转换问题。

在可靠性框图中,通过一个框图的连接意味着单元是正常工作的,当然也意味着该单元有关的一个或多个故障不会发生。在故障树中,底事件的定义为单元同样的失效模式的事件发生,当顶事件定义为系统失败,则对于上述底事件的定义,容易得到一个串联系统的故障树是由或门构成的。同样,对于并联系统的故障树是由与门构成的,如图 5-12 所示。

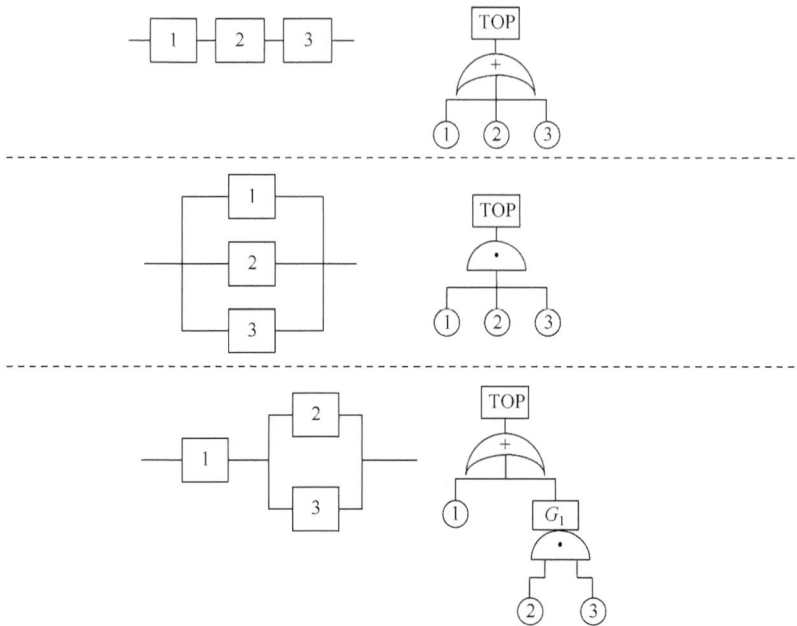

图 5-12　简单可靠性框图系统及其故障树

例 5.8　桥路是一种复杂的可靠性框图,以图 5-13 表示这样的桥路,请将它转化成故障树图。

解　桥路用故障树表示,需要利用复制事件,因为门能表示元件以串联和并联的方式。检查该系统发现任何下列集合发生故障,将会引起整个系统故障。

① 元件 1 和 2 发生故障。

② 元件 3 和 4 发生故障。

③ 元件 1、5 和 4 发生故障。

④ 元件 2、5 和 3 发生故障。

这些事件的集合为最小割集。故障树如图 5-12 所示。

可见故障树分析法和可靠性框图分析法都可以用来分析系统的可靠性,但也存在比较大的区别。

① FTA 是以系统故障为导向,以不可靠度为分析对象,而可靠性框图分析法是以系统正常为导向,以可靠度为分析对象。

② FTA 不仅可分析硬件,而且可分析人为因素、环境及软件的影响,而可靠性框图仅限于分析硬件的影响。

③ FTA 能分析两状态单调关联系统、两状态非单调关联系统和多态系统,而可靠性框图分析法仅限于分析两状态单调关联系统。

④ FTA 能将导致系统故障的基本原因和中间过程利用故障树清楚地表示出

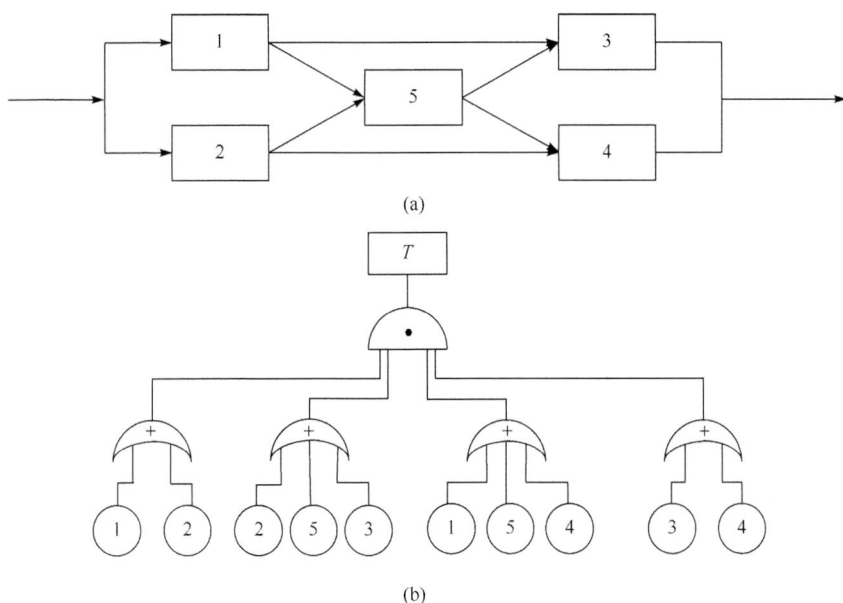

(a)

(b)

图 5-13　复杂可靠性框图——桥路

来,而可靠性框图分析法仅能表示系统和部件之间的联系,中间的情况难以表示。

⑤ FTA 在故障树建模时受人为因素影响较大,不同的人建立的故障树可能会出现较大的差别,互相之间不易核对,并且容易遗漏或重复。可靠性框图分析法按系统原图来建模,所以不同的人建立的模型差别不会很大,易于检查核对,而且可靠性框图与系统原理图的对应关系使得建模得到简化,同时不会有遗漏。

⑥ 故障树重点在于找出造成系统故障的原因,在故障树中可以很清晰地看到系统存在的故障隐患以及它们之间的逻辑关系;可靠性框图则更侧重于反映系统的原貌,图中的元素几乎与系统中的部件或元素一一对应,能明显地描述出大多数部件或系统之间的作用和关系。

对大多数系统来说,RBD 分析法和 FTA 都能进行很好地模拟实际过程的成功和失效,只是侧重点不同。对于特殊的系统,如航空、航天、航海、核能等,FTA 有其独特的优越性,能更准确地描述系统,使分析得到简化,从而更方便和直观。

5.2.6　故障树应用案例

下面以某飞机发动机滑油压力指标和警告系统的安全性分析为例,说明 FTA 的应用。

（1）系统概述

某飞机滑油压力指示和警告系统,包括滑油压力指示系统和滑油压力警告系统两部分。

　　滑油压力指示系统装有滑油压力传感器和滑油压力表(图 5-14)。滑油压力传感器直接装在发动机油滤上,监测滑油滤出口处的压力,也就是感受发动机滑油进口压力。压力传感器将滑油压力转变为电信号,通过电缆组件输到滑油压力表处。滑油压力表根据电信号使指针指到相应的滑油压力值上,供驾驶员判读。滑油压力指示系统选用的电源是 28V 交流电,其频率为 400Hz。当断开电源时,滑油压力表指针位于零刻度以下。

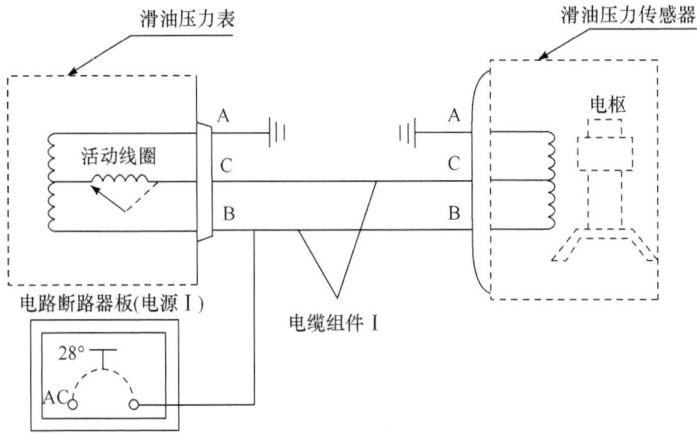

图 5-14　滑油压力指示系统原理图

　　滑油压力警告系统装有滑油低压电门和滑油滤压差电门(图 5-15)。滑油低压电系统过感压管(导管)感受发动机滑油进口压力,当发动机滑油进口压力下降到 0.25MPa 时,接通电路,警告灯亮,向驾驶员发出警告信号。滑油滤压差电门感受滑油滤进出口压差,当滑油滤出口压差超过 0.35MPa 时,表示滑油不经滑油滤而由旁通阀流向系统,压差电门接通电路,发生报警信号。

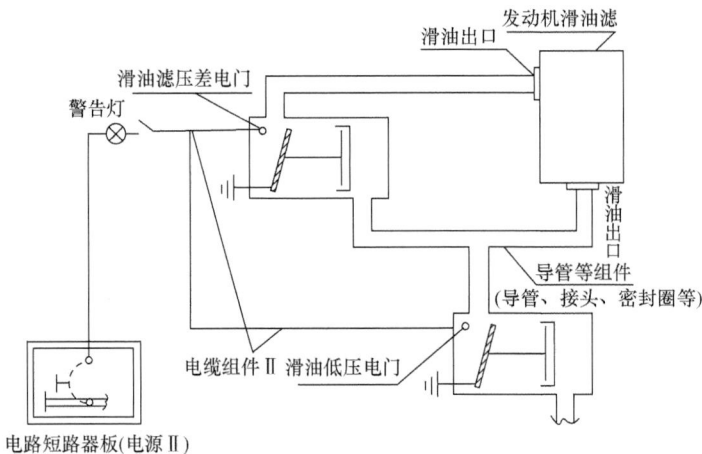

图 5-15　滑油压力警告系统原理图

（2）安全性分析

为保证飞机安全飞行，需要对那些危害飞机安全的因素进行分析。滑油压力指示和警告系统故障会使发动机损坏，继而影响飞机安全。通过初步分析，知道可能严重危害发动机故障有两种情况：一种是滑油系统进口压力过低，滑油压力指示系统没有给出指示，并且滑油压力警告系统也没有发出警告信号，以致发动机因缺油而损坏；另一种是滑油滤堵塞，滑油压力警告系统没有发出滑油滤堵塞警告信号，未经过滤的滑油通往轴承处，有可能堵塞喷嘴，造成类似的严重事件。下面将分别对这两种情况进行故障分析。

1）滑油压力过低而引起发动机损坏故障分析。

只有当滑油压力指示系统和滑油低限压力警告系统都故障，而且发动机滑油系统压力确实过低时，才能损坏发动机。

① 画故障树（图 5-16）。

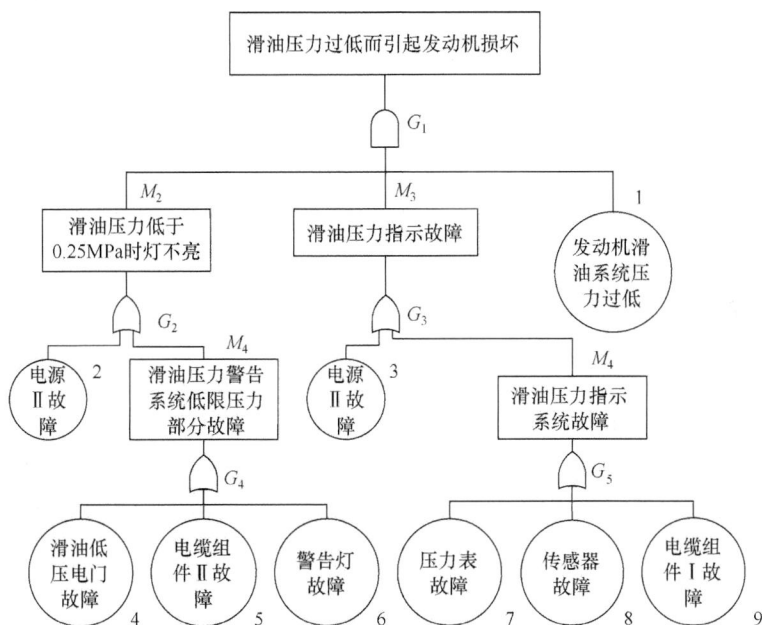

图 5-16　滑油压力过低而引起发动机损坏的故障树

② 定性分析。

定性分析首先是找出全部最小割集，用下行法进行分析，如表 5-13 所示。

表 5-13　　用下行法求得滑油压力过低而发动机损坏故障树的最小割集

步骤	1	2	3	4	5
过程	$M_2,M_3,1$	$2,M_3,1$	$2,M_3,1$	$2,3,1$	$2,3,1$
		$M_4,M_3,1$	$4,M_3,1$	$2,M_5,1$	$2,7,1$
			$5,M_3,1$	$4,3,1$	$2,8,1$
			$6,M_8,1$	$4,M_5,1$	$2,9,1$
				$5,3,1$	$4,3,1$
				$3,M_5,1$	$4,7,1$
				$6,3,1$	$4,8,1$
				$6,M_5,1$	$4,9,1$
					$5,3,1$
					$5,7,1$
					$5,8,1$
					$5,9,1$
					$6,3,1$
					$6,7,1$
					$6,8,1$
					$6,9,1$

由表可得系统的最小割集为

$\{2,3,1\},\{2,7,1\},\{2,8,1\},\{2,9,1\},\{4,3,1\},\{4,7,1\},\{4,8,1\},\{4,9,1\}$,
$\{5,3,1\},\{5,7,1\},\{5,8,1\},\{5,9,1\},\{6,3,1\},\{6,7,1\},\{6,8,1\},\{6,9,1\}$

这 16 个最小割集中,只要有一个出现,顶事件就会发生。这 16 个最小割集均为三阶的割集。但在底事件 1～9 中,底事件 1 在最小割集中出现了 16 次,其余的均出现 4 次,因此定性分析结果是底事件 1 最重要。也就是说,要提高系统的安全性,首先要解决"发动机滑油系统压力过低"的问题。

③ 定量计算。

定量计算的目的是计算出顶事件发生的概率,看是否能满足安全性要求。

16 个最小割集中有重复出现的底事件,因此最小割集之间是相交的。设各底事件故障概率为

$$F_1 = 1 \times 10^{-3}, \quad F_2 = F_1 = 1.5 \times 10^{-3}$$
$$F_5 = F_9 = 0.8 \times 10^{-3}, \quad F_4 = 1 \times 10^{-3}$$
$$F_6 = 0.5 \times 10^{-3}, \quad F_7 = F_8 = 1.2 \times 10^{-3}$$

顶事件发生的概率计算如下:

$$P(T) = F_s(t) = \sum_{i=1}^{16} \sum P(K_i)$$

$$= P(2)P(3)P(1) + P(2)P(7)P(1) + P(2)P(8)P(1) + P(2)P(9)P(1)$$

$$+ P(4)P(3)P(1) + P(4)P(7)P(1) + P(4)P(8)P(1) + P(4)P(9)P(1)$$

$$+ P(5)P(3)P(1) + P(5)P(7)P(1) + P(5)P(8)P(1) + P(5)P(9)P(1)$$

$$+ P(6)P(3)P(1) + P(6)P(7)P(1) + P(6)P(8)P(1) + P(6)P(9)P(1)$$

$$= 1.786 \times 10^{-8}$$

2) 滑油滤堵塞而引起发动机损坏的故障分析。

这个故障是滑油滤堵塞而警告系统没有发出警告信号所造成的。

①画故障树(图 5-17)。

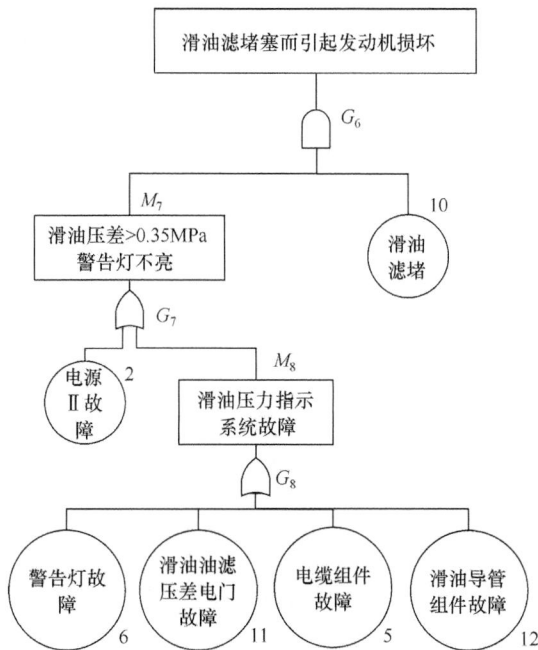

图 5-17　滑油滤堵塞而引起发动机损坏的故障树

② 定性分析。

用下行法求出全部最小割集,如表 5-14 所列。

表 5-14　用下行法求滑油滤堵塞

步骤	1	2	3
过程	M_7,10	2,10	2,10
		M_8,10	5,10
			6,10
			11,10
			12,10

系统的最小割集为

$$\{2,10\},\{5,10\},\{6,10\},\{11,10\},\{12,10\}$$

从定性分析可见,这 5 个最小割集均为二阶。底事件 10 在最小割集中出现过 5 次,其余底事件均出现 1 次。因此,底事件 10 最为重要,即要提高系统的安全性,首先解决"滑油滤堵塞"问题。

③ 定量计算。

设各底事件故障概率为

$$F_2=1.5\times10^{-3},\quad F_5=0.8\times10^{-3},\quad F_6=0.5\times10^{-3}$$
$$F_{10}=1\times10^{-5},\quad F_{11}=1.2\times10^{-3},\quad F_{12}=1\times10^{-3}$$

顶事件发生的概率计算如下:

$$P(T) = F_s(t) = \sum_{i=1}^{5} P(K_i)$$
$$= P(2)P(10) + P(5)P(10) + P(6)P(10) + P(11)P(10) + P(12)P(10)$$
$$= 5\times10^{-8}$$

3) 滑油压力指示和警告系统故障分析。

滑油压力指示和警告系统危及飞机安全的故障树,如图 5-18 所示,此故障树为图 5-16 和图 5-17 加或门组合而成。

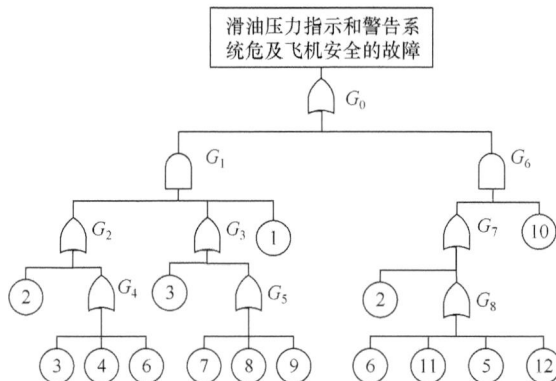

图 5-18　滑油压力指示和警告系统危及飞机安全的故障树

用下行法可知,此故障树的最小割集为前两个故障树(图 5-16 和图 5-17)最小割集的综合,即表 5-14 中 5 个最小割集和表 5-13 中 16 个最小割集的综合。其顶事件发生的概率的近似值,亦为上述两棵故障树顶事件发生概率之和,即

$$P(T) = F_s(t) = 1.786 \times 10^{-8} + 5 \times 10^{-8} \approx 6.8 \times 10^{-8}$$

根据上述定性分析,底事件 1(发动机滑油系统压力过低)和底事件 10(滑油滤堵塞)在改进设计时应引起重视。

滑油压力指示系统和滑油压力警告系统在监控发动机滑油进口最低压力时,都具有类似的功能。比较图 5-17、图 5-18 可知,如采用共同的电缆组件和电源,只要电缆组件或电源某一部分故障就会严重影响系统工作。为了提高可靠性,避免由共同部件故障而使低压指示和警告同时发生故障,在该飞机上,不但要采用两套独立的电缆组件,而且应选用两套性质完全不同的电源体制。

为了防止"滑油滤堵塞",在该机上主要采用规定时间间隔(300 飞行小时)的检查来避免滑油滤堵塞,以便提高滑油系统工作可靠性。该机上滑油滤压差警告部分就是用来监控滑油滤是否堵塞的装置。

5.3　基于贝叶斯方法的可靠性分析

Bayes 可靠性分析方法有两类,一类是 Bayes 统计分析方法,即应用概率统计相关理论知识和手段对产品或系统的可靠性进行数据分析以及可靠性评估、预测;另一类则是 Bayes 网络分析方法[25-33]。

5.3.1　贝叶斯统计分析方法

经典的统计推断理论是基于频率解释,贝叶斯推断则不同。每次试验的结果被认为是关于待估参数的新的信息,通过贝叶斯定理,新的信息可以和参数在试验之前的已有的信息结合起来,从而实现对待估参数信度的更新。在贝叶斯统计推断中,待估参数的信息是通过一个概率密度函数来表征的。贝叶斯统计推断的核心是贝叶斯定理,可以实现通过收集到的数据对已有信息的更新。

1. Bayes 定理

令 $B_i(i=1,2,\cdots,n)$ 为一互斥的完备群,存在事件 A,其条件概率的值为已知,又假定概率已知。它代表先验概率,在离散情况下,Bayes 定理可以表示为

$$P(B_i|A) = \frac{P(B_i)P(A|B_i)}{P(A)}, \quad P(A) \neq 0 \tag{5-9}$$

其中,$P(A)$ 为 A 出现且 B_i 中的一个同时出现的概率,即

$$P(A) = P(A|B_1)P(B_1) + P(A|B_2)P(B_2) + \cdots + P(A|B_n)P(B_n)$$

$$= \sum_{i=1}^{n} P(A \mid B_i)P(B_i)$$

因此,

$$P(B_i \mid A) = \frac{P(B_i)P(A \mid B_i)}{\sum_{i=1}^{n} P(A \mid B_i)P(B_i)} \qquad (5\text{-}10)$$

这就是离散状态下的 Bayes 定理。

在连续条件下,Bayes 定理可以表示为

$$\pi(\theta \mid X) = \frac{f(X \mid \theta)\pi(\theta)}{\int_{-\infty}^{+\infty} f(X \mid \theta)\pi(\theta)\mathrm{d}\theta} \qquad (5\text{-}11)$$

其中,θ 为随机变量,$\pi(\theta)$ 为验前分布的概率密度函数,$\pi(\theta|X)$ 为验后分布的概率密度函数,$f(X|\theta)$ 为观测统计量 X 的条件分布。

由此可见,观测统计量或抽样数据结合验前信息形成验后信息,即

$$验后概率 = \frac{验前概率 \times 条件概率}{\sum(验前概率 \times 条件概率)} \qquad (5\text{-}12)$$

与经典方法比较,贝叶斯方法的主要特色是充分利用先验信息,尤其对于昂贵小子样产品能够利用工程经验、专家意见和历史经验信息。

从贝叶斯公式可以看出,先验信息的获取、相容性检验、信息融合、验前分布的表示等是贝叶斯方法研究的关键。

2. 先验信息的获取与检验

(1) 先验信息的一般形式

先验信息是贝叶斯分析方法应用的前提,大量可信的先验信息是贝叶斯方法统计推断优良性的保证,以下讨论先验信息的获取问题。先验信息的来源多种多样,按其来源一般分为以下几类。

① 从产品设计及定型前历次试验积累下来的历史资料。这是一类最可靠的先验信息。问题的关键是如何运用这些多试验阶段下变母体的历史信息。

② 工程专家通过长期的现场工作实践积累下来的经验知识。由于经验知识带有一定的主观性,必然给贝叶斯推断和决策带来一定的风险。运用较少的试验数据进行统计推断同样存在风险,因此只要前者带来的风险小于后者带来的风险,该先验信息就是可以利用的。

③ 通过理论分析或仿真而获得的先验信息。这种方法应注意仿真模型的可信性验证,只有当模型是可信时,该先验信息才是可用的。另外,对于仿真数据的运用要注重使用量的问题。

　　若按信息的表现形式,则可分为历史试验数据;可靠性参数本身的统计特性,如各阶矩、置信区间、分位数等;仿真数据;专家知识。

　　贝叶斯方法之所以能够提高小样本条件下产品可靠性评估的置信度,在于其充分利用各种先验信息,扩大产品可靠性评估的信息量。

　　(2) 先验信息的检验

　　相容性检验。一般而言,现场试验子样是完全可信赖的,而先验信息是通过历史资料信息、理论分析和仿真试验等方法得到的,这些信息未必是可信的或与现场试验的信息未必是相容的,即使是相容的,也只能在一定的置信度下认为它们是相容的,这就是先验信息的相容性问题或一致性问题。

　　当在贝叶斯公式中直接使用历史数据时,实际上是将历史数据与当前的现场试验数据等权看待,这要冒很大的风险,因此必须进行先验信息与现场数据的相容性检验,工程中常用 Wilcoxon-Mann-Whitney 的秩和检验法。

　　假设先验数据样本为 $X=(X_1,X_2,\cdots,X_n)$,现场数据样本为 $Y=(Y_1,Y_2,\cdots,Y_m)$,考虑对立假设,即 H_0:X 与 Y 属于同一母体;H_1:X 与 Y 不属于同一母体。将 X 和 Y 两个样本混合,然后由小到大排序,得到次序统计量,即

$$Z_1<Z_2<\cdots<Z_{n+m} \tag{5-13}$$

　　如果 $X_k=Z_j$,即先验数据样本 X 的第 k 个元素 X_k。在混合排序中的次序为 j,则称 X_k 的秩为 j,记为 $r_k(X)=j$。Wilcoxon 等提出可以用先验信息样本 X 的秩和作为检验的统计量,即

$$T=\sum_{k=1}^{n} r_k(X) \tag{5-14}$$

　　检验统计量 T 有如下关系,即

$$P(T_1<T<T_2\,|\,H_0)=1-\alpha \tag{5-15}$$

其中,α 为显著性水平。

　　给定 α,如果 $T\leqslant T_1$ 或 $T\geqslant T_2$,则认为两个样本不属于同一母体;否则,认为两个样本属于同一母体,其置信度为 $1-\alpha$。

　　(3) 先验分布的确定方法

　　在贝叶斯统计方法中,将总体分布的未知参数看作随机变量,这个随机变量的分布函数总结了试验前对未知参数的所有认识,称为先验分布。通常装备的研制试验按照“设计-试验-改进-再试验”分阶段、分批次进行,且装备可靠性不断增长,即

$$0\leqslant R_1\leqslant R_2\leqslant\cdots\leqslant R_{m-1}\leqslant R_m\leqslant 1 \tag{5-16}$$

　　在上述约束条件下,针对动态分布参数的贝叶斯分析,需要研究先验分布对试验数据的合理描述问题。并非所有场合都能得到确切的验前分布,因此在获取先验信息后,将先验信息表示为先验分布函数是贝叶斯分析的关键问题之一。

对于无信息先验分布,Reformation 方法、Box-Tiao 方法等是基于参数在总体分布中的地位确定先验分布。此外,无先验信息如果是指在现场试验之前,没有做过类似的试验,无历史试验数据可利用,则不能认为没有先验信息,因为研制过程中存在大量关于装备的知识,如相似系统的可靠性信息、分系统的信息或仿真信息等。如果以上信息的可信度不高,可以不予采纳,而采用无信息先验分布。

例 5.9　设某元件的可靠性为 R,现进行 N 次独立试验,其中成功 S 次,试估计该元件的可靠性。

解　① 经典统计学方法。

进行 N 次独立试验,成功 S 次,则试验数据的似然函数为

$$L(S|R)=C_N^S R^S (1-R)^{N-S}$$

所以

$$\ln L = \ln C_N^S + S\ln R + (N-S)\ln(1-R)$$

$$\Rightarrow \hat{R} = \frac{S}{N}$$

② Bayes 估计。

设对该元件可靠性无任何已知信息,即 R 等可能取值于 $(0,1)$,即 $R \sim U(0,1)$,作为元件的可靠性先验分布,即

$$\pi(R)=\begin{cases}1, & 0<R<1 \\ 0, & \text{其他}\end{cases}$$

由 Bayes 估计可知,R 的后验分布为

$$\begin{aligned}
\pi(R \mid S) &= \frac{L(S \mid R)\pi(R)}{\int_0^1 \pi(R)L(S \mid R)\mathrm{d}R} \\
&= \frac{C_N^S R^S (1-R)^{N-S}}{\int_0^1 C_N^S R^S (1-R)^{N-S}\mathrm{d}R} \\
&= \frac{R^S (1-R)^{N-S}}{\int_0^1 R^{(S+1)} (1-R)^{(N-S+1)-1}\mathrm{d}R} \\
&= \frac{\Gamma(N+2)}{\Gamma(S+1)\Gamma(N-S+1)} R^S (1-R)^{N-S}, \quad 0<R<1
\end{aligned}$$

用后验分布的期望值作为成功率 R 的估计,即

$$\hat{R}=E(R|S)=\frac{S+1}{N+2}$$

　　矩方法确定先验分布。在假定先验分布形式已知的条件下,在确定先验分布中的超参数时,可先由历史数据估计边缘密度的各阶矩,如期望和方差,而后估计先验分布的超参数,该方法通常称为矩方法。

　　共轭先验分布。运用共轭先验分布时,未知参数的先验分布和后验分布具有相同的分布类型,计算十分方便。先验分布的先验超参数一般具有明确的物理意义,该类先验分布在工程中应用较普遍。

　　例如,正态分布均值(σ 方差已知)的共轭分布是正态分布 $N(\mu,\tau^2)$(μ,τ 为已知),其后验均值为

$$\mu_1=\frac{\bar{x}\sigma^{-2}+\mu\tau^{-2}}{\sigma^{-2}+\tau^{-2}}=\gamma\bar{x}+(1-\gamma)\mu$$

其中,$\gamma=\dfrac{\sigma^{-2}}{\sigma^{-2}+\tau^{-2}}$ 为方差倒数组成的权。

　　其后验均值可解释为样本均值 $\bar{x}$ 与验前均值 μ 的加权平均。

　　近年来,一些学者指出共轭先验的假设并不总是适合的,并提出运用共轭先验分布的线性组合做出先验分布的新方法。

　　工程中常用的共轭先验分布如表 5-15 所示。

表 5-15　常用共轭先验分布

总体分布	参数	共轭先验分布
二项分布	成功概率	贝塔分布 $\text{Be}(\alpha,\beta)$
泊松分布	均值	伽马分布 $\text{Ga}(\alpha,\beta)$
指数分布	失效率	伽马分布 $\text{Ga}(\alpha,\beta)$
正态分布(方差已知)	均值	正态分布 $N(\mu,\tau^2)$
正态分布(均值已知)	方差	逆伽马分布 $\text{IGa}(\alpha,\beta)$
正态分布	方差、均值	正态-逆伽马分布

　　由于共轭先验分布仅给出了未知参数的分布类型,其先验分布超参数还需确定,以下阐述了由先验信息确定先验分布超参数的方法。工程中最为常见的先验信息是相似产品信息或专家知识,以及未知参数的统计特性。下面以二项分布和指数寿命型分布说明先验超参数的确定方法。

　　第一,由专家知识确定先验超参数。

　　可靠度的先验信息通常以连续区间的形式给出。例如,根据类似产品信息或专家经验,可以给出第 k 个试验阶段内产品的可靠度 $R_k\in(R_{k,L},R_{k,H})$。在确定先验超参数时,首先以均匀分布描述产品的先验信息,然后以先验参数为变量,将均值作为约束,方差作为目标,利用最优化方法求出与该均匀分布最接近的一般贝塔分布,由此作为产品的先验分布,如图 5-19 所示。

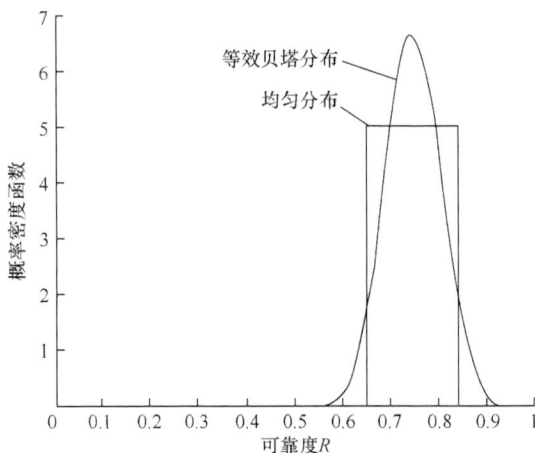

图 5-19　均匀分布于贝塔分布等效图

第二,由分位数确定先验超参数。

对于指数型产品,其失效率 λ 的共轭分布为伽马分布,即

$$\pi(\lambda \,|\, a,b) = \frac{b^a}{\Gamma(a)} \lambda^{a-1} \exp(-b\lambda) \tag{5-17}$$

其中,$\lambda > 0, a > 0, b > 0, a$ 和 b 为先验分布超参数,需要通过先验信息来确定。

对于不同的置信度 γ_1 和 γ_2,假设由先验信息可以确定产品失效率的随机化最优精确置信下限 λ_1 和 λ_2,以此作为失效率 λ 先验分布的置信度为 γ_1 和 γ_2 的分位数,即

$$\begin{cases} \int_0^{\lambda_1} \pi(\lambda \,|\, a,b)\mathrm{d}\lambda = \gamma_1 \\ \int_0^{\lambda_2} \pi(\lambda \,|\, a,b)\mathrm{d}\lambda = \gamma_2 \end{cases} \tag{5-18}$$

例 5.10　设某元件的可靠度为 R,现对该产品进行 N 次试验,其中有 S 次成功,取可靠性 R 的共轭先验分布为贝塔分布,求可靠性 R 的 Bayes 估计。

解　设 N 次抽样,有 S 次成功的似然函数为

$$L(S|R) = C_N^S R^S (1-R)^{N-S}, \quad S = 0,1,2,\cdots,N$$

取贝塔分布为 R 的先验分布,因此

$$\pi(R) = \frac{1}{B(a,b)} R^{a-1} (1-R)^{b-1}$$

$$B(a,b) = \int_0^1 x^{a-1} (1-x)^{b-1}\mathrm{d}x, \quad 0 < R < 1, \quad a,b \text{ 为已知常数}$$

由 Bayes 定理可得 R 的后验分布,即

$$
\begin{aligned}
\pi(R \mid S) &= \frac{L(S \mid R)\pi(R)}{\displaystyle\int_0^1 L(S \mid R)\pi(R)\mathrm{d}R} \\
&= \frac{C_N^S R^S (1-R)^{N-S} \dfrac{1}{B(a,b)} R^{a-1}(1-R)^{b-1}}{\displaystyle\int_0^1 C_N^S R^S (1-R)^{N-S} \dfrac{1}{B(a,b)} R^{a-1}(1-R)^{b-1}\mathrm{d}R} \\
&= \frac{R^{(S+a-1)}(1-R)^{N-S+b-1}}{\displaystyle\int_0^1 R^{(S+a-1)}(1-R)^{N-S+b-1}\mathrm{d}R} \\
&= \frac{R^{(S+a-1)}(1-R)^{N-S+b-1}}{B(S+a,N-S+b)}
\end{aligned}
$$

因此,R 的后验分布还是贝塔分布,即贝塔分布为共轭先验分布,R 的 Bayes 估计为

$$
\begin{aligned}
\hat{R} &= E(R \mid S) \\
&= \int_0^1 \pi(R \mid S)R\mathrm{d}R \\
&= \frac{B(S+a+1,N-S+b)}{B(S+a,N-S+b)} \\
&= \frac{\tau(S+a+1)\tau(N-S+b)}{\tau(N+a+b+1)} \cdot \frac{\tau(N+a+b)}{\tau(S+a)\tau(N-S+b)} \\
&= \frac{S+a}{N+a+b} \\
&= (1-v)\frac{a}{a+b} + v\frac{S}{N}, \quad v = \frac{N}{a+b+N}
\end{aligned}
$$

5.3.2　贝叶斯网络分析方法

贝叶斯网络是一种概率网络,是基于概率推理的图形化网络,而贝叶斯公式则是这个概率网络的基础。贝叶斯网络是基于概率推理的数学模型。所谓概率推理就是通过一些变量的信息来获取其他概率信息的过程,基于概率推理的贝叶斯网络是为了解决不定性和不完整性问题提出的,对于解决复杂设备不确定性和关联性引起的故障有很大的优势,在多个领域中获得广泛应用。

贝叶斯网络是一个有向无环图,由代表变量的节点及连接这些节点的有向边构成。节点代表论域中的变量,有向弧代表变量间的关系,通过图形表达不确定性知识,通过条件概率分布的注释,可以在模型中表达局部条件的依赖性。

贝叶斯网络基础理论需要研究三个问题。

① 对给定的概率模式 M,研究变量 $X_1,X_2,\cdots,X_n$ 之间的条件独立性。

② 对给定的图形模式 G,研究结点之间的 d-separation 性。

③ 条件独立性和 d-separation 之间的联系。

(1) 概率模式中的条件独立性

定义 5.1 对于概率模式 M,$U=\{X_1,X_2,\cdots,X_n\}$ 是一随机变量集,A、B 和 C 是 U 的三个互不相交变量子集,如果对 $\forall X_i\in A$,$\forall X_j\in B$ 和 $\forall X_k\in C$ 都有 $p(x_i\mid x_j,x_k)=p(x_i\mid x_k)$,且 $p(x_j,x_k)>0$,称给定 C 时 A 和 B 条件独立,记为 $I(A,C,B)_M$,或简记为 $I(A,C,B)$。

对概率模式 M,两个随机变量之间的依赖关系如图 5-20 所示。

设 X_i 和 X_j 是两个随机变量,$C(X_i\notin C,X_j\notin C)$ 是一个随机变量集。

绝对依赖:$I(X_i,\phi,X_j)$ 不成立,而且对任意的 C,$I(X_i,C,X_j)$ 也不成立。

条件依赖:$I(X_i,\phi,X_j)$ 成立,但存在 C,使 $I(X_i,C,X_j)$ 不成立。

绝对独立:$I(X_i,\phi,X_j)$ 成立,而且对任意的 C,$I(X_i,C,X_j)$ 也成立。

条件独立:$I(X_i,\phi,X_j)$ 不成立,但存在 C,使 $I(X_i,C,X_j)$ 成立。

定义 5.2 对一个变量 $X_i\in U$ 和变量子集 $S\subseteq U$,$X_i\notin S$,如果 $I(X_i,S,U-S-X_i)$,称为 X_i 的马尔可夫毯(Markov blanket),最小的马尔可夫毯称为马尔可夫边界(Markov boundary)。

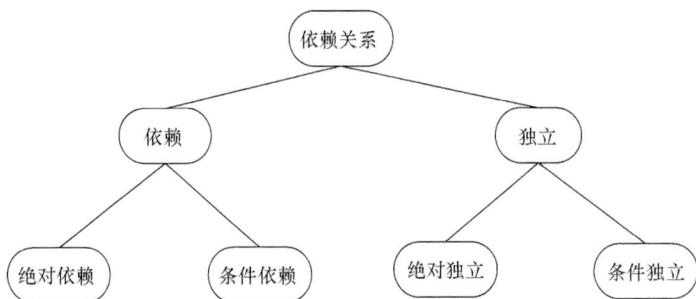

图 5-20 变量之间的依赖关系

(2) 图形模式中的 d-separation 性

在图形模式中,与变量条件独立性相对应的是结点 d-separation 性。对互不相交的结点子集 A、B 和 C,如果相对于 A、B 和 C 满足 d-separation 条件,就称 C d-separate A 和 B。在 1988 年,Pearl 建立了下面的 d-separation 标准定义与 d-separation 检验的方法。

定义 5.3 对有向无环图 G,设 A、B 和 C 是 G 的三个互不相交节点子集,如果不存在 A 中一个节点和 B 中一个节点之间的一条通路满足如下条件:每一个具

有汇聚箭头的节点均在 C 中,或者有一个子孙节点在 C 中;所有其他节点都不在 C 中,则称 C d-separate A 和 B,记为 $\langle A|C|B\rangle_G$,也称 C 为 A 和 B 的切割集,能够 d-separate A 和 B 的最小节点集称为 A 和 B 的最小 d-separation 集。

定理 5.1　设 X_j 不是 X_i 的祖先节点,X_j 的父节点集为 Π_j,是 X_i 和 X_j 的 d-separation集。

定理 5.2　提供一种确定 d-separation 集的方法,当父节点集较大时,可以对父节点集进行简化。

(3) 贝叶斯网络基本定理

贝叶斯网络基本定理是解决给定一个概率分布,是否存在对应的贝叶斯网络,以及给定一个有向无环图,对应的概率分布存在与否这两个基本问题。Pearl 给出了下面的贝叶斯网络基本定理,为贝叶斯网络研究奠定了理论基础。

定理 5.3　对概率分布 $p(x_1,x_2,\cdots,x_n)$ 和确定的节点顺序,存在对应的贝叶斯网络 G_B,这用 $\Pi_i\subseteq\{X_1,X_2,\cdots,X_{i-1}\}$ 表示 X_i 的父节点集,使

$$p(x_1,x_2,\cdots,x_n)=\prod_{i=1}^{n}p(x_i\mid x_1,x_2,\cdots,x_{i-1})=\prod_{i=1}^{n}p(x_i\mid\pi_i,G_B)$$

如果 $p(x_1,x_2,\cdots,x_n)>0$,贝叶斯网络唯一存在。

定理 5.4　给定有向无环图 G,存在一个概率分布 P,使得相对于 d-separation 标准,G 是 P 的完全图。

定理 5.5　关于贝叶斯网络 G_B 和对应的概率分布 P,对于 G_B 中的节点 X,由 X 的父节点、子节点和子节点的父节点构成的节点集是 X 的马尔可夫毯;如果 G_B 是 P 的完全图,马尔可夫毯还是马尔可夫边界。

例 5.11　如图 5-21(a)所示为某阀门控制系统,系统功能定义为从 A 到 B 流体通道畅通,阀正常状态为"通"、失效状态为"断",其故障树如图 5-21(b)所示,图中 t 表示系统故障的顶事件,x_i 表示部件 i 的状态,m 为中间事件,图 5-21(c)为相应的贝叶斯网络模型。表 5-16 为系统元件 X_1、X_2、X_3 的故障概率。

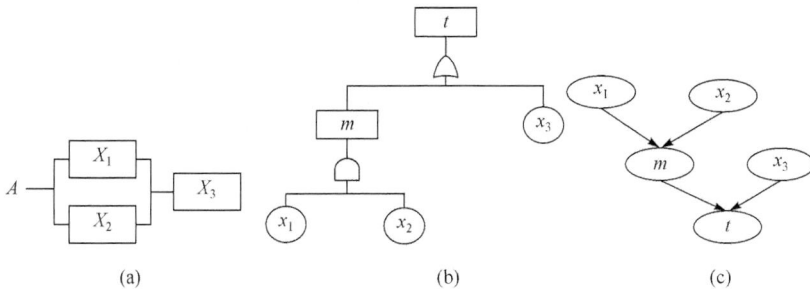

图 5-21　贝叶斯网络的建立过程

表 5-16   系统元件的故障概率

系统元件	X_1	X_2	X_3
故障概率	0.04	0.02	0.01

解   应用 Bucket Elimination 方法,得到的顶事件发生的概率为

$$P(t)=1-(1-0.0008)\times(1-0.01)=0.010792$$

系统的可靠度为

$$R_s=1-P(t)=1-0.010792=0.98920$$

进行诊断推理时,假定系统故障情况下,各元件故障的条件概率如表 5-17 所示。例如,计算系统故障情况下,元件 X_2 的故障概率的公式为

$$P(x_2=1|t=1)=\frac{P(t=1,x_2=1)}{P(t=1)}=0.0926$$

表 5-17   系统故障时各元件的故障概率(诊断)

系统元件	X_1	X_2	X_3
故障概率	0.1115	0.0926	0.9259

进行因果推理时,假定各元件故障情况下,系统节点的故障概率如表 5-18 所示,为节点 T 和节点 M 的故障概率。例如,在计算元件 X_2 故障条件下,系统节点 T 的故障概率为

$$P(t=1|x_2=1)=\frac{P(t=1,x_2=1)}{P(x_2=1)}$$

表 5-18   各元件故障时系统节点的故障概率(因果)

系统元件	系统	节点
X_1	0.0298	0.0200
X_2	0.05	0.0404
X_3	1	0

由表 5-17 和表 5-18 可以看出,各元件在系统可靠性中所起作用的大小。虽然元件 X_3 的故障概率最小,但由于它是串联系统的一个环节,必然导致系统故障,因此在系统故障时的条件概率也是最大的,为 0.9259。当 X_3 故障时,系统故障概率为 1。元件 X_1 的故障概率最大,但由于它和 X_2 组成了并联结构,在系统故障时的条件概率并不是最大的。

由于贝叶斯网络结构的特点和双向推理的优势,在进行系统可靠性研究中,可以直接计算一个元件或多个元件故障树对系统故障的影响,以及系统故障条件下元件的故障概率,这样就避免了最小割集和重要度的计算。

5.4　模糊可靠性分析方法

5.4.1　模糊可靠性的基本概念

经典可靠性定义包括对象、条件、时间、功能和能力等[34]。这个定义的前 3 项（对象、条件和时间）是可靠性的前提，是不允许模糊化的，因此改造经典可靠性定义的工作只能从第 4 项和第 5 项内容入手。如果将原定义中"保持其规定功能"改变成"在某种程度上保持其规定功能"，就实现了产品"功能"的模糊化。至于第 5 项内容（能力），本身就是模糊概念，只要用模糊指标描述就行了。

通过上述改造获得的模糊可靠性定义与经典可靠性定义是相对应的。显然，前者是后者的拓展，后者是前者的特例。这个定义能否反映模糊可靠性的内涵呢？从概率论的角度将有关模糊可靠性的种种问题归纳为 3 大类，即模糊事件、精确概率；清晰事件、模糊概率；模糊事件、模糊概率。显然，前面直接改造经典可靠性定义获得的结果与模糊可靠性内涵包括的这 3 个内容是一致的。因此，将模糊可靠性定义为产品在规定的使用条件下，在预期的使用时间内，某种程度上保持某规定功能的能力[35-39]。同时，将这个定义中用"某种程度"模糊化了的产品功能称为模糊功能。

为了解决如何用模糊子集表示模糊功能的问题，必须应用模糊数学中关于模糊语言的组成规则。在模糊数学中，关于模糊语言的组成规则将语言算子分成 3 类。

（1）语气算子

将"比较""很""极"这 3 个语气算子作为单词大和小的前缀词，就得到了 6 个模糊子集，加上原来没有语气算子的 2 个模糊子集，共得到 8 个表示不同模糊功能的模糊子集。

语气算子用 H_λ 表示（λ 是一个实数），其运算规则为

$$\mu_{(H_\lambda \tilde{A})}(u) \overset{\text{def}}{=} [\mu_{\tilde{A}}(u)]^\lambda \tag{5-19}$$

其中，$\mu_{\tilde{A}}(u)$ 表示论域中任一元素 u 隶属于模糊子集 $\tilde{A}$ 的程度的量，称之为 u 对于 $\tilde{A}$ 的隶属度。

一般，$H_{1/2}$ 称为"比较"，H_2 称为"很"，H_4 称为"极"。

（2）模糊化算子

将模糊化算子"大概"作为前缀词加到前面的 8 个模糊子集上，又可以得到 8 个新的模糊子集。这样，已经得到了 16 个模糊子集。

模糊化算子用 F 表示，其运算规则为

$$\mu_{F\tilde{A}}(u) \overset{\text{def}}{=} \mu_{(\tilde{E}\circ\tilde{A})}(u) = \underset{v \in U}{v} [\mu_{\tilde{E}}(u,v) \wedge \mu_{\tilde{A}}(v)] \tag{5-20}$$

其中,$\tilde{E}$ 是 U 上的一个相似关系。

当 $U \to (-\infty, +\infty)$ 时,常取

$$\mu_{\tilde{E}}(u, v) = \begin{cases} e^{-(u-v)^2}, & |u-v| < \delta \\ 0, & |u-v| \geqslant \delta \end{cases} \tag{5-21}$$

其中,δ 为参数。

(3) 判定化算子

将判定化算子"倾向于"作为前缀词加到前面的 16 个模糊子集上,又可以得到新的 16 个模糊子集,加上原来的 16 个模糊子集,就得到了 32 个模糊子集。

判定化算子"倾向于"或"倾向"用 $P_{1/2}$ 表示,其运算规则为

$$\mu_{(P_{1/2}\tilde{A})}(u) \overset{\text{def}}{=\!=} P_{1/2}[\mu_{\tilde{A}}(u)] = \begin{cases} 0, & u > u_{1/2} \\ 1, & u \leqslant u_{1/2} \end{cases} \tag{5-22}$$

其中,$u_{1/2}$ 是使 $\mu_{\tilde{A}}(u) = \dfrac{1}{2}$ 的那个 u 值。

5.4.2　模糊可靠性基本指标

与经典可靠性的主要指标类似,模糊可靠性的主要指标也有可靠度、故障率、平均寿命等,不过这些指标的内涵远比经典可靠性的指标丰富、复杂。在讨论模糊可靠性的定义时,从模糊概率论的角度可以将模糊可靠性涉及的内容和指标分为三类。

① 模(糊事件)-精(确概率)型指标。

② 清(晰事件)-模(糊概率)型指标。

③ 模(糊事件)-模(糊概率)型指标。

下面讨论模糊可靠性最简单而又常用的模-精型指标。

1. 模糊可靠度 $\tilde{R}$

产品在规定的使用条件下,预期的使用时间内,在某种程度上保持其规定功能的概率,称为产品关于 $\tilde{A}_i$ 的模糊可靠度,并记为 $\tilde{R}(\tilde{A}_i)$,简记为 $\tilde{R}$。$\tilde{A}_i$ 表示要讨论的某一模糊功能子集。

这里所说的概率,既可以是精确的概率数据,也可以是模糊的语言概率值,所以这个意义对三种类型都适用。

假设用 A 表示经典可靠性定义中"产品在······保持其规定功能"这一清晰事件,用 $\tilde{A}_1, \tilde{A}_2, \cdots, \tilde{A}_n$ 分别表示各个模糊功能子集代表的模糊事件。显然,A 在不同程度上分别属于 $\tilde{A}_1, \tilde{A}_2, \cdots, \tilde{A}_n$。由上述定义可知,需要注意的不是 $\tilde{A}_n$ 出现的概率,而是 A 出现时属于 $\tilde{A}_i$ 的概率。因此,模糊可靠度不是 $\tilde{P}(\tilde{A}_i)$,而是

$\widetilde{P}(A \triangle \widetilde{A}_i)$。

　　由模糊条件概率的定义可得下式,即

$$\widetilde{P}(A \triangle \widetilde{A}_i) = P(\widetilde{A}|A)P(A) \tag{5-23}$$

根据经典可靠度 R 和模糊可靠度 $\widetilde{R}$ 的定义有

$$P(A) = R, \quad \widetilde{P}(A \triangle \widetilde{A}_i) = \widetilde{R} \tag{5-24}$$

其中,符号 $\triangle$ 为三角范算子(代数积)。

　　将式(5-24)代入式(5-23),可得

$$\widetilde{R} = P(\widetilde{A}_i|A)R \tag{5-25}$$

其中,$P(\widetilde{A}_i|A)$ 表示在 A 出现的条件下,$\widetilde{A}_i$ 出现的概率。

　　隶属函数 $\mu_{\widetilde{A}_i}(A)$ 在此可以理解为模糊条件概率,因此可由 $\mu_{\widetilde{A}_i}(A)$ 代替 $P(\widetilde{A}_i|A)$。A 出现的可能性是由概率 R 表示的,所以 $\mu_{\widetilde{A}_i}(A)$ 可由 $\mu_{\widetilde{A}_i}(R)$ 表示。这时,式(5-25)可以改写为

$$\widetilde{R} = \mu_{\widetilde{A}_i}(R)R \tag{5-26}$$

2. 模糊故障率 $\widetilde{\lambda}$

　　产品工作到某时刻 t,在单位时间内发生某类模糊故障的概率,称为产品关于该类产品的模糊故障率,并记为 $\lambda(\widetilde{A}_i)$,简记为 $\widetilde{\lambda}$。

　　假设用 $\widetilde{B}_1$ 表示产品在 $[0,t]$ 内无某类故障,用 $\widetilde{B}_2$ 表示产品在 $(t, t+\mathrm{d}t)$ 内发生该类故障,则由模糊条件概率的定义得

$$P(\widetilde{B}_2|\widetilde{B}_1) = P(\widetilde{B}_1 \triangle \widetilde{B}_2)/P(\widetilde{B}_1) \tag{5-27}$$

若用 T 表示产品无某类故障的工作时间,则

$$\widetilde{B}_1 \triangle \widetilde{B}_2 = ''t < T \leqslant t + \mathrm{d}t''$$
$$\widetilde{B}_1 = ''T > t''$$

将以上两式代入式(5-27)得

$$\begin{aligned}
P(\widetilde{B}_2|\widetilde{B}_1) &= \frac{P(t < T \leqslant t + \mathrm{d}t)}{P(T > t)} \\
&= \frac{P(T \leqslant t + \mathrm{d}t) - P(T \leqslant t)}{P(T > t)} \\
&= \frac{\widetilde{F}(t + \mathrm{d}t) - \widetilde{F}(t)}{P(T > t)} \\
&= \frac{\mathrm{d}\widetilde{F}(t)}{P(T > t)}
\end{aligned} \tag{5-28}$$

其中,$\widetilde{F}(t)-T$ 的分布函数为

$$P(T>t)=\widetilde{R}$$

根据分布函数的定义,即

$$\widetilde{F}(t)\stackrel{\text{def}}{=}P(T\leqslant t)=1-P(T>t)=1-\widetilde{R} \tag{5-29}$$

因此,又称 $\widetilde{E}(t)$ 为模糊不可靠度。

将式(5-29)代入式(5-28),得

$$P(\widetilde{B}_2\mid\widetilde{B}_1)=\frac{\mathrm{d}(1-\widetilde{R})}{\widetilde{R}}=-\frac{\mathrm{d}\widetilde{R}}{\widetilde{R}}$$

因此

$$\widetilde{\lambda}=\frac{-\mathrm{d}\widetilde{R}}{\widetilde{R}\,\mathrm{d}t} \tag{5-30}$$

式(5-30)是 $\widetilde{\lambda}$ 的数学表达式,表示模糊故障率与模糊可靠度之间的数学关系,现在讨论用 $\widetilde{\lambda}$ 表示 $\widetilde{R}$ 的问题。由式(5-30)得

$$\widetilde{\lambda}\mathrm{d}t=-\mathrm{d}\widetilde{R}/\widetilde{R}$$

在 $[0,t]$ 区间积分上式,得

$$\widetilde{R}=\exp\left(-\int_0^t\widetilde{\lambda}\mathrm{d}t\right)$$

当 $\widetilde{\lambda}$ 为常数时,上式可以改写为

$$\widetilde{R}=\mathrm{e}^{-\widetilde{\lambda}t} \tag{5-31}$$

将式(5-25)代入式(5-30),得

$$\begin{aligned}
\widetilde{\lambda}&=\frac{\mathrm{d}\big[\mu_{\widetilde{A}_i}(R)R\big]}{\mu_{\widetilde{A}_i}(R)R\mathrm{d}t}\\
&=\frac{-R\mathrm{d}\mu_{\widetilde{A}_i}(R)-\mu_{\widetilde{A}_i}(R)\mathrm{d}R}{\mu_{\widetilde{A}_i}(R)R\mathrm{d}t}\\
&=\lambda-\frac{\mathrm{d}\mu_{\widetilde{A}_i}(R)}{\mu_{\widetilde{A}_i}(R)\mathrm{d}t}
\end{aligned} \tag{5-32}$$

3. 模糊平均寿命 $\widetilde{\theta}$

产品无某类模糊故障工作时间的数学期望,称为关于该类故障的模糊平均寿命,并记为 $\widetilde{\theta}(\widetilde{A}_i)$,简记为 $\widetilde{\theta}$。

由经典概率论关于数学期望的定义,得

$$\tilde{\theta} = \int_0^{+\infty} t\left(\frac{\mathrm{d}\widetilde{F}(t)}{\mathrm{d}t}\right)\mathrm{d}t = \int_0^{+\infty} t\,\frac{\mathrm{d}(1-\widetilde{R})}{\mathrm{d}t}\mathrm{d}t = -\int_0^{+\infty} t\,\mathrm{d}\widetilde{R} = \int_0^{+\infty} \widetilde{R}\,\mathrm{d}t \quad (5\text{-}33)$$

将 $\widetilde{R} = \exp\left(-\int_0^{+\infty}\widetilde{\lambda}\,\mathrm{d}t\right)$ 代入式(5-33),得

$$\tilde{\theta} = \int_0^{+\infty} \widetilde{R}\,\mathrm{d}t = \int_0^{+\infty} \exp\left(-\int_0^t \widetilde{\lambda}\,\mathrm{d}t\right)\mathrm{d}t \quad (5\text{-}34)$$

当 $\widetilde{\lambda}$ 为常数时,上式可以改写为

$$\tilde{\theta} = \int_0^{+\infty} \exp\left(-\int_0^t \widetilde{\lambda}\,\mathrm{d}t\right)\mathrm{d}t = \frac{1}{\widetilde{\lambda}}$$

用同样的思路和方法,还可以定义平均模糊故障间隔时间、模糊维修度、模糊维修率和模糊故障修复时间等指标。

例 5.12　钢丝绳收到拉伸力,已知钢丝绳的承受能力和所受的载荷均为正态分布,承载能力 $Q \sim N(907200, 13600)$,载荷 $F \sim N(544300, 113400)$,求其模糊失效概率。

解　① 求出经典可靠性以作比较。由于承受能力及载荷均为正态分布,因此有

$$\beta = \frac{\mu_Q - \mu_F}{\sqrt{\sigma_Q^2 + \sigma_F^2}} = 2.0494$$

得经典失效率和经典可靠度为 $P_F = 0.02018, R = 0.9798$。

② 求其模糊可靠度,即

$$\mu_z = \mu_x - \mu_y = 362900, \quad \sigma_z = \sqrt{\sigma_x^2 + \sigma_y^2} = 1.77 \times 10^5$$

首先确定隶属函数

$$\mu(z) = \begin{cases} \exp[-(z-z_m)^2/k], & |z-z_m| \leqslant \delta \\ 0, & |z-z_m| > \delta \end{cases}$$

δ 表示在一定程度上这个模糊概念的定量值,一般根据实验数据或经验给出,这里取 $\delta = 0.15, \mu_z = 54435$。

根据 Fuzzy 公理,当 $\mu(z) = 0.5$ 时边界最模糊,即最难确定 $z \overset{\sim}{<} 0$ 这一模糊判断是否属于完全失效状态。

取 $z_m = 0$,可以求得当 $k = 4.2749 \times 10^9$ 时,$z \in [-54435, 54435]$,该模糊判据的隶属度 $\mu(z) \geqslant 0.5$。

确定隶属函数为

$$\mu(z)=\begin{cases}\exp\left(-\dfrac{z^2}{4.2749\times10^9}\right), & |z|\leqslant54435\\[2mm]0, & |z|>54435\end{cases}$$

则模糊失效概率为

$$P_{\widetilde{F}}=\sqrt{\frac{k}{2\sigma_z^2+k}}\exp\left[-\frac{(z_m-\mu_z)^2}{2\sigma_z^2+k}\right](\Phi(y_2)-\Phi(y_1))=0.02537$$

其模糊可靠度为

$$\widetilde{R}=1-P_{\widetilde{F}}=0.9746$$

由此可以看出,在选定$\delta\in[-0.15\mu_z,0.15\mu_z]$时,其模糊可靠度小于普通可靠度。

5.4.3　模糊可靠性模型

1. 串联系统模型

系统只有当其所有组成单元都正常工作时,整个系统才能正常工作;反之,当其中任一单元发生故障,整个系统就发生故障。串联系统是最常见,也是最简单的模型之一。设由n个单元$C_1,C_2,\cdots,C_n$组成一个串联系统,并假定各单元发生模糊故障是相互独立的。

系统模糊可靠度$\widetilde{R}_s(t)$为

$$\widetilde{R}_s(t)=\prod_{j=1}^{n}\widetilde{R}_j(t)=\widetilde{R}_1(t)\otimes\widetilde{R}_2(t)\otimes\cdots\otimes\widetilde{R}_n(t)$$

其中,$\widetilde{R}_j(t)$表示第j个单元的模糊可靠度。

系统的模糊失效率$\widetilde{\lambda}_s$为

$$\widetilde{\lambda}_s=\sum_{j=1}^{n}\widetilde{\lambda}_j=\widetilde{\lambda}_1\oplus\widetilde{\lambda}_2\oplus\cdots\oplus\widetilde{\lambda}_n$$

其中,$\widetilde{\lambda}_j$为第j单元的模糊失效率。

当各单元的寿命分布为指数分布时,系统的模糊可靠度为

$$\widetilde{R}_s(t)=e^{-\widetilde{\lambda}_s t}$$

系统的模糊平均寿命$\widetilde{\mathrm{MTTF}}$为

$$\widetilde{\mathrm{MTTF}}_s=\frac{1}{\displaystyle\sum_{j=1}^{n}\frac{1}{\widetilde{\mathrm{MTTF}}_j}}$$

其中，$\widetilde{\text{MTTF}}_j$ 是单元 j 的模糊平均寿命。

系统的模糊平均故障间隔时间 $\widetilde{\text{MTTF}}_s$ 为

$$\widetilde{\text{MTBF}}_s = \frac{1}{\tilde{\lambda}_s}$$

上述的加、减、乘、除运算都是基于扩展原理的模糊数之间的运算，下同。

2. 并联系统模型

系统由一些具有相同功能的单元组成，只要其中任一单元正常工作，整个系统就能正常工作；反之，只当所有单元发生故障时，整个系统才发生故障。并联系统是最简单的冗余系统。设有 n 个单元 $C_1, C_2, \cdots, C_n$ 组成一个并联系统，并假定各单元发生模糊故障是相互独立的。现在我们来建立这种系统的模糊可靠性计算模型。

系统模糊可靠度 $\widetilde{R}_s(t)$ 为

$$\widetilde{R}_s(t) = 1 - \prod_{j=1}^{n}(1 - \widetilde{R}_j(t))$$
$$= 1 - (1 - \widetilde{R}_1(t)) \otimes (1 - \widetilde{R}_2(t)) \otimes \cdots \otimes (1 - \widetilde{R}_n(t))$$

其中，$\widetilde{R}_j(t)$ 表示第 j 个单元的模糊可靠度。

当各单元的寿命分布为指数分布时，系统的模糊可靠度为

$$\widetilde{R}_s(t) = 1 - \prod_{j=1}^{n}(1 - \mathrm{e}^{-\tilde{\lambda}_j t})$$

其中，$\tilde{\lambda}_j$ 为第 j 单元的模糊失效率。

系统的模糊平均寿命 $\widetilde{\text{MTTF}}_s$ 为

$$\widetilde{\text{MTTF}}_s = \int_0^{+\infty} \widetilde{R}_s \mathrm{d}t = \int_0^{+\infty} \mu_{\widetilde{A}_s}(R_j)\left[1 - \prod_{j=1}^{n}\left(1 - \frac{\mathrm{e}^{-\int_0^1 \tilde{\lambda}_j \mathrm{d}t}}{\mu_{\widetilde{A}_i}(R_j)}\right)\right]\mathrm{d}t$$

其中，$\mu_{\widetilde{A}_s}(R_j)$ 为系统可靠度对于 $\widetilde{A}_i$ 的隶属度，$\mu_{\widetilde{A}_i}(R_j)$ 为第 j 个单元可靠度对于 $\widetilde{A}_i$ 的隶属度。

系统的模糊平均故障间隔时间 $\widetilde{\text{MTTF}}_s$ 为

$$\widetilde{\text{MTBF}}_s = \sum_{i=k}^{n}\frac{1}{\tilde{\lambda}_i} = \frac{1}{\tilde{\lambda}_1} \oplus \frac{1}{2\tilde{\lambda}_2} \oplus \cdots \oplus \frac{1}{n\tilde{\lambda}_n}$$

其中，$\tilde{\lambda}_i$ 为第 i 单元的模糊失效率。

系统模糊失效率 $\tilde{\lambda}_s$ 为

$$\tilde{\lambda}_s = \frac{1}{\widetilde{\text{MTBF}}_s}$$

3. 混联系统模型

系统由串联子系统和并联子系统简单组合而成,该系统又称组合系统。下面分别介绍两种最常见的混联系统,即串并联系统和并串联系统。

(1) 串并联系统模型

设由 n 个单元 $A_1,A_2,\cdots,A_n$ 组成一个串联部分和由 m 个单元 $B_1,B_2,\cdots,B_m$ 组成一个并联部分组成的串并联系统,如图 5-22 所示。

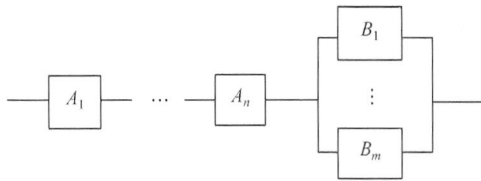

图 5-22　串并联系统图

将 A 和 B 两个单元模糊可靠度相乘,可得该系统的模糊可靠度 $\widetilde{R}_s(t)$ 为

$$\widetilde{R}_s(t) = \mu_{\widetilde{A}_i}(R_{s1}) \prod_{j=1}^{n} \frac{\widetilde{R}_{j1}}{\mu_{\widetilde{A}_i}(R_{j1})} \mu_{\widetilde{B}_i}(R_{s2}) \Big[1 - \prod_{j=1}^{m} (1-\widetilde{R}_{j2}/\mu_{\widetilde{B}_i}(R_{j2})) \Big]$$

其中,$\mu_{\widetilde{A}_i}(R_{s1})$ 为串联部分可靠度对于 $\widetilde{A}_i$ 的隶属度,$\mu_{\widetilde{A}_i}(R_{j1})$ 为串联部分第 j 个单元可靠度对于 $\widetilde{A}_i$ 的隶属度,$\mu_{\widetilde{B}_i}(R_{s2})$ 为并联部分可靠度对于 $\widetilde{B}_i$ 的隶属度,$\mu_{\widetilde{B}_i}(R_{j2})$ 为并联部分第 j 个单元可靠度对于 $\widetilde{B}_i$ 的隶属度。

按普通串联系统的模糊可靠度来计算。该系统的模糊可靠度 $\widetilde{R}_s(t)$ 为

$$\widetilde{R}_s(t) = \mu_{\widetilde{C}_i}(R_s) \prod_{j=1}^{n} \widetilde{R}_{j1} \Big[1 - \prod_{j=1}^{m} (1-\widetilde{R}_{j2}) \Big]$$

其中,$\mu_{\widetilde{C}_i}(R_s)$ 是 R_s 对 $\widetilde{C}_i$ 的隶属函数,$\widetilde{C}_i$ 是该串联系统的模糊功能子集。

(2) 并串联系统模型

设一个并串联系统由 n 个单元 $A_1,A_2,\cdots,A_n$ 组成的一个并联部分和 m 个单元 $B_1,B_2,\cdots,B_m$ 组成的一个串联部分组成,如图 5-23 所示。

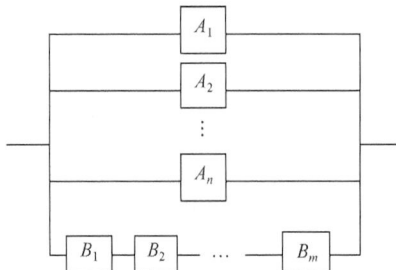

图 5-23　并串联系统图

根据普通的并串联系统的可靠度计算方法,先将串并联单元子系统化为一个等效的并联系统,然后再按并联系统计算。该并串联系统可以等效为由两个单元组成的并联系统。

为方便,设对任意的 $0 \leqslant p_i \leqslant 1 (i=1,2,\cdots,n)$ 有

$$\overset{n}{\underset{i=1}{\coprod}} p_i = 1 - \prod_{i=1}^{n}(1-p_i)$$

系统中 A 单元(即并联子系统)的模糊可靠度为

$$\widetilde{R}_{s1} = \prod_{j=1}^{n} \mu_{\widetilde{A}_i}(R_{j1}) \prod_{j=1}^{m} \frac{\widetilde{R}_{j1}}{\mu_{\widetilde{A}_i}(R_{j1})}$$

其中,$\widetilde{A}_i$ 表示某个模糊功能子集,$i=1,2,\cdots,n$;$\widetilde{R}_{s1}$ 表示系统的模糊可靠度;R_{j1} 表示第 j 个单元的可靠度;$\widetilde{R}_{j1}$ 表示第 j 个单元的模糊可靠度;$\mu_{\widetilde{A}_i}(R_{j1})$ 表示第 j 个单元可靠度对于 $\widetilde{A}_i$ 的隶属度。

系统中 B 单元(即串联子系统)的模糊可靠度为

$$\widetilde{R}_{s2} = \prod^{m} \widetilde{R}_{j2}$$

其中,$\widetilde{R}_{s2}$ 表示系统的模糊可靠度,$\widetilde{R}_{j2}$ 表示第 j 个单元的模糊可靠度。

下面求该并串联系统的模糊可靠度,由上述结果可得

$$\widetilde{R}_s = \left\{ 1-(1-\mu_{\widetilde{A}_i}(R_{s1}))(1-\mu_{\widetilde{B}_i}(R_{s1})) \right\} \cdot \left\{ 1-\left(1-\frac{\widetilde{R}_{s1}}{\mu_{\widetilde{A}_i}(R_{s1})}\right)\left(1-\frac{\widetilde{R}_{s2}}{\mu_{\widetilde{B}_i}(R_{s2})}\right) \right\}$$

根据单元的模糊可靠度 $\widetilde{R}_j$ 与模糊失效率 $\widetilde{\lambda}_j$ 之间的关系式 $\widetilde{R}_j = \mathrm{e}^{-\int_0^t \widetilde{\lambda}_j \mathrm{d}t}$,可得

$$\widetilde{R}_s = \prod_{j=1}^{n} \mu_{\widetilde{A}_i}(R_{j1}) \prod_{j=1}^{n} \frac{\mathrm{e}^{-\int_0^t \widetilde{\lambda}_{j1} \mathrm{d}t}}{\mu_{\widetilde{A}_i}(R_{j1})}$$

若 $\widetilde{\lambda}_{j1}$ 为常数且都等于 $\widetilde{\lambda}$,$R_{j1}=R$,$\mu_{\widetilde{A}_i}(R_{j1})=\mu_{\widetilde{A}_i}(R)$,则

$$\widetilde{R}_s = \left[1-(1-\mu_{\widetilde{A}_i}(R))^n\right] \cdot \left[1-\left(1-\frac{\mathrm{e}^{-\widetilde{\lambda}t}}{\mu_{\widetilde{A}_i}(R)}\right)^n\right]$$

对于并串联系统的模糊平均寿命的计算方法是先将串联系统转化为一个等效的并联系统,然后再按并联系统进行模糊平均寿命计算。

系统模糊平均寿命 $\mathrm{M\widetilde{T}TF}_s$ 为

$$\mathrm{M\widetilde{T}TF}_s = \int_0^{+\infty} \widetilde{R}_s \mathrm{d}t = \int_0^{+\infty} \prod_{j=1}^{n} \mu_{\widetilde{A}_i}(R_{j1}) \prod_{j=1}^{n} \frac{\mathrm{e}^{-\int_0^t \widetilde{\lambda}_{j1} \mathrm{d}t}}{\mu_{\widetilde{A}_i}(R_{j1})} \mathrm{d}t$$

若 $\tilde{\lambda}_{j1}$ 为常数,且 $\mu_{\tilde{A}_i}(R_{j1})$ 随时间 t 的变化不大,可用它的平均值 $\mu_{\tilde{A}_i}(R_{j1})_m$ 代替,即

$$M\widetilde{T}TF_s = \int_0^{+\infty} \prod_{j=1}^n \mu_{\tilde{A}_i}(R_{j1})_m \prod_{j=1}^n \frac{e^{-\tilde{\lambda}_{j1}t}}{\mu_{\tilde{A}_i}(R_{j1})_m} dt$$

4. 旁联系统模型

系统由相同功能的单元组成,在同一时刻只有一个单元工作,其余单元作为备份。只有当参加工作的那个单元发生故障时,备份单元通过转换装置逐个参加工作。旁联系统是非工作贮备系统,如图 5-24 所示。

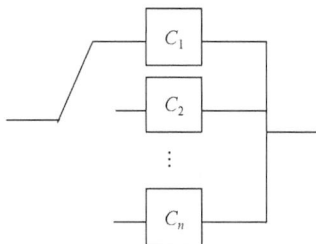

图 5-24　旁联系统图

当转换装置绝对可靠时,系统模糊平均故障间隔时间 $M\widetilde{T}BF_s$ 等于各单元模糊平均故障间隔时间 $M\widetilde{T}BF_i$ 之和,即

$$M\widetilde{T}BF_s = \sum_{i=1}^n M\widetilde{T}BF_i$$

当系统各单元的寿命服从指数分布时,有

$$M\widetilde{T}BF_s = \sum_{i=1}^n 1/\tilde{\lambda}_i$$

其中,$\tilde{\lambda}_i$ 为第 i 单元的模糊失效率。

当系统的各单元都相同时,有

$$M\widetilde{T}BF_s = n/\tilde{\lambda}$$

其中,$\tilde{\lambda}$ 为各单元的模糊失效率。

系统模糊可靠度 $\tilde{R}_s(t)$ 为

$$\tilde{R}_s(t) = \tilde{R}(t) \sum_{i=0}^{n-1} (\lambda t)^i/i! = e^{-\tilde{\lambda}t}[1 + \tilde{\lambda}t + (\tilde{\lambda}t)^2/2! + \cdots + (\tilde{\lambda}t)^{n-1}/(n-1)!]$$

5. 表决系统模型

系统由 $n(n>2)$ 个相同单元组成,只有当 $k(k<n+1)$ 个单元正常工作时,系统才正常工作;反之,系统将发生故障。该模型又称工作贮备模型,如图 5-25 所示。

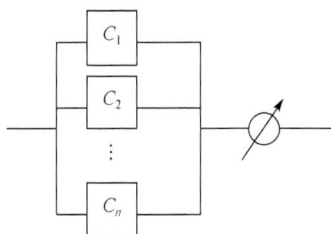

图 5-25　表决系统图

系统模糊可靠度 $\widetilde{R}_s$ 为

$$\widetilde{R}_s = \sum_{i=k}^{n} C_n^i \widetilde{R}_i^i (1 - \widetilde{R}_i^{n-i})$$

其中,$\widetilde{R}_i$ 为第 i 个单元的模糊可靠度。

系统的模糊平均故障间隔时间 $\mathrm{M\widetilde{T}BF}_s$ 为

$$\mathrm{M\widetilde{T}BF}_s = \sum_{i=k}^{n} 1/\widetilde{\lambda}_i$$

其中,$\widetilde{\lambda}_i$ 为第 i 单元的模糊失效率。

系统模糊失效率 $\widetilde{\lambda}_s$ 为

$$\widetilde{\lambda}_s = \frac{1}{\mathrm{M\widetilde{T}BF}_s}$$

例 5.13　已知某并串联系统由一个 1 号部件、一个 3 号部件和三个 2 号部件串联而成的子系统组成,其模糊故障率为 $\lambda_1 = \lambda_3 = 0.03(1/10^4 \mathrm{h})$,$\lambda_2 = 0.01(1/10^4 \mathrm{h})$。可靠度为 $R_1 = R_3 = 0.995$,$R_2 = 0.998$。

$$\mu_{极可靠}(0.995) = 0.90, \quad \mu_{很可靠}(0.995) = 0.75, \quad \mu_{较可靠}(0.995) = 0.40$$

$$\mu_{极可靠}(0.9999) = 0.999, \quad \mu_{很可靠}(0.9999) = 0.500, \quad \mu_{较可靠}(0.9999) = 0.100$$

试求该串并联系统在工作 100h 时的模糊可靠性指标。

解　由前文推导得

$$\lambda_{222} = \sum_{j=1}^{3} \lambda_{2j} = 0.03(1/10^4 \mathrm{h})$$

又由普通可靠度理论知

$$R_{222} = \sum_{j=1}^{3} R_{2j} = 0.995$$

因为 $R_1 = R_{222} = R_3$，而 $R_s = 1-(1-R_1)^3 = 1-(1-0.995)^3 = 0.9999$。显然，$\mu_{极可靠}$ $(0.9999) > \mu_{很可靠}(0.9999) > \mu_{较可靠}(0.9999)$。

根据最大隶属原则，可以判定这个系统目前正处于极可靠的工作阶段，这时它的模糊可靠度为 $R_s = \mu_{极可靠}(0.9999)$，$R_s = 0.999$。

下面计算该并串联系统在极可靠工作状态的模糊平均寿命。由已知 $\mu_{极可靠}$ $(0.995)_m = 0.90$，$\lambda_1 = \lambda_{222} = \lambda_3 = 0.03(1/10^4\text{h})$，得

$$\widetilde{\text{MTTF}}_s = \frac{1-(1-0.90)^3}{0.03 \times 10^{-4}}\left\{\frac{1}{0.90} + \frac{1}{2}\left[1-\left(1-\frac{1}{0.90}\right)^2\right] + \frac{1}{3}\left[1-\left(1-\frac{1}{0.90}\right)^3\right]\right\}$$
$$= 64.56 \times 10^4 \text{h}$$

从上面计算可知，这个并串联系统目前正处在极可靠的工作阶段，这个阶段长为 64.56×10^4 h。

5.4.4　系统模糊可靠性分析

系统的性能指标是系统的重要质量指标，其满足程度将直接影响系统运行的经济性和有效性。众所周知，系统在运行过程中，除了其组成零部件的故障导致系统故障之外，通常还存在功能退化的问题，即除少数影响系统的零部件故障造成系统不能工作外，大部分故障只是造成系统的功能下降。此时，系统虽能继续工作，但我们从某种意义上仍视其为一种故障——退化故障或功能故障。这类问题的研究对改善系统的工作性能、提高产品质量，以及对系统完成任务能力的评估等具有重要意义。以前，对系统运行过程中普遍存在的功能退化问题没有给予足够的重视，从而忽略了功能退化对产品质量可靠性的影响。

在工程实践中，经常会遇到两种不确定性问题。一种是由于工程变量和因素的离散性而引起的事件发生的不确定性，即随机性问题；另一种是由于受客观条件限制或概念外延不清而产生的事件本身的不确定性，即模糊性问题。传统的可靠性方法(即经典可靠性理论)是建立在概率假设和二态假设基础上的，它能够有效地解决工程设计中的随机性问题，但对模糊性问题却无能为力。因此，开展对模糊可靠性的研究，在传统可靠性理论的基础上，借助模糊集理论来处理可靠性工程中的模糊现象，是可靠性研究发展的一个必然趋势。研究模糊可靠性并不意味着放弃传统的可靠性理论，而是在于建立能够同时有效地处理工程中两种不确定性的可靠性理论和方法。

针对上述状况，应用模糊集理论，将性能指标模糊化运用功能树分析的方法，

对系统性能退化问题进行分析,重点研究系统模糊性能可靠性问题,给出较为通用的分析处理方法。

1. 功能树的建造

功能树是指为了研究系统性能指标对系统某功能的影响而建立的一种树形层状逻辑框图。建立正确、合理的功能树是功能树分析方法的关键,需要对所研究的系统进行全面、深入的分析与研究,透彻其间的功能逻辑关系。功能树又可以分为功能成功树(顶事件和基本事件均为成功事件)和功能故障树(顶事件和基本事件均为故障事件)。对同一系统或产品,研究目的不同,功能树通常具有不同的形式。现将建造功能树的方法简述如下。

步骤 1　根据研究目的和系统的主要功能(性能指标),确定顶事件 S。

步骤 2　依系统功能,逐级找出相互独立的、影响系统功能(性能指标)的基本事件 $S_1, S_2, \cdots, S_n$。

步骤 3　按照 S 与 $S_1, S_2, \cdots, S_n$ 之间的功能逻辑关系,从顶事件 S 开始自上而下逐层完成功能树。

图 5-26 为由三个基本事件构成的一棵功能树的例子。由于本章研究的是系统的性能可靠性,功能树中顶事件及基本事件应为其对应性能参数不满足某一要求这类事件。由此可知,功能树表示系统性能参数及各子系统性能参数之间的一种逻辑关系。图 5-26 中的 M 为中间事件。

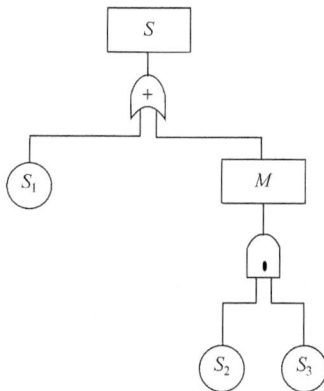

图 5-26　功能树示意图

2. 模糊事件的概率模型

在性能可靠性研究中,产品是否发生故障是用性能失效判据决定的。由于工作环境及各种偶然因素(如气温、机械应力、电应力等)的影响,性能指标的抽样通常是一些不精确的带有某种随机性的数据。同时,影响系统功能的性能指标的范围(水平或阈值)往往是根据任务剖面考虑适当的余度(指标余量或安全系数)及设计经验等人为规定的,不是系统本身固有的,因此又存在模糊语言评价或大致估计,就是说这些性能指标又具有模糊性。因此,考虑模糊性后,S 及 $S_1, S_2, \cdots, S_n$ 对应的性能指标就变为模糊事件,分别用 $\underset{\sim}{A}$ 及 $\underset{\sim}{A_1}, \underset{\sim}{A_2}, \cdots, \underset{\sim}{A_n}$ 表示。此时,系统模糊性能指标的概率可以表示为

$$P(\underset{\sim}{A}) = \int_U \mu_{\underset{\sim}{A}}(u)\mathrm{d}F(u) = E[\mu_{\underset{\sim}{A}}(u)], \quad u \in U \tag{5-35}$$

其中,U 为论域,$\mu_{\underset{\sim}{A}}(u)$ 为隶属函数,$F(u)$ 为 u 的概率分布。

若 $\mu_{\underset{\sim}{A}}(u)$ 和 $F(u)$ 为实数域 R 上的可积函数,则式(5-35)可以表示为

$$P(\underset{\sim}{A}) = \int_R \mu_{\underset{\sim}{A}}(x)\mathrm{d}F(x) = \int_R \mu_{\underset{\sim}{A}}(x)f(x)\mathrm{d}x = E[\mu_{\underset{\sim}{A}}(x)], \quad x \in R \tag{5-36}$$

其中,$f(x)$ 是性能指标 x 的密度函数。

推广到 n 维空间 R^n 的情况,有

$$P(\underset{\sim}{A}) = \int_{R^n} \mu_{\underset{\sim}{A}}(x)\mathrm{d}F(x) = E[\mu_{\underset{\sim}{A}}(x)], \quad x \in R^n \tag{5-37}$$

此处的积分是 R^n 中的 Lebesgue-Stieljes 积分。

由 Fubini 定理,式(5-37)可以进一步写为

$$P(\underset{\sim}{A}) = \int_{R^n} \mu_{\underset{\sim}{A}}(x)\mathrm{d}F(x) = \int_{X_n} \cdots \int_{X_1} \mu_{\underset{\sim}{A}}(x_1, x_2, \cdots, x_n)\mathrm{d}F(x_1)\mathrm{d}F(x_2)\cdots\mathrm{d}F(x_n) \tag{5-38}$$

3. 隶属函数的确定

由式(5-36)和式(5-37)可知,求模糊事件 $\underset{\sim}{A}$ 的概率,实际上就是求隶属函数的数学期望,因此确定 $\mu_{\underset{\sim}{A}}(x)$ 是求解 $P(\underset{\sim}{A})$ 的关键。

隶属函数的确定有多种方法。在工程技术领域,基本上都是以实数域为论域,此时最常用也是最简单的方法是根据讨论对象的性质,选用符合实际的、最接近的模糊分布作为所需的隶属函数。在工程实际中,对性能指标的规定通常是当其达到某一水平或域值时,系统或子系统满足设计要求,否则就认为其退化为功能故障。设性能指标 X 为 R 上的随机变量,a 为 R 上的实数,则性能指标经模糊化处理后共有 5 种基本情况。

$$A_g = \{X \underset{\sim}{\geq} a\} \tag{5-39}$$

$$A_l = \{X \underset{\sim}{\leqslant} a\} \tag{5-40}$$

$$A_e = \{X \underset{\sim}{=} a\} \tag{5-41}$$

$$A_{ge} = \{X \underset{\sim}{\geqslant} a\} = 1 - A_l \tag{5-42}$$

$$A_{le} = \{X \underset{\sim}{\leqslant} a\} = 1 - A_g \tag{5-43}$$

其中，A_g 表示 $\{X$ 模糊大于 $a\}$ 事件，其余类推。

通常 A_g 可选用偏大型分布，A_l 可选用偏小型分布，A_e 可选用中间型分布，而 A_{ge} 和 A_{le} 可由式(5-42)和式(5-43)确定。

系统或顶事件隶属函数的确定，可根据基本事件的隶属函数求得。设 $\mu_{A_{sj}}(x_j)$ 和 $\mu_{A_{fj}}(x_j)$ 分别表示某逻辑元件（或门或与门）第 $j(j=1,2,\cdots,m)$ 个输入的成功隶属函数和故障隶属函数，则功能树逻辑元件输出的隶属函数可以表示如下。

或门的隶属函数为

$$\mu_{A_{sor}}(x) = \mu_{A_{sor}}(x_1,x_2,\cdots,x_m) = 1 - \prod_{j=1}^{m}\left[1 - \mu_{A_{sj}}(x_j)\right], \quad \text{功能成功树}$$
$$\tag{5-44}$$

$$\mu_{A_{for}}(x) = \mu_{A_{for}}(x_1,x_2,\cdots,x_m) = 1 - \prod_{j=1}^{m}\left[1 - \mu_{A_{fj}}(x_j)\right], \quad \text{功能故障树}$$
$$\tag{5-45}$$

与门的隶属函数为

$$\mu_{A_{sand}}(x) = \mu_{A_{sand}}(x_1,x_2,\cdots,x_m) = \prod_{j=1}^{m}\mu_{A_{sj}}(x_j), \quad \text{功能成功树} \tag{5-46}$$

$$\mu_{A_{fand}}(x) = \mu_{A_{fand}}(x_1,x_2,\cdots,x_m) = \prod_{j=1}^{m}\mu_{A_{fj}}(x_j), \quad \text{功能故障树} \tag{5-47}$$

由式(5-44)～式(5-47)可以看出，逻辑门的隶属函数实际上是对二态逻辑门结构函数的一种拓广。

在研究系统的模糊性能可靠性时，经常会遇到某一参数是其他参数函数的情况，此时隶属函数可根据扩展原理来确定。

① 函数 $y = f(x)$ 时隶属函数的确定。

由模糊数学扩展原理，设有映射 $f: X \rightarrow Y$，$\underset{\sim}{A}$ 是 X 中的模糊集合，$x \in X$，$y \in Y$，则 $\underset{\sim}{A}$ 在 f 下的象 $f(\underset{\sim}{A})$ 是 Y 中的模糊集合，其隶属函数为

$$\mu_{f(\underset{\sim}{A})}(y) = \begin{cases} \bigvee\limits_{x \in f^{-1}(y)}(\mu_{\underset{\sim}{A}}(x)), & f^{-1}(y) \neq \varnothing \\ 0, & f^{-1}(y) = \varnothing \end{cases} \tag{5-48}$$

当 f 是一一映射(对每一 $x_1,x_2 \in X, x_1 \neq x_2, f(x_1) \neq f(x_2)$)时,上式可简化为

$$\mu_{f(\underset{\sim}{A})}(y) = \begin{cases} \mu_{\underset{\sim}{A}}(x), & f^{-1}(y) \neq \varnothing \\ 0, & f^{-1}(y) = \varnothing \end{cases} \tag{5-49}$$

② 函数 $y = f(x_1, x_2, \cdots, x_n)$ 时隶属函数的确定。

设有映射 $f: X_1 \times X_2 \times \cdots \times X_n \to Y$, $X = X_1 \times X_2 \times \cdots \times X_n = \{(x_1, x_2, \cdots, x_n) \mid x_1 \in X_1, x_2 \in X_2, \cdots, x_n \in X_n\}$ 是笛卡儿乘积集,$A_1, A_2, \cdots, A_n$ 分别是 $X_1, X_2, \cdots, X_n$ 中的模糊集合,则笛卡儿乘积 $\underset{\sim}{A_1} \times \underset{\sim}{A_2} \times \cdots \times \underset{\sim}{A_n}$ 为 X 中的模糊集合,其隶属函数为

$$\mu_{\underset{\sim}{A_1} \times \underset{\sim}{A_2} \times \cdots \times \underset{\sim}{A_n}}(x_1, x_2, \cdots, x_n) = \wedge (\mu_{\underset{\sim}{A_1}}(x_1), \mu_{\underset{\sim}{A_2}}(x_2), \cdots, \mu_{\underset{\sim}{A_n}}(x_n)) \tag{5-50}$$

根据扩展原理,由 $\underset{\sim}{A_1} \times \underset{\sim}{A_2} \times \cdots \times \underset{\sim}{A_n}$ 通过映射 f 导出的 Y 中的模糊集合 $\underset{\sim}{B} = f(\underset{\sim}{A_1}, \underset{\sim}{A_2}, \cdots, \underset{\sim}{A_n})$ 的隶属函数为

$$\mu_{\underset{\sim}{B}}(y) = \begin{cases} \displaystyle\bigvee_{f(x_1, x_2, \cdots, x_n) = y} (\mu_{\underset{\sim}{A_1} \times \underset{\sim}{A_2} \times \cdots \times \underset{\sim}{A_n}}(x_1, x_2, \cdots, x_n)), & f^{-1}(y) \neq \varnothing \\ 0, & f^{-1}(y) = \varnothing \end{cases} \tag{5-51}$$

将式(5-50)代入式(5-51),可得

$$\mu_{\underset{\sim}{B}}(y) = \begin{cases} \displaystyle\bigvee_{f(x_1, x_2, \cdots, x_n) = y} (\wedge (\mu_{\underset{\sim}{A_1}}(x_1), \mu_{\underset{\sim}{A_2}}(x_2), \cdots, \mu_{\underset{\sim}{A_n}}(x_n))), & f^{-1}(y) \neq \varnothing \\ 0, & f^{-1}(y) = \varnothing \end{cases}$$

$$\tag{5-52}$$

其中,$\vee$ 和 $\wedge$ 为 Zadeh 算子。

4. 功能树逻辑元件的模糊性能可靠性

对由 2 个相互独立基本事件组成的逻辑与门结构(两基本事件都功能故障时,逻辑与门输出事件功能故障)。设 $\mu(x)$ 表示逻辑门的故障隶属函数,$\mu_1(x_1)$ 和 $\mu_2(x_2)$ 分别表示基本事件 S_1 和 S_2 对应性能指标 x_1 和 x_2 的故障隶属函数,由式(5-47)有

$$\mu(x) = \mu(x_1, x_2) = \mu_1(x_1) \mu_2(x_2)$$

由式(5-37)或式(5-38)可得功能故障树逻辑与门输出事件的概率,即模糊性能不可靠度为

$$\begin{aligned} \underset{\sim}{F} &= \int_{X_2} \int_{X_1} \mu(x_1, x_2) f_{12}(x_1, x_2) \mathrm{d}x_1 \mathrm{d}x_2 \\ &= \int_{X_2} \int_{X_1} \mu_1(x_1) \mu_2(x_2) f_1(x_1) f_2(x_2) \mathrm{d}x_1 \mathrm{d}x_2 \end{aligned}$$

$$= \int_{X_1} \mu_1(x_1) f_1(x_1) \mathrm{d}x_1 \int_{X_2} \mu_2(x_2) f_2(x_2) \mathrm{d}x_2$$
$$= \underset{\sim}{F_1} \underset{\sim}{F_2}$$

其中，$f_{12}(x_1,x_2)$ 表示 S_1 和 S_2 对应性能指标 x_1 和 x_2 的联合概率密度函数，$f_1(x_1)$ 和 $f_2(x_2)$ 分别表示 S_1 和 S_2 对应性能指标 x_1 和 x_2 的概率密度函数，$\underset{\sim}{F_1}$ 和 $\underset{\sim}{F_2}$ 分别表示 S_1 和 S_2 对应性能指标 x_1 和 x_2 的模糊性能不可靠度。

因此，构建功能故障树时，逻辑与门的模糊性能可靠度为

$$\underset{\sim}{R} = 1 - \underset{\sim}{F} = 1 - \underset{\sim}{F_1} \underset{\sim}{F_2} = 1 - (1 - \underset{\sim}{R_1})(1 - \underset{\sim}{R_2})$$

同理，可推广到相互独立的 m 个输入，功能故障树逻辑与门的模糊性能可靠度为

$$\underset{\sim}{R} = 1 - \prod_{j=1}^{m}(1 - \underset{\sim}{R_j}) \tag{5-53}$$

其中，$\underset{\sim}{R_j}$ 为第 j 个基本事件 S_j 的模糊性能可靠度。

对由 2 个相互独立基本事件组成的逻辑或门结构（只要有一个基本事件功能故障，逻辑或门输出事件即发生功能故障）。设 $\mu(x)$ 表示逻辑门的故障隶属函数，$\mu_1(x_1)$ 和 $\mu_2(x_2)$ 分别表示基本子事件 S_1 和 S_2 对应性能指标 x_1 和 x_2 的故障隶属函数，由式(5-45)，有

$$\mu(x) = \mu(x_1,x_2) = 1 - (1 - \mu_1(x_1))(1 - \mu_2(x_2))$$

由式(5-37)或式(5-38)可得故障树时逻辑或门输出事件的概率，即模糊不可靠度为

$$\begin{aligned}
\underset{\sim}{F} &= \int_{X_2} \int_{X_1} \mu(x_1,x_2) f_{12}(x_1,x_2) \mathrm{d}x_1 \mathrm{d}x_2 \\
&= \int_{X_2} \int_{X_1} \left[1 - (1 - \mu_1(x_1))(1 - \mu_2(x_2))\right] f_1(x_1) f_2(x_2) \mathrm{d}x_1 \mathrm{d}x_2 \\
&= 1 - \int_{X_1} (1 - \mu_1(x_1)) f_1(x_1) \mathrm{d}x_1 \int_{X_2} (1 - \mu_2(x_2)) f_2(x_2) \mathrm{d}x_2 \\
&= 1 - (1 - \underset{\sim}{F_1})(1 - \underset{\sim}{F_2})
\end{aligned}$$

因此，功能故障树逻辑或门的模糊性能可靠度为

$$\underset{\sim}{R} = 1 - \underset{\sim}{F} = (1 - \underset{\sim}{F_1})(1 - \underset{\sim}{F_2}) = \underset{\sim}{R_1} \underset{\sim}{R_2}$$

同理，可推广到相互独立的 m 个输入，功能故障树逻辑或门的模糊性能可靠度为

$$\underset{\sim}{R} = \prod_{j=1}^{m} \underset{\sim}{R_j} \tag{5-54}$$

由式(5-53)和式(5-54)可以看出，功能故障树逻辑与门和逻辑或门的模糊性

能可靠度公式实际上是并联结构和串联结构模型可靠性计算公式的一种拓广。

与功能故障树逻辑元件的模糊性能可靠性推导类似,可推得功能成功树逻辑元件的模糊性能可靠性计算公式。

相互独立的 m 个输入,功能成功树逻辑与门输出事件的概率,即模糊性能可靠度为

$$\underset{\sim}{R} = \prod_{j=1}^{m} \underset{\sim}{R_j} \tag{5-55}$$

相互独立的 m 个输入,功能成功树逻辑或门输出事件的概率,即模糊性能可靠度为

$$\underset{\sim}{R} = 1 - \prod_{j=1}^{m} (1 - \underset{\sim}{R_j}) \tag{5-56}$$

5. 系统模糊性能可靠性计算简例

求出系统隶属函数之后,当随机变量的概率分布或密度函数已知时,可以求出系统模糊性能的概率,这一概率根据功能树性质的不同,可以是系统的模糊性能可靠度(功能成功树),也可以是系统的模糊性能不可靠度(功能故障树)。以图 5-26 所示的功能树为功能故障树为例,进一步说明系统模糊性能功能树分析方法的基本步骤。

设 $\mu_{\underset{\sim}{A_{sj}}}(x_j)$ 是基本事件 $S_j(j=1,2,3)$ 对应性能指标 x_j 功能故障的隶属函数,$\mu_{\underset{\sim}{A_{sf}}}(x)$ 表示图 5-26 为功能故障树时顶事件功能故障的隶属函数,则有

$$\mu_{\underset{\sim}{A_{sf}}}(x) = \mu_{\underset{\sim}{A_{sf}}}(x_1,x_2,x_3) = 1 - (1 - \mu_{\underset{\sim}{A_{s1}}}(x_1))(1 - \mu_{\underset{\sim}{A_{s2}}}(x_2)\mu_{\underset{\sim}{A_{s3}}}(x_3))$$

此时,系统顶事件发生的概率或模糊性能不可靠度为

$$
\begin{aligned}
\underset{\sim}{F_{sf}} &= P(\underset{\sim}{A_{sf}}) \\
&= E[\mu_{\underset{\sim}{A_{sf}}}(x)] \\
&= E[\mu_{\underset{\sim}{A_{sf}}}(x_1,x_2,x_3)] \\
&= \int_{X_3}\int_{X_2}\int_{X_1} \mu_{\underset{\sim}{A_{sf}}}(x_1,x_2,x_3)g_{123}(x_1,x_2,x_3)\mathrm{d}x_1\mathrm{d}x_2\mathrm{d}x_3 \\
&= \int_{X_3}\int_{X_2}\int_{X_1} [1-(1-\mu_{\underset{\sim}{A_{s1}}}(x_1))(1-\mu_{\underset{\sim}{A_{s2}}}(x_2)\mu_{\underset{\sim}{A_{s3}}}(x_3))]g_1(x_1)g_2(x_2)g_3(x_3)\mathrm{d}x_1\mathrm{d}x_2\mathrm{d}x_3
\end{aligned}
$$

系统的模糊性能可靠度为

$$\underset{\sim}{R}_{sf}=1-\underset{\sim}{F}_{sf}$$

其中，$g_{123}(x_1,x_2,x_3)$ 表示基本事件 S_1、S_2 和 S_3 所对应性能指标 x_1、x_2 和 x_3 的联合概率密度函数，$g_1(x_1)$、$g_2(x_2)$ 和 $g_3(x_3)$ 分别表示基本事件 S_1、S_2 和 S_3 所对应性能指标 x_1、x_2 和 x_3 的概率密度函数。

当基本事件 S_1、S_2 和 S_3 所对应性能指标 x_1、x_2 和 x_3 的模糊性能可靠度已知时，也可由式(5-53)和式(5-54)直接求出系统顶事件的模糊性能可靠度为

$$\underset{\sim}{R}_{sf}=\underset{\sim}{R}_1[1-(1-\underset{\sim}{R}_2)(1-\underset{\sim}{R}_3)]$$

5.5 信息融合的可靠性分析法

对于民用飞机等复杂系统来说，直接可用的可靠性数据往往很稀缺，呈现出小子样特性。然而，在其全生命周期或相似产品中却又存在很多可用的可靠性数据，如系统或设备供应商提供的可靠性数据、运营商积累的可靠性数据等。此外，通过可靠性数据手册，甚至仿真都可以得到很多可靠性数据。按其来源，可分为外场数据和试验数据。外场数据是系统运行产生的数据，试验数据则主要由系统、设备供应商提供。对于存在多个数据来源的系统、设备或部件，通过数据融合的方法综合利用多种可靠性数据，可以更精确地确定其可靠性水平，提高数据可信性、降低模糊不确定性。

5.5.1 多来源可靠性数据分析

信息融合技术由于强大的信息提取和综合能力，已经被广泛用于多来源可靠性数据的综合分析领域，极大地提高了分析结果的可信性。目前，常用的融合方法有加权融合法、基于信息熵理论的融合方法和基于 Bayes 理论的融合方法等。

1. 加权融合法

设 $\theta_1,\theta_2,\cdots,\theta_n$ 为来自 n 个数据源的可靠性参数估计值，假设各数据源之间是独立的，则各数据源的可靠性参数之间较好地满足线性关系。融合后的可靠性参数估计值为

$$\theta=\sum_{i=1}^{n}\omega_i\theta_i$$

其中，ω_i 为第 i 个信息源可靠性参数的权值，$\omega_i\in[0,1]$，且 $\omega_1+\omega_2+\cdots+\omega_n=1$，$i=1,2,\cdots,n$。$\omega_i$ 的求取应根据数据源的特点来进行。

例如，在数据源样本个数确定的情况下，可以将 ω_i 取为该数据源的样本 N_i 在总样本数中所占的比例，即

$$N_i = \frac{N_i}{N_1 + N_2 + \cdots + N_n} \qquad (5\text{-}57)$$

目前,常用的权重确定方法还有基于专家经验、信息源可信度、先验信息和现场子样相关性等。

2. 基于信息熵理论的融合方法

熵的概念源于信息论,用来表示某种分布包含的信息量的均值。连续函数 $f(x)$ 的熵为

$$S = \int_{-\infty}^{+\infty} f(x) \ln f(x) \mathrm{d}x$$

将信息量的可加性与可靠性工程理论相结合,根据总信息量相等的原理,即可得到融合后的可靠性信息。相对熵也被应用于可靠性信息的融合,分布 $p(x)$ 与 $q(x)$ 之间的相对熵表达式为

$$h(p,q) = \int p(x) \ln \frac{p(x)}{q(x)} \mathrm{d}x \qquad (5\text{-}58)$$

给出不同概率分布之间距离的度量,选择与各个分布距离最小的分布为融合后的分布。设有 n 个不同来源的分布 $p_i(x)(i=1,2,\cdots,n)$,融合后的分布为 $q(x)$,定义

$$I_1(q) = \sum_{i=1}^{n} h(q,p_i) \qquad (5\text{-}59)$$

$$I_2(q) = \sum_{i=1}^{n} h(p_i,q) \qquad (5\text{-}60)$$

可以通过求取 $\min\{I_1(q)\}$ 或 $\min\{I_2(q)\}$ 或 $\min\{I_1(q)+I_2(q)\}=\min\{J(q)\}$(或其中的组合)得到融合后的分布。

3. 基于 Bayes 方法的融合方法

Bayes 方法是一种基于总体信息、样本信息和先验信息进行统计推断的数学方法,基本思路如图 5-27 所示。该方法与经典统计方法的主要差别在于对先验信息的利用。

设总体的一个样本为 $x=(x_1,x_2,\cdots,x_n)$,将依赖于未知参数 θ 的密度函数记为 $p(x|\theta)$,表示在随机变量 θ 为给定值时,总体观测值指标 X 的条件分布。$\pi(\theta)$ 表示 θ 的先验分布,可由先验信息确定。从而,样本 x 和参数 θ 的联合分布为

$$h(x,\theta) = p(x|\theta)\pi(\theta) \qquad (5\text{-}61)$$

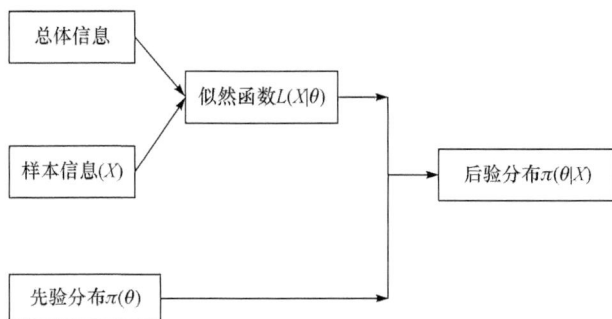

图 5-27　Bayes 方法基本原理

设 $m(x)$ 是 x 的边缘密度，则

$$m(x) = \int_{\Theta} h(x,\theta)\,\mathrm{d}\theta = \int_{\Theta} p(x \mid \theta)\pi(\theta)\,\mathrm{d}\theta \qquad (5\text{-}62)$$

从而 Bayes 公式可以表示为

$$h(\theta \mid x) = \frac{h(x,\theta)}{m(x)} = \frac{p(x \mid \theta)\pi(\theta)}{\displaystyle\int_{\Theta} p(x \mid \theta)\pi(\theta)\,\mathrm{d}\theta} \qquad (5\text{-}63)$$

$h(\theta|x)$ 为结合先验信息和样本信息得到的后验分布，Bayes 学派认为根据后验分布 $h(\theta|x)$ 进行统计推断得到的结果更可信。

需要说明的是，不同时间段（阶段）和环境剖面下的可靠性信息必须折合为现场条件下的数据之后才能和现场数据进行融合分析。

5.5.2　先验数据信息融合分析

采用先验数据信息融合分析，有效利用先验信息，并通过对先验分布的融合来实现对多源信息的融合，在数据融合中得到广泛应用。应用该方法的关键，一是先验分布的确定；二是多种先验分布的融合。

1. 根据先验信息确定先验分布

在基于 Bayes 理论的融合方法中，只有经过相容性检验的先验信息才是可用的。在先验信息为小样本时，可以通过 Bootstrap 方法对样本进行扩充来求取先验分布，做法如下。

设有来自总体 F 的样本 $X=(x_1,x_2,\cdots,x_n)$，$x_1,x_2,\cdots,x_n$ 已按照升序排列。

① 获取 Bootstrap 样本。通过线性同余法产生 $1 \sim N$ 的 N 个随机整数，以这些整数为下标，从原样本中抽出对应的 N 个数据组成 Bootstrap 样本。重复 B

次,即可得到 B 组 Bootstrap 样本。

② 估计分布特征参数。设 $\theta=\theta(F)$ 是总体分布 F 的某个参数,F_n^* 是 Bootstrap 样本的分布函数,$\hat{\theta}(F)$、$\hat{\theta}(F_n)$ 和 $\hat{\theta}(F_n^*)$ 分别为该参数在总体、原始样本和 Bootstrap 样本中的估计。计算统计量为

$$\begin{cases} R(X,F)=\hat{\theta}(F_n)-\hat{\theta}(F) \\ R^*(X^*,F)=\hat{\theta}(F_n^*)-\hat{\theta}(F_n) \end{cases} \tag{5-64}$$

从而,$\hat{\theta}(F)=\hat{\theta}(F_n)-R(X,F)\approx\hat{\theta}(F_n)-R^*(X^*,F)$。采用 $R^*(X^*,F)$ 代替 $R(X,F)$ 是因为在小样本情况下 $\hat{\theta}(F)$ 的估计不可信。对 B 组 Bootstrap 再生样本使用上述处理方法,便可得到 B 个 θ 的估计值。

③ 确定先验分布。通过对多个 Bootstrap 再生样本特征参数的分布拟合与拟合优度检验,便可以确定先验分布。在保证计算结果可信的前提下,也可以采用共轭先验分布,其特征参数也可以通过 Bootstrap 再生样本估计得到。

需要注意的是,在样本容量多于 5 的情况下,Bootstrap 方法比较有效,而样本容量少于 5 时,应用 Bootstrap 再抽样方法得到的结果不再可信。

2. 多源先验分布加权融合的稳健性

在获得多个先验信息源的先验分布之后,通过对多个先验分布的融合,可以实现多来源先验信息的融合。在先验分布的融合方法中,加权融合法应用较广泛,有线性加权融合和非线性加权融合两种。其中关于线性加权融合研究较多,该方法的基本思路如下。

融合后的先验分布为

$$\pi(\theta)=\omega_1\pi_1(\theta)+\omega_2\pi_2(\theta)+\cdots+\omega_n\pi_n(\theta) \tag{5-65}$$

其中,$\pi_i(\theta)$ 表示由第 i 个数据源得到的先验分布;ω_i 为其权重,且 $\sum_{i=1}^{n}\omega_i=1$。

事实上,在取定子样 x 之后,对于任一先验分布 $\pi_i(\theta)$,如果其具有良好的稳健性,则产生边缘分布,即

$$m(x\mid\pi_i)=\int_{\Theta}p(x\mid\theta)\pi_i(\theta)\mathrm{d}\theta \tag{5-66}$$

其中,$m(x\mid\pi_i)\geqslant m_0(x)$,$m_0(x)$ 是先验分布具有良好稳健性时边缘密度的最小值;$p(x\mid\theta)$ 是子样的似然函数。

对满足稳健性要求的多个先验分布,按照式(5-65)进行加权融合,则有

$$\pi(\theta)\geqslant\min(\pi_1(\theta),\pi_2(\theta),\cdots,\pi_n(\theta))=\pi_k(\theta)$$

其中,$\pi_k(\theta)$ 表示 $\pi_i(\theta)$ 中的最小值。从而有

$$m(x \mid \pi) = \int_{\Theta} p(x \mid \theta)\pi(\theta)\mathrm{d}\theta \geqslant \int_{\Theta} p(x \mid \theta)\pi_k(\theta)\mathrm{d}\theta = m(x \mid \pi_k) \quad (5\text{-}67)$$

因此,采用线性加权融合得到的融合先验分布具有良好的稳健性,线性加权进行多个先验分布的融合较为合适。

3. 边缘分布密度在线性加权融合中的应用

设现场试验样本为 $x = (x_1, x_2, \cdots, x_n)$,在参数 θ 下的似然函数为

$$p(x \mid \theta) = \prod_{i=1}^{n} p(x_i \mid \theta)$$

θ 的先验分布密度为 $\pi(\theta)$,则 θ 的后验分布为

$$\pi(\theta \mid x) = \frac{p(x \mid \theta)\pi(\theta)}{\displaystyle\int_{\Theta} p(x \mid \theta)\pi_k(\theta)\mathrm{d}\theta} \quad (5\text{-}68)$$

记 $m(x) = \displaystyle\int_{\Theta} p(x \mid \theta)\pi(\theta)\mathrm{d}\theta$,称为 x 在 $\pi(\theta)$ 下的边缘分布密度。

经验 Bayes 理论认为,边缘密度的大小反映了在该先验分布之下样本发生可能性的平均大小。因此,可以考虑以样本在各个先验分布之下的边缘分布密度的大小为度量来确定线性加权融合中的权重。即先验分布 $\pi_i(\theta)$ 的权重 ω_i 为

$$\omega_i = \frac{m(x \mid \pi_i)}{\displaystyle\sum_{j=1}^{n} m(x \mid \pi_j)} \quad (5\text{-}69)$$

由式(5-69)确定的 ω_i 满足线性加权融合所要求的 $\displaystyle\sum_{i=1}^{n} \omega_i = 1$。

例 5.14　某寿命服从正态分布的飞机高速组件定型试验样本量为 12,故障时间分别为 1.3802, 1.5963, 1.8667, 1.5624, 1.5335, 1.5442, 1.4813, 1.1091, 1.3025, 1.1319, 1.3900, 1.7236。有一组历史数据和相似产品的使用寿命数据分别为(1.4195, 1.4482, 1.7837, 1.6548, 1.5374, 1.3466, 1.5730, 1.3831, 1.6512, 1.4419) 和 (1.4654, 1.4353, 1.4954, 1.5863, 1.4346, 1.3999, 1.5080, 1.5135, 1.5685, 1.4605, 1.5050, 1.4765, 1.5121, 1.6735)。这两组数据均已通过与定型试验数据的相容性检验(单位:10^4h)。采用本书方法对该组件寿命做出的推断如下。

(1)确定定型数据分布

对试验数据进行分布拟合和拟合优度检验,确定其服从 $N(1.47, 0.09)$,即分布密度函数为

$$p(x \mid \mu, \sigma) = \frac{1}{\sqrt{2\pi} \times 0.224} e^{-\frac{(x-1.47)^2}{0.1}}$$

（2）确定先验分布

选取共轭分布为先验分布，则先验分布为正态分布。对两种先验信息均抽取 10000 个 Bootstrap 样本，计算其均值和方差。于是由历史数据得到的先验分布为

$$\pi_1(\theta) = \frac{1}{\sqrt{2\pi} \times 0.134} e^{-\frac{(x-1.524)^2}{0.0036}}$$

由相似产品数据得到的先验分布为

$$\pi_2(\theta) = \frac{1}{\sqrt{2\pi} \times 0.056} e^{-\frac{(x-1.5025)^2}{0.00067}}$$

对样本均值进行分布拟合，结果如图 5-28 所示。可以看出，两先验分布近似为正态分布，这表明我们选取共轭先验分布是合适的。

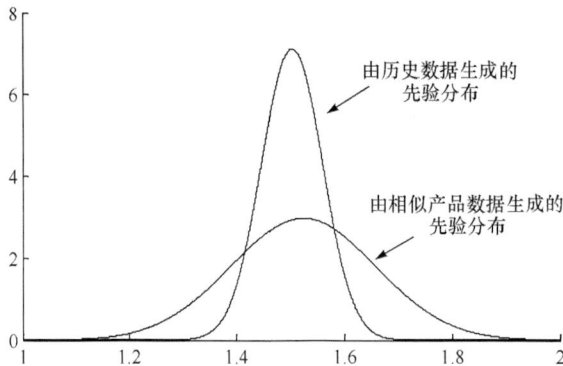

图 5-28　两种先验分布曲线

（3）融合先验分布

将 $\pi_1(\theta)$ 和 $\pi_2(\theta)$ 分别代入式(5-69)，可以得到

$$\omega_1 = 0.6042, \quad \omega_2 = 0.3958$$

从而由式(5-65)得到

$$\pi(\theta) = 0.6042 \times \pi_1(\theta) + 0.3958 \times \pi_2(\theta) = \frac{1}{\sqrt{2\pi} \times 0.027} e^{-\frac{(x-1.5155)^2}{0.0014}}$$

（4）Bayes 推断

将 $p(x \mid \mu, \sigma)$、$\pi(\theta)$，以及现场试验样本代入式(5-68)，得到后验分布，即

$$\pi(\theta \mid x) = \frac{1}{\sqrt{2\pi} \times 0.065} e^{-\frac{(\theta-1.488)^2}{0.0084}}$$

（5）可靠性寿命估计

将 $\pi(\theta|x)$ 代入可得均值寿命为 $1.488\times10^4\text{h}$。这个寿命在样本均值寿命和先验均值之间，可见样本信息是对先验信息的一种修正。

采用 Bootstrap 方法或随机抽样法确定先验分布，克服了先验分布确定的主观性。采用 Bootstrap 方法产生的样本观测值局限于原样本的范围内，因此受原样本的影响较大，在样本容量较小时需慎用。以样本的边缘密度函数值为尺度确定线性加权融合中的权重，克服了权重确定的主观性，提高了权重的可信性。

5.6　基于 Petri 网的可靠性分析

Petri 网是一种网状信息流模型，包括条件和事件两类节点。在条件和事件为节点的有向二分图的基础上表示状态信息的托肯（token）分布，并按一定的引发规则使事件驱动状态演变，从而反映系统的动态运行过程。

5.6.1　Petri 网基本概念

在通常情况下，用小矩形表示事件节点，称为变迁；用小圆圈表示条件节点，称为库所。两个变迁节点之间和两个库所节点之间不能用有向弧相连，而变迁节点和库所节点之间可以用有向弧连接，由此构成的有向二分图称为网。网的某些库所节点中标上若干个黑点表示托肯，从而构成 Petri 网。其形式化描述如下。

定义 5.4　满足下列条件的三元式 $N=(P,T;F)$ 称为有向网。

① $P\cup T\neq\varnothing,P\cap T=\varnothing$。

② $F\subseteq(P\times T)\cup(T\times P)$。

③ $\text{dom}(F)\cup\text{cod}(F)=P\cup T$。

其中，$\text{dom}(F)=\{x|\exists y:(x,y)\in F\}$ 和 $\text{cod}(F)=\{y|\exists x:(x,y)\in F\}$ 分别为 F 的定义域和值域，P 和 T 分别为网 N 的库所（place）集和变迁（transition）集，F 为流关系（flow relation）。

定义 5.5　设 $x\in P\cup T$ 为 N 的任一元素，令 $^*x=\{y|(y\in P\cup T)\wedge((y,x)\in F)\}$ 和 $x^*=\{y|,(y\in P\cup T)\wedge((x,y)\in F)\}$，称 $^*x$ 和 x^* 分别为 x 的前置集和后置集。

定义 5.6　满足下列条件的四元式 $\text{PN}=(P,T;F,M_0)$ 称为 Petri 网。

① $N=(P,T;F)$ 是一个网。

② $M:P\to Z$（非负整数集）为标识（也称状态）函数，M_0 是初始标识。

③ 引发规则如下。

第一，变迁 $t\in T$，当 $\forall p\in\ ^*t:M(p)\geqslant1$ 时，称变迁 t 是使能的，记作 $M[t\rangle$。

第二，在 M 下使能的变迁 t 可以引发，引发后得到后继标识 M'，则

$$M'(p)=\begin{cases} M(p)+1, & p\in t^{*}-{}^{*}t \\ M(p)-1, & p\in t^{*}+{}^{*}t \\ M(p), & \text{其他} \end{cases} \qquad (5\text{-}70)$$

PN 的标识 M 可以用一个非负整数的 m 维向量表示,记作 M。式中 $M(i)=M(p_i),i=1,2,\cdots,m$。

定义 5.7　设 Petri 网 $PN=(P,T;F,M_0)$,M 是 PN 的一个标识,若 $\exists t_1,t_2\in T$,使得 $M[t_1>\wedge M[t_2>$,则当

① $M[t_1>M_1\to M_1[t_2>\wedge M[t_2>M_2\to M_2[t_1>$时,称 t_1 和 t_2 在 M 下并发。

② $M[t_1>M_1\to\neg M_1[t_2>\wedge M[t_2>M_2\to\neg M_2[t_1>$时,称 t_1 和 t_2 在 M 下冲突。

定义 5.8　设 Petri 网 $PN=(P,T;F,M_0)$,若 $\exists M_1,M_2,\cdots,M_k$,使得 $\forall 1\leqslant i\leqslant k,\exists t_i\in T:M_i>M_{i+1}$,则称变迁序列 $\sigma=t_1t_2\cdots t_k$ 在 M_1 下是使能,M_{k+1} 从 M_1 是可达,记作 $M_1[\sigma>M_{k+1}$。

定义 5.9　设 Petri 网 $PN=(P,T;F,M_0)$,令 $R(M_0)$ 是满足下列条件的最小集合。

① $M_0\in R(M_0)$。

② 若 $M\in R(M_0)$,且 $t\in T$ 使得 $M[t>M'$,则 $M'\in R(M_0)$,称 $R(M_0)$ 为 Petri 网 PN 的可达标识结合。

5.6.2　Petri 网的图形表示

Petri 网是一种图形化和形式化的建模工具,为了便于理解,在此给出形式化定义的图形表示。设有如图 5-29 所示的简单 Petri 网,则初始标识 $M_0=[1\ 1\ 0\ 0\ 0]^T$; ${}^{*}t_1=\{p_1,p_2\},p_4^{*}=\{t_3\}$ 等; $\forall p\in{}^{*}t_1:M_0(p)\geqslant 1$,则 $M_0[t_1>$,记作 $M_0[t_1>M_1$,

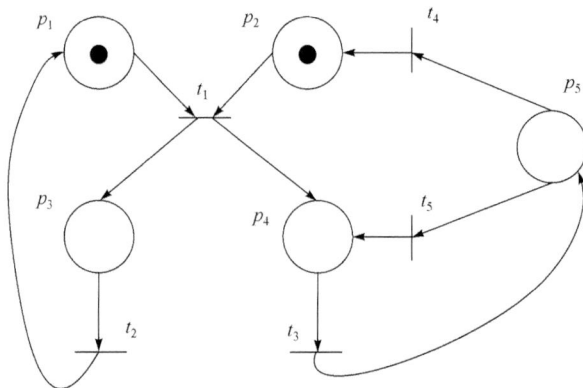

图 5-29　一个简单的 Petri 网

其中 $M_1 = [0\ 0\ 1\ 1\ 0]^T$，变迁 t_2 和 t_3 在标识 $M_1 = [0\ 0\ 1\ 1\ 0]^T$ 处于并发关系，而变迁 t_4 和 t_5，在标识 $M_3 = [0\ 0\ 1\ 0\ 1]^T$ 处于冲突关系；该 Petri 网状态可达图如图 5-30 标识集合为 $R(M_0) = \{[1\ 1\ 0\ 0\ 0]^T, [0\ 0\ 1\ 1\ 0]^T, [1\ 0\ 0\ 1\ 0]^T, [0\ 0\ 1\ 0\ 1]^T, [1\ 0\ 0\ 0\ 1]^T, [0\ 1\ 1\ 0\ 0]^T\}$。

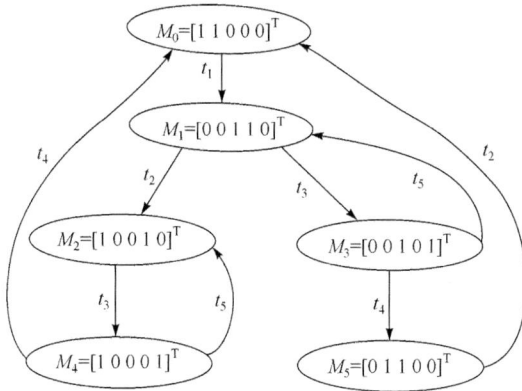

图 5-30　状态可达图

5.6.3　典型系统可靠性的 Petri 网模型

Petri 网有动态性质和结构性质。动态性质依赖于网的初始状态，而结构性质与网的初始状态无关，仅取决于网的拓扑或结构。Petri 网的性质主要有可达性、有界性、安全性、可覆盖性、可逆性和守恒性等。系统的可靠性分析主要利用 Petri 网的动态性质进行系统的动态行为分析，利用 Petri 网的可达性可以确定在给定的初始状态下，系统是否可能运行到指定状态；利用 Petri 网的活性分析可以确定系统中是否存在死锁问题。从可靠性的角度出发，死锁也是一种故障。

目前，可靠性分析应用较多的是利用 Petri 网的逻辑描述能力代替故障树进行系统的可靠性分析建模[40-45]。常用的逻辑关系"与、或、非"的 Petri 网表示如图 5-31 所示，从而可以方便地将故障树模型转换为相应的 Petri 网模型。故障树的与门采用多输入变迁代替，或门采用多个变迁代替，如此可以很方便地将故障树转变为基本 Petri 网。根据得到的 Petri 网，可以写出关联矩阵，通过关联矩阵，可

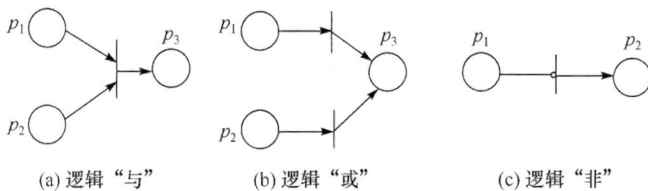

(a) 逻辑"与"　　　　(b) 逻辑"或"　　　　(c) 逻辑"非"

图 5-31　逻辑"与、或、非"的 Petri 网表示

以快速得到故障树的最小割集。

随机 Petri 网变迁的串联模型由顺序的变迁串联而成,如图 5-32 所示。

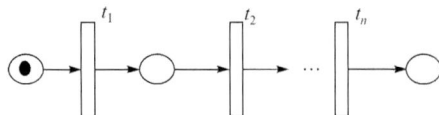

图 5-32　随机 Petri 网变迁的串联模型

随机 Petri 网的变迁并联模型如图 5-33 所示,表示 n 个变迁从瞬时变迁 t_{start} 处开始并行执行,到瞬时变迁 t_{end} 同步后结束。

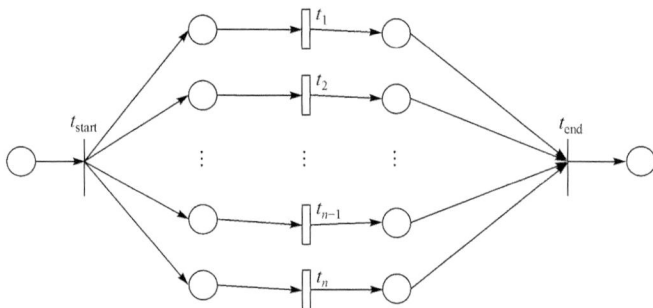

图 5-33　随机 Petri 网的变迁并联模型

(1) 不可修冷贮备系统的可靠性 Petri 网模型

冷贮备系统由 n 个部件组成。在初始时刻,一个部件工作,其余 $n-1$ 个部件作冷贮备。当工作部件发生故障时,贮备部件逐个去替换,直到所有部件都失效时,系统才失效。在贮备系统中,贮备部件不失效也不劣化,贮备期的长短对之后使用时的部件工作寿命没有影响。

以两部件系统为例,其中一个部件处于工作状态,另一个部件处于冷贮备状态,不考虑转换开关失效和考虑转换开关失效的 Petri 网模型如图 5-34 所示。在图 5-34(a)中,p_1 表示部件 1 工作,p_2 表示部件 2 工作,p_f 表示系统失效。开始时,部件 1 处于工作状态,经过 t_{1f} 时间间隔后,部件 1 失效,换上部件 2 工作,再经过 t_{1f} 时间间隔后系统失效。系统寿命等于两个部件的寿命之和。在图 5-34(b)中,考虑转换开关的失效行为,增加 p_w 表示转换开关正常,p_{wf} 表示转换开关失效,p_{1f} 表示部件 1 失效,p_{sf} 表示系统失效。当部件 1 失效后,若转换开关正常,则部件 2 投入工作状态;若转换开关失效,部件 2 切换不上,则系统直接失效。

(2) 不可修表决系统的可靠性 Petri 网模型

如果系统由 n 个部件组成,而系统完成任务只需要其中的 k 个部件正常工作,则称这样的系统为 k/n 表决系统。

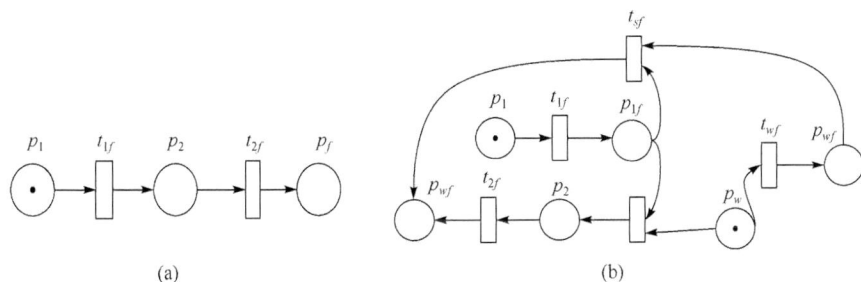

图 5-34　不可修冷贮备系统可靠性 Petri 网模型

以 2/3 系统为例,即系统中有三个部件,只要其中有两个部件正常,则系统就能工作,当系统中出现 $n-k+1$,即两个部件失效时,系统就失效,如图 5-35 所示。

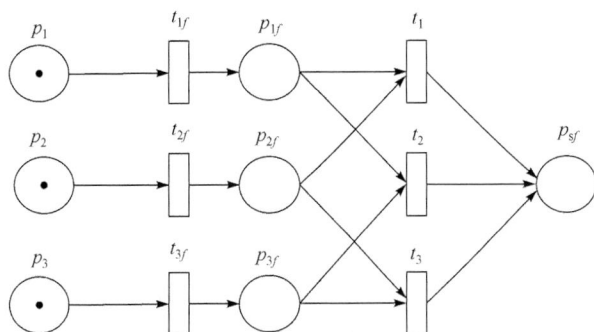

图 5-35　2/3 不可修系统可靠性 PN 模型

(3) 可修表决系统可靠性的 Petri 网模型

仍然以 2/3 系统为例,假设每个部件均配有一个维修设备,则此可修系统的可靠性分析 Petri 网模型如图 5-36 所示,其中,p_1、p_2、p_3 分别表示三个部件处于好状态,这三个库所中只要有两个库所中有托肯,即两个部件处于好状态,系统就可以工作,用 p_{sc} 中有托肯表示系统处于好状态;p_{1f}、p_{2f}、p_{3f} 分别表示三个部件处于维修状态,同样这三个库所只要有两个库所中有托肯,则表示系统处于失效状态,用 p_{sf} 中有托肯表示系统失效;变迁 t_{1f}、t_{2f}、t_{3f} 分别表示三个部件的失效过程,具有时间特性,因此用矩形框表示;同理,变迁 t_{1r}、t_{2r}、t_{3r} 分别表示三个部件的维修过程;其他 6 个变迁均为立即变迁,表示只要变迁的输入库所中有托肯,并且抑制弧所对应的输入库中没有托肯,则表示变迁立即引发。

当三个部件共用一个维修设备时,维修设备为共享资源,此时的系统可靠性分析 Petri 网模型如图 5-37 所示。与图 5-36 相比增加了一个库所 p_r 表示维修资源,相应的三个维修变迁 t_{1r}、t_{2r}、t_{3r} 的使能条件变为部件失效且维修资源可用。

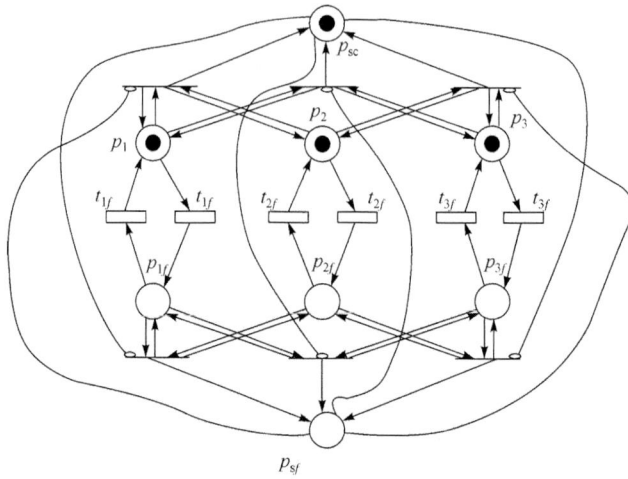

图 5-36　2/3 可修系统可靠性 PN 模型

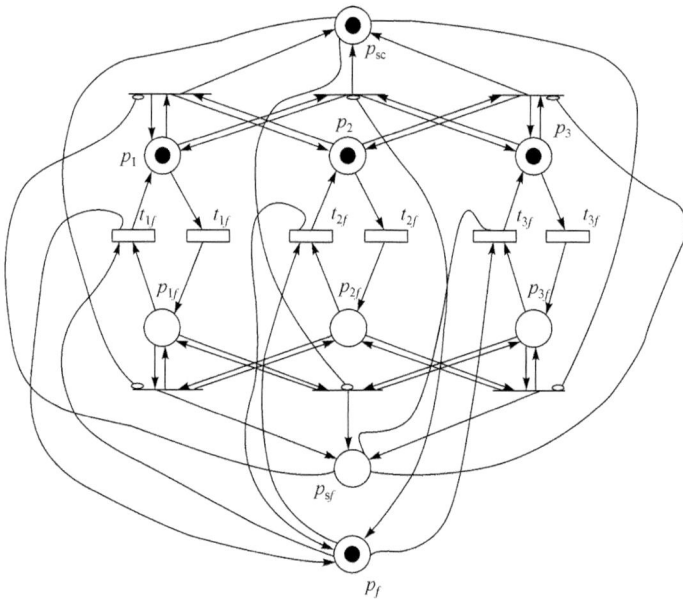

图 5-37　2/3 可修系统共享维修资源可靠性 PN 模型

（4）可修冷贮备系统可靠性的 Petri 网模型

可修冷贮备系统是由 n 个部件和一个修理设备组成。当 n 个部件均正常时，则一个部件工作，其余 $n-1$ 个部件作为冷贮备。工作部件发生故障时，贮备部件之一立即转为工作状态,修理设备则对故障部件进行修理。修理好的部件,或进入冷贮备,即此时某个部件正在工作;或进入工作状态,即此时其他所有部件都已有故障。

以 n 个同型部件和一个维修设备组成的可修冷贮备系统为例,此系统的可靠性 Petri 网模型如图 5-38 所示,其中 p_c 表示系统中所有处于好状态的部件库所,中间的黑点个数为部件个数,p_r 表示维修资源库所,中间一个黑点表示只有一个维修设备,p_{1f} 表示系统中失效部件库所,当 p_c 库所中没有黑点(即托肯)时,系统失效。

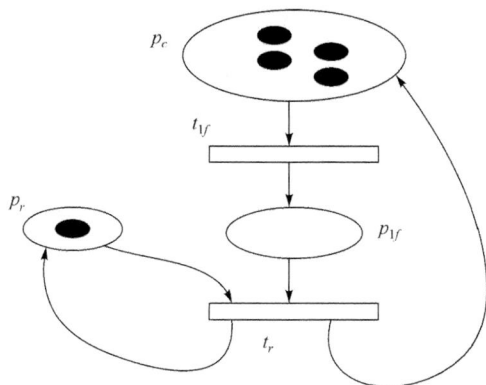

图 5-38　可修冷贮备系统可靠性 Petri 网模型

在建立系统的可靠性分析模型后,即可利用状态方程得到系统的状态可达图,从而得到系统的状态空间,当系统中所有变迁率为常数,即时间变迁的时间分布服从指数分布时,可以利用 Markov 方法进行分析;当系统的变迁中含有非指数分布时,此时系统为非 Markov 系统,可以利用 Markov 再生理论,补充变量或者仿真方法进行系统可靠性分析。尽管基于 Petri 网的系统可靠性研究工作已经取得了一定的进展,但对于复杂系统具有的实施数据获取困难、环境可变、结构不确定等问题有待进一步研究。本节仅对 Petri 网在系统可靠性分析中的应用作一些简单介绍。

5.6.4　Petri 网可靠性分析应用示例

下面以某飞机配电系统的可靠性分析为例,说明 Petri 网的应用。

图 5-39 是一个简化的飞机分布式环形配电系统示意图,它采用配电线路无通道自动继电保护技术控制断路器和环网开关的通断,从而达到故障隔离和容错供电的目的。

（1）建立故障树

图 5-40 为故障树模型图。图中,Fn 代表 n 号发电机故障,Kn 代表 n 号环网开关故障。

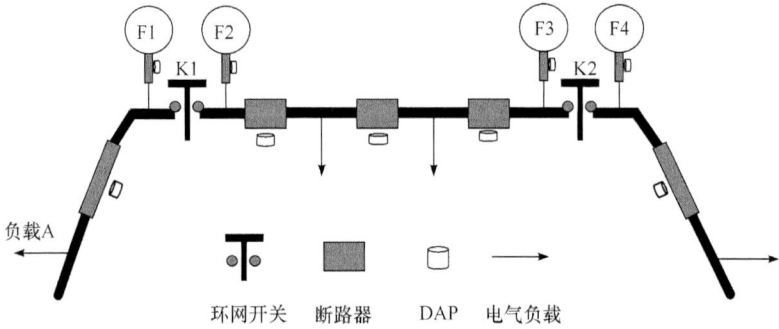

图 5-39　飞机分布式环形配电系统示意图

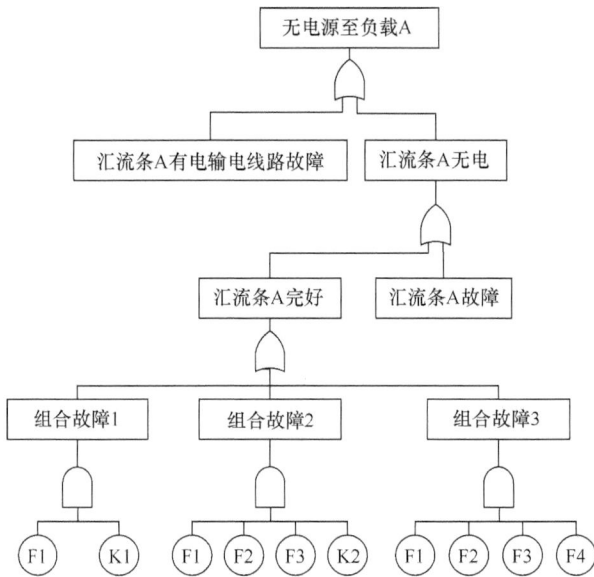

图 5-40　故障树模型图

(2) 将故障树模型转化为 Petri 网模型

图 5-41 为 Petri 网模型图,P_n分别代表图 5-40 故障树中对应的事件。

(3) 应用 Petri 网的关联矩阵求最小割集

按照上述求最小割集的步骤可以得出

$$P_{14}=P_{13}+P_{12}=P_{10}+P_{11}+P_{12}=P_7+P_8+P_9+P_{11}+P_{12}$$
$$=P_1P_2+P_1P_3P_4P_5+P_1P_3P_4P_6+P_{11}+P_{12}$$

从而得到其最小割集:$C_1=\{P_1,P_2\}$,$C_2=\{P_1,P_3,P_4,P_5\}$,$C_3=\{P_1,P_3,P_4,P_6\}$,$C_4=\{P_{11}\}$,$C_5=\{P_{12}\}$。同样,再利用定量计算的方法即可得出顶事件发生的概率。

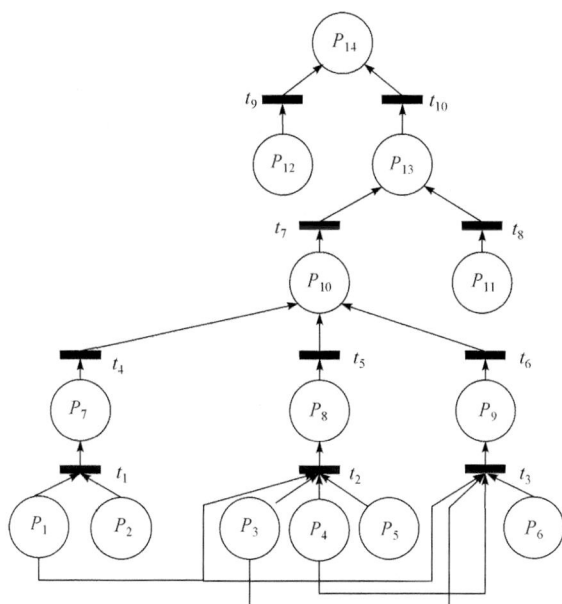

图 5-41　Petri 网模型图

5.7　本 章 小 结

本章介绍了复杂系统一些常用的可靠性分析方法,包括 FMECA、故障树分析、Bayes 方法、模糊集理论、信息融合法以及 Petri 网。其中,FMECA 主要是针对系统及其组成单元的故障(失效)模式、影响与危害性的分析方法;故障树用于了解系统失效的原因,并且找到最好的方式降低风险,或是确认某一安全事故或是特定系统失效的发生率;Bayes 方法则是应用概率统计相关理论知识和手段对产品或系统的可靠性进行数据分析以及可靠性评估、预测,可分为统计分析方法和网络分析方法;模糊分析法主要用于解决工程实践中不确定性的可靠性问题,是对传统可靠性理论的补充;对于民用飞机等复杂系统来说,可靠性数据呈现出小子样特性,信息融合可以将多来源的数据融合起来,精确地确定其可靠性水平;Petri 网是一种网状信息流模型,主要是用于分析系统的动态运行过程。以上可靠性分析方法不是相互独立的,读者可以根据自己的需要,选择合适的方法进行分析。

习题及思考题

1. 图 5-42 为信号放大系统,由 2 个信号放大器并联工作,只要其中任意一个放大器正常工作即可完成信号放大功能。已知如下条件:$\lambda_A=\lambda_B=1.0\times10^{-3}$/h,该系统的工作时间为 72h,放大器 A 和 B 均具有 2 种故障模式,即开路($\alpha=0.9$)和短路($\alpha=0.1$)。现要求完成该系统的 FMECA(故障影响:"系统功能丧失",严酷度类别为"Ⅰ";"系统功能降级",严酷度类别为"Ⅱ")。

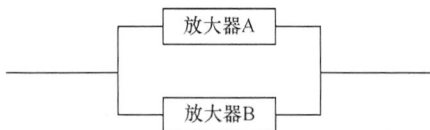

图 5-42　放大器并联系统

2. 完成自行车的 FMEA,要求:

(1) 定义自行车的功能任务及自行车的系统层次;

(2) 定义自行车的故障判据;

(3) 定义自行车的严酷度;

(4) 选择自行车的一个子系统完成各层次产品的 FMEA;

(5) 根据你的经验用 RPN 方法评价所分析故障模式的危害性。

3. 具有双天线发射机的通信设备的可靠性逻辑图见图 5-43,其中 A 为发射机,B_1、B_2 为天线,C 为接收机。试画出相应的故障树,并写出故障函数。

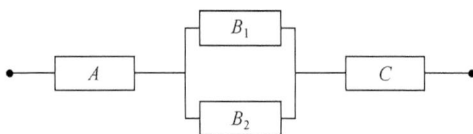

图 5-43　发射机可靠性逻辑框图

4. 系统可靠性逻辑框图如图 5-44 所示,求:

(1) 相应的故障树;

(2) 故障函数的最小割集表达式;

(3) 每个底事件(单元 A_i 事件失效)的结构重要度。

5. 已知系统的可靠性框图如图 5-45 所示,它的预计可靠度:$R_1=0.60$,$R_2=0.50$,$R_3=0.70$,$R_4=0.50$。

(1) 试预测系统的可靠度;

(2) 求相应的故障树;

(3) 求故障树的最小割集;

(4) 求每个底事件的概率重要度;

(5) 若要系统可靠度达 0.8,元件的可靠度如何分配。

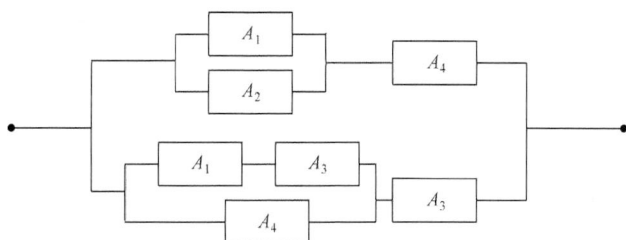

图 5-44 系统可靠性逻辑框图

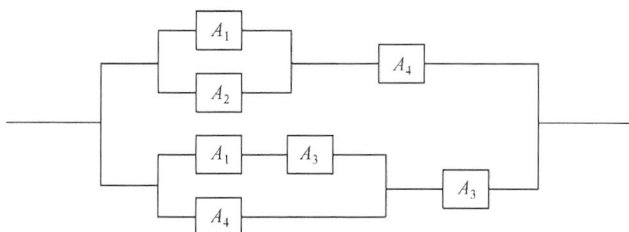

图 5-45 系统的可靠性框图

6. 假设投掷硬币 20 次。

(1) 利用贝塔分布,写出正面概率先验密度函数。

(2) 投掷硬币 20 次,记录结果。写出观察数据的似然函数。

(3) 计算得到正面概率的极大似然估计和置信度为 95% 的置信区间。

(4) 计算得到正面概率的后验分布及置信度为 95% 的可信区间。

(5) 绘制对数似然函数的图像。

(6) 绘制先验密度函数的图像。

(7) 绘制后验密度函数的图形。

7. 在机械中的承载轴中,假设承受拉伸力,承载能力和受到的应力载荷均为正态分布,承载能力为 $Q \sim N(853150, 10500)$,载荷 $F \sim N(480250, 100350)$,求其模糊失效概率。

8. 对飞机液压系统的某部件进行定型试验,样本量为 10,故障时间分别为: 1.2831,1.4965,1.7832,1.4678,1.6225,1.3524,1.6345,1.7431,1.4783,1.5638。 有一组历史数据和相似产品的使用寿命数据分别为(1.5421,1.5643,1.7964, 1.8723,1.5382,1.6326,1.4529,1.3671,1.5612,1.4979) 和 (1.4874,1.4367, 1.4554,1.6463,1.5346,1.4378,1.5181,1.5256,1.5467,1.4804,1.5356,1.4256,

1.5356),该两组数据均已通过与定型试验数据的相容性检验(单位:10^4h),求该部件的可靠性寿命。

9. 假设某设备具有可修性。

(1) 以 2/3 系统为例,当每个部件均配有一个维修设备时,试画出 2/3 系统的可靠性 Petri 网模型。

(2) 当三个部件共用一个维修设备,试画出 2/3 系统的可靠性 Petri 网模型。

第6章 关联系统可靠性原理

本章主要讨论单调关联系统,首先介绍多状态系统的基本概念,然后介绍单调关联系统的相关理论。单调关联系统主要基于每个零部件或多或少地对系统可靠性有一定作用这样一个共识。在系统中,每个单元都有其固定的功能,从而其重要性也有所不同,本章介绍单元的结构重要性评估常用方法。研究系统可靠性,通常先要了解和熟悉系统的失效模式,本章简单介绍共因失效、相关失效、相依失效等问题。

6.1 多状态系统

在工程领域,许多机械系统及其元部件具有多种功能,并呈现从理想工作状态到完全失效状态之间的多种工作状态(不同失效程度)。系统可以在一部分功能丧失的情况下进行工作;系统性能不同程度的退化;系统多种形式的重构和降级工作;系统经维修、保障维修引起的状态变化等。例如,二极管具有开路状态、短路状态和正常工作状态;大型机床系统的状态包括:系统一切工作正常(完美状态),系统处在退化工作状态,系统完全故障状态,系统处在因计划内维修而非工作状态等。

产品或系统具有若干个离散的状态,用状态变化简易图可以较清晰展示系统的状态变化,如图 6-1 所示。设有 n 个状态,$M=0$ 表示完全失效状态,$M=n$ 表示完美工作状态。

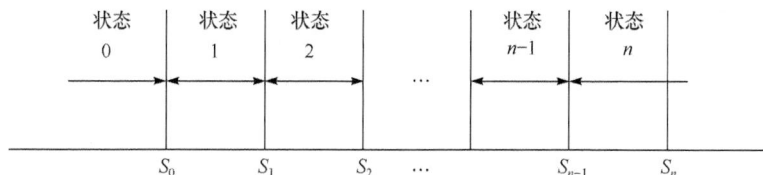

图 6-1 多状态系统状态变化示意图

对多态系统分析时,一般分为具有多状态元件的两态系统和具有多状态元件的多态系统两类。前一类型的分析方法已经比较成熟,将在下面对其简单介绍。对元件而言,主要讨论三态模式的情况。多态系统是指构成系统的元件是三态的,而系统仍然是两态的。关于系统具有多态的情况相当复杂,理论及实践都尚待进一步发展,不再详述,下面仅介绍三态系统可靠性。

6.1.1　三态系统

1. 串联三态系统

一些特殊元件,如半导体二极管或流体阀门的失效模式有开路失效和短路失效两种。也就是,元件有正常运行、开路失效、短路失效三种状态,它们发生的概率分别为记为 p_n、q_o、q_s,且 $p_n+q_o+q_s=1$。如果系统有 n 个三态元件,则元件的状态组合总数有 3^n 个。

(1) 相同三态元件的串联系统

对两元件串联而言,如果两个元件同时正常,或一个元件正常,一个元件短路,系统都是正常可靠的。两相同元件串联系统,共有 3 种状态,表达式为

$$(p_n+q_o+q_s)^2=p_n^2+q_o^2+q_s^2+2p_nq_o+2p_nq_s+2q_oq_s \tag{6-1}$$

从而,系统的可靠度为

$$R_s=p_n^2+2p_nq_s \tag{6-2}$$

系统的开路失效概率为

$$Q_o=q_o^2+2p_nq_o+2q_oq_s=1-(1-q_o)^2 \tag{6-3}$$

短路失效概率为

$$Q_s=q_s^2 \tag{6-4}$$

若系统由 n 个相同的三态元件串联而成,则系统的可靠度为

$$R_s=(1-q_o)^n-q_s^n \tag{6-5}$$

开路失效概率为

$$Q_o=1-(1-q_o)^n \tag{6-6}$$

短路失效概率为

$$Q_s=q_s^n \tag{6-7}$$

(2) 不同三态元件的串联系统

如果系统由 n 个不同的三态元件串联,则系统的可靠度为

$$R_s=\prod_{i=1}^{n}(1-q_{oi})-\prod_{i=1}^{n}q_{si} \tag{6-8}$$

开路失效概率为

$$Q_o = 1 - \prod_{i=1}^{n}(1 - q_{oi}) \tag{6-9}$$

短路失效概率为

$$Q_s = \prod_{i=1}^{n} q_{si} \tag{6-10}$$

2. 并联三态系统

(1) 两个相同三态元件的并联系统

对两元件并联而言,如果不发生两个元件同时开路,也不发生任何一个元件短路,则系统是正常可靠的。若系统由两个相同元件并联构成,根据式(6-1),则系统的可靠度为

$$R_s = p_n^2 + 2p_n q_o = (1 - q_s)^2 - q_o^2 \tag{6-11}$$

系统的开路失效概率为

$$Q_o = q_o^2 \tag{6-12}$$

短路的失效概率为

$$Q_s = q_s^2 + 2p_n q_s + 2q_o q_s = 1 - (1 - q_s)^2 \tag{6-13}$$

若将三态元件看作两态元件,令其失效率 $q = q_0 + q_s$,则可靠度为

$$R_S' = 1 - q^2 = 1 - (q_o + q_s)^2 \tag{6-14}$$

两态模式下考虑的系统可靠度要高于多态模式下系统可靠度,因为

$$\begin{aligned}
R_S' - R_s &= 1 - (q_o + q_s)^2 - [(1 - q_s)^2 - q_o^2] \\
&= 2q_s - 2q_s^2 - 2q_o q_s \\
&= 2q_s(1 - 2q_s - 2q_o) \\
&= 2q_s(1 - q) > 0
\end{aligned} \tag{6-15}$$

系统按照三态模式得到的可靠度更符合实际情况。

(2) n 个相同三态元件的并联系统

如果系统由 n 个相同的三态元件并联,则系统可靠度为

$$R_s = (1 - q_s)^n - q_o^n \tag{6-16}$$

开路失效概率为

$$Q_o = q_o^n \tag{6-17}$$

短路失效概率为

$$Q_s = 1 - (1 - q_s)^n \qquad (6\text{-}18)$$

(3) n 个不相同三态元件的并联系统

如果系统由 n 个不相同的三态元件并联,则系统可靠性为

$$R_s = \prod_{i=1}^{n} (1 - q_{si}) - \prod_{i=1}^{n} q_{oi} \qquad (6\text{-}19)$$

开路失效概率为

$$Q_o = \prod_{i=1}^{n} q_{oi} \qquad (6\text{-}20)$$

短路失效概率为

$$Q_s = 1 - \prod_{i=1}^{n} (1 - q_{si}) \qquad (6\text{-}21)$$

3. 三态单元混联系统

混联系统可以简化为串联或并联形式结构。下面介绍串-并和并-串联结构形式的可靠性问题。

(1) 三态元件的串-并联系统

如果系统由 n 个相同的三态子系统串联组成,每个子系统由 m 个不同三态元件并联组成,那么对每一个子系统而言,根据式(6-20)和式(6-21),有

$$Q_o = \prod_{i=1}^{m} q_{oi}, \quad Q_s = 1 - \prod_{i=1}^{m} (1 - q_{si})$$

类似于式(6-5),该串-并系统的可靠性可以表示为

$$R_s = (1 - Q_o)^n - Q_s^n = \left(1 - \prod_{i=1}^{m} q_{oi}\right)^n - \left[1 - \prod_{i=1}^{m} (1 - q_{si})\right]^n \qquad (6\text{-}22)$$

(2) 三态元件的并-串联系统

若系统由 m 个相同的三态子系统并联组成,每一个分系统由 n 个不同三态元件串联组成,则对每一个分系统而言,根据式(6-9)和式(6-10),有

$$Q_o = 1 - \prod_{i=1}^{m} (1 - q_{oi}), \quad Q_s = \prod_{i=1}^{m} q_{si}$$

类似于式(6-16),该并-串联系统的可靠性可以表示为

$$R_s = (1-Q_s)^n - Q_o^n = \left(1-\prod_{i=1}^{m} q_{si}\right)^n - \left[1-\prod_{i=1}^{m}(1-q_{oi})\right]^n \quad (6\text{-}23)$$

例 6.1　由三个相同二极管组成的系统如图 6-2 所示,设二极管正常工作、开路和短路失效的概率分别为 p_n、q_o 和 q_s,计算系统的可靠度。

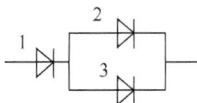

图 6-2　二极管串-并联系统

解　首先分析二极管 2 和 3 组成的分系统,显然该分系统的正常工作、开路、短路失效的概率分别为

$$R_s^{(23)} = p_n^2 + 2q_o p_n, \quad Q_o^{(23)} = q_o^2, \quad Q_s^{(23)} = 2q_s - q_s^2$$

分析二极管 1 与分系统的串联情况,则有

$$R_s = (1-q_o)(1-q_o^2) - q_s(2q_s - q_s^2) = 1 - q_o - q_o^2 + q_o^3 - 2q_s^2 + q_s^3$$

6.1.2　一般多态系统

常见的多状态可靠性分析方法主要有结构函数法、生成函数法、Markov 模型法、Bayes 网络分析法、Petri 网分析法、故障树分析法等[43-45]。下面简单介绍几种针对多态系统的分析方法。

若系统由 M 个相互独立的元件构成,任意元件 l 具有 k_l 个性能状态,则集合形式为

$$g_l = \{g_{(l,1)}, g_{(l,2)}, \cdots, g_{(l,k_l)}\}$$

其中,$g_{(l,i)}(i \in \{1,2,\cdots,k_l\})$ 表示元件 l 在状态 i 的性能。

元件的性能状态变化过程可以表示为关于时间 t 的随机过程 $G_l(t)$,在任意时刻 t 的取值为集合 g_l 中的某个值,即 $G_l(t) \in g_l$。图 6-3 所示为元件 l 性能状态随机变化过程的一种情况。

元件 l 在任意时刻 t 的状态概率分布可记为

$$p_l(t) = \{p_{(l,1)}(t), p_{(l,2)}(t), \cdots, p_{(l,k_l)}(t)\}$$

其中,$p_{l,t}(t)$ 表示 $\Pr\{G_l(t) = g_{(l,i)}\}$,满足条件 $\sum_{i=1}^{k_l} p_{(l,i)}(t) = 1$。

若多状态系统存在 K_s 个性能状态,可以表示为

$$g_s = \{g_{s1}, g_{s2}, \cdots, g_{sK_s}\}$$

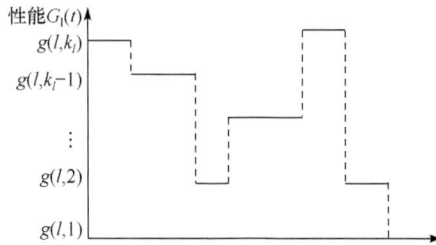

图 6-3　元件 l 性能状态随机变化过程

多状态系统的性能状态变化过程也可以表示为关于时间 t 的随机过程,记为 $G_s(t)$,在任意时刻 t 的取值满足 $G_s(t) \in g_s$,并且与其组成元件的随机性能存在如下关系,即

$$G_s(t) = \phi(G_1(t), G_2(t), \cdots, G_M(t))$$

其中,$\phi(\cdot)$ 表示系统结构函数,代表元件的性能与系统性能的函数映射关系,由系统结构及所有元件状态属性共同决定。

系统在任意时刻 t 的状态概率分布可以记为

$$p_s(t) = \{p_{s1}(t), p_{s2}(t), \cdots, p_{sK_s}(t)\}$$

其中,$p_{(si)}(t)$ 表示 $\Pr\{G_s(t) = g_{si}\}$。

下面介绍应用马尔可夫模型分析一般多态系统可靠性。

马尔可夫模型被广泛应用在多状态系统或元件的随机衰退过程建模中。系统或元件的性能状态被表示成马尔可夫模型的离散状态,若用随机过程 $\{X(t) | t \geqslant 0\}$ 表示系统或元件的瞬时状态,则其条件概率分布函数(probability mass function, PMF)存在以下关系:

$$\Pr\{X(t_n) = x_n | X(t_{n-1}) = x_{n-1}, X(t_{n-2}) = x_{n-2}, \cdots, X(t_2) = x_2, X(t_1) = x_1\}$$
$$= \Pr\{X(t_n) = x_n | X(t_{n-1}) = x_{n-1}\}$$

其中,$0 \leqslant t_1 < t_2 < \cdots < t_{n-2} < t_{n-1} < t_n$;$X(t_i) = x_i$ 表示系统或元件在 t_i 时刻的状态为 x_i。

条件概率分布函数体现了马尔可夫模型的无后效性(memoryless)(或称马尔可夫性),即系统或元件在 $t(t > t_{n-1})$ 时刻的状态与其在 t_{n-1} 时刻之前的状态无关。

令系统或元件在 t 时刻的状态为 i,则 Δt 时刻以后其状态为 j 的概率表示为

$$\Pr\{X(t + \Delta t) = j | X(t) = i\} = p_{(i,j)}(t, \Delta t)$$

该概率也被称为状态转移概率。若该概率不随时间 t 变化而变化,则该马尔可夫

模型称为齐次（homogenous）（连续时间）马尔可夫模型。

令 $i=j$，则有 $\Pr\{X(t+\Delta t)=i \mid X(t)=i\}=p_{(i,i)}(t,\Delta t)$，表示系统或元件在 Δt 时刻并未发生状态转移的概率，且有

$$p_{(i,i)}(t,\Delta t)+\sum_{j(j\neq i)}p_{(i,j)}(t,\Delta t)=1$$

由此可定义

$$\lambda_{(i,j)}(t)=\lim_{\Delta t\to 0}\frac{p_{(i,i)}(t,0)-p_{(i,i)}(t,\Delta t)}{\Delta t}=\lim_{\Delta t\to 0}\frac{1-p_{(i,i)}(t,\Delta t)}{\Delta t}$$

$$\lambda_{(i,j)}(t)=\lim_{\Delta t\to 0}\frac{p_{(i,j)}(t,0)-p_{(i,j)}(t,\Delta t)}{-\Delta t}=\lim_{\Delta t\to 0}\frac{p_{(i,j)}(t,\Delta t)}{\Delta t}$$

分别表示系统或元件在 t 时刻离开状态 i 转移到状态 j 的转移率。若为齐次马尔可夫过程，则 $\lambda_{(i,i)}(t)$ 和 $\lambda_{(i,j)}(t)$ 退化为与时间无关的常数，即可表示为 $\lambda_{(i,i)}$ 和 $\lambda_{(i,j)}$。

假设可修多状态元件 l 具有 k_l 个性能状态，齐次马尔可夫模型如图 6-4 所示。其中，k_l 为元件性能最高状态，状态 1 为性能最低状态，$\lambda_{(i,j)}^l$ 表示元件 l 从性能高状态 i 转移到性能低状态 j 的转移率；$u_{(i,j)}^l$ 表示元件 l 由性能低状态 i 恢复到性能高状态 j 的转移率。

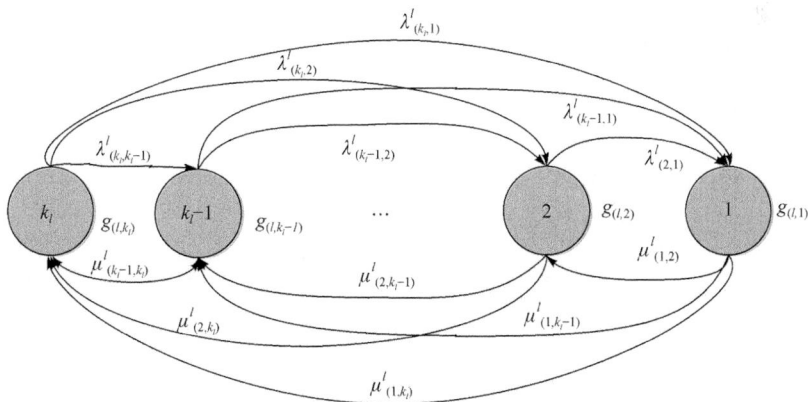

图 6-4　多状态系统齐次马尔可夫状态转移图

元件的整个状态转移过程可用状态转移率矩阵 Λ^l 表示，即

$$\Lambda^l = \begin{bmatrix} \text{State} & k_l & k_{l-1} & \cdots & 2 & 1 \\ k_l & \lambda^l_{(k_l,k_l)} & \lambda^l_{(k_l,k_{l-1})} & \cdots & \lambda^l_{(k_l,2)} & \lambda^l_{(k_l,1)} \\ k_{l-1} & \mu^l_{(k_{l-1},k_l)} & \lambda^l_{(k_{l-1},k_{l-1})} & \cdots & \lambda^l_{(k_{l-1},2)} & \lambda^l_{(k_{l-1},1)} \\ \vdots & \vdots & \vdots & & \vdots & \vdots \\ 2 & \mu^l_{(2,k_l)} & \mu^l_{(2,k_{l-1})} & \cdots & \lambda^l_{(2,2)} & \lambda^l_{(2,1)} \\ 1 & \mu^l_{(1,k_l)} & \mu^l_{(1,k_{l-1})} & \cdots & \mu^l_{(1,2)} & \lambda^l_{(1,1)} \end{bmatrix}$$

其中,$\lambda^l_{(i,j)} = -\left(\sum_{j=1}^{i-1} \lambda^l_{(i,j)} + \sum_{j=i+1}^{k_i} \mu^l_{(i,j)} \right)$,State 为系统初始状态。

在任意时刻 t,元件在各个状态的概率分布可通过 Kolmogorov 微分方程组得到,即

$$\frac{\mathrm{d}p_l(t)}{\mathrm{d}t} = p_l(t)\Lambda^l$$

其中,$p_l(t) = \{p_{(l,1)}(t), p_{(l,2)}(t), \cdots, p_{(l,k_l)}(t)\}$。

方程组的初始条件可以根据元件在最初使用时的状态概率确定。若时间 t 趋于无穷时,元件 l 各状态的稳态概率分布可通过以下线性方程得到,即

$$p_l\Lambda^l = 0$$

其中,$p_l = \{p_{(l,1)}, p_{(l,2)}, \cdots, p_{(l,k_l)}\}$ 表示元件 l 的各状态的稳态概率分布。

另一种常用分析多状态系统可靠性的方法是通用生成函数(universal generating function,UGF)法。为了详细阐述通用生成函数的基本原理,假设存在两个离散随机变量 X_1 和 X_2,其分别对应的概率分布函数记为

$$\Pr\{X_1 = x_{(1,i)}\} = p_{(1,i)}, \quad 1 \leqslant i \leqslant k_1$$
$$\Pr\{X_2 = x_{(2,j)}\} = p_{(2,j)}, \quad 1 \leqslant j \leqslant k_2$$

对应的通用生成函数为

$$u_1(z) = \sum_{i=1}^{k_1} p_{(1,i)} z^{x_{(1,1)}} + p_{(1,2)} z^{x_{(1,2)}} + \cdots + p_{(1,k_1)} z^{x_{(1,k_1)}}$$

$$u_2(z) = \sum_{j=1}^{k_2} p_{(2,j)} z^{x_{(2,j)}} = p_{(2,1)} z^{x_{(2,1)}} + p_{(2,2)} z^{x_{(2,2)}} + \cdots + p_{(2,k_2)} z^{x_{(2,k_2)}}$$

其中,z 的指数代表随机变量的取值,而 z 本身并无其实质的意义和取值,其主要功能是用于区别随机变量的取值及概率。

若两个离散随机变量相互独立,则它们的任何函数运算结果都是离散随机变量,并且可通过通用生成函数的组合运算得到。例如,$X_1 + X_2$ 运算对应的随机变量 X_3 可以表示为通用生成函数形式,即

$$u_3(z) = \bigotimes(u_1(z), u_2(z))$$
$$= \sum\sum p_{(1,i)} p_{(2,j)} z^{x_{(1,i)}+x_{(2,j)}}$$
$$= p_{(3,1)} z^{x_{(3,1)}} + \cdots + p_{(3,k_3)} z^{x_{(3,k3)}}$$

其中，$x_{(3,i)}$ 和 $p_{(3,i)}$ 分别表示离散随机变量 X_3 的可能取值及对应概率，且有 $\sum p_{(3,i)} = 1.0$。

该组合运算实质上是计算两个离散随机变量所有可能取值情况之和对应的值及其概率。例如，X_1 的可能取值为 $\{x_{(1,1)}=1; x_{(1,2)}=5\}$，对应概率为 $\{p_{(1,1)}=0.4; p_{(1,2)}=0.6\}$；$X_2$ 的可能取值为 $\{x_{(2,1)}=0; x_{(2,2)}=2; x_{(2,3)}=4\}$，对应概率为 $\{p_{(2,1)}=0.2; p_{(2,2)}=0.4; p_{(2,3)}=0.4\}$，则离散随机变量 $X_3=X_1+X_2$ 为

$$u_3(z) = \bigotimes(u_1(z), u_2(z))$$
$$= \sum_{i=1}^{2}\sum_{j=1}^{3} p_{(1,i)} p_{(2,j)} z^{x_{(1,i)}+x_{(2,j)}}$$
$$= p_{(1,1)} p_{(2,1)} z^{x_{(1,1)}+x_{(2,1)}} + p_{(1,1)} p_{(2,2)} z^{x_{(1,1)}+x_{(2,2)}} + p_{(1,1)} p_{(2,3)} z^{x_{(1,1)}+x_{(2,3)}}$$
$$\cdot\ p_{(1,2)} p_{(2,1)} z^{x_{(1,2)}+x_{(2,1)}} + p_{(1,2)} p_{(2,2)} z^{x_{(1,2)}+x_{(2,2)}} + p_{(1,2)} p_{(2,3)} z^{x_{(1,2)}+x_{(2,3)}}$$
$$= 0.08z^1 + 0.16z^3 + 0.16z^5 + 0.12z^5 + 0.24z^7 + 0.24z^9$$

通过合并多项式中具有相同指数的项，随机变量 X_3 的通用生成函数可以表示为

$$u_3(z) = 0.08z^1 + 0.16z^3 + 0.28z^5 + 0.24z^7 + 0.24z^9$$

当存在多个离散随机变量运算时，上述通用函数法亦成立。根据上述原理，通用生成函数法可应用在计算多状态系统的性能状态概率分布中。类似地，对于具有 k_l 个性能状态的多状态元件 l 在 t 时刻的瞬时状态 $G_i(t)$ 为一个离散随机变量，其概率分布函数为

$$\Pr\{G_i(t) = g_{(l,i)}\} = p_{(l,i)}(t), \quad 1 \leq i \leq k_l$$

该元件 t 时刻的瞬时状态概率分布可以表示为通用生成函数，即

$$u_l(z,t) = \sum_{i=1}^{k_l} p_{(1,i)}(t) z^{g_{(l,j)}}$$
$$= p_{(l,1)}(t) z^{g_{(l,1)}} + p_{(l,2)}(t) z^{g_{(l,2)}} + \cdots + p_{(l,k_l)}(t) z^{g_{(l,k_l)}}$$

同理，若系统存在 K_s 个可能的性能状态，在 t 时刻的瞬时状态 $G_s(t)$ 亦为一个离散随机变量，其概率分布函数为

$$\Pr\{G_s(t) = g_{si}\} = p_{si}(t), \quad 1 \leq i \leq K_s$$

则系统的瞬时状态概率分布可以记为

$$U_s(z,t) = \sum_{i=1}^{K_s} p_{si}(t) z^{g_{si}} = p_{s1} z^{g_{s1}} + p_{s2} z^{g_{s2}} + \cdots + p_{sK_s} z^{g_s K_s}$$

若系统包含 M 个元件,并且各元件瞬时状态概率均相互独立,则上式通用生成函数可由元件的通用生成函数经组合算子 $\otimes$ 递归运算得到,即

$$
\begin{aligned}
U_s(z,t) &= \otimes \{u_1(z,t), \cdots, u_M(z,t)\} \\
&= \otimes \left\{ \sum_{i_1=1}^{k_1} p_{(1,i_1)}(t) z^{g(1,i_1)}, \cdots, \sum_{i_M=1}^{k_M} p_{(M,i_M)}(t) z^{g(M,i_M)} \right\} \\
&= \sum_{i_1=1}^{k_1} \cdots \sum_{i_M=1}^{k_M} \left(\prod_{j=1}^{M} p_{(j,i_j)}(t) z^{\phi(g(1,i_1), \cdots, g(M,j_M))} \right) \\
&= \sum_{i=1}^{K_s} p_{si}(t) z^{g_{si}}
\end{aligned}
$$

其中,$\phi(\cdot)$ 为系统结构函数,表示系统状态性能由系统结构及所有元件属性共同决定。

例如,在流量传输型系统中,若系统由两个串联的元件构成,其系统结构函数可以表示为

$$\phi(G_1(t), G_2(t)) = \min\{G_1(t), G_2(t)\}$$

若系统由两个元件以并联模型构成,其系统结构函数将表示为

$$\phi(G_1(t), G_2(t)) = G_1(t) + G_2(t)$$

利用元件随机模型与通用生成函数相结合的方法,即采用随机模型(如马尔可夫模型、蒙特卡罗仿真等)先得到元件的状态概率分布,再运用通用生成函数计算得到系统的状态概率分布,能克服直接对系统整体建立随机模型时出现的"状态维数爆炸"问题,大大降低问题的复杂度。

6.2 单调关联系统

常见的系统有串联、并联、$k/n(G)$ 系统等,它们都有如下共同特点:部件或系统都只有正常或失效两种状态;系统正常与否,完全由其结构及部件的状态决定。此外,系统中任意一个部件的失效不会使系统可靠性得到改善。从可靠性研究的角度来讲,系统中不存在对其可靠性不起作用的部件。下面首先介绍单调关联系统的一些定义与性质。

6.2.1　单调关联系统定义

对于系统的每一个元件,元件关联在工程上存在以下意义。

① 每一个元件在系统中是起作用的。

② 任一元件的状态变化都对系统的状态产生影响。

③ 元件的状态变化方向和系统状态的变化方向是一致的,当元件和系统的状态为其工作性能时,其工程意义为"元件性能的改善不会使系统性能恶化"。

把上述几点抽象出来,将给出单调关联系统的定义。

假定系统由 n 个部件组成。用 x_i 表示部件 i 的状态,$x_i=1$ 表示部件 i 正常,$x_i=0$ 表示部件 i 失效。记部件的下标集为 $N=\{1,2,\cdots,n\}$,再记所有分量都只取 0、1 值的向量 $x=(x_1,x_2,\cdots,x_n)$ 为部件的状态向量,以及

$$(1_i,x)=(x_1,\cdots,x_{i-1},1,x_{i+1},\cdots,x_n)$$
$$(0_i,x)=(x_1,\cdots,x_{i-1},0,x_{i+1},\cdots,x_n)$$
$$(\bullet_i,x)=(x_1,\cdots,x_{i-1},\bullet,x_{i+1},\cdots,x_n)$$

假定系统只有正常和失效两种状态,分别用 1 和 0 表示。下面用二值变量(函数)来指取 0、1 二值的变量(函数),再设系统的状态完全由部件的状态决定。对给定的状态向量 x,用 $\phi(x)$ 记系统的状态,它是 $\{0,1\}^n \rightarrow \{0,1\}$ 上的一个函数,称作系统的结构函数。

对任意两个 n 维向量 $x,y,x\leqslant y$ 表示 $x_i\leqslant y_i,i=1,2,\cdots,n$。

定义 6.1　设 ϕ 是系统的结构函数,若对任意的 $x\leqslant y$ 有

$$\phi(x)\leqslant\phi(y) \tag{6-24}$$

则称 ϕ 是单调结构函数,或单调系统,记作 $\phi\in\{\mathrm{MS}\}$。

在单调结构函数的定义中,式(6-24)反映了部件可靠性的改善不会使系统性能变坏。

定义 6.2　若对任意 $i\in N$,存在 x 使

$$\phi(0_i,x)=0,\quad \phi(1_i,x)=1 \tag{6-25}$$

则称部件 i 与系统有关。

上述性质称作部件与系统的关联性,反映了任一部件都是系统的不可少的有机部分,其正常或失效对系统的状态是有影响的。若对某个 $i\in N$,式(6-25)不成立,此时表明对任意的 x 都有下式成立,即

$$\phi(0_i,x)=\phi(1_i,x)$$

即不管部件 i 取什么状态(0 或 1),都不影响系统的状态,在系统中部件 i 的性能

对其可靠性而言是没有影响的。为了简单起见,研究的系统不包括与系统状态无关的部件。

定义 6.3 若系统具有单调结构函数 ϕ,且任一部件 i 都与系统有关,则称系统为单调关联系统,记作 $\phi \in \{CS\}$。

例如,n 个部件的串联系统是单调关联系统,有结构函数为

$$\phi(x) = \min_i x_i = \prod_{i=1}^n x_i \tag{6-26}$$

类似地,并联系统有结构函数为

$$\phi(x) = \max_i x_i = 1 - \prod_{i=1}^n (1-x_i) \tag{6-27}$$

为方便起见,对任意的 $0 \leqslant p_i \leqslant l, i=1,2,\cdots,n$,记

$$\coprod_{i=1}^n p_i = 1 - \prod_{i=1}^n (1-p_i) \tag{6-28}$$

则并联系统的结构函数亦可表示为

$$\phi(x) = \coprod_{i=1}^n x_i \tag{6-29}$$

对 $k/n(G)$ 系统,有

$$\phi(x) = \begin{cases} 1, & \sum_{i=1}^n x_i \geqslant k \\ 0, & \text{其他} \end{cases} \tag{6-30}$$

显然,由 n 条弧组成的两状态网络是一个单调关联系统(自然假定每条弧是与系统有关联的)。

6.2.2 基本性质

定义 6.4 设 $\phi \in \{MS\}$,称

$$\phi^D(x) = 1 - \phi(1-x) \tag{6-31}$$

为它的对偶结构函数,相应于 ϕ^D 的系统为对偶系统,这里 $1-x = (1-x_1,\cdots,1-x_n)$。

定理 6.1 设 $\phi \in \{CS\}$,则 $\phi^D \in \{CS\}$。

证明 $\phi^D \in \{CS\}$ 是显然的。设 $i \in N$,由于 i 与系统有关,因此存在 $(\cdot_i, x)$,使

$$\phi(0_i, x) = 0, \quad \phi(1_i, x) = 1$$

对$(\,\bullet_i,1-x)$,有

$$\phi^D(0_i,1-x)=1-\phi(1_i,x)=0$$
$$\phi^D(1_i,1-x)=1-\phi(0_i,x)=1$$

因此,部件 i 与对偶系统亦是有关的,$\phi^D\in\{\mathrm{CS}\}$。证毕。

定理 6.2　设 $\phi\in\{\mathrm{CS}\}$,即 $\phi^D\in\{\mathrm{CS}\}$。

$$\left[\phi^D(x)\right]^D=\phi(x) \tag{6-32}$$

例如,对结构函数 ϕ,由式(6-26)给出的串联系统,其对偶为

$$\phi^D(x)=1-\prod_{i=1}^{n}(1-x_i)=\coprod_{i=1}^{n}x_i$$

因此,串联系统的对偶即并联;反之亦然。

对 $k/n(G)$ 系统,ϕ 由式(6-30)给出,而

$$\phi^D(x)=\begin{cases}1,&\sum\limits_{i=1}^{n}x_i\geqslant n-k+1\\0,&\text{其他}\end{cases}$$

因此,其对偶即为 $(n-k+1)/n(F)$ 系统,即 $k/n(F)$ 系统。

先注意如下简单事实。设 x_i 是只取 0 和 1 的状态向量,则

$$\coprod_{i=1}^{n}x_i=\max_i x_i=1-\prod_{i=1}^{n}(1-x_i) \tag{6-33}$$

$$\prod_{i=1}^{n}x_i=\min_i x_i \tag{6-34}$$

定理 6.3　若 $\phi\in\{\mathrm{CS}\}$。

① $\phi(\mathbf{0})=0,\phi(\mathbf{1})=1$,并且对任意状态的向量 x,有

$$\prod_{i=1}^{n}x_i\leqslant\phi(x)\leqslant\coprod_{i=1}^{n}x_i \tag{6-35}$$

② 对任意状态向量 x 和 y,有

$$\phi(x\coprod y)\geqslant\phi(x)\coprod\phi(y) \tag{6-36}$$

$$\phi(x\bullet y)\leqslant\phi(x)\phi(y) \tag{6-37}$$

其中,**0** 和 **1** 分别表示分量全为 0 或 1 的状态向量,即

$$x \coprod y = (x_1 \coprod y_1, \cdots, x_n \coprod y_n)$$

$$x \cdot y = (x_1 y_1, \cdots, x_n y_n)$$

证明 ①若 $\phi(\mathbf{0})=1$,则对任意的($\cdot_i, x$),由单调性必有

$$1 = \phi(0_i, x) = \phi(1_j, x)$$

这与任一部件 i 与系统有关矛盾。因此,必有 $\phi(\mathbf{0})=0$。同理,$\phi(\mathbf{1})=1$。

对任一状态向量 x,记

$$\beta = \coprod_{i=1}^{n} x_i, \quad \alpha = \prod_{i=1}^{n} x_i$$

则有 $\alpha\mathbf{1} \leqslant x \leqslant \beta\mathbf{1}$。由于 α 和 β 只可能取 0 和 1,因此必有

$$\phi(\alpha\mathbf{1}) = \alpha, \quad \phi(\beta\mathbf{1}) = \beta$$

再由 ϕ 的单调性,有

$$\alpha = \phi(\alpha\mathbf{1}) \leqslant \phi(x) \leqslant \phi(\beta\mathbf{1}) = \beta$$

即式(6-35)。

② 为证式(6-36),只要注意到 $x \coprod y \geqslant x, x \coprod y \geqslant y$,并由 ϕ 的单调性得

$$\phi(x \coprod y) \geqslant \max\{\phi(x), \phi(y)\} = \phi(x) \coprod \phi(y)$$

式(6-37)可相仿证明。证毕。

式(6-36)的含义是在部件一级的并联备份比系统一级的并联备份更有效。

定理6.4 $\phi \in \{CS\}$,则对任意状态向量 x 和 y,有

$$\phi(x \coprod y) = \phi(x) \coprod \phi(y), \quad 当且仅当 \phi(x) = \coprod_{i=1}^{n} x_i \qquad (6\text{-}38)$$

$$\phi(x \cdot y) = \phi(x)\phi(y), \quad 当且仅当 \phi(x) = \prod_{i=1}^{n} x_i \qquad (6\text{-}39)$$

证明 充分性显然。下面证明式(6-38)的必要性,式(6-39)的必要性由对偶得。

由 $\phi \in \{CS\}$,故对任意 $i \in N$,存在 x,使

$$0 = \phi(0_i, x) < \phi(1_i, x) = 1 \qquad (6\text{-}40)$$

由必要性的条件,有

$$\phi(1_i, x) = \max\{\phi(1_i, 0), \phi(0_i, x)\}$$
$$\phi(0_i, x) = \max\{\phi(0_i, 0), \phi(0_i, x)\}$$

因此,由式(6-40)必有 $\phi(0_i,\mathbf{0})<\phi(1_i,\mathbf{0})$, $i\in N$,即得 $\phi(1_i,\mathbf{0})=1$。因此,对任意的 $i\in N$,有 $\phi((x_i)_i,\mathbf{0})=x_i$。于是对于任意向量 x,有

$$\phi(x)=\prod_{i=1}^{n}\phi((x_i)_i,\mathbf{0})=\prod_{i=1}^{n}x_i$$

证毕。

定理 6.5　设 $\phi\in\{\text{CS}\}$,对任意的 $i\in N$ 及 x,有

$$\phi(x)=x_i\phi(1_i,x)+(1-x_i)\phi(0_i,x) \tag{6-41}$$

称作 ϕ 的分解公式。

证明　因为

$$\phi(x)=\begin{cases}\phi(1_i,x), & x_i=1\\ \phi(0_i,x), & x_i=0\end{cases}$$

证毕。

事实上,式(6-41)对 $\phi\in\{\text{MS}\}$ 成立。式(6-41)表明,n 阶的结构函数可以用 $n-1$ 阶的来表示。重复应用式(6-41),可得

$$\phi(x)=\sum_{y}\prod_{j=1}^{n}x_j^{y_j}(1-x_j)^{1-y_j}\phi(y) \tag{6-42}$$

其中,$y=(y_1,y_2,\cdots,y_n)$ 求过所有 n 维的二值向量。

例 6.2　对两部件并联系统,由(6-26)

$$\phi(x_1,x_2)=x_1+x_2-x_1x_2$$

由式(6-42)可得

$$\begin{aligned}\phi(x_1,x_2)=&x_1(1-x_1)^0x_2(1-x_2)^0\cdot\mathbf{1}\\ &+x_1(1-x_1)^0x_2^0(1-x_2)^0\cdot\mathbf{1}\\ &+x_1^0(1-x_1)x_2(1-x_2)^0\cdot\mathbf{1}\\ &+x_1^0(1-x_1)x_2^0(1-x_2)\cdot\mathbf{0}\end{aligned}$$

6.2.3　单调关联系统的数学描述

在描述网络或故障树时,最小路和最小割是基本概念。本节把它们推广到单调关联系统,给出单调关联系统的最小路和最小割表示,这里假定 $\phi\in\{\text{CS}\}$。

1. 最小路与最小割

设 $x=\{x_1,x_2,\cdots,x_n\}$ 为状态向量,记为

$$c_0(x) = \{i : x_i = 0\}, \quad c_1(x) = \{i : x_i = 1\} \tag{6-43}$$

定义 6.5 若 $\phi(x) = 1$,则称 x 为 ϕ 的一个路向量 $c_1(x)$ 称为 x 的路集。若 x 是路向量,又对任意的 $y < x$,有 $\phi(y) = 0$,则称 x 是一个最小路向量,相应的 $c_1(x)$ 为 x 的最小路集。$c_1(x)$ 中元素的个数称为最小路的阶或长度。

从工程上讲,一个最小路集是部件的最小集合,这些部件正常时系统就正常。相仿,可以定义割向量与割集,最小割向量与最小割集。

定义 6.6 若 $\phi(x) = 0$,则称 x 为 ϕ 的一个割向量,$c_0(x)$ 称为 x 的割集。若 x 是割向量,又对任意的 $y > x$ 有 $\phi(y) = 1$,则称 x 是一个最小割向量,相应的 $c_0(x)$ 为 x 的最小割集,$c_0(x)$ 中元素的个数称作最小割的阶。

显然,从工程上讲,一个最小割集是部件的最小集合,这些部件失效时系统就失效。

为叙述简便起见,最小路就指最小路向量,其余相仿理解。

对于最小路与割之间的关系,有如下命题。

定理 6.6 ① x 是 ϕ 的路,当且仅当 $1-x$ 是 ϕ^D 的割,即 $c_1(x)$ 是 ϕ 的路集,当且仅当 $c_1(x)$ 是 ϕ^D 的割集。

② x 是 ϕ 的最小路,当且仅当 $1-x$ 是 ϕ^D 的最小割,即 $c_1(x)$ 是 ϕ 的最小路集,当且仅当 $c_1(x)$ 是 ϕ^D 的最小割集。

证明由定义易得。

2. 单调关联系统的最小路与最小割表示

假定单调关联系统的所有最小路集为 $P_1, P_2, \cdots, P_m$,所有最小割集为 $K_1, K_2, \cdots, K_l$。对任意状态向量 x,记

$$\rho_j(x) = \min_{i \in P_j} x_i = \prod_{i \in P_j} x_i, \quad j = 1, 2, \cdots, m \tag{6-44}$$

显然,当第 j 个最小路集中的部件都正常时,有 $\rho_j(x) = 1$。$\phi(x) = 1$,当且仅当至少有一个最小路集中的部件都正常。因此,$\phi(x)$ 可以表示为

$$\phi(x) = \max_j \rho_j(x) = \coprod_{j=1}^{m} \rho_j(x) = 1 - \prod_{j=1}^{m} \{1 - \rho_j(x)\} \tag{6-45}$$

相仿,记

$$k_j(x) = \max_{i \in K_j} x_i = \coprod_{i \in K_j} x_i \tag{6-46}$$

当第 j 个最小割集中的部件都失效时,$k_j(x) = 0$。因为 $\phi(x) = 0$,当且仅当至少有一个最小割集失效(即其中元素都失效),因此有

$$\phi(x) = \min_j k_j(x) = \prod_{j=1}^{l} k_j(x) \tag{6-47}$$

若把 ϕ 的最小路集、最小割集中的部件看成一个"组件",则结构 ϕ 是 m 个最小路集 $\rho_1(x), \rho_2(x), \cdots, \rho_m(x)$ 的广义并联结构,或是 l 个最小割集 $k_1(x), k_2(x), \cdots,$ $k_l(x)$ 的广义串联结构(图 6-5)。注意,这些"组件"中的元素可能在不止一个最小路集或最小割集中出现。

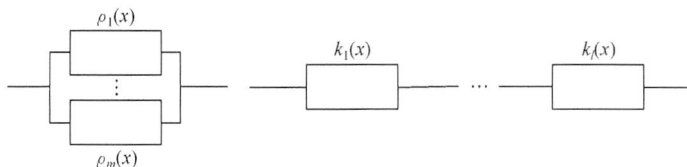

图 6-5　单调关联系统最小路集和割集表示

对于顶端事件为 T 的故障树,若其所有最小割集为 $C_1, C_2, \cdots, C_l$,所有最小路集为 $P_1, P_2, \cdots, P_m$,仍用相同的字母表示最小割集或最小路集,则故障树的结构函数 $\phi(x)$ 可以表示为

$$\phi(x) = \coprod_{j=1}^{l} \prod_{i \in C_j} x_i \tag{6-48}$$

或

$$\phi(x) = \prod_{j=1}^{m} \coprod_{i \in P_j} x_i \tag{6-49}$$

例 6.3　桥型网络系统如图 6-6 所示。

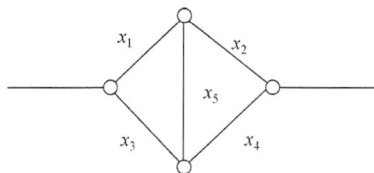

图 6-6　桥型网络系统

最小路集为 $P_1 = \{1,2\}, P_2 = \{3,4\}, P_3 = \{1,4,5\}, P_4 = \{2,3,5\}$,因此

$$\rho_1(x) = x_1 x_2, \quad \rho_2(x) = x_3 x_4$$
$$\rho_3(x) = x_1 x_4 x_5, \quad \rho_4(x) = x_2 x_3 x_5$$

于是

$$\phi(x)=1-(1-x_1x_2)(1-x_3x_4)(1-x_1x_4x_5)(1-x_2x_3x_5) \qquad (6\text{-}50)$$

最小割集为

$$K_1=\{1,3\}, \quad K_2=\{2,4\}, \quad K_3=\{1,4,5\}, \quad K_4=\{2,3,5\}$$

因此，ϕ 可以表示为

$$\phi(x) = \prod_{i=1}^{4} k_i(x) \qquad (6\text{-}51)$$

其中

$$k_1(x)=1-(1-x_1)(1-x_3)$$
$$k_2(x)=1-(1-x_2)(1-x_4)$$
$$k_3(x)=1-(1-x_1)(1-x_4)(1-x_5)$$
$$k_4(x)=1-(1-x_2)(1-x_3)(1-x_5)$$

考虑桥型网络的对偶。按定理 6.6，ϕ^D 的最小割集为 P_1,P_2,P_3,P_4，最小路集为 K_1,K_2,K_3,K_4。ϕ^D 可以表示为

$$\phi^D(x)=1-(1-x_1x_3)(1-x_2x_4)(1-x_1x_4x_5)(1-x_2x_3x_5) \qquad (6\text{-}52)$$

或

$$\phi^D(x) = \prod_{j=1}^{4} \rho_j^D(x) \qquad (6\text{-}53)$$

其中

$$\rho_1(x)=1-(1-x_1)(1-x_2)$$
$$\rho_2(x)=1-(1-x_3)(1-x_4)$$
$$\rho_3(x)=1-(1-x_1)(1-x_4)(1-x_5)$$
$$\rho_4(x)=1-(1-x_2)(1-x_3)(1-x_5)$$

$\phi^D(x)$相应的图形仍是桥型网络，只是部件的配置发生了变化，如图 6-7 所示。

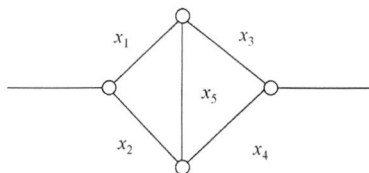

图 6-7　桥型网络的对偶

6.2.4　单调关联系统可靠度计算

本节讨论由 n 个独立部件组成的单调关联系统的可靠度计算。

设部件 i 的状态 x_i 是二值随机变量 X_i，则

$$P\{X_i=1\}=p_i,\quad p_i+q_i=1 \tag{6-54}$$

即 p_i 为部件 i 正常的概率（可靠度），记

$$X=(X_1,X_2,\cdots,X_n)$$

于是系统正常的概率（可靠度）为

$$P\{\phi(X)=1\}=E_\phi(X) \tag{6-55}$$

其中，E 为数学期望。

为此，需要给定部件可靠度向量 $p=(p_1,p_2,\cdots,p_n)$，求系统的可靠度 $E_\phi(X)$。显然，由于 n 个部件相互独立，即

$$\begin{aligned} E_\phi(X) &= \sum_x \phi(x)P\{X=x\} \\ &= \sum_x \phi(x)\prod_{i=1}^n P\{X_i=x_i\} \\ &= \sum_x \phi(x)\prod_{i=1}^n p_i^{x_i}q_i^{1-x_i} \end{aligned} \tag{6-56}$$

其中，$\sum$ 为所有状态向量 x 的所有 2^n 个可能情形。

因此，系统可靠度只是部件可靠度的函数，式(6-55) 可以表示为

$$E_\phi(X)=h(p)=h(p_1,p_2,\cdots,p_n) \tag{6-57}$$

$h(p)$ 称作结构 ϕ 的可靠度函数。特别，当部件同型时，即 $p_i=p,I=1,2,\cdots,n$，此时 $h(p)$ 简记为 $h(p)$。

因此，从理论上讲，求系统可靠度的问题就是求 $h(p)$。这对简单的系统容易做到。

例 6.4　n 部件系统。

$$E(X_i)=p_i,\quad p_i+q_i=1,\quad i=1,2,\cdots,n$$

① 串联系统有

$$h(p) = \prod_{i=1}^n p_i \tag{6-58}$$

② 并联系统有

$$h(p) = 1 - \prod_{i=1}^{n} q_i \qquad (6\text{-}59)$$

③ $k/n(G)$系统,若 $p_i = p, i = 1, 2, \cdots, n, p + q = 1$,则有

$$
\begin{aligned}
h(p) &= P\{\phi(X) = 1\} \\
&= P\{\sum_{i=1}^{n} X_i \geqslant k\} \qquad (6\text{-}60) \\
&= \sum_{i=k}^{n} \binom{n}{i} p^i q^{n-i}
\end{aligned}
$$

对结构复杂的系统,$h(p)$的表达式就不显然了。下面讨论 $h(p)$ 的性质。

定理 6.7　$h(p)$有分解公式,即

$$h(p) = p_i h(1_i, p) + q_i h(0_i, p), \quad i = 1, 2, \cdots, n \qquad (6\text{-}61)$$

证明　由分解式(6-41),有

$$\phi(X) = X_i \phi(1_i, X) + (1 - X_i) \phi(0_i, X)$$

再由部件的独立性即得。证毕。

定理 6.8　$h(p)$作为 p 的函数是一个增函数,且在 $\hat{P} = \{p: 0 < p_i < 1, i = 1, 2, \cdots, n\}$上严格递增。

定理 6.9　h 是单调关联系统的可靠度函数,则对所有 $p, \tilde{p} \in \hat{P}$。

① $h(p \coprod \tilde{p}) \geqslant h(p) \coprod h(\tilde{p})$,等号成立当且仅当是并联系统。

② $h(p \cdot \tilde{p}) \leqslant h(p) h(\tilde{p})$,等号成立当且仅当是串联系统。

上述结果相应于定理 6.3,表明在部件一级并联备份的系统,其可靠度函数比在系统一级并联备份的要大。

例 6.5　给定一个同型独立部件组成的系统,以及在系统一级与部件一级并联备份的系统,如图 6-8 所示。

① 相应的可靠度函数为

$$h(p) = p(1 - q^2), \quad (p + q = 1)$$

② 系统一级并联备份

$$h(p) \coprod h(q) = 1 - [1 - p(1 - q^2)]^2$$

③ 部件一级并联备份

$$h(p \coprod q) = (1 - q^2)(1 - q^4)$$

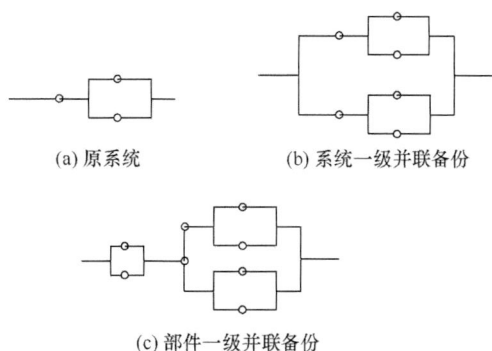

(a) 原系统　　　　　　(b) 系统一级并联备份

(c) 部件一级并联备份

图 6-8　系统

由定理 6.9 可知下式，即

$$(1-q^2)(1-q^4) \geqslant 1-[1-p(1-q^2)]^2$$

对单调关联系统可靠度的求法，设单调关联系统的所有最小路集与最小割集分别为 $p_1, p_2, \cdots, p_m$ 及 $K_1, K_2, \cdots, K_l$，则结构函数 ϕ 可以表示为

$$\phi(x) = \coprod_{j=1}^{m} \prod_{i \in P_j} x_i = 1 - \prod_{j=1}^{m} \left\{ 1 - \prod_{i \in P_j} x_i \right\} \tag{6-62}$$

$$\phi(x) = \prod_{j=1}^{l} \coprod_{i \in K_j} x_i = \prod_{j=1}^{l} \left\{ 1 - \prod_{i \in K_j} (1-x_i) \right\} \tag{6-63}$$

因此

$$h(p) = E\left\{ \coprod_{j=1}^{n} \prod_{i \in P_i} x_i \right\} \tag{6-64}$$

或

$$h(p) = E\left\{ \prod_{j=1}^{l} \coprod_{i \in K_j} x_i \right\} \tag{6-65}$$

由于一个部件可以同时出现在不同的最小路或者最小割中，最小路之间或最小割之间一般不独立，因此数学期望 E 不能与乘积号交换。可知，式（6-64）和式（6-65）并不实用。

若能把式（6-62）和式（6-63）的右端展开，注意到下式，即

$$x^2 = x \tag{6-66}$$

（只对 0, 1 二值变量成立）并进行简化，这样容易求出 $h(p)$。

例 6.6　桥型网络（图 6-7）。

由桥型网络结构函数形式知

$$\phi(x)=1-(1-x_1x_2)(1-x_3x_4)(1-x_1x_4x_5)(1-x_2x_3x_5)$$
$$=x_1x_2+x_3x_4+x_1x_4x_5+x_2x_3x_5-x_1x_2x_3(x_4+x_5)$$
$$-(x_1+x_2)x_3x_4x_5-x_1x_2(1-2x_3)x_4x_5 \tag{6-67}$$

于是由独立性,只要在上式用 p_i 代替 x_i,即可得 $h(p)$。

若已知结构函数 $\phi(x)$,则由式(6-56),可得

$$h(p)=\sum_x\phi(x)\prod_{i=1}^n p_i^{x_i}q_i^{1-x_i} \tag{6-68}$$

上式求 $h(p)$ 亦不方便,因为随 n 增大,项数急剧增加。事实上,式(6-68)相当于网络系统求可靠度的穷举法。

如果仍用 P_j 表示第 j 个最小路中的部件都正常这一事件,K_j 表示第 j 个最小割中的部件都失效,则

$$h(p)=P\left\{\bigcup_{j=1}^m P_j\right\} \tag{6-69}$$

或

$$1-h(p)=P\left\{\bigcup_{j=1}^l K_j\right\} \tag{6-70}$$

因此,从计算的角度来讲,问题归结为求一些事件并的概率。

6.3　单元的结构重要性

由实际经验知,系统中的部件并非同等重要的。例如,有的部件一旦失效就引起系统失效,有的则不然。因此,对系统设计人员、使用维修人员和可靠性工作者来讲,若能对系统中每个重要部件的重要性程度给予定量的描述,这对设计和失效分析都是很有价值的。对由于独立部件组成的单调关联系统,本节将给出几种部件重要度的概念。以下假定独立部件组成的单调关联系统的结构函数为 ϕ,可靠度函数为 $h(p)$。

6.3.1　结构重要度

设 j 是系统中任一部件,若对某个 $(\cdot_j,x)$ 有

$$\phi(1_j,x)-\phi(0_j,x)=1 \tag{6-71}$$

则表示 j 在 $(\cdot_j,x)$ 这种情形下是一个关键部件,此时等价于

$$\phi(0_j,x)=0, \quad \phi(1_j,x)=1 \tag{6-72}$$

表明部件 j 正常时系统就正常，j 失效时系统也失效。称 $(1_j,x)$ 为 j 的一个关键路向量。记

$$n_\phi(j) = \sum{}'\{\phi(1_j,x)-\phi(0_j,x)\} \tag{6-73}$$

其中，$\sum'$ 对 $\{x:x_j=1\}$ 来求。显然，$n_\phi(j)$ 是 j 的关键路向量总数。因为当 $x_j=1$ 时，状态向量 $(1_j,x)$ 总共还有 2^{n-1} 种不同的结果，因此定义

$$I_\phi(j)=\frac{1}{2^{n-1}}n_\phi(j) \tag{6-74}$$

为部件 j 的结构重要度，它表明 j 的关键路向量数目在所有 2^{n-1} 种可能情形中占的比例。因此，对任意的结构 ϕ，部件可按其结构重要度排序。

例 6.7　桥型网络（图 6-7）。

$n_\phi(1)=6$，这是因为部件 1 的关键路向量有 6 条（用 5 位的二进制数表示），即

$$\{(10011),(11100),(11010),(11001),(11000)\}$$

同理

$$n_\phi(2)=n_\phi(3)=n_\phi(4)=6, n_\phi(5)=2$$

因此

$$I_\phi(1)=I_\phi(2)=I_\phi(3)=I_\phi(4)=\frac{3}{8}, I_\phi(5)=\frac{1}{8}$$

从结构重要度看，桥型网络中的桥的作用与其他部件比较起来要小得多。

6.3.2　概率重要度

从可靠性的角度看，部件在系统中的重要性不仅依赖于其结构，还依赖于部件本身的可靠度。下面给出部件的概率重要度。

定义 6.7　称

$$I_h(j)=\frac{\partial h(p)}{\partial p_j}, \quad j=1,2,\cdots,n \tag{6-75}$$

为部件 j 的**概率重要度**。

式（6-61）和式（6-75）等价于

$$I_h(j)=h(1_j,p)-h(0_j,p)=E\{\phi(1_j,X)-\phi(0_j,X)\} \tag{6-76}$$

部件的概率重要度在系统分析中很有用,据此可以确定哪些部件的改善会对系统的改善带来最大的好处。与结构重要度的定义比较,易见若 $p_i = 1/2 (i \neq j)$,则 $I_\phi(j) = I_h(j)$,因此当 $p_i = 1/2, i = 1, 2, \cdots, n$ 时,所有部件的概率重要度与结构重要度相等。

利用部件的概率重要度,可以计算一个部件可靠度的改善对系统可靠度的影响。显然,有

$$\Delta h \approx \sum_{j=1}^n \frac{\partial h(p)}{p_j} \Delta p_j = \sum_{j=1}^n I_h(j) \Delta p_j \tag{6-77}$$

其中,Δh 为当部件 j 的可靠度改变 Δp_j 时 $(j = 1, 2, \cdots, n)$,系统可靠度的改变。

因此,仅当部件 j 的可靠度增加 Δp 时,系统可靠度的增加为

$$\Delta h_j \approx I_h(j) \Delta p \tag{6-78}$$

所以,若不见 k 使 I_h 达最大,则表明在所有部件中改善 k 的可靠度会使系统可靠度得到最大改善。

6.3.3　B-P 重要度

上面引进的结构重要度与概率重要度都是在部件的可靠度 p 已知情形下讨论的,然而在系统设计的早期阶段尚无部件可靠度信息。为此,不妨认为所有部件的可靠度都等于 p,然后再把 p"平均"掉。由此引入如下的部件重要度概念。

定义 6.8　部件 j 的 B-P 重要度定义为

$$I_{BP}(j) = \int_0^1 [h(1_j, p) - h(0_j, p)] \mathrm{d}p \tag{6-79}$$

其中,$(1_j, p)$ 为第 j 个分量为 1,其余全为 p 的向量;$(0_j, p)$ 相仿理解。

例 6.8　例题 6.1 桥型网络。

按式(6-79)不难算得

$$I_{BP}(1) = I_{BP}(2) = I_{BP}(3) = I_{BP}(4) = \frac{7}{30}$$

$$I_{BP}(5) = \frac{1}{15}$$

此时,B-P 结构重要度的次序与结构重要度次序一致。

6.3.4　C 重要度和 P 重要度

对于部件的重要性,也可以从它在最小割集和最小路集中的地位来考虑。自然,阶次小的最小割(或路)中的元件比在阶大的最小割(或路)中的元件重要。下

面介绍 C 重要度和 P 重要度的确切定义。

设单调关联系统的所有最小割集为 $K_1, K_2, \cdots, K_l$，用 $|K_j|$ 表示 K_j 的阶（即其中元素个数），对任意的 $i=1, 2, \cdots, n$，记

$$c_i = \min\{|K_j| : i \in K_j\} \tag{6-80}$$

$$d_i = |\{j : i \in K_j, |K_j| = c_i\}| \tag{6-81}$$

显然，c_i 为所有包含 i 的最小割集中的最小阶数，d_i 为所有包含 i 的最小阶的最小割集的个数。

定义 6.9　部件 i 的 C 重要度 $I_c(i)$ 由 c_i 和 d_i 来确定。对于任意的 i 和 j，当 $c_i < c_j$ 或 $c_i = c_j$ 时，$d_i > d_j$，则称 i 比 j 重要；当 $c_i = c_j$，$d_i = d_j$ 时，称 i 和 j 有相同的重要度。

因此，对于系统中的每一个部件可按 C 重要度来排序。

与上述相仿，可定义部件的 P 重要度，记所有最小路集为 $P_1, P_2, \cdots, P_m$，则

$$b_i = \min\{|P_j| : i \in P_j\} \tag{6-82}$$

$$e_i = |\{j : i \in P_j, |P_j| = b_i\}| \tag{6-83}$$

定义 6.10　部件 i 的 P 重要度 $I_p(i)$ 由 b_i 和 e_i 确定，对任意的 i 和 j，当 $b_i < b_j$ 或 $b_i = b_j$ 时，$e_i > e_j$，则称部件 i 比 j 重要；当 $b_i = b_j$，$e_i = e_j$ 时，则 i 和 j 有相同的 P 重要度。

6.4　失　效　相　关

对于一些实际工程机械系统的使用过程，经常出现共因失效与失效相关模式，这些失效模式在一些实际处理过程中常常被忽略，然而组成系统的部件之间互相独立的假定在实际中很难完全满足。例如，系统中一些部件的失效势必造成未失效部件的负荷加大，从而使它们更容易失效；系统的最小路和最小割集表示中，所有的最小路集和最小割集也不是独立的等，因此有必要考虑系统部件之间的某种相依关系情形。

6.4.1　相关失效模式

当系统中的一些单元失效时，它们并不是完全彼此独立的，可以把这些单元之间的关系分成正相关和负相关两类。如果一个单元的失效加速了另一个单元的失效进程，这两个单元之间的关系被称为正相关；反之，如果一个单元的失效减缓了另一个单元的失效进程，则称为负相关。具体地，下面从条件概率角度给出一个例子来分析相关性。

例 6.9 考虑由 1 和 2 两个单元组成的系统,令 A_i 表示单元 i 失效的状态($i=$ 1,2),则两个单元都失效的概率为

$$P_r(A_1 \cap A_2) = P_r(A_1 | A_2) \cdot P_r(A_2) = P_r(A_2 | A_1) \cdot P_r(A_1)$$

当 $P_r(A_1 | A_2) = P_r(A_1)$ 且 $P_r(A_2 | A_1) = P_r(A_2)$ 时,这些单元是独立的,此时有

$$P_r(A_1 \cap A_2) = P_r(A_1) \cdot P_r(A_2)$$

当 $P_r(A_1 | A_2) > P_r(A_1)$ 且 $P_r(A_2 | A_1) > P_r(A_2)$ 时,这些单元是正相关的,此时有

$$P_r(A_1 \cap A_2) > P_r(A_1) \cdot P_r(A_2)$$

当 $P_r(A_1 \cap A_2) < P_r(A_1)$ 且 $P_r(A_2 \cap A_1) < P_r(A_2)$ 时,这些单元是负相关的,此时有

$$P_r(A_1 \cap A_2) < P_r(A_1) \cdot P_r(A_2)$$

在可靠性应用中,正相关关系通常是出现最多的关系形式。然而,负相关关系也可能在实际中发生。

对于相关失效模式,在工程上主要有以下三种情况。

(1) 共因失效

在两个或者更多的单元同时失效的状态下,或者在一个短的时间间隔内,相关失效是这些原因一同引起的直接结果,而共因失效是指系统中的多个元件在同一个因素作用下以相同或不同的概率失效,该因素称为共同失效因素。系统元件具有共因失效模式也称元件具有相关失效模式,具有共因失效模式的元件实质上元件之间不是互相独立的,而是具有一定的相关关系。此外,由于共同的或根本的原因引起的多数单元失效形式称为失效的多样性。常见的造成共因失效因素可归纳如下。

① 设计或材料缺陷造成多个单元不能完成功能或者不能适应设计环境。

② 安装错误造成多个单元偏离方向或者功能缺失。

③ 维护错误造成多个单元偏离方向或者功能缺失。

④ 恶劣环境(如振动、辐射、潮湿、污染物)导致多单元的失效。

直观地,图 6-9 给出了两单元系统的独立失效与共因失效的关系。在由几个冗余单元组成的系统中,建立共因失效模型时,需要仔细区分共因失效因素。

① 由于共因相关关系,系统的一组单元同时失效的情况。如果单元之间的相关关系很好理解,则可在可靠性模型中明确地被识别且可当做单元处理。图 6-10 清楚的显示了一个并行系统的故障树。

图 6-9 独立失效与共因失效的关系

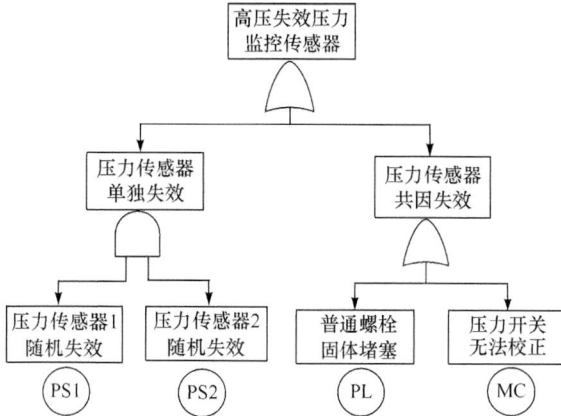

图 6-10 共因失效并联系统故障树

② 由于部分原因引起系统的一组单元同时失效,在系统的逻辑模型中不能明确表达的情况,这种情况有时称为残留共因失效。

例 6.10 发生在 1975 年 3 月 22 日的美国亚拉巴马州迪凯特布朗斯费利核能发电站的火灾是最著名的由共因失效引起的事故。在表 6-1 中介绍了应用分类法对共因失效根本原因进行分级。这个分类法有助于在可能的根本原因上做出准确判断。共因失效在系统可靠性中可能非常少,尤其是在高度冗余系统中,因此研究活动主要集中在这个问题。

表 6-1 共因失效原因分类

工程中				工作中			
设计中		生产中		程序上		环境上	
功能缺失	故障实现	制造	安装和试运转	维护和测试	工作中	常规	极端
无法察觉的危险	线路依赖	不合适的质量控制	不合适的质量控制	不完善的修理	操作者错误	温度压力	大火洪水
不适当的使用仪器	通用操作和保护成分	不合适的标准	不合适的标准	不完善的测试	不当的程序	湿度振动加速度应力	天气地震爆炸导弹

续表

工程中				工作中			
设计中		生产中		程序上		环境上	
不适当的控制	操作不当不适当的单元设计错误设计局限	不合适的检查不合适的测试	不合适的检查不合适的测试和试运转	不完善的标准不完善的程序不合适的管理	不合适的管理通信错误	侵蚀污染干涉辐射静载	电力放射物化学药品

源自爱德华和沃特森 1979 年原子能管理局许可的再生技术改编

（2）连锁失效

当一些单元共同承担一个载荷时，一个单元的失效可能导致剩下单元载荷的增加，从而增大失效的可能性，这种由导致连锁反应或者骨牌效应的系统失效引起的多重失效称为连锁失效。连锁失效在电力分配系统中尤为重要，一个非常有名的例子是，在 1996 年 8 月 10 日，美国俄勒冈州的输电线失效引起的连锁失效殃及了美国西部和加拿大。通过内在的环境，单元也可能互相影响。例如，一个单元的故障可能通过增加压力、温度、湿度等导致其他的单元的工作环境更恶劣，从而连锁失效有时也称为传播失效。

（3）负相关失效

若一个单元的失效减少其他单元失效可能性，这种类型的失效称为负相关失效。例如，某电路系统中保险丝熔断后，"下游的"线路被切断，在这个电路中，电力设备就不会再有载荷，因此它们失效的可能性就降低了；又如一个系统由于修理特殊的单元而被"切断"，在停工期间其他单元经常失去载荷，它们的失效可能性因此而减少。

6.4.2　相依性与协方差

在统计上，通常由协方差或相关系数描述两个随机变量之间的相依性，从而可以把系统单元之间的寿命相依性转化为两个随机变量之间的相依性。对于一组随机变量之间的相关关系，首先需要给出下面定义。

定义 6.11　设 $T_1, T_2, \cdots, T_n$ 是 n 个随机变量，记 $T = (T_1, T_2, \cdots, T_n)$，若对任意递增的 n 元函数 f, g 有协方差(假定存在)且 $\mathrm{Cov}(f(T), g(T)) \geqslant 0$，则称随机变量 $T_1, T_2, \cdots, T_n$ 之间(或 T)是相依的。

由该定义可知，若随机变量 X 和 Y 是相依的，则 X 和 Y 必正相关，即 $\mathrm{Cov}(X, Y) \geqslant 0$。而且在定义 6.11 中并未要求 $T_1, T_2, \cdots, T_n$ 是二值的随机变量。下面给出一个基于二值的相依性的等价定义。

定义 6.12　对任意递增的 n 元二值增函数 f,g 有协方差

$$\text{Cov}(f(T),g(T)) \geqslant 0 \qquad (6\text{-}84)$$

则称随机向量 T 是相依的。

由于系统部件之间的相依性是元件之间的一种失效模式,从而考虑相依性的系统可靠性,我们无法精确描述相依程度,只能是一种估计或寻找相依性的界。设单调关联系统是由相依的部件组成,其结构函数为 $\phi(X) = \phi(X_1, X_2, \cdots, X_n)$。

当部件相依且系统复杂时,往往难以求出其精确的可靠度。下面利用相依的概念给出相依性定理及可靠度的界。

定理 6.10　若 $X = (X_1, X_2, \cdots, X_n)$ 是相依的二值随机变量,则

$$P\left\{ \prod_{i=1}^{n} X_i = 1 \right\} \geqslant \prod_{i=1}^{n} P\{X_i = 1\} \qquad (6\text{-}85)$$

$$P\left\{ \coprod_{i=1}^{n} X_i = 1 \right\} \leqslant \coprod_{i=1}^{n} P\{X_i = 1\} \qquad (6\text{-}86)$$

一般地,定理 6.10 可以推广到一般情形。

推论 6.1　若 $X_1, X_2, \cdots, X_n$ 是相依的随机变量,则有

$$P\{T_i > t_i, i = 1, 2, \cdots, n\} \geqslant \prod_{i=1}^{n} P\{T_i > t_i\} \qquad (6\text{-}87)$$

$$P\{T_i \leqslant t_i, i = 1, 2, \cdots, n\} \geqslant \prod_{i=1}^{n} P\{T_i \leqslant t_i\} \qquad (6\text{-}88)$$

定理 6.11　设 ϕ 是由相依部件 $X_1, X_2, \cdots, X_n$ 组成的单调关联系统的结构函数。若 $E(X_i) = p_i, i = 1, 2, \cdots, n$,则有

$$\prod_{i=1}^{n} p_i \leqslant E_\phi(X) \leqslant \coprod_{i=1}^{n} p_i \qquad (6\text{-}89)$$

事实上,式(6-88)给出的可靠度的界限是相当保守的,上界由独立部件 $X_1, X_2, \cdots, X_n$ 组成的并联系统的可靠度,下界为对应部件组成的串联系统的可靠度。下面给出基于路集和割集的可靠度界限定理。

定理 6.12　设 ϕ 是由相依部件 $X_1, X_2, \cdots, X_n$ 组成的单调关联系统的结构函数,最小路串联与最小割并联结构函数分别为

$$\rho_i(X) = \prod_{j \in P_i} X_j, \quad i = 1, 2, \cdots, m, \quad \kappa_j(X) = \coprod_{i \in P_j} X_i, \quad j = 1, 2, \cdots, l$$

则有

$$\prod_{j=1}^{l} P\{\kappa_j(X)=1\} \leqslant E_{\phi}(X) \leqslant \prod_{i=1}^{m} P\{\rho_i(X)=1\} \tag{6-90}$$

同样,对于一般性结构的系统,根据定理 6.12 有下面的推论。

推论 6.2　设 ϕ 是由独立部件 $X_1, X_2, \cdots, X_n$ 组成的单调关联系统,且 $EX_i = p_i, i=1,2,\cdots,n$,则有

$$\prod_{j=1}^{l} \prod_{i \in K_j} p_i \leqslant h(p) \leqslant \prod_{j=1}^{m} \prod_{i \in P_j} p_i \tag{6-91}$$

定理 6.13　对任意的单调关联系统 ϕ,有

$$\max_r P\left\{\prod_{i \in P_r} X_i = 1\right\} \leqslant E_{\phi}(X) \leqslant \min_j P\left\{\prod_{i \in K_j} X_i = 1\right\} \tag{6-92}$$

为可靠度的极小与极大界。

若部件是相依的,则有

$$\max_r \prod_{i \in P_r} E(X_i) \leqslant E_{\phi}(X) \leqslant \min_j \prod_{i \in K_j} E(X_i) \tag{6-93}$$

显然,部件相依与独立时满足不等式关系

$$\prod_{i=1}^{n} E(X_i) \leqslant \max_r \prod_{i \in P_r} E(X_i) \leqslant \min_j \prod_{i \in K_j} E(X_i) \leqslant \prod_{i=1}^{n} E(X_i) \tag{6-94}$$

根据式(6-91)与式(6-94),由独立部件组成的单调关联系统可靠度界不一定比相依时给出的界要好。

近来,许多学者用 Copula 函数来描述系统元件之间的寿命相依性,下面介绍相依性与 Copula 函数之间的关系及其结论。

6.4.3　相依性与 Copula 函数

同一环境中工作的子系统,接受相同的系统任务,若其一子系统发生故障而失效,势必影响其他子系统的寿命,即子系统工作寿命存在一定的相依性。随机向量的联合分布函数是刻画随机向量概率性质的重要工具,包含两方面信息:一是变量的边缘分布信息,即单个系统寿命分布信息;另一个是变量间相依关系的信息,数学上用 Copula 函数来描述这种复杂的统计相依特征,是将随机向量联合分布函数与其单个边缘分布函数连接在一起的桥梁[46-53]。

Copula 函数理论研究最早可追溯到 1959 年 Sklar 提出的 Sklar 定理,下面给出 Copula 函数相关定义及结论。

定义 6.13　设 $C(u)=C(u_1, u_2, \cdots, u_n)$ 是 n 维空间函数,$I^n \to I(I=[0,1])$,若满足以下条件。

① 对任意 $u_k \in I(k=1,2,\cdots,n)$ 有 $C(u_1,\cdots,u_{k-1},0,u_{k+1},\cdots,u_n)=0$，$C(1,\cdots,1,u_k,1,\cdots,1)=u_k$。

② $C(u)$ 为 n 维增函数，即对任意 $0 \leqslant a_k \leqslant b_k \leqslant 1(k=1,2,\cdots,n)$，有

$$\Delta_a^b C(u) \geqslant 0$$

其中，$a=(a_1,a_2,\cdots a_n)^T$；$b=(b_1,b_2,\cdots,b_n)^T$；$\Delta_a^b C(u)=\Delta_{a_n}^{b_n} \Delta_{a_{n-1}}^{b_{n-1}} \cdots \Delta_{a_2}^{b_2} \Delta_{a_1}^{b_1} C(u)$；$\Delta_{a_k}^{b_k} C(u)=C(u_1,\cdots,u_{k-1},b_k,u_{k+1},\cdots,u_n)-C(u_1,\cdots,u_{k-1},a_k,u_{k+1},\cdots,u_n)$。则称 $C(u)$ 为 n 维 Copula 函数。

定理 6.14（Sklar 定理）　设随机变量 X_i 的分布函数为 $F_i(x)(i=1,2,\cdots,n)$，记 $X=(X_1,X_2,\cdots,X_n)$，$x=(x_1,x_2,\cdots,x_n)$。

① 若 X 的联合分布函数为 $H(x)$，则存在 n 维 Copula 函数 $C(u)$，使得

$$H(x) \stackrel{\text{def}}{=} C(F_1(x_1),F_2(x_2),\cdots,F_n(x_n)), \quad -\infty < x_i < +\infty, \quad i=1,2,\cdots,n \tag{6-95}$$

当 $F_i(x)(i=1,2,\cdots,n)$ 为连续函数时，上述 Copula 函数唯一。

② 若 $C(u)$ 是一个 n 维 Copula 函数，记

$$H(x) \stackrel{\text{def}}{=} C(F_1(x_1),F_2(x_2),\cdots,F_n(x_n))$$

则 $H(x)$ 是随机向量 X 的一个联合分布函数，且一维边缘分布函数为 $F_i(x)(i=1,2,\cdots,n)$。

另外，Sklar 定理的重要性在于它提供了一条在不研究边缘分布的情况下能够分析多元分布函数相依结构的途径，下面给出一个求二维 Copula 函数的基本结论。

定理 6.15　设 H 是二维联合分布函数，边缘分布 F 和 G 分别是严格单调的连续函数，F^{-1} 和 G^{-1} 分别是 F 和 G 的反函数，则与 H 对应的 Copula 函数为

$$C(u,v)=H(F^{-1}(u),G^{-1}(u)), \quad (u,v) \in [0,1] \times [0,1] \tag{6-96}$$

该定理给出了一个由边缘分布求 Copula 函数的基本方法，下面给出一个演算实例。

例 6.11　设某系统寿命服从二元联合分布 $H(x_1,x_2)=(1+e^{x_1}+e^{-x_2})^{-1}$，$(x_1,x_2) \in R^2$，求 Copula 函数。

解　根据联合分布函数 $H(x_1,x_2)$，其边缘分布函数分别为

$$F_1(x_1)=(1+e^{-x_1})^{-1}, \quad F_2(x_2)=(1+e^{-x_2})^{-1}$$

记 $u=F_1(x_1)$，$v=F_2(x_2)$，则

$$x_1=F_1^{-1}(u)=-\ln(u^{-1}-1), \quad x_2=F_2^{-1}(v)=-\ln(v^{-1}-1)$$

相应的 Copula 函数为

$$C(u,v)$$
$$=F(x_1,x_2)$$
$$=F(F_1^{-1}(u),F_2^{-1}(v))$$
$$=\{1+\exp[\ln(u^{-1}-1)]+\exp[\ln(v^{-1}-1)]\}^{-1}$$
$$=(u^{-1}+v^{-1}-1)^{-1}$$

虽然在一些关于可靠性问题的研究中,常常假设元部件之间的寿命是相互独立的,但更为准确的假设是元部件之间是相依的。一般地,随着系统结构的不同,系统相依性可分为正相依与负相依两类。

定义 6.14　称随机变量 $X_1,X_2,\cdots,X_n$ 正相依,若满足

$$P\{\bigcap_{i=1}^{n}(X_i\leqslant x_i)\}\geqslant\prod_{i=1}^{n}P\{X_i\leqslant x_i\}$$

称随机变量 $X_1,X_2,\cdots,X_n$ 负相依,若满足

$$P\{\bigcap_{i=1}^{n}(X_i\leqslant x_i)\}<\prod_{i=1}^{n}P\{X_i\leqslant x_i\}$$

在工程机械系统中,由于各构件之间承受共同载荷冲击、共同的外部环境等原因,多表现为正相关性,即在一定应力作用下,一个构件的强度会随着另一构件强度的退化而衰减。

下面介绍两类重要的 Copula 函数。

(1) 阿基米德 Copula(Archimedean copula)

这是一类很重要的 Copula 函数族,这类函数族被广泛应用,主要是因为构造 Archimedean Copula 函数比较简单,而且有很多 Copula 函数均属于阿基米德 Copula 函数类,更重要的是这类函数具有很多较好的性质。

定义 6.15　设函数 φ 满足 $\sum_{i=1}^{n}\varphi(u_i)\leqslant\varphi(0),\forall 0\leqslant u_i\leqslant 1,i=1,2,\cdots,n$ 且 $\varphi(1)=0,\varphi'(u)<0,\varphi''(u)>0$,则称

$$C(u_1,u_2,\cdots,u_n)=\Phi^{-1}(\varphi(u_1)+\varphi(u_2)+\cdots+\varphi(u_n)) \tag{6-97}$$

为阿基米德 Copula 函数,$\varphi(\cdot)$ 又称为阿基米德 Copula 函数的母函数。

由此可见,阿基米德 Copula 函数由它们的母函数唯一确定。特别地,下面给出二元阿基米德 Copula 函数定义及相关性质。

定义 6.16　设 $\varphi:[0,1]\rightarrow[0,+\infty)$ 是连续的严格递减的凸函数,并且 $\varphi(1)=0,\varphi$ 的逆定义为

$$\varphi^{(-1)}(t)=\begin{cases}\varphi^{-1}(t), & 0\leqslant t\leqslant\varphi(0)\\ 0, & \varphi(0)<t<+\infty\end{cases}$$

Copula 函数为

$$C(u,v) = \varphi^{(-1)}(\varphi(u) + \varphi(v))　　　　　　　　(6\text{-}98)$$

被称为阿基米德 Copula 函数,函数 φ 为生成元。

定理 6.16　设 C 是一个阿基米德 Copula 函数,它的生成元为 φ,那么有

① $C(u,v) = C(v,u)$。

② $C(C(u,v),w) = C(u,C(v,w))$。

③ 若 $a>0$,则 $\alpha\varphi$ 也是 C 的一个生成元。

(2) FGM Copula

FGM 族在系统可靠性及系统工程相关领域得到了广泛的应用,也是近年来研究比较热门的一类函数族。

定义 6.17　称 Copula 函数为 FGM Copula 函数,则

$$C(u_1, u_2, \cdots, u_n) = u_1 u_2 \cdots u_n \Big[1 + \sum_{k=2} \sum_{1 \leqslant i_1 \leqslant i_2 \leqslant \cdots \leqslant i_k \leqslant n} a_{i_1 i_2 \cdots i_k}$$

$$\times (1 - u_{i_1})(1 - u_{i_2}) \cdots (1 - u_{i_n}) \Big]　　　　(6\text{-}99)$$

其中,$a_{i_1 i_2 \cdots i_n}$ 表示相依程度,$0 < a_{i_1 i_2 \cdots i_n} \leqslant 1$ 时表示系统寿命呈现正相依,$a_{i_1 i_2 \cdots i_n} = 0$ 时表示系统是独立的,$-1 \leqslant a_{i_1 i_2 \cdots i_n} < 0$ 时表示系统间呈现负相依。

本章节介绍的部件相依性,在处理多部件复杂系统时,需要尽量考虑误差对系统的可靠性影响程度,这在工程应用中具有较高的研究价值。

6.5　本章小结

本章主要讨论单调关联系统相关问题,包括:多状态系统的基本概念、单调关联系统相关理论等。

习题及思考题

1. 本章节主要介绍了哪几种三态系统? 它们的定义分别是什么?
2. 单调关联系统的定义以及基本性质是什么? 如何进行数学描述?
3. 如何定义单元的结构重要性?
4. 本章节主要讲述了哪几种相关失效模式? 它们是如何定义的?
5. 本章节对 Copula 函数的定义及表达式。
6. 假定单调关联系统的示意图如图 6-11 所示。

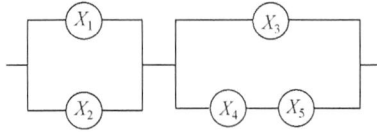

图 6-11 单调关联系统的示意图

$T=\min\{\max(X_1,X_2),\max(X_3,\min(X_4,X_5))\}$,其中 $X_i(i=1,2,3,4,5)$独立同分布,且服从期望为 1 的指数分布。令 $m=4,\phi(t)=e^t-1$,求 $p_t^s(2,4,5)$、$p_t^s(3,4,5)$,以及 $p_t^s(4,4,5)$。

第7章 面向过程的系统可靠性

本章主要阐述一些面向系统过程的相关可靠性问题,如面向贮存环境过程的贮存可靠性、面向全任务的多阶段多任务系统的可靠性、人为因素与机器协调下的人机系统可靠性等。这些可靠性问题也是目前可靠性领域的一些研究热点与难点,考虑工程需要及相应领域科研工作者的参考,这里简要介绍一些相关概念和分析方法。

7.1 贮存可靠性

贮存可靠性是影响产品总体可靠性水平的一个重要方面,尤其对于长期贮存、一次使用的产品,其贮存可靠性在产品可靠性中的地位则更为突出。它侧重反映产品的贮存性能,而产品贮存性能的好坏又直接关系到产品的战备完好性和保障维修性[54]。

7.1.1 基本概念

贮存可靠性是指产品在规定的贮存条件下和规定的贮存时间内,保持规定功能不变的能力。

① 贮存条件主要指产品贮存空间的自然条件,如存放环境中的温度、湿度和人为环境条件等。所谓规定的,是指产品在贮存实际中可以包含几种不同的贮存条件。

② 贮存时间一般指产品生产完成后,从出厂开始至贮存到某一时刻的时间间隔。

③ 规定功能是指根据使用目的而赋予产品的各种功能,主要有保证安全和可靠作用两方面的若干项具体功能。

在型号战术技术指标中,贮存可靠性与贮存寿命是一对相关的指标,常以贮存期(或称可靠贮存寿命)指标概括之。三者的关系可以表示为

$$R_z = P(T > T_R) = 1 - \alpha \tag{7-1}$$

其中,R_z 为产品贮存可靠度;α 为产品在贮存期内允许的不合格概率;T 为贮存寿命,受多种随机因素的影响,是随机变量;T_R 为贮存期。

从贮存可靠性的定义不难看出,产品贮存可靠性主要反映产品在长期贮存过

程中抵御贮存环境中各种因素的影响,保持自身的各项功能不变的能力。产品的这种能力越强,贮存可靠性越好,反之则越差。

7.1.2 贮存可靠性评估方法

首先介绍贮存寿命的参数估计。由于 MLE 是一种渐近无偏估计,而且对于中小子样的估计偏差也较小。另外,无论是完全试验、定数截尾、定时截尾,还是随机截尾的情况,MLE 法具有广泛的适用性。

1. 基于有失效数据求寿命分布参数的 MLE 法

对于大型、昂贵的设备,长期处于贮存状态时,在贮存期对它们作连续不间断的检测是非常困难的,实际中常进行定期检测。有失效数据的失效时间没有观测到,所观测到的是发生在某个时间区间内的失效数,即假定测试时间为 $0 \leqslant t_1 < t_2 < \cdots < t_k < +\infty$ 时,仅能确定出在 $[t_{i-1}, t_i]$ 失效的个数,即 $r_i(i=1,2,\cdots,k)$,且 $\sum_{i=1}^{k} r_i = r < n$,这就是所谓的区间型数据。

在区间型数据中,还有一种随机截尾数据,即测试的产品有中途退出试验,而这个退出试验的时间也是随机的,即假定测试时间为 $0 \leqslant t_1 < t_2 < \cdots < t_k < +\infty$ 时,仅能确定出在 $[t_{i-1}, t_i]$ 失效的个数为 $c_i(i=1,2,\cdots,k)$,且 $\sum_{i=1}^{k} c_i = c < n$。

假设在 $[t_{i-1}, t_i]$ 未失效数为 $s_i, i=1,2,\cdots,k$,则到试验截止时共有 r 个失效,c 个截尾,尚有 $s = n-r-c$ 个未失效,它们将在 $[t_k, +\infty)$ 失效,称上面的数据为带随机截尾的区间型数据(表 7-1)。

表 7-1　区间型数据

检测时间 t_i	t_1	t_2	$\cdots$	t_k	$> t_k$
时间间隔	$[0, t_1]$	$[t_1, t_2]$	$\cdots$	$[t_{k-1}, t_k]$	$[t_k, +\infty)$
失效数目	r_1	r_2	$\cdots$	r_k	$n-r$
截尾数目	c_1	c_2	$\cdots$	c_k	
未失效数目	s_1	s_2	$\cdots$	s_k	$n-r-c$

假设每个样品有寿命 T 和截尾时间 L,且 T 和 L 是独立的连续随机变量,其累积失效函数分别为 $F(t)$ 和 $G(t)$。下面给出单参数指数分布和双参数威布尔分布的极大似然函数。

(1) 单参数指数分布的极大似然函数

指数分布的寿命分布函数为

$$F(t) = 1 - \mathrm{e}^{-\lambda t}, \quad t \geqslant 0 \tag{7-2}$$

其中，$\lambda > 0$ 为失效率。

从而产品在 $[t_{i-1}, t_i]$ 失效的概率为

$$p_i = p\{t_{i-1} \leqslant t \leqslant t_i\} = F(t_i) - F(t_{i-1}), \quad i = 1, 2, \cdots, k \tag{7-3}$$

若到时刻 t_k 尚未失效，则在 $[t_k, +\infty)$ 失效的概率为

$$p_k = p(t > t_k) = 1 - F(t_k) \tag{7-4}$$

在 $[t_{i-1}, t_i]$ 截尾的概率为

$$p_i' = p\{t_{i-1} \leqslant t \leqslant t_i\} = G(t_i) - G(t_{i-1}), \quad i = 1, 2, \cdots, k \tag{7-5}$$

到时刻 t_k 尚未截尾，而在 $[t_k, +\infty)$ 截尾的概率为

$$p_k' = p(t > t_k) = 1 - G(t_k) \tag{7-6}$$

于是，在测试周期 $[t_{i-1}, t_i]$ 失效 r_i 个的概率为 $(p_i)^{r_i}$，截尾 c_i 个的概率为 $(p_i')^{c_i}$，到 t_k 时刻有 s 个产品尚未失效的概率为 $(p_k)^s$，则似然函数为

$$
\begin{aligned}
L &= \left[\frac{n!}{(n-r)! \prod\limits_{i=1}^{k} r_i!} \prod_{i=1}^{k} p_i^{r_i} (p_k)^s \right] \cdot \left[\frac{n!}{(n-c)! \prod\limits_{i=1}^{k} c_i!} \prod_{i=1}^{k} p_k'^{c_i} (p_k')^s \right] \\
&= \left\{ \frac{n!}{(n-r)! \prod\limits_{i=1}^{k} r_i!} \prod_{i=1}^{k} \left[F(t_i) - F(t_{i-1}) \right]^{r_i} \left[1 - F(t_k) \right]^s \right\} \\
&\quad \cdot \left\{ \frac{n!}{(n-c)! \prod\limits_{i=1}^{k} c_i!} \prod_{i=1}^{k} \left[G(t_i) - G(t_{i-1}) \right]^{c_i} \left[1 - F(t_k) \right]^s \right\}
\end{aligned} \tag{7-7}
$$

由于求取的是寿命 T 中的相关参数，可以假设 $G(t)$ 中不含任何未知参数，令

$$C = \frac{n!}{(n-r)! \prod\limits_{i=1}^{k} r_i!}$$

可得似然函数为

$$L = C \prod_{i=1}^{k} \left[F(t_i) - F(t_{i-1}) \right]^{r_i} \left[1 - F(t_k) \right]^s$$

则

$$\ln L = \ln C + \sum_{i=1}^{k} r_i \ln\left[\,\mathrm{e}^{-\lambda t_i} - \mathrm{e}^{-\lambda t_{i-1}}\,\right] + \left[\,n - \sum_{i=1}^{k}(r_i + c_i)\,\right](-\lambda t_k) \qquad (7\text{-}8)$$

(2) 双参数威布尔分布的极大似然函数

因为 Weibull 型分布函数 $F(t)$ 为

$$F(t) = 1 - \exp\left[-\left(\frac{t}{\eta}\right)^m\right], \quad t \geqslant 0 \qquad (7\text{-}9)$$

其中,$m > 0$ 为形状参数,$\eta > 0$ 为特征寿命。

从而似然函数为

$$L = C \prod_{i=1}^{k} \left[\,F(t_i) - F(t_{i-1})\,\right]^{r_i} \left[\,1 - F(t_k)\,\right]^s$$

取对数有

$$\ln L = \ln C + \sum_{i=1}^{k} r_i \ln\left[\,\mathrm{e}^{-\left(\frac{t_{i-1}}{\eta}\right)^m} - \mathrm{e}^{-\left(\frac{t_i}{\eta}\right)^m}\,\right] - \left[\,n - \sum_{i=1}^{k}(r_i + c_i)\,\right]\left[\,-\left(\frac{t_k}{\eta}\right)^m\,\right]$$

$$(7\text{-}10)$$

对于这些模型的参数,通常利用迭代法或参数优化方法求解各参数的极大似然方程。

2. 基于无失效数据求寿命分布参数的模糊加权最小二乘法

由于无失效数据只提供了贮存多少年基本无失效的信息,而没有提供有关失效趋势的信息,因此几乎不可能对"何时将开始出现失效"做出可靠的预测。因此,可以根据同类产品的失效机理相同,适用于有失效数据的分布模型同样适用于零失效数据的原则,把有失效数据选择的分布类型用于零失效情况,给出一种处理无失效数据的方法。

解决该问题的常规思路是在各 t_i 处获得失效概率 $p_i = P(T < t_i)$ 的估计 $\hat{p}_i (i = 1, 2, \cdots, k)$,通过各点配一条寿命分布曲线,利用曲线拟合确定出寿命分布中的参数。

近年来已有经典方法、Bayes 法、等效失效数法等解决上述问题,对于无失效问题评价的好坏标准目前只能用工程经验来判断。因此,上述各种方法从工程角度来说,都可使用。相对而言,多层 Bayes 法和等效失效数法的效果较好。等效失效数法求可靠度的步骤如下。

① 给出可靠度 q_i 的估计 $\hat{q}_i$。

② 估计等效失效数 $\hat{\beta}$。具体方法是对给定的 m,T^m 服从指数分布,设其失效率 $\lambda = \eta^{-m}$ 的估计为

$$\hat{\lambda} = \frac{\beta}{\sum\limits_{i=1}^{k} n_i t_i^m} \tag{7-11}$$

其中，β 即为待估计的等效失效数。

令

$$Q(m,\beta) = \sum_{i=2}^{k} \frac{n_i\,(\hat{q}_i - q_i(\theta))^2}{q_i(\theta)(1 - q_i(\theta))} \tag{7-12}$$

使 Q 最小即可求得 $\hat{\beta}$。

③ 若 $\hat{\beta} > 1$，说明估计偏低，需用 Bayes 方法对 q_i 的估计进行调整，调整公式为

$$\hat{\hat{q}}_i = \hat{q}_i + \frac{s_i + 1}{s_i + 2}(1 - \hat{q}_i), \quad i = 1, 2, \cdots, k \tag{7-13}$$

对各个 $\hat{\hat{q}}$ 再用步骤②可得 β 的再估计 $\hat{\hat{\beta}}$，如此重复，直到 $\hat{\beta} \leqslant 1$ 停止。

④ 当 $\hat{\beta} \leqslant 1$，以各 t_i 和调整后得到的 q_i 组成线性回归方程，用线性回归估计出威布尔分布参数 $\hat{m}$ 和 $\hat{\eta}$。

对于单参数指数分布情况下的统计分析，设在 n 个产品中有 r 个在 τ 时刻失效的概率估计值为

$$\hat{F}(\tau) = (r + 0.5)/(n + 1)$$

当 $n \to +\infty$ 时，$\hat{F}(\tau) \to F(\tau)$，则无失效数据中，若在 t_i 时有 s_i 个样本未失效，则失效概率为

$$\hat{p}_i = \frac{0.5}{s_i + 1} \tag{7-14}$$

当 $i = 1$ 时，又 $r_i = 0$，由式(7-14)可得 p_1 的估计为

$$p_1 = \frac{0.5}{s_1 + 1} \tag{7-15}$$

由于贮存的必然结果是导致产品最终失效，因此产品的失效概率 $p(t)$ 是随时间递增的，即 $p_{i+1} > p_i$。易知，$F(t)$ 是关于 t 的凸函数($F''(t) < 0$)，由凸函数的性质可知，当 $t_i < t_{i+1}$ 时，有

$$p'_{i+1} \geqslant p_{i+1} \geqslant p_i$$

其中

$$p'_{i+1} = p_i \frac{t_{i+1}}{t_i} \tag{7-16}$$

则相应时刻可靠度的估计值 $\hat{q}_i$ 为

$$\hat{q}_i = 1 - \hat{p}_i \tag{7-17}$$

由式(7-15)～式(7-17),可以求出时刻 t_i 可靠度的估计值 $\hat{q}_i$,然后将可靠度函数通过对数变换组成线性回归方程,用线性回归法即可估计出指数分布参数 λ。

3. 可靠度参数的最小二乘法

把选定的系统寿命分布的可靠度函数 $R(t)$ 进行线性化变换可得到如下直线,即

$$y = Ax + B \tag{7-18}$$

其中,y 为 $R(t)$ 的函数,x 为 t 的函数。

（1）指数分布

可靠度函数 $R(t) = e^{-\lambda t}$ 变形得 $\ln R(t) = -\lambda t$。

令 $y = \ln R(t), B = 0, A = -\lambda, x = t$,则转化为

$$y = Ax + B \tag{7-19}$$

（2）威布尔分布

可靠度函数 $R(t)\exp[-(t/\eta)^m]$ 变形得 $\ln(-\ln R(t)) = m\ln t - m\ln\eta$。

令 $y = \ln(-\ln R(t)), B = -m\ln\eta, A = m, x = \ln t$,则转化为式(7-19)。

在工程中,系统贮存可靠性与贮存环境、测试效率等多种因素有关,下面给出综合考虑这些因素时,系统贮存可靠度的失效物理分析法。

7.1.3　贮存检修方案

产品贮存过程中主要受自然环境影响,随着贮存年限的增加,产品所处环境因素和维修管理措施的影响,使产品内部材料的性能发生变化,如长期贮存后,电子设备中的一些电子元器件会产生参数漂移,导致焊接点会产生氧化膜或染上杂质等。这些变化都会导致产品的贮存可靠性逐渐下降,如图 7-1 中的曲线 a,因此要对贮存的产品进行定期检修。

假设检测修复并不改变产品的失效机理,即产品在检测修复前后的贮存寿命属于同一参数分布族,对于定期检测的子系统,k 为检测维修的次数。假设开始贮存时的出厂可靠度为 R_0,贮存状态下 t 时刻的可靠度为 $R(t)$,在不修复条件下的贮存寿命 t 服从参数为 θ_0 的分布,则第 i 次检测修复后的贮存寿命服从参数 θ_i 的分布,并且有 $\theta_0 \geqslant \theta_1 \geqslant \theta_2 \geqslant \cdots$。参考在定期检测修复条件下,服从指数分布的产品贮存寿命 t 的分布密度函数为

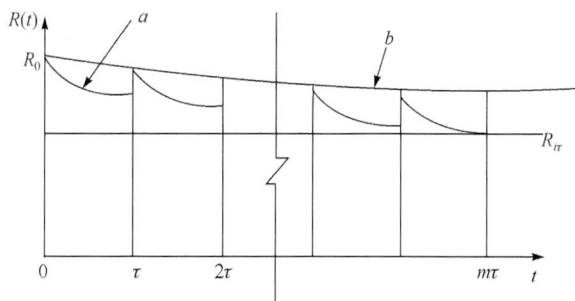

图 7-1　定期检测间隔下系统的可靠度

$$f(t) = R_0 \frac{1}{\lambda} \exp \left| -\frac{t - i\tau}{\lambda_i} \right|, \quad i\tau < t \leqslant (i+1)\tau, \quad i = 0, 1, \cdots, k \qquad (7\text{-}20)$$

可以确定在上述假设条件下,产品定期检测修复条件下的贮存寿命的分布密度函数为

$$f(t) = R_0 \frac{1}{\lambda_i} R(t), \quad i\tau < t \leqslant (i+1)\tau, \quad i = 0, 1, \cdots, k \qquad (7\text{-}21)$$

其中,τ 为检测间隔时间;λ_i 为产品经过第 i 次检测修复后的故障率,$\lambda_i = \dfrac{1}{\theta}$,关于 i 单调非降。

这个趋势反映了产品贮存可靠度的退化机理,可以用近似的威布尔过程来描述这种退化,并假设经过第 i 次检测修复后的贮存故障率满足下式,即

$$\lambda_i = \lambda_0 (i+1)^{\beta}, \quad i = 0, 1, \cdots, k, \quad \beta > 0 \qquad (7\text{-}22)$$

$$\theta_i = \theta_0 (i+1)^{-\beta}, \quad i = 0, 1, \cdots, k, \quad \beta > 0 \qquad (7\text{-}23)$$

其中,θ_0 为不修复条件下的平均寿命,λ_0 为固有贮存故障率,θ_0 和 λ_0 受环境的影响,这种影响不因检测修复而改变;θ_i 和 λ_i 为分别为经过第 i 次检测修复后的平均贮存寿命和故障率;β 为贮存寿命的退化参数。

（1）考虑环境温度、湿度下系统贮存可靠性

假定固有贮存失效率 λ_0 受温度和湿度双应力作用,由前面分析的结果可以确定出产品贮存可靠度模型为

$$R(t) = R_0 R(t, \lambda_i) = R_0 R(t, \lambda_0(e, b, c), \beta) \qquad (7\text{-}24)$$

产品进入贮存状态时,可靠度 R_0 的估计可以由出厂或开始贮存时的检测结果 (N_0, n_0) 计算得到,R_0 的极大似然点估计值为

$$\hat{R}_0 = n_0 / N_0 \qquad (7\text{-}25)$$

下面应用最小二乘法对未知参数 θ_0 和 β 进行估计。

① 若产品寿命服从指数分布,则由式(7-20)~式(7-23)有

$$R(i\tau)=R_0\exp[-\lambda_0\,(i+1)^{\beta}\tau]$$

当 τ 为计时单位时,经变换有

$$Y_i=aX_i+b,\quad i=1,2,\cdots,k \tag{7-26}$$

其中

$$Y_i=\ln\{-\ln[R(i\tau)/R_0]\},\quad b=\ln(1/\lambda_0),\quad a=\beta,\quad X_i=\ln(i+1) \tag{7-27}$$

因此,可以得到参数 $\theta=\dfrac{1}{\lambda_0}$ 和 β 的最小二乘估计,即

$$\begin{cases}\hat{\beta}=\dfrac{\displaystyle\sum_{i=1}^{k}(Y_i-\overline{Y})(X_i-\overline{X})}{\displaystyle\sum_{i=1}^{k}(X_i-\overline{X})^2}\\[3ex]\hat{\lambda_0}=\exp(-\overline{Y}+\hat{\beta}\overline{X})\end{cases} \tag{7-28}$$

其中, $\overline{Y}=\dfrac{1}{k}\displaystyle\sum_{i=1}^{k}Y_i,\overline{X}=\dfrac{1}{k}\displaystyle\sum_{i=1}^{k}X_i$ 。

② 若产品寿命服从威布尔分布,由于威布尔贮存寿命的退化极其缓慢,为简化计算,假设 $R_0=1$。对威布尔寿命型产品,其失效率函数为

$$\lambda(t)=\frac{mt^{m-1}}{\eta^m}$$

因此,假设

$$\lambda=\frac{\hat{m}\cdot(i\cdot\tau)^{\hat{m}-1}}{\hat{\eta}^{\hat{m}}} \tag{7-29}$$

当给定检测周期 τ 时,经变换有

$$Y_i=aX_i+b,\quad i=1,2,\cdots,k \tag{7-30}$$

其中

$$Y_i=\ln\lambda,\quad b=\ln\lambda_0,\quad a=\beta,\quad X_i=i+1 \tag{7-31}$$

因此,可以得到威布尔分布下参数 λ_0 和 β 的最小二乘估计。

（2）考虑测试效率的贮存可靠性

由于检测测试仪器的性能和检测人员素质等模糊因素的影响，每次检测都难以保证故障 100% 被发现，因此每次维修都会有一些失效未被排除。测试效率的取值越靠近 0，表示检测出失效的能力越差；取值越靠近 1，表示检测出失效的能力越好。

对于定期检测测试的产品，假设定期检测时间间隔为 τ，每次定期检测的最佳测试效率为 α_l^*（$l=1,2,3,\cdots$），则每次定期测试后产品的贮存可靠度关系满足下式，即

$$R_h(l\tau)=\exp\{-(1-\alpha_l^*)\,|\ln[R(l\tau)]|\,\} \tag{7-32}$$

其中，$R_h(l\tau)$ 为第 l 个周期经测试后的可靠度（$l=1,2,3,\cdots$）。

由式（7-32）可以看出，由于测试效率的影响，每次定期检测后的可靠度都不可能恢复到 1，因此对某些长期贮存产品系统，进行周期性测试是加强其质量管理的有效途径。

7.1.4　加速贮存方程

在考虑贮存环境因子与产品贮存可靠性退化的关系时，一般可以认为在给定的贮存环境下，环境因子对产品的贮存可靠性退化产生的影响是不随时间而改变的。根据产品贮存的实际情况，这里主要讨论贮存温度、湿度与贮存寿命的关系。

（1）温度应力的加速方程

由著名的阿伦尼乌斯方程，可以得到环境温度 T 和平均贮存寿命 θ_0 的加速方程，即

$$\ln\theta_0(t)=a-\frac{b}{T} \tag{7-33}$$

其中，a 和 b 为加速方程系数。

（2）湿度应力的加速方程

环境湿度对平均寿命的作用可用逆幂律模型来描述，即在环境湿度水平 W 下，有

$$\ln\theta_0(T,W)=e-\frac{b}{T}-c\ln W+m\varphi(T,W) \tag{7-34}$$

其中，e、b、c、m 为加速方程系数，$\varphi(T,W)$ 为已知二元函数。

（3）通-断循环加速方程

对于长期处于贮存状态的电子产品，长贮检测中会经历通断电循环过程，因此应考虑电子产品通断电循环对贮存寿命的影响。设备通-断是指电子产品从不通

电状态到加上额定功率,再回到不通电状态的过程。仅考虑通-断电循环时,有如下通-断循环加速方程,即

$$\theta_0 = 1 + K_1(N_C) \tag{7-35}$$

其中,N_C 为每贮存时单位间的通-断电循环次数,K_1 为常数。

　　上述三类方程是贮存环境下常用的加速方程,而对环境因子加速方程系数的估计,不妨设对 J 个不同贮存环境下的贮存点进行产品抽样测试,且第 i 个贮存点的环境因子为

$$S_i = (T_i, W_i), \quad i = 1, 2, \cdots, J$$

其中,T_i 和 W_i 分别为对应贮存环境下的温度与湿度。

　　利用式(7-33)~式(7-35)可以得到 S_i 应力水平下产品固有贮存寿命的估计 $\hat{\theta}_{0i} = \hat{\theta}_0(S_i)$,这里不作详细介绍。

7.2　多阶段任务系统可靠性

　　在系统或设备的全寿命过程中,可靠性工作贯穿于研制设计、生产、试验、使用,直至退役的整个过程。在任务可靠性研究中,将多阶段任务直接看成是单一的任务进行分析存在很多问题[55-63]。下面先由一个引例给出多阶段多任务系统可靠性的相关概念。

7.2.1　基本概念

　　如某系统有三个设备 A、B 和 C,执行三个阶段的任务。在三个阶段任务中,系统执行不同的功能,系统具有不同的逻辑结构,这三个阶段任务的故障树如图 7-2所示。

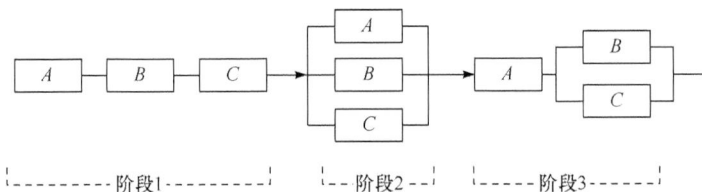

图 7-2　三个阶段任务系统

　　以设备 A 为例,A 的阶段 1 的状态将影响其在阶段 2 和阶段 3 的状态。如果 A 在阶段 1 失效,阶段 2 和阶段 3 就不会执行;或者单元 A 在阶段 3 失效,显然单元 A 的失效不影响系统的工作可靠度。

如果将整个任务当作一个大的串联系统来处理,直接求解整个任务的可靠度是不准确的,因为没有考虑设备在前后阶段的相互依赖关系。下阶段设备的可靠度应该是一个条件概率,而不是简单的设备本身的可靠度。因此,整个任务过程由许多不同的阶段任务构成。前一个阶段任务的完成是后一个阶段任务开始的前提条件,所有的阶段任务全部执行才能完成整个任务。如果把这种任务过程看成是单一的任务过程,直接采用原有的方法进行计算,就不能反映系统的动态过程和前后阶段之间的依赖性。

下面给出多阶段任务系统具体定义、行为表现及发展趋势。

① 多阶段任务系统(PMS),是指系统在连续完成多个阶段任务过程中,任务成功与部件的关系不断变化的系统,这种变化体现在以下三个方面。

第一,同一设备在不同阶段的动态行为不同。例如,不同阶段设备工作模块不同、失效分布不同、修复时间不同等。

第二,不同阶段,任务成功准则不同。例如,在相同冗余单元的前提下,不同阶段成功地完成任务所需的完好单元数不同。

第三,不同阶段,系统运行的配置不同。例如,各个阶段需要参与工作的设备不同,数量不同。

② 多阶段任务系统问题的处理难点是阶段依赖性(或相关性)。阶段依赖性有两个方面的表现。

第一,单元共用依赖性,即同一任务时段内,部分单元在不同功能模块中共用,表现为相应方框在可靠性框图中重复出现,造成有关模块间逻辑上的不独立,不能直接采用常规的计算公式并通过模块化、层次化方法递归综合计算。

第二,时段延续依赖性,即对于多阶段任务,各单元(或模块)由于开始参与工作的时刻不同,工作时间长短不同,以及连续或断续出现在不同时段的模块中,呈现出不同时段间的依赖性。

③ 关于多状态的讨论。多模式失效是指系统或设备的状态并非只有工作和失效两种模式,还包含多种失效模式,如离子推进器系统。系统每个推进装置都有一个推进能量单元和两个离子发动机。推进能量单元有启动失效、运行失效和关闭失效等失效模式。每一个发动机有启动失效和运行失效等失效模式。

7.2.2　PMS 建模方法

目前分析 PMS 任务可靠性的方法大致可分为两类:基于状态空间的分析方法和基于组合模型的分析方法。基于状态空间的方法主要是利用部件阶段状态概率从一个阶段映射到后一个阶段来对系统的状态进行分析,通过状态的转移描述系统的变化过程,最终得到任务的失效概率。基于状态空间的分析方法主要包括 Markov 方法和 Petri 网方法。

　　Markov 方法是被广泛采用的方法,它包括 Markov 模型、非同源 Markov 模型、Markov 再生过程等。Petri 网是一种图形化的建模工具,为描述和研究具有并行、异步、分布式和随机性等特征的系统提供了强有力的手段,它包括随机 Petri 网、广义随机 Petri 网等。Markov 过程是一种特殊的随机过程。当前时刻系统的状态只与前一时刻的状态有关,而与其他任何时刻的状态无关,具有离散模型和连续模型。图 7-3 分别是具有两种状态的系统的离散和连续 Markov 模型。图中,用圆圈代表系统所处的状态,带有权值的有向弧表示系统以权值大小的转移概率从一个状态移到另一个状态。离散模型只有离散的时刻发生转移,并且从每个状态转移出去的概率和为 1,而在连续 Markov 模型中,不存在自环。

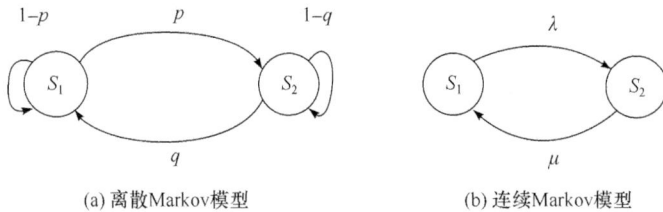

(a) 离散Markov模型　　　　　　　　　(b) 连续Markov模型

图 7-3　Markov 模型

　　Markov 方法从系统状态出发,以前一阶段末的状态作为下一阶段任务的初始状态,建立并求解微分方程组。然后以 Markov 的极限分布作为稳态分布,求解 PMS 的稳态可靠性,实现对 PMS 的可靠性分析。Markov 模型可以计算任务的成功概率、时间依赖失效概率和 MTBF。大多数使用 Markov 方法要求在每个阶段独立地建立模型,然后通过状态向量关联,或者产生一个大规模的模型,它的状态空间至少是每个阶段的状态之和。

　　一般的 Markov 模型主要针对阶段持续时间固定或服从指数分布,阶段内随机过程是 Markov 过程,即各个阶段内所有活动所消耗的时间都必须满足指数分布的 PMS 进行建模。非同源 Markov 模型和 Markov 再生过程是针对更广泛的一类 PMS 进行建模,这类 PMS 的特点包括阶段持续时间随机并服从非指数分布、阶段内随机过程服从非齐次 Markov 过程或者是服从 Markov 再生过程。

　　Petri 网模型是 1961 年由德国的 Petri 博士在其博士论文中首次提出的,当时采用 Petri 网对自动机通信进行描述,取得了很大的成功。Petri 网的提出,立即引起工程界和学术界的广泛关注。经过半个多世纪的发展,Petri 网已经成为一套完整的理论,并得到不断延伸和扩展。通过 Petri 网理论可以对 PMS 任务过程进行描述,然后根据系统的 Petri 网模型可以构造出同构的 Markov 链,根据 Markov 链的每一个状态的稳态概率可以进行 PMS 的可靠性和可用性分析。

　　Markov 方法和 Petri 网方法可以单独对 PMS 进行可靠性分析，也可以结合起来，这就是 Markov 再生随机 Petri 网。Markov 再生随机 Petri 网可以对阶段内一般的随机过程和阶段持续时间是随机分布的 PMS 进行分析。Mura 等利用 Markov 再生随机 Petri 网（Markov regenerative stochastic Petri net，MRSPN）刻画一般 PMS 的动态行为，通过 PMS 的阶段结构找出各个再生点，再利用这些再生点构造 Markov 再生过程（Markov regenerative process，MRP）描述 PMS 整个生命周期中的行为，通过求解该 MRP 对 PMS 的任务可靠性进行分析。

　　基于状态空间的分析模型能够完整、准确地表述可维修 PMS 的动态行为和系统部件在 PMS 运行过程中的各种依赖关系，主要用于对阶段持续时间随机、阶段内行为服从非指数分布的可修 PMS 进行分析。基于状态空间的方法表达能力强、方法灵活，但存在状态空间爆炸的问题。近年的研究主要集中在采用压缩编码的方法解决其状态空间爆炸的问题，或者用近似的算法进行分析求解。

　　基于组合模型的分析方法对 PMS 进行建模的过程如下：首先建立各个阶段的故障树模型，然后利用故障树得出整个任务阶段的不交路径集（the sum of disjoint of product，SDP），利用 SDP 求解任务的可靠性参数。组合模型能对 PMS 进行精确分析，思路清晰，方法简单有效，并且具有存储空间少和计算复杂度低等优点。基于组合模型的静态分析方法也存在一定的缺陷，主要表现在：①不能很好地表现系统的动态行为，只能处理简单的 PMS 或者对复杂 PMS 进行初步分析。组合式模型分析方法有一个假设条件，即系统中所有部件失效具有统计独立性（非统计依赖性），这样一方面简化分析，另一方面却限制了模型的应用范围，原因是统计依赖性可能存在于阶段内和阶段之间。②当部件数量和阶段数量变得很大时，SDP 同样会增长很快。组合式模型的计算复杂性与 Markov 链模型相比要小得多，不过常常需要找到系统的最小割集并计算 SDP，计算量仍然很大。

1. 组合方法

（1）PMS 可靠性的微元件方法

　　在分析 PMS 的组合方法中，假设所有的元件在每个阶段故障具有统计独立性。将每个阶段中的元件采用一系列的元件（这些元件被称为微元件）来代替，可按照统计独立性或串联方式进行替代，从而处理各个阶段之间的依赖性。例如，一个不可维修的 PMS 中某个元件 A 在阶段 j 时可以采用一组串联的统计相关的微元件 $\{a_i\}_{i=1}^{j}$ 进行替代。元件及其微元件之间的关系是 $A_j = a_1 a_2 \cdots a_j$，即当且仅当元件 A 在所有前面阶段中可运行，在阶段 j（采用 $A_j = 1$ 或 $A_j = 0$ 表示）中方可操作。

　　微元件解决方案的可靠性方块图（RBD）和故障树（FT）格式如图 7-4 所示。

针对一个指定的元件,新系统的求解可以在不考虑各个阶段之间依赖性的情况下进行。

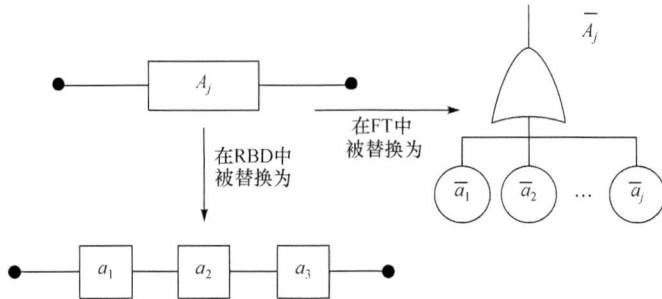

图 7-4　微元件方法

假设 $A(t)$ 表示元件 A 的状态指示变量,且 $q_{a_i}(t)$ 表示元件 A 中微元件 a_i 在阶段 i 时的失效函数,该函数有条件地基于阶段$(i-1)$的存在情况。$A(t)$ 与 $q_{a_i}(t)$ 之间的关系为

$$q_{a_i}(t) = \begin{cases} \Pr\{A(t)=0\}, & i=1 \\ \Pr\{A(t+T_{i-1})=0 \mid A(T_{i-1})=1\}, & 1 < i \leqslant j, \quad T \leqslant T_{i-1} \end{cases} \tag{7-36}$$

假设一个 PMS 包括三个非重叠的连续阶段,各阶段应用三个元件(A、B 和 C)。图 7-5 显示了故障树中 PMS 的每个阶段的失效标准。在阶段 1 中,如果所有三个元件出现失效,则系统发生失效。在阶段 2 中,如果 A 发生失效或者 B 和 C 均发生失效,则系统发生失效。在阶段 3 中,如果三个元件中任何一个出现失效,则系统发生失效。

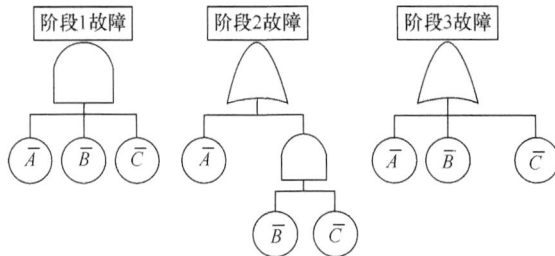

图 7-5　三个阶段 PMS 的故障树模型

采用微元件方法的等效系统故障树模型如图 7-6 所示。显然,该方法的缺点是问题的大小会随着阶段的增加而增大,因此这种方法的计算量较大。

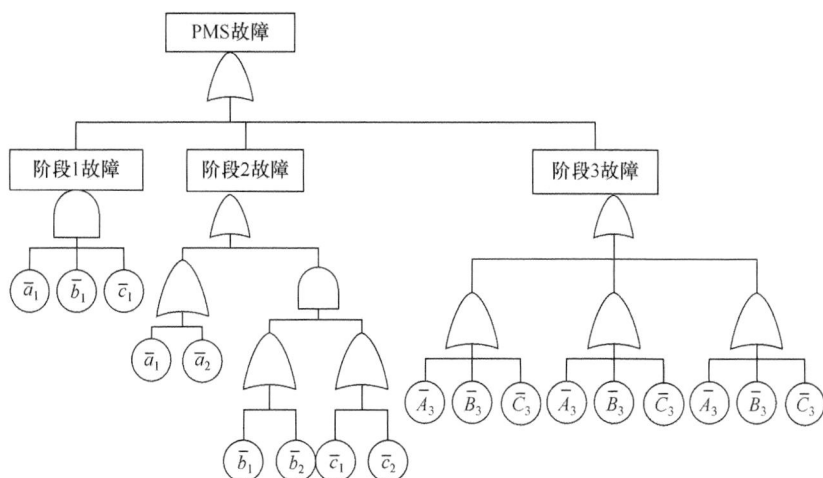

图 7-6　等效微元件系统

（2）PMS 可靠性的布尔代数方法

图 7-7 显示了图 7-6 中 PMS 采用布尔代数方法得到的任务结束时的等效系统。根据元件及其微元件间关系，元件 A 在阶段 j 时的失效函数可以根据式（7-36）中的 $q_{a_i}(t)$ 求得，即

$$F_{A_j}(t) = \begin{cases} q_{a_i}(t), & j=1 \\ \left[1 - \prod\limits_{i=1}^{j-1}(1-q_{a_i}(T_i))\right] + \left[\prod\limits_{i=1}^{j-1}(1-q_{a_i}(T_i))\right] \cdot q_{a_i}(t), & j>1 \end{cases}$$

$$(7\text{-}37)$$

其中，时间 t 从子阶段 j 开始时算起（$0 \leqslant t \leqslant T_j$），$T_j$ 是阶段 j 的持续时间。

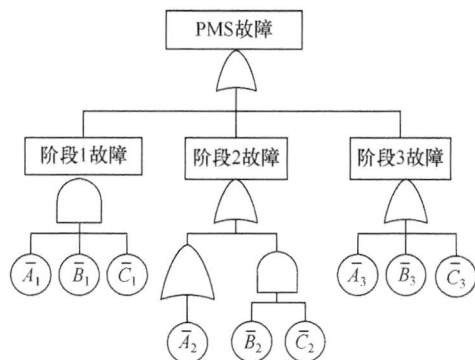

图 7-7　布尔代数方法中的 PMS 举例

当 $j>1$ 时，式（7-37）中加号前面部分表示元件 A 已经在前面阶段（$1,2,\cdots,$

$j-1$)中出现失效的概率,加号后面部分表示元件 A 在阶段 j 中持续时间的概率分布。

由于处在不同阶段的相同元件之间存在依赖性,需要针对包含超过一个 A 的组合项进行特殊处理,其中 $1 \leqslant i \leqslant A$,$m$ 表示 PMS 中阶段的总数。用一组布尔代数规则处理相依性,称为阶段代数规则,如表 7-2 所示。

表 7-2　阶段代数规则($i < j$)

$A_i \cdot A_j \to A_j$	$\overline{A}_i + \overline{A}_j \to \overline{A}_j$
$\overline{A}_i \cdot \overline{A}_j \to \overline{A}_i$	$A_i + A_j \to A_i$
$\overline{A}_i \cdot A_j \to 0$	$A_i + \overline{A}_j \to 1$

阶段代数规则可采用元件和其微元件($A_j = a_1 a_2 \cdots a_j$)之间的关系进行验证。

① $A_i \cdot A_j \to A_i$。此事件"A 在阶段 i 并在随后的阶段 j 中正常工作"与事件"A 在随后的阶段 j 中是正常工作的"是相等的。

$$A_i \cdot A_j = (a_1 \cdot a_2 \cdot \cdots \cdot a_i)(a_1 \cdot a_2 \cdot \cdots \cdot a_j)$$
$$= a_1 \cdot a_2 \cdot \cdots \cdot a_j = A_j \qquad (7\text{-}38)$$

② $\overline{A}_i \cdot \overline{A}_j \to \overline{A}_i$。此事件"$A$ 在阶段并在随后的阶段 i 中是已经发生失效"与事件"A 在阶段 i 中已经发生失效"是相等的。

$$\overline{A}_i \cdot \overline{A}_j = \overline{(a_1 \cdot a_2 \cdot \cdots \cdot a_i)} \, \overline{(a_1 \cdot a_2 \cdot \cdots \cdot a_j)}$$
$$= \overline{a_1 \cdot a_2 \cdot \cdots \cdot a_i} + \overline{a_1 \cdot a_2 \cdot \cdots \cdot a_j} = \overline{a_1 \cdot a_2 \cdot \cdots \cdot a_i} = \overline{A}_i \qquad (7\text{-}39)$$

③ $\overline{A}_i \cdot A_j \to 0$。此事件"$A$ 在阶段 i 中已经发生失效,但在随后的阶段 j 中是正常工作的"在一个不可维修的 PMS 中是不会发生的。

$$\overline{A}_i \cdot A_j = \overline{(a_1 \cdot a_2 \cdot \cdots \cdot a_i)}(a_1 \cdot a_2 \cdot \cdots \cdot a_j)$$
$$= (\overline{a}_1 + \overline{a}_2 + \cdots + \overline{a}_i)(a_1 + a_2 + \cdots + a_j) = 0 \qquad (7\text{-}40)$$

表 7-2 中右边一栏中的三条规则仅仅是左边一栏中规则的补充形式。阶段代数规则不可用于解释 $\overline{A}_i \cdot A_j$ 和 $A_i + \overline{A}_j$ 这两种组合。$A_i + \overline{A}_j$ 表示 A 在阶段 i 结束之前一直是正常工作的,并在阶段 i 结束和阶段 j 结束之间有时会出现失效。$\overline{A}_i \cdot A_j$ 在没有考虑维修的情况下,没有实际意义。这些阶段代数规则仅适用于属于相同元件的变量。

(3) PMS 可靠性的二元决策图方法

基于 BDD 的方法采用阶段代数规则(表 7-2)与启发式变量排序策略相结合,从而生成 PMS 的 BDD 模型。针对处于不同阶段的相同元件的各个变量,可以采用两种类型的排序策略正向和反向,相应的有两种类型的阶段依赖算子(phase dependent operation,PDO)。

① 正向 PDO,即变量的顺序与阶段的顺序相同。例如,对于一个 3 阶段组合系统故障树获得的元变量排序是 $A<B<C$,则前向 PDO 排序为 $A_1<A_2<A_3<B_1<B_2<B_3<C_3<C_2<C_1$。

② 反向 PDO,即变量的顺序与阶段的顺序相反。例如,对于一个 3 阶段组合系统故障树获得的元变量排序是 $A<B<C$,则后向 PDO 排序为 $A_3<A_2<A_1<B_3<B_2<B_1<C_3<C_2<C_1$。

采用反向 PDO 生成的 PMS BDD 中,0 分支始终连接两个隶属于不同元件的变量,而且在生成 BDD 的时候会自动约简,而不需要进行任何额外的操作。因此,在 PMS 分析中比较偏爱反向 PDO。

组合系统故障树结构特征刻画有很多方法,可以直接通过树结构特征参数来刻画,如与或门数目、门的子节点数目等;也可以采用间接的特征参数来刻画,如采用阶段排序之间的"一致性"关系。所谓的一致性指的是任意不同部件 A、B 和不同阶段 i、j,$((A_i<B_i) \land (A_j<B_j))$不允许成立。在一致性定义基础上,可以给出以下阶段排序关系。

① 强一致性。各个阶段排序中包含的元变量集合是相同的,变量的排序一致,如 $A_1<B_1<C_1$,$A_2<B_2<C_2$。

② 弱一致性。各个阶段排序中包含的元变量集合不相同但相交,而且共享变量的排序一致,如 $A_1<C_1$,$A_2<B_2$,$A_3<B_3$。

③ 非一致性。阶段排序不满足一致性,即存在不同部件 A、B 和不同阶段 i、j,$((A_i<B_i) \land (A_j>B_j))$成立。

图 7-7 所示的 PMS 系统,按照前向 PDO 与后向 PDO 可以分别给出相应的 BDD 模型,如图 7-8 所示。其中,前向 PDO 的变量排序为 $A_1<A_2<A_3<B_1<B_2<B_3<C_1<C_2<C_3$,后向 PDO 的变量排序为 $A_3<A_2<A_1<B_3<B_2<B_1<C_3<C_2<C_1$。

2. PMS 可靠性的状态空间类方法

在通常情况下,如果 PMS 的任意一个阶段的失效标准是动态的,则必须为整个 PMS 采用一个状态空间类方法。针对 PMS 的可靠性分析,存在多种不同的基于 Markov 链的方法,但基本思想都是构建一个单一的 Markov 链表示整个 PMS 的失效行为,或者几个 Markov 链,其中每个链表示每个阶段中的失效行为。这些 Markov 模型可一次性解释某一个阶段中的各个元件之间的依赖性,以及某个指定元件的各个阶段的依赖性。对 Markov 链模型进行求解,可以得出系统处于每个状态中的概率。系统的不可靠性可以通过将所有的失效状态概率汇总得出。

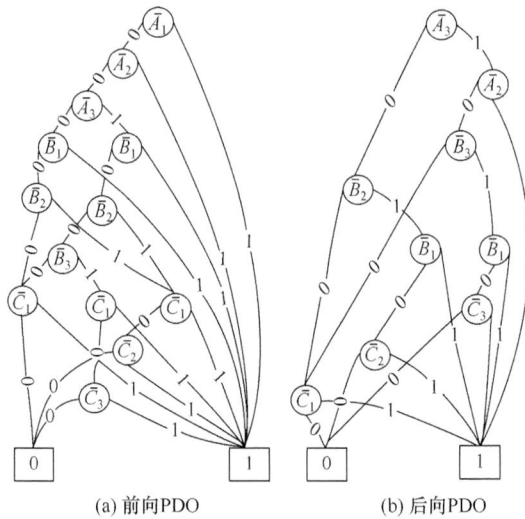

(a) 前向PDO　　　　　　　　　(b) 后向PDO

图 7-8　前向 PDO 和后向 PDO 生成的 BDD 模型

　　下面以图 7-2 所示的 PMS 为例。假设三个元件 A、B 和 C 的失效率分别为 a、b 和 c。图 7-9 列出了采用 SZ 方法形成的整个 PMS 的 Markov 链模型。在 Markov 链示意图中,采用三元组表示一个状态,显示这三个元件情况,"1"表示相应的元件可以正常工作,"0"表示相应的元件已经出现失效。例如,状态(110)表示 A 和 B 是正常工作的,而 C 已经出现失效。随着发生失效元件的失效率变化,会产生从一个状态到另一个状态的过渡。过渡 $h_i(t)$ 表示阶段发生变化时的失效率如图 7-9 所示。

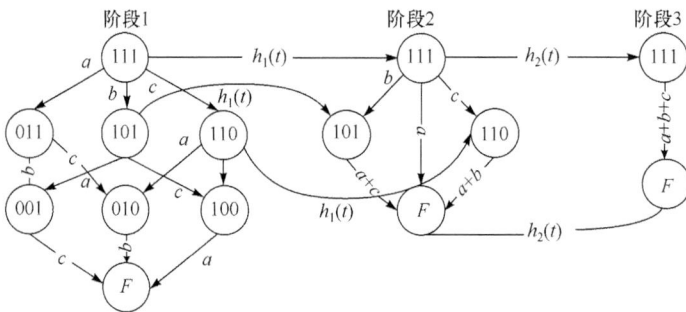

图 7-9　采用 SZ 方法的 Markov 链模型

　　由于该模型包含所有阶段的结构及阶段变更,所以只需要一次性求解。由于一个系统的 Markov 模型中的状态空间是与最差情况下的元件数量呈指数的,这种 SZ 方法需要大量的存储空间及计算时间进行模型求解,因此限制了可用此方法进行分析的系统类型。

　　通过为一个阶段到另一个阶段的过渡时间点提供一个有效的映射过程,可以适应各阶段不同引起的失效标准和系统结构的差异。在分析一个阶段时,只需要考虑与该阶段相关的各种状态。对于图 7-2 中举例的三阶段 PMS,Markov 链如图 7-9 所示。该系统的可靠性或不可靠性可以根据最终阶段的输出计算得出。

　　3. PMS 可靠性的阶段模块方法

　　PMS 分析的传统方法有组合方法和状态空间方法。为了能够利用两种解决方案的优点并克服其缺点,形成一种用于 PMS 可靠性分析的阶段模块故障树方法,此方法有效结合了 BDD 和 Markov 链方法。采用该方法时,首先应识别在整个任务期间维持独立性的元件模块,然后求出每个阶段中各个独立性模块的可靠性。最后,将这些模块并入一个系统级 BDD 中,以便得出系统级的可靠性。下面采用一个简单的 PMS 例子来解释这种阶段模块方法的基本成分/步骤。该案例 PMS 包含 3 个阶段和 8 个元件,如图 7-10 所示。

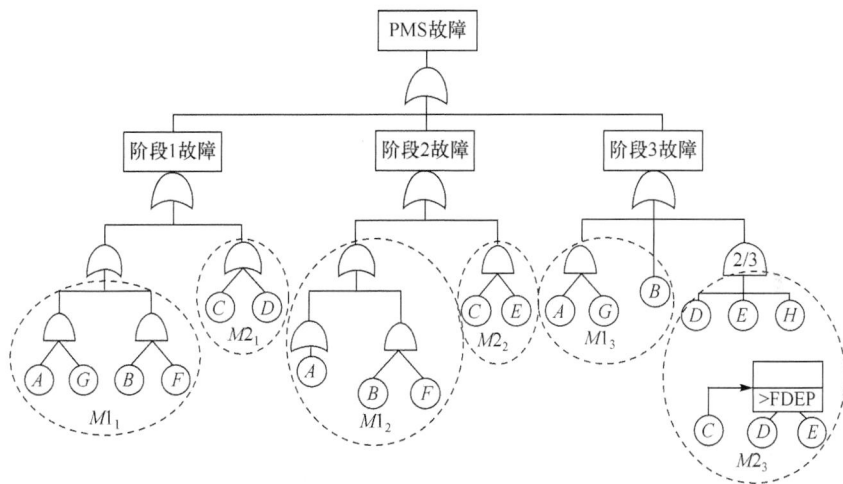

图 7-10　模块化的 PMS 故障树

　　① 每个任务阶段采用一个故障树表示,然后将阶段故障树与一个系统顶事件连接起来。在本例中,PMS 的可靠性便是该任务在所有阶段成功实现其目标的概率,且阶段故障树采用一个“或”门进行连接以便得到整个 PMS 的故障树。

　　② 将每个阶段故障树分成独立的子树/模块。如图 7-10 所示,阶段 1 故障树有两个主模块$\{A、G、B、F\}$和$\{C、D\}$;阶段 2 故障树有两个模块$\{A、B、F\}$和$\{C、E\}$;阶段 3 故障树有三个模块$\{A、G\}$、$\{B\}$和$\{C、D、E、H\}$。

　　③ 将每个阶段模块按静态或动态分类。静态故障树只采用“或”“与”和“N 中取 K”门。动态故障树至少有一个动态门,如“优先与”门、FDEP 门或 CSP/WSP/HSP 门。在图 7-10 中,阶段 1 故障树中的两个模块均是静态的;阶段 2 故障树中

的模块{A、B、F}是静态的,而模块{C、E}是动态的;阶段 3 故障树包含两个静态模块{A,G}和{B},以及一个动态模块{C、D、E、H}。

④ 将每个模块分为下层(无子模块)或上层(有子模块)。在阶段 1 故障树中的模块{C,D}是一个下层模块,而模块{A、G、B、F}是一个上层模块,因为它包含子模块{A、G}和{B、F},这两个子模块采用一个"或"门连接。识别子母模块是很重要的,在求解这些模块的可靠性时需要使用。

⑤ 找出系统级的独立性模块。通过在所有至少在一个元件中出现重叠的阶段模块找出各种元件联合,从而识别此类独立性模块。这里 PMS 故障树包含两个系统级的独立性模块,即{A、G、B、F}和{C、D、E、H}。

⑥ 将每个系统级的模块在各个阶段分为静态或动态。如果一个元件在至少一个任务阶段中被识别为动态的,那么足以证明可将其相应的系统级模块识别为动态的。在 PMS 中,系统级模块{A、G、B、F}是静态的,{C、D、E、H}是动态的。

⑦ 根据相应的系统级模块将阶段模块分组。{A、G、B、F}的元件采用 $M1_i$ 标示,{C、D、E、H}的元件采用 $M2_i$ 标示,其中 i 代表任务阶段。这些便是需要进行求解的模块,从而得出共同阶段模块概率。

⑧ 求得所有系统级模块的共同阶段模块概率。针对所有阶段中均是静态的模块采用 BDD 方法,针对被识别为动态的模块则采用组合 Markov 链方法。因此,应对系统级模块{A、G、B、F}采用 BDD 方法,而对系统级模块{C、D、E、H}必须采用 Markov 链方法。

⑨ 将每个模块作为整个系统的静态故障树的一个底事件,并采用 BDD 方法求解相应的故障树,从而得出基于模块可靠性测量值的整个系统可靠性。

在求解每个模块的可靠性时,应考虑其在前面各个阶段中的行为。例如,为了求得 $M1_2$ 的可靠性,应对 $M1_1$ 和 $M1_2$ 均采用组合 BDD 方法;为了求得 $M2_3$ 的可靠性,应对 $M2_1$、$M2_2$ 和 $M1_2$ 均采用组合 Markov 链方法。

例 7.1　在离子推进系统中,一个典型的推进器组件由一个 PPU(P)、两台离子引擎(A 和 B),以及两个推进阀门(V 和 W)组成,如图 7-11 所示。离子推进系统是一个 PMS,且其元件存在多种故障模式。请分析该推进器组件操作中的前两个阶段的可靠性。

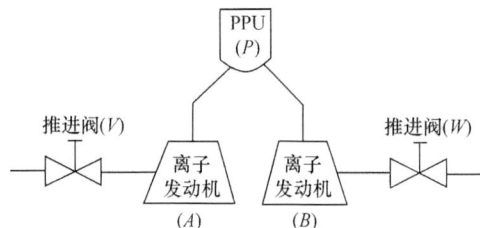

图 7-11　推进器组件示意图

解　在这两个阶段中,推进器组件配置是相同的,但是其元件故障率却不同。PPU 存在三种故障模式,分别为 P_1(故障启动)、P_2(故障运行)和 P_3(故障停机)。每种故障模式均会导致组件的故障。每台引擎有两种故障模式,即 A_1/B_1(故障启动)和 A_2/B_2(故障运行),每种模式会导致离子引擎失效。每个推进器阀门存在三种故障模式,即 V_1/W_1(故障打开)、V_2/W_2(故障关闭)、V_3/W_3(外部泄漏)。某个阀门处于第一种故障模式时,会引发相应的引擎失效,而另外两种模式会导致整个系统的失效。推进器组件的 PMS 故障树模型如图 7-12 所示。

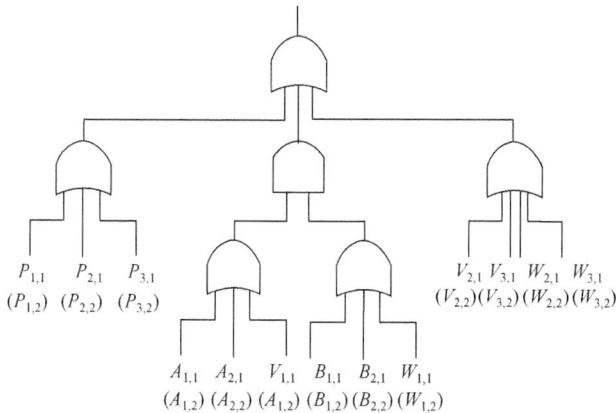

图 7-12　推进器组件的 PMS 故障树模型

这两个阶段故障模式的元件故障率如表 7-3 所示。

表 7-3　元件故障模式的故障率

故障模式	故障率 /(1/h)	
	第一阶段	第二阶段
P_1	1×10^{-4}	2×10^{-4}
P_2	1×10^{-6}	2×10^{-6}
P_3	1×10^{-5}	2×10^{-5}
A_1,B_1	3×10^{-5}	4×10^{-5}
A_2,B_2	2×10^{-5}	3×10^{-5}
V_1,W_1	3×10^{-4}	4×10^{-4}
V_2,W_2	3×10^{-4}	4×10^{-4}
V_3,W_3	5×10^{-5}	6×10^{-5}

第一个阶段中的任务持续时间为 100h,而第二个阶段中的任务持续时间为 50h。图 7-13 显示的是推进器组件系统的 DEP-BDD 模型。第二个阶段结束时,计算得出该组件系统的可靠性为 0.8670619954。

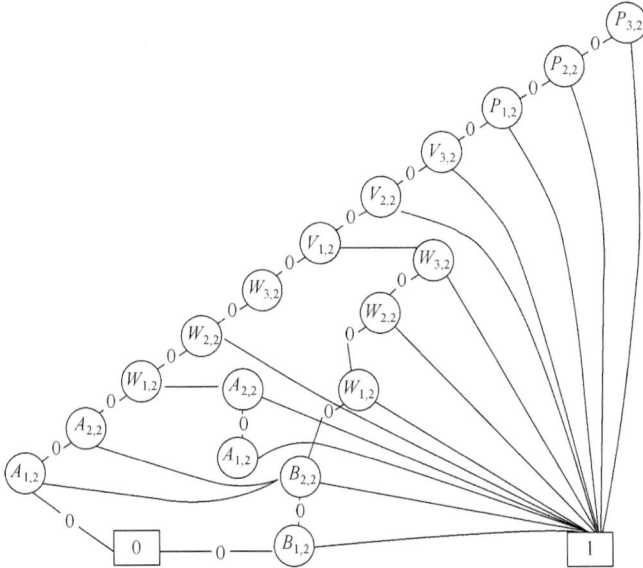

图 7-13 推进器组件系统的 DEP-BDD 模型

7.3 人机系统可靠性

根据系统理论,提高系统可靠性不仅要提高单元、部件、机器的可靠性,而且也要提高操作机器的人的可靠性及人机系统(man-machine system,MMS)的可靠性[64],因此本节重点讨论人机系统的可靠性问题。

7.3.1 基本概念

人机系统是指人与其所控制的机器相互配合、相互制约,并以人为主导而完成规定功能的工作系统。人的可靠性定义是在系统工作的任何阶段,工作者在规定时间里成功地完成规定作业的概率。人员差错(或者失误)是指工作者在给定条件和时间内不能完成规定功能的概率。人机系统的可靠性一般指广义可靠性,既与产品的可靠性、维护性有关,又与人的可靠性有关。

1. 人机系统连接方式

在人机系统中,人机结合方式有串联、并联及串、并联混合等方式。人机系统的可靠性是由该系统人的可靠性和机械的可靠性决定的。设人的可靠度为 R_H，机械的可靠度为 R_M，人机串联系统的可靠度为 R_s，则

$$R_s = R_H \times R_M \tag{7-41}$$

人机系统可靠性如图 7-14 所示，表达了三者之间关系，如果 $R_H = 0.8$，$R_M = 0.9$，那么人机系统的可靠性只有 0.72；如果机器改进的可靠度提高到 0.99，那么人机系统的可靠性 $R_s = 0.79$。由此可见，花费很大的投资单纯改进机器的可靠度是不够的，同时还要提高机器和人的操作可靠度，才能提高系统的整体可靠度。

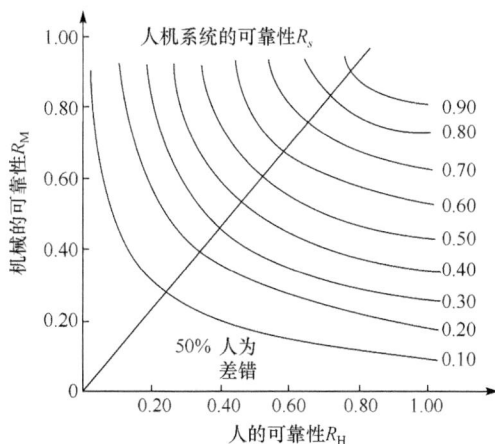

图 7-14　人机系统可靠性

2. 影响人的可靠性因素

当把人作为可靠性研究的主体时，与研究产品的可靠性相比具有很大的不同。产品的可靠性是由产品内在质量和使用环境决定的，而影响人的可靠性的因素则要复杂得多，需要进行综合全面的分析，主要有以下几个方面。

（1）人的自身因素

人的自身因素包括人的生理因素、心理因素和训练因素。这些因素直接影响着人的可靠性。

① 生理因素包括疲劳、厌倦、患病、有伤、酒精或药物滥用等。当人体处于"不适"的生理状态或滥用了一些药物时，就会造成注意力不集中，对事物的判断力减弱，进而造成人为差错的发生。例如，飞机驾驶员在极度疲劳情况下，极易造成飞行事故。

② 心理因素包括认识能力、情感、压力（或忧虑）、意志力、个性倾向等。认识能力是指人的感觉、知觉、记忆、想象、逻辑思维能力等。如果人的认识能力较强，

就会具备良好的判断力,不易造成人为差错。

心理压力是影响人的动作及其可靠性的重要方面,显然人承受过重压力,可能造成人为差错。研究表明,人的工作效率与忧虑或压力之间的关系如图 7-15 所示。

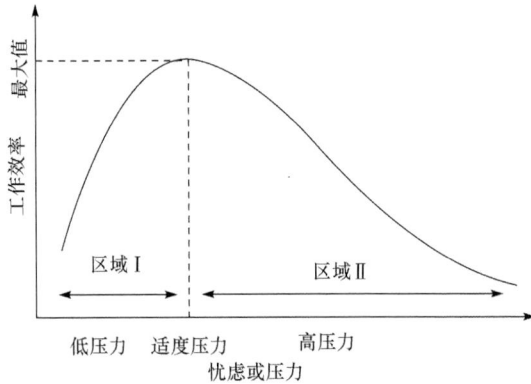

图 7-15　人的工作效率与忧虑或压力的关系

图 7-15 表明,压力并不是消极的,适度的压力是有益的,能使人的效率提高到最佳状态;否则,压力过轻时人会觉得没有挑战、变得迟钝,如区域Ⅰ。承受压力过重,将引起人的工作效率急剧下降,发生人为差错的概率要比其在适度的压力下的工作时要高,如区域Ⅱ。

③ 训练因素包括熟练性、经验性、技巧性等。经过一定时间的训练,可以大幅提高人的可靠性。

(2) 环境因素

环境因素包括工作场所的设计布局、照明、温度、湿度、噪声、振动、粉尘、空间、气味及色彩等。环境因素对人的可靠性影响很大,当人处于一个不良的工作环境时会降低人的可靠性。研究表明,不同色彩对人起着不同的心理作用,如红色在生理上起着增高血压及加快脉搏的效用,心理上起着兴奋作用,适用于一些警示性标志,提醒操作者注意;黄色在生理上近于中性,属于暖色,适于一般工作场所;绿色在生理上起到降低血压和脉搏的作用,心理上起镇静作用,适用于工作休息场所。

(3) 操作对象的设计、使用规程等因素

若操作对象的设计不合理,极易造成人为差错。例如,某航空公司机务维修人员在排除苏制飞机自动驾驶系统的故障过程中,正、负插头操作失误,起飞后不久即空中解体,发生特大飞行事故。这起人为差错除了维修人员未按程序操作,检查人员未按要求进行检验外,还由于该插头安装位置隐蔽,目视检查难度很大,是设计不合理造成的。

(4) 管理方法及规章制度方面的因素

因为管理方法是不断发展变化的,例如现在飞机维修行业普遍应用的可靠性维修管理方法,就是在传统的维修方法中发展起来的。但是,规章制度也是人定的,本身可能就存在缺陷和错误,有时甚至成为造成人为差错的直接原因。

3. 人因差错的表现类型

影响并降低人员可靠性的直接原因是人因差错,导致的后果是人的操作失误,最终后果将是事故的发生。因此,人因差错的表现类型可由人的行为特征来划分。

(1) 意识差错

人的操作由大脑支配,然而人在某种时刻由于某种原因可能意识状态不正常,如神志恍惚、精神过度疲劳,酒后驾车,生气或亢奋状态中的操作等。另外,意识差错也包括由某种原因导致的疏忽造成的失误。

(2) 知觉差错

接到操作指令时或装备反馈时,由于知觉器官对信息的接收产生了失误,导致操作者做了错误的理解和判断,可能产生由于听觉不灵、视觉不清、触觉不明等,即知觉器官失灵而造成输入指令或信息失真引发的失误,如听错指令、读错仪表参数等。

(3) 判断差错

操作中要收到各种信息反馈,经过思维分析判断处理后,才进行控制操作行为,但这种判断或信息处理由于心理或技术水平等原因可能造成判断差错,而导致失误操作。例如,由于对起重机某负荷下的相应起重量不清而造成的超载事故。

(4) 识别差错

工作中操作者对控制系统的杆、键、钮等发生辨识错误或未经识别就进行习惯性动作而造成的失误。

(5) 时间差错

操作中由于对操作时间掌握不准,未适时按预定程序或正确的循环操作,超前或滞后而贻误时机及对某些突发事件或情况反应迟缓,处理不及时等均属时间差错。

(6) 次序差错

具体操作行为中违反了操作程序、打乱或破坏了工作应遵循的程序或操作次序不合理。

(7) 力度差错

操作力量不适合,动作过快、过猛或不足,如起重吊装作业中,回转、提升速度过快造成惯性力过大,吊钩摆动引起钢丝绳断裂或悬吊的物体坠落。此外,手脚动作的惯性和干扰造成的失误也属于力度差错。

(8) 违章操作

为抢工期或迫于某种压力(如上级、指挥者等)而故意违章作业并存在侥幸心理,全然不顾设备能力和实际情况或马虎大意,粗暴操作而造成的事故。

4. 人因差错的概率估计

人因差错的概率是对人的动作概率的基本度量。人因差错概率定义为

$$R_{he} = \frac{E_n}{O_{pe}} \tag{7-42}$$

其中,O_{pe} 为发生错误机会的总次数,E_n 为已知给定类型错误的总次数,R_{he} 为在完成规定任务时人因差错发生概率(不可靠度)。

根据研究得出某些操作条件下的 R_{he},如表 7-4 所示。

表 7-4　某些操作的人因差错概率的估计

序号	操作任务	人因差错概率
1	图表记录仪读数	0.006
2	模拟仪读数	0.003
3	读图	0.01
4	不正确地理解指示灯指示	0.001
5	在紧张情况下将控制转向错误的方向	0.5
6	正确使用机器操作清单	0.5
7	与一连接器相匹配	0.01
8	从很多相似的控制板中选错了控制板	0.003

7.3.2　人机系统可靠性分析

1. 人机系统常见零部件的故障率与可靠度

通过上述论述可知,人的操作故障受多种因素的影响,综合起来可归结为五种情况。

① 忘记做某项工作,做错了某项工作。

② 采取了不应采取的工作步骤。

③ 没按规程完成某项工作。

④ 没在预定时间内完成某项工作。

⑤ 环境的不良导致操作错误。

为了对人的失误有一个定量的描述,1961 年 Swain 和 Rock 提出人的失误率预测法(THERP),这种方法的分析步骤如下。

① 调查操作者的步骤。

② 把整个程序分成各个操作步骤。

③ 把操作步骤再分成单个动作。

④ 根据经验或实验得出每个动作的可靠度(表 7-5)。

⑤ 求出各个动作的可靠度之积,得到每个操作步骤的可靠度。

⑥ 求出各操作步骤可靠度之积,得到整个程序的可靠度。

⑦ 求出整个程序的不可靠度,便得到故障树(FTA)所需要的失误概率。

表 7-5 行为可靠度

行为类型	可靠度	行为类型	可靠度
阅读技术说明书	0.9978	分析锈蚀和腐蚀	0.9963
读取时间(扫描记录仪)	0.9921	安装 O 形环状物	0.9965
读电流计或流量计分析	0.9945	阅读记录	0.9966
电压和电平	0.9957	读压力计	0.9969
确定多位置电气开关的位置	0.9955	分析老化和防护罩	0.9969
在位置上标注符号	0.9958	固定螺母、螺钉和销子	0.9970
安装安全锁具	0.9961	使用垫圈胶合剂	0.9971
分析真空管失真	0.9961	连接电缆(安装螺钉)	0.9972
安装鱼形夹	0.9961	分析凹陷、裂纹和划伤	0.9967
安装垫圈	0.9962		

就某一行为动作而言,人体的基本可靠度 R 可表示为

$$R = R_1 R_2 R_3 \tag{7-43}$$

其中,R_1 为与输入有关的可靠度,如声、光信号传入人的耳、眼等器官;R_2 为与判断有关的可靠度,如信号传入大脑,并进行判断;R_3 为与输出有关的可靠度,如根据判断作出反应。

一般 R_1、R_2 和 R_3 参考值如表 7-6 所示。

表 7-6　R_1、R_2 和 R_3 参考值

类别	影响因素	R_1	R_2	R_3
简单	变量不超过十个,人机工程学上考虑全面变量	0.9995～0.9999	0.9990	0.9995～0.9999
一般	变量超过十个,人机工程学上考虑全面	0.9990～0.9995	0.9950	0.9990～0.9995
复杂	变量超过十个,人机工程学上考虑不全面	0.9900～0.9990	0.9900	0.9900～0.9990

考虑到人的行为动作还受其他因素影响,由可靠度计算的不可靠度(失误概率)为

$$q=k(1-R) \tag{7-44}$$

其中,$k=abcde$,a 为作业时间系数,b 为操作频率系数,c 为危险状况系数,d 为心理、生理条件系数,e 为环境条件系数,如表 7-7 所示。

表 7-7　a、b、c、d、e 取值范围

符号	项目	内容	取值范围
a	作业时间	有充足富余的时间	1.0
		没有充足富余的时间	1.0～3.0
		完全没有富余的时间	3.0～10.0
b	操作频率	频率适当	1.0
		连续操作	1.0～3.0
		很少操作	3.0～10.0
c	危险状况	即使错误也安全	1.0
		误操作时危险很大	1.0～3.0
		误操作时有产生重大灾害的危险	3.0～10.0
d	心理、生理条件	教育、训练、健康状况、疲劳、愿望等综合条件好	1.0
		综合条件不好	1.0～3.0
		综合条件很差	3.0～10.0
e	环境条件	综合条件较好	1.0
		综合条件不好	1.0～3.0
		综合条件很差	3.0～10.0

在目前情况下,可以通过系统长期的运行经验和查表得到系统运行过程粗略估计的平均故障间隔期,在认为机械的失效遵守指数分布的前提条件下,平均故障间隔期倒数就是所观测对象的故障率。例如,某元件现场使用条件下的平均故障间隔期为4000h,则其故障率为 $2.5\times10^{-4}/h$。

系统运行是周期性的,将该系统的周期转化为小时。具体地,机械故障(失效)率数据如表 7-8 所示。

表 7-8　机械故障(失效)率数据

项目		故障率/h	
		观测值	建议值
机械杠杆、链条、托架等		$10^{-6} \sim 10^{-9}$	10^{-6}
电阻、电容、线圈等		$10^{-6} \sim 10^{-9}$	10^{-6}
固体晶体管、半导体		$10^{-6} \sim 10^{-9}$	10^{-6}
焊接		$10^{-7} \sim 10^{-9}$	10^{-8}
电气连接	螺栓连接	$10^{-4} \sim 10^{-6}$	10^{-5}
	电子管	$10^{-4} \sim 10^{-6}$	10^{-5}
	热电偶	—	10^{-6}
	三角皮带	$10^{-4} \sim 10^{-5}$	10^{-4}
	摩擦制动器	$10^{-4} \sim 10^{-5}$	10^{-4}
管路	焊接连接破裂	—	10^{-9}
	法兰连接爆裂	—	10^{-7}
	螺口连接破裂	—	10^{-5}
	由于膨胀连接破裂	—	10^{-5}
	冷容器破裂	—	10^{-9}
	电(气)动调节阀等	$10^{-4} \sim 10^{-7}$	10^{-5}
	继电器、开关等	$10^{-4} \sim 10^{-6}$	10^{-5}
	断路器(自动防止故障)	$10^{-5} \sim 10^{-6}$	10^{-5}
	配电变压器	$10^{-5} \sim 10^{-8}$	10^{-5}
	安全阀(自动防止故障)	—	10^{-6}
	安全阀(每次过压)	—	10^{-4}
	仪表传感器	$10^{-4} \sim 10^{-7}$	10^{-5}
仪表指示器、记录器、控制器等	气动	$10^{-3} \sim 10^{-5}$	10^{-4}
	电动	$10^{-4} \sim 10^{-6}$	10^{-5}
	人对重复刺激响应的失误	$10^{-2} \sim 10^{-3}$	10^{-2}
	离心泵、压缩机、循环机	$10^{-3} \sim 10^{-6}$	10^{-4}
	蒸汽透平	$10^{-3} \sim 10^{-6}$	10^{-4}
	往复泵、比例泵	$10^{-3} \sim 10^{-6}$	10^{-4}
	内燃机(汽油机)	$10^{-3} \sim 10^{-5}$	10^{-5}
	内燃机(柴油机)	$10^{-3} \sim 10^{-4}$	10^{-4}

2. 人机系统可靠度的计算

要求人机系统的可靠度,首先要搞清楚人机之间作业连接方式。人的作业方式可分为两种情况,一种是连续作业,另一种是间歇性作业。二者可靠度的确定方法如下。

(1) 连续作业操作可靠度

在作业时间内连续进行监视和操纵的作业称为连续作业。例如,汽车司机连续观察线路,并连续操作方向盘,控制人员连续观测仪表,并连续调节流量等。连续性操作可靠度一般用指数分布求得,即

$$R(t) = \exp\left[-\int_0^t \lambda(t)\mathrm{d}t\right] \tag{7-45}$$

其中,$R(t)$ 为连续性操作人的可靠度,t 为连续工作时间,$\lambda(t)$ 为 t 时间内人的失效率。

(2) 间歇性作业操作可靠度

在作业时间内不连续地观察和作业,称为间歇性作业。例如,汽车司机观察汽车上的仪表、换挡、制动等,起重机械人员观察吊具、建筑物、换挡和制动等动作。对间歇性作业一般采用失败动作的次数来描述可靠度,即

$$R_\mathrm{H} = 1 - p\left(\frac{n}{N}\right) \tag{7-46}$$

其中,R_H 为间歇性操作人的可靠度,N 为总动作次数,n 为失败动作次数,p 为概率符号。

(3) 人的作业可靠度

考虑外部环境因素人的可靠度,即

$$R_\mathrm{H} = 1 - abcde(1-R) \tag{7-47}$$

(4) 人机系统联合可靠度

关于人机系统联合形式有串联形式和冗余人机形式两种。串联形式,即人机之间组成串联系统结构形式,其可靠度可以表示为

$$R = R_\mathrm{H} R_\mathrm{M} \tag{7-48}$$

其中,R 为人机系统可靠度,R_H 为人的操作可靠度,R_M 为机器设备可靠度。

另外一种形式是冗余人机系统。为了提高人机系统的可靠性,可以采用两个人进行操作,增加系统的冗余度,如表 7-9 所示。这也是一种提高人机系统可靠性的有效方法。

表 7-9　冗余人机系统

名称	框图	人机系统可靠性计算公式
串联系统	人 R_H ── 机器 R_M	$R_{S1}=R_H R_M$
并联冗余式	人A R_H / 人B R_H ── 机器 R_M	$R_{S2}=[1-(1-R_{HA})(1-R_{HB})]R_M$ 两人操作可提高系统可靠性,但由于相互依赖也可能降低可靠性
待机冗余式	机器自动化 R_{MA} / 人 R_H ── 机器 R_M	$R_{S3}=1-(1-R_M R_H)(1-R_{MA})$ 人在自动化系统发生误差时进行修正
监督校核式	人 R_H / 监督者 R_H ── 机器 R_{MB} ── 机器 R_{MA}	$R_{S4}=[1-(1-R_{MB}R_H)(1-R_H)]R_{MA}$ 将并联冗余其中的一个人换成监督者的位置,人与监督者关系如同待机冗余式

7.3.3　人机系统可靠性设计

1. 设计原则

对人机系统进行设计,需要遵循以下基本原则。

(1) 系统的整体可靠性原则

从人机系统的整体可靠性出发,合理确定人与机器的功能分配,从而设计出经济可靠的人机系统。一般情况下,机器的可靠性高于人的可靠性,实现生产的机械化和自动化,就可将人从机器的危险点和危险环境中解脱出来,从根本上提高人机系统的可靠性。

(2) 高可靠性组成单元要素原则

系统要采用经过检验的、高可靠性单元要素来进行设计。

(3) 具有安全系数的设计原则

由于负荷条件和环境因素随时间而变化,所以可靠性也是随时间变化的函数,并且随时间的增加,可靠性在降低。因此,设计的可靠性和有关参数应具有一定的安全系数。

(4) 高可靠度结构组合方式原则

为提高可靠性,宜采用冗余设计、故障安全装置、自动保险装置等高可靠度结构组合方式。

① 自动保险装置。自动保险就是即使是不懂业务的外行人或不熟练的人进行操作,也能保证安全,不受伤害或不出故障。这是机器设备设计和装置设计的根本性指导思想,是本质安全化追求的目标。要通过不断完善结构,尽可能地接近这个目标。

② 故障安全结构。故障安全就是即使个别零部件发生故障或失效,系统性能仍不变,仍能可靠工作。从系统控制的功能方面看,故障安全结构有以下几种。

第一,消极被动式。组成单元发生故障时,机器变为停止状态。

第二,积极主动式。组成单元发生故障时,机器一面报警,一面还能短时运转。

第三,运行操作式。即使组成单元发生故障,机器也能运行到下次的定期检查。

通常在产业系统中,大多为消极被动式结构。

(5) 标准化原则

为减少故障环节,应尽可能简化结构,采用标准化结构和方式。

(6) 高维修度原则

为便于检修故障,且在发生故障时易于快速修复,同时为考虑经济性和备用方便,应采用零件标准化、部件通用化、设备系列化的产品。

(7) 事先进行试验和进行评价的原则

对于缺乏实践考验和实用经验的材料和方法,必须事先进行试验和科学评价,然后再根据其可靠性和安全性选用。

(8) 预测和预防的原则

要事先对系统及其组成要素的可靠性和安全性进行预测。对已发现的问题加以必要改善,对易于发生故障或事故的薄弱环节和部位也要事先制定预防措施和应变措施。

(9) 人机工程学原则

从正确处理人-机-环境的合理关系出发,采用人类易于使用,并且差错较少的方式。

(10) 技术经济性原则

不仅要考虑可靠性和安全性,还必须考虑系统的质量因素和输出功能指标,包括技术功能和经济成本。

最后还有些其他原则,如审查原则,整理准备资料和交流信息原则、信息反馈原则等。

2. 可靠性增长方法

通过分析影响人机的可靠性因素,主要应从机器本身技术和人员管理两方面提高人机系统的可靠性。

（1）基于人的视觉

① 加强专业技术培训,提高员工的综合素质,是提高人的可靠性的根本环节。通过专业技术培训,使员工有能力无差错地完成自己的工作。

② 加强人员管理、改善工作条件、创造良好的生活环境,解决实际困难,把可靠性理论应用于人员管理,建立个人可靠性档案。改善员工的工作条件,把工作环境中的温度、照明、雨水、噪声对员工可靠性的影响减小到最低。

③ 让员工了解工作对象的设计、制造缺陷,即可靠性情况,可以选择可靠性高且具有本质安全设计、维修性设计的产品,把使用信息反馈给生产厂家,促使他们改进设计和制造工艺,减少缺陷,提高可靠性。

④ 要适合于人的生理要求,要充分考虑操作者对操作技术的熟练程度。在确定系统的性能指标时,一方面要考虑人的主观能动性,另一方面要顾及人的固有局限性。

（2）基于机的视觉

一种是通过筛选排除不合格的元器件和工艺、材料等缺陷,另一种是通过改进实际达到本质安全性。

① 将系统的复杂程度降到最低限度。

② 提高系统中元器件、零部件的可靠性。

③ 采用贮备系统,即用一个或多个贮备部件。

④ 降额使用。

⑤ 及时替换快到损耗期的元器件或部件。

7.4　本章小结

本章针对一些面向系统过程的相关可靠性问题,对面向贮存环境过程的贮存可靠性、面向全任务的多阶段多任务系统的可靠性(PMS)和人为因素与机器协调下的人机系统可靠性等内容展开研究探索,如贮存可靠性的评估方法、加速贮存方程、PMS可靠性分析方法、人机系统可靠性分析与设计等,并结合相关案例分析,增进读者对书中方法的学习与掌握。

习题及思考题

1. 简述贮存可靠性的定义及内涵。
2. 简述多阶段任务系统的定义及内涵。
3. 简述多阶段任务系统问题的处理难点。
4. 影响人的可靠性因素包括哪些?
5. 人机系统连接方式有哪几种?
6. 人因差错的表现类型包括哪些?
7. 详述人机系统的可靠性设计原则。

第 8 章　可靠性预计与分配

可靠性预计与分配是一个工程决策问题,是人力、物力的统一调度和合理运用的问题,需要考虑技术水平、复杂程度、重要程度、工作环境、生产费用、产品重量等因素,其分配与预计是逐步逼近真实水平的一个过程。可靠度预计是根据组成系统的元件、部件的可靠度来估计的,是自上而下的一种系统综合过程(元器件/零部件-组件-系统)。可靠性分配是指在可靠度预计的基础上,通过初步论证确定可靠度指标合理地分配给系统的各组成部分(系统-组件-元器件)[65]。

本章将给出可靠性预计的一些经典理论与方法,介绍整机系统可靠性向低级系统或部件分配的一些基本理论和方法,为科研和工程设计人员提供基本参考。

8.1　可靠性预计方法

可靠性预计是根据系统的可靠性框图和使用环境,采用试验或现场使用获得的系统元器件可靠性数据,预测产品在规定的使用环境条件可能达到的可靠性,预计本身并不能提高产品的可靠性,但提供了系统各功能之间可靠性相对量度,可以用来作为设计决策的依据。

8.1.1　相似产品法

相似产品法适用于研制初期的方案设计阶段,是将正在研制的产品与一个相似的成熟产品比较。把与新设备最相似的老设备作为新设备可靠性预计的依据,利用其被确定的可靠性对新产品进行预计,是一种简便、快捷的方法。所谓相似性可以从以下方面进行比较。

① 产品的结构和性能比较。

② 设计的相似性。

③ 制造的相似性。

④ 产品寿命剖面的相似性(包括后勤、工作和环境的剖面等)。

⑤ 程序和计划的相似性。

⑥ 已达到的可靠性的证实。

采用相似产品法,成熟产品的可靠性数据越周全,产品的相似程度越高,预计的准确度越好。采用相似产品法,产品的失效率为

$$\lambda_{\text{新}} = k\lambda_{\text{旧}} \tag{8-1}$$
$$\text{MTBF} = 1/\lambda$$

其中,修正系数 $k = k_1 k_2 k_3 k_4$,k_1 为原材料的差异系数,k_2 为设计结构差异系数,k_3 为工艺制造差异系数,k_4 为使用环境条件差异系数。系数的确定可以对比仿制或改型的类似国内外产品在这几个方面的差异,通过专家综合权衡后以评分的形式给出。式(8-1)在应用中可以根据实际情况对修正系数进行增补或删除。

8.1.2　元器件计数法

元器件计数法适用于电子设备的方案论证及初步设计阶段。该方法是根据产品中各种元器件的种类和数量,以及各种元器件的基本失效率、元器件的质量等级及设备的应用环境类别来估算产品可靠性的一种方法。其基本原理是对元器件通用失效率的修正。

计算步骤是先计算出系统中各种型号和各种类型的元器件数目,然后再乘以相应型号或相应类型元器件的通用故障率,最后把各乘积累加起来,即可得到部件、系统的故障率。

通用公式为

$$\lambda_s = \sum_{i=1}^{n} N_i (\lambda_{Gi} \times \pi_{Qi}) \tag{8-2}$$

其中,λ_s 为系统总的故障率(h^{-1}),λ_{Gi} 为第 i 种元器件的通用故障率(h^{-1}),π_{Qi} 为第 i 种元器件的通用质量系数,N_i 为第 i 种元器件的数量,n 为系统所用元器件的种类数目。

例 8.1　某一电子设备由 5 类元器件组成,各元器件有关数据如表 8-1 所列。该电子设备中任一元器件失效均导致电子设备失效,各元器件失效率均为指数分布,试应用元器件计数法进行可靠性预测。

表 8-1　某电子设备各类元器件数据

种类	A	B	C	D	E
数量	1	16	200	300	50
通用失效率/($\times 10^{-6}$/h)	100	5	20	1.5	1
通用质量系数	1	1	1	1	1

解　各类元件的质量系数为

$$\pi_{Qi} = 1, \quad i = 1, 2, \cdots, 5$$

$$\lambda_{设备} = \sum_{i=1}^{5} N_i (\lambda_G \pi_Q)_i = N_1 (\lambda_G \pi_Q)_1 + \cdots + N_5 (\lambda_G \pi_Q)_5$$
$$= (100 + 16 \times 5 + 200 \times 20 + 300 \times 1.5 + 50) \times 10^{-6}$$
$$= 4.68 \times 10^{-3} \, \text{h}^{-1}$$

$$\text{MTBF} = 1/4.68 \times 10^{-3} = 213.7 \text{h}$$

8.1.3　应力分析法

基于概率统计的应力分析法适用于产品详细设计阶段的电子元器件故障率预计。对某种电子元器件在实验室的标准应力与环境条件下，通过大量试验，并对其结果统计而得出该种元器件的故障率，称为基本故障率。

不同类别的元器件工作故障率计算模型不同。例如，《电子设备可靠性预计手册》(GJB/Z 299C-2006)中普通电子管的失效率预计模型为

$$\lambda_p = \lambda_b (\pi_E \pi_Q \pi_L) \tag{8-3}$$

其中，λ_p 为工作失效率；λ_b 为基本失效率；π_E 为环境系数；π_Q 为质量系数；π_L 为成熟系数。

例 8.2　已知按《半导体集成电路总规范》(GJB 597A—1996)的筛选要求进行筛选的质量等级为 B2 的 MOS 型 16 位微处理器，含晶体管数约 50 万个，有 40 个引出端的陶瓷扁平封装，用于平稳地面移动，是成熟产品，其实际工作电压 $V_s = 5\text{V}$，$P = 1.5\text{W}$，计算其工作失效率。

解　① 使用 GJB/Z 299C 查其表 5.2.2-1，得失效率模型为

$$\lambda_P = \pi_Q [C_1 \pi_T \pi_V + (C_2 + C_3) \pi_E] \pi_L$$

② 按《半导体集成电路总规范》(GJB 597A—1996) 的筛选要求进行筛选的质量等级为 B_2，查 GJB/Z 299C 中表 5.2.2-3，得质量等级应为 B_1，即质量系数 $\pi_Q = 0.5$。

③ 环境类别为平稳地面移动，按照 GJB/Z 299C 的分类为 GM$_1$ 类，查 GJB/Z 299C 中表 5.2.2-2，得其环境系数 $\pi_E = 6.3$。

④ 成熟产品，查 GJB/Z 299C 中表 5.2.2-4，得成熟系数 $\pi_L = 1.0$。

⑤ 查 GJB/Z 299C 中表 5.2.2-5a 和 5.2.2-5b 及 $T_j = T_c + PR_{\text{th}(j-c)}$，计算得 $T_j = 93$，从而查表 5.2.2-10 得温度系数 $\pi_T = 5.32$。

⑥ 查 GJB/Z 299C 中表 5.2.2-14，得电压应力系数 $\pi_V = 1.0$。

⑦ 查 GJB/Z 299C 中表 5.2.2-21，得电路复杂度失效率 $C_1 = 3.7228$，$C_2 = 0.1841$。

⑧ 查 GJB/Z 299C 中表 5.2.2-31，得封装复杂度 $C_3 = 0.4251$。

⑨ 计算工作失效率,得 $\lambda_P = \pi_Q[C_1\pi_T\pi_V+(C_2+C_3)\pi_E]\pi_L = 1.1822\times10^{-6}/h$。

8.1.4　故障率预计法

故障率预计法主要用于非电子产品可靠性预计,其原理与应力分析法相似,都是对基本故障率的修正以获得产品实际的故障率,即工作故障率。因此,该法也可用于电子产品可靠性预计。

基本故障率指的是实验室常温条件测得的故障率。对于非电子产品可考虑降额因子 D 和环境因子 K 对 λ 的影响,非电子产品工作故障率为

$$\lambda = \lambda_b KD \tag{8-4}$$

其中,λ 为工作故障率(h^{-1}),λ_b 为基本故障率(h^{-1}),D 为降额因子,K 为环境因子。

D 和 K 取值由工程经验确定,目前尚无正式数据手册可供查阅,但是 K 值可暂参考《电子设备可靠性预计手册》(GJB/Z 299C—2006)中所列的各种环境系数 π_E。

例 8.3　用故障率法预计某液压操作系统各单元的可靠性。系统单元组成及故障率数据如表 8-2 所示。

解　① 根据相关统计资料获得单元基本故障率,如表 8-2 所示。

② 根据系统的使用环境确定各单元的环境因子 K_i。

③ 根据各单元的实际应力情况,确定降额因子 D_i。

④ 根据式(8-4)计算得各单元工作故障率,如表 8-2 所示。

表 8-2　系统各单元及故障率单元

单元名称	K_i	D_i	基本故障率/($\times10^{-6}$/h)	工作故障率/($\times10^{-6}$/h)
液压油箱	1.5	1.0	34.0	51.0
节流阀	1.5	0.9	10.0	13.5
泵	2.0	0.7	1070.0	1498.0
快卸接头	1.5	1.0	80.0	120.0
止回阀	1.5	0.9	23.0	31.05
油滤	1.5	0.9	52.0	70.2
蓄压器	1.5	1.0	113.0	169.5
联轴节	2.0	0.8	120.0	192.0
伺服阀	1.5	0.8	300.0	360.0
作动筒	1.5	1.0	180.0	270.0

8.1.5　评分预计法

1. 评分预计法的基本思想

评分预计法用于各类产品的初步设计阶段和详细设计阶段。该方法是在产品可靠性数据十分缺乏,但可以得到个别产品可靠性数据的条件下,通过有经验的设计人员及专家进行评分,然后综合分析获得系统可靠度的方法。设计人员或专家针对影响系统可靠性的主要因素进行打分,通常考虑的主要因素包括系统的复杂程度、技术水平、工作时间和环境条件,由于系统各异,各因素可能存在差异,可根据系统实际情况进行增减。由于预计结果受人为主观因素影响较大,需尽可能多请几位设计人员及专家进行打分,以保证评分的客观性。

2. 评分原则

以产品故障率为预计参数说明评分原则,各种因素评分值范围为 1~10,评分越高,说明可靠性越差。评分原则如下。

① 复杂程度。根据组成系统的单元元部件数量及其组装的难易程度来评定,最简单的评为 1 分,最复杂的为 10 分。

② 技术水平。根据单元目前的技术水平的成熟程度来评定,水平最高的给 1 分,水平最低的给 10 分。

③ 工作时间。根据单元工作的时间来评定。应用此方法预计是以系统工作时间为基准的,如果单元工作时间和系统工作时间相同,评为 10 分,而工作时间最短的评为 1 分。需要注意的是,如果系统中所有单元故障率以单元自身工作时间为基准,则不考虑此因素。

④ 环境条件。根据单元所处的环境来评定,如果单元在极其恶劣和严酷的环境条件工作则评 10 分,环境条件最好则评为 1 分。

3. 评分预计法计算步骤

① 设计人员及专家打分后,求 ω_i,即

$$\omega_i = \prod_{j=1}^{4} r_{ij} \tag{8-5}$$

其中,ω_i 为第 i 个单元评分数,r_{ij} 为第 i 个单元第 j 个因素的评分数。

此处,假设系统由 i 个单元组成,考虑四个影响可靠性的主要因素。

② 求评分系数 C_i,即

$$C_i = \omega_i / \omega^* \tag{8-6}$$

其中,ω^* 为故障率已知的单元评分数。

③ 求单元故障率 λ_i,即

$$\lambda_i = \lambda^* C_i \tag{8-7}$$

其中,λ_i 为待求的某单元的故障率(h^{-1}),λ^* 为已知的某单元的故障率(h^{-1})。

例 8.4 某飞行器由动力装置、控制装置、机体等单元组成。若已知动力装置故障率 $85.4 \times 10^{-6}/\text{h}$,试用评分法求其他单元的故障率。预计可用表格进行,如表 8-3 所示。

表 8-3　某飞行器的故障率预计评分表

序号	单元名称	复杂程度 r_{i1}	技术水平 r_{i2}	环境条件 r_{i3}	环境条件 r_{i4}	各单元评分数 ω_i	各单元评分系数 $C_i = \omega_i/\omega^*$	单元故障率 /($\times 10^{-6}/\text{h}$) $\lambda_i = \lambda^* C_i$
1	动力装置	8	6	10	10	4800	1.0	85.4
2	控制装置	8	8	10	7	4480	0.93	79.4
3	机体	4	2	10	8	640	0.13	11.1
4	辅助装置	6	5	2	5	300	0.0625	5.34

8.1.6　上下限法

系统可靠性预计在单元可靠性预计基础上进行,常用的系统可靠性预计方法通常有数学模型法、上下限法和蒙特卡罗法等。上下限方法适用于多种目的和阶段工作的系统可靠性预计,且便于用计算机求解。该法在复杂系统,例如"阿波罗"号宇宙飞船中已经得到成功的应用。

1. 上下限法的基本思想

对于复杂系统,采用数学模型很难得到可靠性函数表达式。此时,不采用直接推导的办法,而是忽略某些次要因素,用近似的数值来逼近系统可靠度真值,这就是上下限法的基本思想,如图 8-1 所示。

若用 $R_{\text{上限}}^{(m)}$ 代表第 m 次简化的系统可靠度上限值,$R_{\text{下限}}^{(n)}$ 代表第 n 次简化的系统可靠度的下限值,则图 8-1 中 $R_{\text{上限}}^{(1)}$ 和 $R_{\text{上限}}^{(2)}$ 分别代表第一次和第二次简化的系统可靠度上限值,$R_{\text{下限}}^{(1)}$、$R_{\text{下限}}^{(2)}$ 和 $R_{\text{下限}}^{(3)}$ 分别代表第一次、第二次和第三次简化的系统可靠度下限值。由于每次简化都是在前一次简化的基础上进行,因此选定的 m 值和 n 值越大,得出的系统可靠度上限值和下限值就越逼近其可靠度真值。

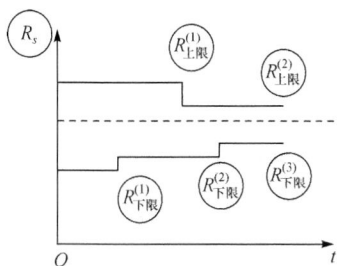

图 8-1　上下限法的图解表示

2. 上下限法的计算方法

运用上下限法分三个步骤进行,即计算系统的可靠度上限值、下限值,及上下限的综合值。

设有一个系统,它的可靠性框图由 k_1 个串联单元和 k_2 个非串联单元组成,各单元的可靠度为 $R_i(i=1,2,\cdots,k_1+k_2)$,则其不可靠度(失效概率)为 $q_i=1-R_i$。

(1) 计算系统的可靠度上限

第 m 次简化后系统的可靠度上限值为

$$R_{上限}^{(m)}=R_{下限}^{(1)}-Q_{上限}^{(2)}-Q_{上限}^{(3)}-\cdots-Q_{上限}^{(m)} \tag{8-8}$$

其中,$R_{上限}^{(1)}$ 第一次假设简化后计算的可靠性上限值,即假设系统非串联部分可靠度为 1 时,系统的可靠度,其表达式为

$$R_{上限}^{(1)}=\prod_{i=1}^{k_1}R_i \tag{8-9}$$

$Q_{上限}^{(2)}$ 为系统串联单元可靠性确定的情况下,在实际系统的非串联单元中任何 2 个单元同时失效引起系统失效的概率,设该种组合有 n_2 种,则

$$Q_{上限}^{(2)}=\prod_{i=1}^{k_1}R_i\prod_{j=1}^{k_2}R_j\Big(\sum_{j,k=1}^{n_2}\frac{q_jq_k}{R_jR_k}\Big) \tag{8-10}$$

$Q_{上限}^{(3)}$ 为系统串联单元可靠性确定的情况下,在实际系统中非串联单元中任何三个单元同时失效引起系统失效的概率,设该种组合有 n_3 种,则

$$Q_{上限}^{(3)}=\prod_{i=1}^{k_1}R_i\prod_{j=1}^{k_2}R_j\Big(\sum_{j,k,n=1}^{n_3}\frac{q_jq_kq_n}{R_jR_kR_n}\Big) \tag{8-11}$$

$Q_{上限}^{(m)}$ 为系统串联单元可靠性确定的情况下,在实际系统中非串联单元中任何 m 个单元同时失效引起系统失效的概率,设该种组合有 n_m 种,则

$$Q_{\text{上限}}^{(m)} = \prod_{i=1}^{k_1} R_i \prod_{j=1}^{k_2} R_j \Big(\sum_{j,k,\cdots,m=1}^{n_m} \frac{q_j q_k \cdots q_m}{R_j R_k \cdots R_m} \Big) \tag{8-12}$$

$Q_{\text{上限}}^{(m)}$ 中的 m 可取的数值范围是 $2 \sim k_2$,当非串联单元的失效概率很小(如小于或等于 0.1)时,为简化计算过程并保证一定的精度,可取 $m=2$,则

$$R_{\text{上限}}^{(2)} = R_{\text{上限}}^{(1)} - Q_{\text{上限}}^{(2)} = \prod_{i=1}^{k_1} R_i \Big[1 - \prod_{j=1}^{k_2} R_j \Big(\sum_{j=1}^{n_2} \frac{q_j q_k}{R_j R_k} \Big) \Big] \tag{8-13}$$

(2) 计算系统的可靠性下限

第 n 次简化后系统的可靠度下限值为

$$R_{\text{下限}}^{(n)} = R_{\text{下限}}^{(1)} + \Delta R_{\text{下限}}^{(1)} + \Delta R_{\text{下限}}^{(2)} + \cdots + \Delta R_{\text{下限}}^{(n-1)} \tag{8-14}$$

其中,$R_{\text{下限}}^{(1)}$ 为第一次假设简化后计算的可靠性下限值,即假设系统非串联部分全部串联起来后系统的可靠度,则

$$R_{\text{下限}}^{(1)} = \prod_{i=1}^{k_1+k_2} R_i \tag{8-15}$$

其中,$\Delta R_{\text{下限}}^{(1)}$ 为在系统串联单元可靠性确定的情况下,在实际系统中非串联单元中任意一个单元失效系统仍可靠的概率。设非串联单元中第 j 个单元失效,系统仍工作,则该系统此时的工作概率为

$$R_1 R_2 \cdots R_{k_1} \cdots q_j \cdots R_{k_1+k_2} = R_{\text{下限}}^{(n)} = \prod_{i=1}^{k_1+k_2} R_i \frac{q_j}{R_j} \tag{8-16}$$

设第 j 个单元失效系统仍工作的情况共有 n_1 种,则

$$\Delta R_{\text{下限}}^{(1)} = \prod_{i=1}^{k_1+k_2} R_i \Big(\sum_{j=1}^{n_1} \frac{q_j}{R_j} \Big) \tag{8-17}$$

$\Delta R_{\text{下限}}^{(2)}$ 为在系统串联单元可靠性确定的情况下,在实际系统中非串联单元中任意两个单元失效系统仍可靠的概率。

设非串联单元中第 j 个和第 k 单元失效,系统仍工作,此时有 n_2 种组合,则

$$\Delta R_{\text{下限}}^{(2)} = \prod_{i=1}^{k_1+k_2} R_i \Big(\sum_{j=1}^{n_2} \frac{q_j q_k}{R_j R_k} \Big) \tag{8-18}$$

$\Delta R_{\text{下限}}^{(n-1)}$ 为在系统串联单元可靠性确定的情况下,在实际系统中非串联单元中任意 $(n-1)$ 个单元同时失效系统仍可靠的概率,设此时有 n_{n-1} 种组合,则

$$\Delta R_{\text{下限}}^{(n-1)} = \prod_{i=1}^{k_1+k_2} R_i \Big(\sum_{j,k,\cdots,n-1=1}^{n_{n-1}} \underbrace{\frac{q_j q_k \cdots q_{n-1}}{R_j R_k \cdots R_{n-1}}}_{n-1个} \Big) \tag{8-19}$$

将式(8-15)~式(8-19)代入式(8-14),得

$$R_{\text{下限}}^{(n)} = \prod_{i=1}^{k_1+k_2} R_i \Big(1 + \sum_{j=1}^{n_1} \frac{q_j}{R_j} + \sum_{j,k=1}^{n_2} \frac{q_j q_k}{R_j R_k} + \cdots + \sum_{j,k,\cdots,n-1=1}^{n_{n-1}} \underbrace{\frac{q_j q_k \cdots q_{n-1}}{R_j R_k \cdots R_{n-1}}}_{n-1个} \Big)$$

$$\tag{8-20}$$

$n-1$ 的数值只可能为 $1 \sim k_2-1$,当非串联单元的失效概率很小(如小于或等于 0.1)时,为简化计算过程,同时保证一定的精度,可取 $n=3$,则

$$R_{\text{下限}}^{(3)} = R_{\text{下限}}^{(1)} + \Delta R_{\text{下限}}^{(1)} + \Delta R_{\text{下限}}^{(2)} = \prod_{i=1}^{k_1+k_2} R_i \Big(1 + \sum_{j=1}^{n_1} \frac{q_j}{R_j} + \sum_{j,k=1}^{n_2} \frac{q_j q_k}{R_j R_k} \Big) \tag{8-21}$$

3. 上下限综合计算

在求得 $R_{\text{上限}}^{(m)}$ 和 $R_{\text{下限}}^{(n)}$ 后,可用下式进行综合,求得系统的可靠度预计值,即

$$R_s = 1 - \sqrt{(1 - R_{\text{上限}}^{(m)})(1 - R_{\text{下限}}^{(n)})} \tag{8-22}$$

其中,$m=2,3,\cdots,k_2$;$n=1,2,\cdots,k_2-1$。

用上下限法求系统的可靠度,随着 m 值和 n 值的不同精确程度也不同。应当注意,为了使预计值在真值附近并逐渐逼近它,在计算上下限时,为了提高可靠度精度可以适当加大 m 和 n 的数值,且要求 m 值和 n 值应尽可能接近,即 $m=n$ 或 $m=n-1$。

例 8.5　系统可靠性逻辑框图如图 8-2 所示,其中系统的 8 个组成单元的可靠度分别为 $R_A=0.9753$,$R_B=0.9656$,$R_C=0.9380$,$R_D=0.9512$,$R_E=0.9021$,$R_F=0.9560$,$R_G=0.9627$,$R_H=0.9315$,不可靠度分别用 F_A,F_B,F_C,F_D,F_E,F_F,F_G,F_H 表示,试用上下限方法求系统可靠度。

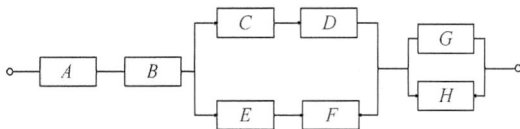

图 8-2　系统可靠性逻辑框图

解　① 上限值预测。

$$R_{\text{上}}^{(1)}=R_AR_B=0.94175$$

$$
\begin{aligned}
R_{\text{上}}^{(2)} &= R_{\text{上}}^{(1)} Q_{\text{上}}^{(2)} \\
&= R_AR_B[1-R_CR_DR_ER_FR_GR_H(F_CF_E/R_CR_E+F_DF_E/R_DR_E \\
&\quad +F_CF_F/R_CR_F+F_DF_F/R_DR_F+F_GF_H/R_GR_H)] \\
&= 0.92841
\end{aligned}
$$

$$
\begin{aligned}
R_{\text{上}}^{(3)} &= R_{\text{上}}^{(2)}-Q_{\text{上}}^{(3)} \\
&= R_{\text{上}}^{(2)}-R_AR_BR_CR_DR_ER_FR_GR_H(F_CF_EF_F/R_CR_ER_F \\
&\quad +F_CF_DF_E/R_CR_DR_E+F_CF_EF_G/R_CR_ER_G+F_CF_EF_H/R_CR_ER_H \\
&\quad +F_DF_EF_F/R_DR_ER_F+F_DF_EF_G/R_DR_ER_G+F_DF_EF_H/R_DR_ER_H \\
&\quad +F_CF_DF_F/R_CR_DR_F+F_DF_FF_G/R_DR_FR_G+F_DF_FF_H/R_DR_FR_H \\
&\quad +F_CF_FF_G/R_CR_FR_G+F_CF_FF_H/R_CR_FR_H+F_CF_GF_H/R_CR_GR_H \\
&\quad +F_DF_GF_H/R_DR_GR_H+F_EF_GF_H/R_ER_GR_H+F_DF_FF_H/R_DR_FR_H) \\
&= 0.92586
\end{aligned}
$$

② 下限值预测。

$$R_{\text{下}}^{(1)}=R_AR_BR_CR_DR_ER_FR_GR_H=0.64983$$

$$
\begin{aligned}
R_{\text{下}}^{(2)} &= R_{\text{下}}^{(1)}+\Delta R_{\text{下}}^{(1)} \\
&= R_{\text{下}}^{(1)}+R_AR_BR_CR_DR_ER_FR_GR_H(F_C/R_C+F_D/R_D+F_E/R_E \\
&\quad +F_F/R_F+F_G/R_G+F_H/R_H) \\
&= 0.89951
\end{aligned}
$$

$$
\begin{aligned}
R_{\text{下}}^{(3)} &= R_{\text{下}}^{(2)}+\Delta R_{\text{下}}^{(2)} \\
&= R_{\text{下}}^{(2)}+R_AR_BR_CR_DR_ER_FR_GR_H(F_CF_D/R_CR_D+F_EF_F/R_ER_F \\
&\quad +F_CF_G/R_CR_G+F_CF_H/R_CR_H+F_DF_G/R_DR_G+F_DF_H/R_DR_H \\
&\quad +F_EF_G/R_ER_G+F_EF_H/R_ER_H+F_FF_G/R_FR_G+F_FF_H/R_FR_H) \\
&= 0.92480
\end{aligned}
$$

③ 上下限综合计算。

$$R_s=1-\sqrt{(1-R_{\text{上限}}^{(2)})(1-R_{\text{下限}}^{(3)})}=0.9266$$

$$R_s=1-\sqrt{(1-R_{\text{上限}}^{(3)})(1-R_{\text{下限}}^{(3)})}=0.9253$$

如果用数学模型法求系统可靠度,则精确解为

$$
\begin{aligned}
R_s &= R_AR_B[1-(1-R_CR_D)(1-R_ER_F)][1-(1-R_G)(1-R_H)] \\
&= 0.9753\times0.9656\times0.9852\times0.9974 \\
&= 0.9253
\end{aligned}
$$

8.2　可靠性分配

可靠性分配是将工程设计规定的系统可靠度指标,按照一定的分配原则和方法合理地分配给组成该系统的各分系统、设备、单元和元器件,确定系统各组成单元的可靠性指标定量要求,从而使整个系统可靠性指标得到保证。事实上,可靠性分配也是一个综合优化问题,基本模型为

$$f(R_1, R_2, \cdots, R_n) \geqslant R_s$$

其中,R_s 为系统的可靠性指标,$R_i (i=1,2,\cdots,n)$ 为分配给第 i 个子系统的可靠性指标,$f(\cdot)$ 为子系统可靠性与整机系统可靠性之间的函数关系。

可靠性分配需要遵循如下几个基本原则。

① 技术水平。对技术成熟的单元,能够保证实现较高的可靠性,或预期投入使用时可靠性可有把握增加到较高水平,则分配较高的可靠性指标。

② 复杂程度。对较简单的单元,组成该单元的零部件数量少,组装容易保证质量或发生故障后易于维修,则分配较高的可靠性指标。

③ 重要程度。对重要的单元,该单元失效将产生严重的后果,或该单元失效常会导致系统失效,则分配较高的可靠性指标。

④ 任务情况。对整个任务时间内均需连续工作或工作环境恶劣,难以保证较高可靠性的单元,则分配较低的可靠性指标。

可靠性指标分配的方法很多,但无论采用哪一种方法,设计者应从实用、简便、经济等方面全盘考虑,选择最佳的分配方法,下面简单介绍几种不同的可靠性指标分配方法。

8.2.1　等分配法

对系统中的全部单元分配以相等的可靠度的方法称为等分配法或等同分配法(equal apportionment technique)。

1. 串联系统可靠度分配

当系统中 n 个单元具有近似的复杂程度、重要性,以及制造成本时,则可用等分配法分配系统各单元的可靠度。这种分配法的另一出发点是考虑到串联系统的可靠度往往取决于系统中的最弱单元,因此对其他单元分配高的可靠度无实际意义。

当系统的可靠度为 R_s,各单元分配的可靠度为 R_i 时,可知有 $R_s = \prod\limits_{i=1}^{n} R_i =$

R_i^n,因此单元可靠度为

$$R_i = (R_s)^{1/n}, \quad i = 1, 2, \cdots, n \tag{8-23}$$

2. 并联系统可靠度分配

当系统的可靠度指标要求很高(如 $R_i > 0.99$),选用已有单元又不能满足要求时,则可选用 n 个相同单元的并联系统,这时单元的可靠度 R_i 可大大低于系统的可靠度 R_i。

$$R_s = 1 - (1 - R_i)^n$$

R_i 应分配为

$$R_i = 1 - (1 - R_s)^{1/n} \tag{8-24}$$

3. 串并联系统可靠度分配

利用等分配法对串并联系统进行可靠性分配时,可先将串并联系统化简为等效串联系统和等效单元,再给同级等效单元分配相同的可靠度。

例如,对图 8-3(a)所示的串并联系统作两步化简后,则可先从最后的等效串联系统(图 8-3(c))开始按等分配法对各单元分配可靠度,即 $R_1 = R_{S234} = R_S^{1/2}$,再由图 8-3(b)得 $R_2 = R_{S34} = 1 - (1 - R_{S234})^{1/2}$,最后再求图 8-3(a)中的 R_3 及 R_4,即 $R_3 = R_4 = R_{34}^{1/2}$。

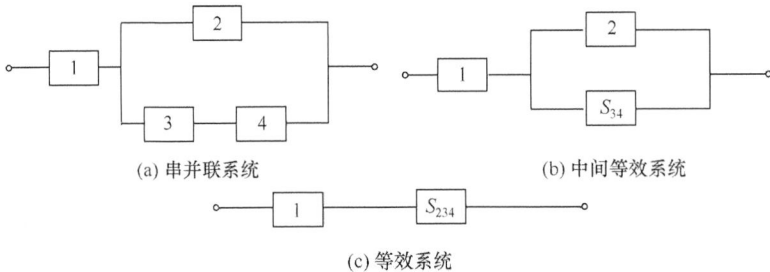

(a) 串并联系统　　　　(b) 中间等效系统

(c) 等效系统

图 8-3　串并联系统的可靠性分配

8.2.2　再分配法

如果已知串联系统(或串并联系统的等效串联系统)各单元的可靠度预测值为 $\hat{R}_1, \hat{R}_2, \cdots, \hat{R}_n$,则系统的可靠度预测值为

$$\hat{R}_s = \prod_{i=1}^{n} \hat{R}_i, \quad i = 1, 2, \cdots, n$$

若设计规定的系统可靠度指标 $R_s > \hat{R}_s$，表示预测值不能满足要求，需改进单元的可靠度指标并按规定的 R_s 值作再分配计算。显然，提高低可靠性单元的可靠度，效果要好且容易些，因此可提高低可靠性单元的可靠度，并按等分配法进行再分配。为此，先将各单元的可靠度预测值按由小到大的次序排列，则有 $\hat{R}_1 < \hat{R}_2 < \cdots < \hat{R}_m < \hat{R}_{m+1} < \cdots < \hat{R}_n$。

令

$$R_1 = R_2 = \cdots = R_m = R_0 \tag{8-25}$$

并找出 m 值，使

$$\hat{R}_m < R_0 = \left[R_s / \prod_{i=m+1}^{n} \hat{R}_i \right]^{1/m} < \hat{R}_{m+1} \tag{8-26}$$

则单元可靠度的再分配可按下式进行，即

$$\begin{cases} R_1 = R_2 = \cdots = R_m = \left[R_s / \prod_{i=m+1}^{n} \hat{R}_i \right]^{1/m} \\ R_{m+1} = \hat{R}_{m+1}, R_{m+2} = \hat{R}_{m+2}, \cdots, R_n = \hat{R}_n \end{cases} \tag{8-27}$$

例 8.6　设串联系统 4 个单元的可靠度预测值由小到大顺序排列为 $\hat{R}_1 = 0.9507, \hat{R}_2 = 0.9570, \hat{R}_3 = 0.9856, \hat{R}_4 = 0.9998$。若设计规定串联系统的可靠度 $\hat{R}_s = 0.9560$，试进行可靠度再分配。

解　由于系统的可靠性预测值（$\hat{R}_s = 0.8965$）不能满足设计指标，因此需提高单元的可靠度，并进行可靠度再分配。

设 $m = 1$，则有

$$R_0 = \left[R_s / \hat{R}_2 \hat{R}_3 \hat{R}_4 \right]^{1/1} = \left(\frac{0.9560}{0.9570 \times 0.9856 \times 0.9998} \right)^1 = 1.01$$

设 $m = 2$，则有

$$R_0 = \left[\frac{R_s}{\hat{R}_3 \hat{R}_4} \right]^{1/2} = \left(\frac{0.9560}{0.9856 \times 0.9998} \right)^{1/2} = 0.9850$$

$$\hat{R}_2 = 0.9570 < R_0 = 0.9850 < \hat{R}_3 = 0.9856$$

因此，分配有效，再分配的结果为 $R_1 = R_2 = 0.9850, R_1 = \hat{R}_3 = 0.9856, R_4 = \hat{R}_4 = 0.9998$。

8.2.3　相对失效率与相对失效概率法

相对失效概率法是根据使系统中各单元的容许失效概率正比于该单元的预计

失效概率的原则来分配系统中各单元的可靠度。因此,它与相对失效率法的可靠度分配原则十分类似。两者统称为比例分配法。实际上,如果单元的可靠度服从指数分布,从而系统的可靠度也服从指数分布时则有 $R(t) = \mathrm{e}^{-\lambda t} \approx 1 - \lambda t$, $F(t) = 1 - R(t)$。因此,按失效率成比例地分配可靠度,可以近似地以按失效概率(不可靠度)成比例地分配可靠度代替。下面对这两种方法一起进行讨论。

(1) 串联系统可靠度分配

串联系统的任一单元失效都将导致系统失效。假定各单元的工作时间与系统的工作时间相同并取为 t,λ_i 为第 i 个单元的预计失效率$(i=1,2,\cdots,n)$,λ_s 为由单元预计失效率算得的系统失效率,根据 $R(t) = \mathrm{e}^{-\lambda t}$,则有

$$\mathrm{e}^{-\lambda_1 t}\mathrm{e}^{-\lambda_2 t}\cdots\mathrm{e}^{-\lambda_i t}\cdots\mathrm{e}^{-\lambda_n t} = \mathrm{e}^{-\lambda_s t}$$

$$\lambda_1 t + \lambda_2 t + \cdots + \lambda_i t + \cdots + \lambda_n t = \lambda_s t$$

$$\sum_{i=1}^{n} \lambda_i = \lambda_s \tag{8-28}$$

由上式可见,串联系统的可靠度为单元可靠度之积,而系统的失效率则为各单元失效率之和,因此在分配串联系统各单元的可靠度时,往往不是直接对可靠度进行分配,而是把系统允许的失效率或不可靠度(失效概率)合理地分配给各单元。按相对失效率的比例或按相对失效概率的比例进行分配比较方便。

各单元的相对失效率则为

$$\omega_i = \frac{\lambda_i}{\sum_{i=1}^{n} \lambda_i}, \quad i = 1,2,\cdots,n \tag{8-29}$$

则

$$\sum_{i=1}^{n} \omega_i = 1$$

各单元的相对失效概率亦可表示为

$$\omega'_i = \frac{F_i}{\sum_{i=1}^{n} F_i}, \quad i = 1,2,\cdots,n \tag{8-30}$$

若系统的可靠度设计指标为 R_{sd},系统失效率设计指标(即容许失效率)为 λ_{sd},可求得系统失效概率设计指标 F_{sd} 分别为

$$R_{sd} = \frac{-\ln R_{sd}}{t} \tag{8-31}$$

$$F_{sd}=1-R_{sd} \tag{8-32}$$

则系统各单元的容许失效率和容许失效概率(即分配给它们的指标)分别为

$$\lambda_{id}=\omega_i\lambda_{sd}=\frac{\lambda_i}{\sum\limits_{i=1}^{n}\lambda_i}\lambda_{sd} \tag{8-33}$$

$$F_{id}=\omega'_iF_{sd}=\frac{F_i}{\sum\limits_{i=1}^{n}F_i}F_{sd} \tag{8-34}$$

其中,λ_i 和 F_i 分别为单元失效率和失效概率的预计值。

从而可以求得各单元分配的可靠度 R_{id}。

按相对失效率法

$$R_{id}=\exp[-\lambda_{id}t] \tag{8-35}$$

按相对失效概率法

$$R_{id}=1-F_{id} \tag{8-36}$$

通过例题可以了解其计算步骤。

例 8.7　一个串联系统由三个单元组成,各单元的预计失效率分别为 $\lambda_1=0.005h^{-1}$,$\lambda_2=0.003h^{-1}$,$\lambda_3=0.002h^{-1}$,要求工作 20h 时系统可靠度为 $R_{sd}=0.980$,试问应给各单元分配的可靠度。

解　按相对失效率法为各单元分配可靠度,其计算步骤如下。

① 预计失效率的确定。

根据统计数据或现场使用经验给出各单元的预计失效率 λ。本题已给出 $\lambda_1=0.005h^{-1}$,$\lambda_2=0.003h^{-1}$,$\lambda_3=0.002h^{-1}$。按式(8-28),可求出系统失效率的预计值,即

$$\lambda_s=\sum_{i=1}^{3}\lambda_i=0.005+0.003+0.002=0.01h^{-1}$$

② 校核 λ_s 能否满足系统的设计要求。

由 $R(t)=e^{-\lambda t}$ 知,由预计失效率 λ_s 所决定的工作 20h 的系统可靠度为

$$R_s=e^{-\lambda_s t}=e^{-0.01\times20}=e^{-0.2}=0.8187<R_{sd}=0.980$$

$R_s<R_{sd}$,因此需提高单元的可靠度并重新进行可靠度分配。

③ 计算各单元的相对失效率 ω_i。

$$\omega_1=\frac{\lambda_1}{\lambda_1+\lambda_2+\lambda_3}=\frac{0.005}{0.005+0.003+0.002}=0.5$$

$$\omega_2 = \frac{\lambda_2}{\lambda_1 + \lambda_2 + \lambda_3} = 0.3$$

$$\omega_3 = \frac{\lambda_3}{\lambda_1 + \lambda_2 + \lambda_3} = 0.2$$

④ 计算系统的容许失效率 λ_{sd}。

$$\lambda_{sd} = \frac{-\ln R_{sd}}{t} = \frac{-\ln 0.980}{20} = \frac{0.0202027}{20} = 0.001010 h^{-1}$$

⑤ 计算各单元的容许失效率 λ_{id}。

$$\lambda_{1d} = \omega_1 \lambda_{sd} = 0.5 \times 0.001010 h^{-1} = 0.000505 h^{-1}$$

$$\lambda_{2d} = \omega_2 \lambda_{sd} = 0.3 \times 0.001010 h^{-1} = 0.000303 h^{-1}$$

$$\lambda_{3d} = \omega_3 \lambda_{sd} = 0.2 \times 0.001010 h^{-1} = 0.000202 h^{-1}$$

⑥ 计算各单元分配的可靠度 $R_{id}(20)$。

由式(8-35),可得

$$R_{1d}(20) = \exp[-\lambda_{1d}t] = \exp[-0.000505 \times 20] = 0.98995$$

$$R_{2d}(20) = \exp[-\lambda_{2d}t] = \exp[-0.000303 \times 20] = 0.99396$$

$$R_{3d}(20) = \exp[-\lambda_{3d}t] = \exp[-0.000202 \times 20] = 0.99597$$

⑦ 检验系统可靠度是否满足要求。

$$R_{sd}(20) = R_{1d}(20) \cdot R_{2d}(20) \cdot R_{3d}(20)$$
$$= 0.98995 \times 0.99396 \times 0.99597$$
$$= 0.9800053 > 0.980$$

因此,系统的设计可靠度 R_{sd} 大于给定值 0.980,即满足要求。

(2) 冗余系统可靠度分配

对于具有冗余部分的串并联系统,要想把系统的可靠度指标直接分配给各个单元,计算比较复杂。通常是将每组并联单元适当组合成单个单元,并将此单个单元看成是串联系统中并联部分的一个等效单元,这样便可用上述串联系统可靠度分配方法,将系统的容许失效率或失效概率分配给各个串联单元和等效单元。然后,再确定并联部分中每个单元的容许失效率或失效概率。

如果作为代替 n 个并联单元的等效单元在串联系统中分到的容许失效概率为 F_B,则由式知

$$F_B = F_1 F_2 \cdots F_n = \prod_{i=1}^{n} F_i \tag{8-37}$$

其中，F_i 为第 i 个并联单元的容许失效概率。

若已知各并联单元的预计失效概率 $F_i'(i=1,2,\cdots,n)$，则可以取 $(n-1)$ 个相对关系式，即

$$\begin{cases} \dfrac{F_2}{F_2'}=\dfrac{F_1}{F_1'} \\[2mm] \dfrac{F_3}{F_3'}=\dfrac{F_1}{F_1'} \\ \vdots \\ \dfrac{F_n}{F_n'}=\dfrac{F_1}{F_1'} \end{cases} \tag{8-38}$$

求解式(8-37)和式(8-38)，就可以求得各并联单元应该分配到的容许失效概率值 F_i。这就是相对失效概率法对冗余系统可靠性分配的分配过程。

例 8.8　图 8-4 所示的并联子系统由三个单元组成，已知它们的预计失效概率分别为 $F_1'=0.04$，$F_2'=0.06$，$F_3'=0.12$。如果该并联子系统在串联系统中的等效单元分得的容许失效概率 $F_B=0.005$，试计算并联子系统中各单元容许的失效概率值。

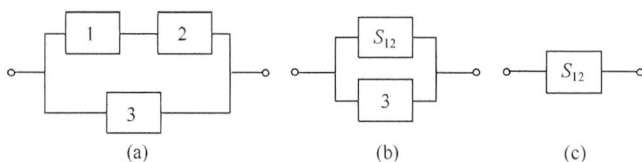

图 8-4　并联子系统及其简化过程

解　可按相对失效概率法为各单元分配可靠度，其计算步骤如下。

① 列出各单元的预计失效概率 F_i，计算预计可靠度，即

$$F_1'=0.04 \quad R_1'=1-F_1'=0.96$$
$$F_2'=0.06 \quad R_2'=1-F_2'=0.94$$
$$F_3'=0.12 \quad R_3'=1-F_3'=0.88$$

② 将并联子系统化简为一个等效单元，并画出化简过程图，如图 8-5(a)~图 8-5(c)所示。

③ 求各分支的预计失效概率和预计可靠度。

第 I 分支

$$R_1'=R_1'R_2'=0.96\times0.94=0.9024\approx0.90$$
$$F_1'=1-R_1'=1-0.90=0.10$$

第Ⅱ分支

$$R'_{\text{Ⅱ}} = R'_3 = 0.88$$

$$F'_{\text{Ⅱ}} = 1 - R'_{\text{Ⅱ}} = 0.12$$

④ 求并联子系统等效单元的预计失效概率和预计可靠度。由式(8-37)得并联子系统的预计失效概率,即

$$F'_B = F'_{\text{Ⅰ}} F'_{\text{Ⅱ}} = 0.10 \times 0.12 = 0.012$$

$$R'_B = 1 - F'_B = 1 - 0.12 = 0.988$$

⑤ 按并联子系统的等效单元所分得的总容许失效概率 F_B,求各分支的容许失效概率。

若 $F_B = 0.005$,则按式(8-36)和式(8-37)可得

$$\begin{cases} F_B = F_{\text{Ⅰ}} \cdot F_{\text{Ⅱ}} = 0.005 \\ \dfrac{F_{\text{Ⅱ}}}{F'_{\text{Ⅱ}}} = \dfrac{F_{\text{Ⅰ}}}{F'_{\text{Ⅰ}}}, \quad F_{\text{Ⅱ}} = \dfrac{F'_{\text{Ⅱ}}}{F'_{\text{Ⅰ}}} F_{\text{Ⅰ}} = \dfrac{0.12}{0.10} F_{\text{Ⅰ}} \end{cases}$$

解上面联立方程式可得

$$\begin{cases} F_{\text{Ⅰ}} = 0.0645 \\ F_{\text{Ⅱ}} = 0.0775 \end{cases}$$

⑥ 将分支的容许失效概率分配给该分支的各单元。由于第一分支为两个串联单元,因此应将 $F_{\text{Ⅰ}} = 0.0645$ 再分配给该两单元(单元 1 及 2),由此得

$$F_1 = \frac{F'_1}{F'_1 + F'_2} F_{\text{Ⅰ}} = \frac{0.04}{0.04 + 0.06} \times 0.0645 = 0.0258$$

$$F_2 = \frac{F'_2}{F'_1 + F'_2} F_{\text{Ⅰ}} = \frac{0.06}{0.04 + 0.06} \times 0.0645 = 0.0387$$

⑦ 列出最后的分配结果,即 $F_1 = 0.0258$,$R_1 = 1 - F_1 = 0.9742$,$F_2 = 0.0387$,$R_2 = 1 - F_2 = 0.9613$,$F_3 = 0.0775$,$R_3 = 1 - F_3 = 0.9225$。

当冗余单元一级套一级比较复杂时,用此法分配可靠度先要由内到外逐级简化组合。如图 8-5(a)所示,经过第一次组合得到图 8-5(b),图中 S_{45} 代表并联单元 4 与 5 的等效单元;经过第二次组合得到图 8-5(c),其中 S_{23} 代表串联单元 2 与 3 的等效单元,S_{456} 代表串联的 S_{45} 与 6 等效单元;最后组合成串联图 8-5(d)。等效单元 S_{23456} 的容许失效概率确定以后,便可用上述方法按与简化组合过程相反的次序逐级进行可靠度分配,从而求得各单元分配到的可靠度指标。

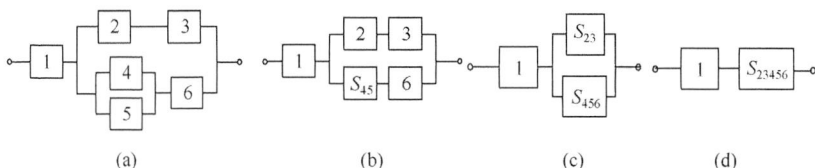

图 8-5　复杂冗余系统逻辑图的简化组合过程

8.2.4　AGREE 分配法

该方法由美国电子设备可靠性顾问团（AGREE）提出，是一种比较完善的综合方法。因为考虑了系统的各单元或各子系统的复杂度、重要度、工作时间，以及它们与系统之间的失效关系，因此又称为按单元的复杂度及重要度的分配法，适用于各单元工作期间失效率为常数的串联系统。

单元或子系统的复杂度定义为单元中所含的重要零件、组件（其失效会引起单元失效）的数目 $N_i(i=1,2,\cdots,n)$ 与系统中重要零件、组件的总数 N 之比，也就是第 i 个单元的复杂度，即

$$\frac{N_i}{N}=\frac{N_i}{\sum\limits_{i=1}^{n}N_i},\quad i=1,2,\cdots,n \qquad (8\text{-}39)$$

单元或子系统的重要度定义为该单元的失效而引起系统失效的概率。按照 AGREE 分配法，系统中第 i 个单元分配的失效率和分配的可靠度 $R_i(t)$ 分别为

$$\lambda_i=\frac{N_i[-\ln R_s(T)]}{NE_it_i},\quad i=1,2,\cdots,n \qquad (8\text{-}40)$$

$$R_i(t_i)=1-\frac{1-[R_s(T)]^{N_i/N}}{E_i},\quad i=1,2,\cdots,n \qquad (8\text{-}41)$$

其中，N_i 为单元 i 的重要零件、组件数；$R_s(T)$ 为系统工作时间 T 时的可靠度；N 为系统的重要零件、组件总数，$N=\sum N_i$；E_i 为单元 i 的重要度；t_i 为 T 时间内单元 i 的工作时间（$0<t_i<T$）。

例 8.9　一个四单元的串联系统，要求在连续工作 48h 期间内系统的可靠度为 0.96。单元 1 和单元 2 的重要性为 $E_1=E_2=1$；单元 3 工作时间为 10h，重要度 $E_3=0.90$；单元 4 的工作时间为 12h，重要度 $E_4=0.85$。已知它们的零件、组件数分别为 10，20，40，50，应怎样分配它们的可靠度？

解　系统的重要零件、组件总数为 $N=\sum\limits_{i=1}^{4}N_i=10+20+40+50=120$。

按式可得各单元的容许失效率，即

$$\lambda_1 = \frac{10 \cdot [-\ln 0.96]}{120 \times 1 \times 48} = 0.00007 \mathrm{h}^{-1}$$

$$\lambda_2 = \frac{20 \cdot [-\ln 0.96]}{120 \times 1 \times 48} = 0.00014 \mathrm{h}^{-1}$$

$$\lambda_3 = \frac{40 \cdot [-\ln 0.96]}{120 \times 0.90 \times 10} = 0.00151 \mathrm{h}^{-1}$$

$$\lambda_4 = \frac{50 \cdot [-\ln 0.96]}{120 \times 0.85 \times 12} = 0.00167 \mathrm{h}^{-1}$$

按式可得分配给各单元的可靠度,即

$$R_1(48) = 1 - \frac{1 - 0.96^{10/120}}{1} = 0.96^{0.0833} = 0.99660$$

$$R_2(48) = 1 - \frac{1 - 0.96^{20/120}}{1} = 0.99322$$

$$R_3(10) = 1 - \frac{1 - 0.96^{40/120}}{0.90} = 0.98498$$

$$R_4(12) = 1 - \frac{1 - 0.96^{50/120}}{0.85} = 0.98016$$

系统可靠度为 $R_s = 0.99660 \times 0.99322 \times 0.98498 \times 0.98016 = 0.9556$。

此值比规定的系统可靠度略低,是由于近似性质及单元 3 和 4 的重要度小于 1 的缘故。

8.2.5　评分分配法

当缺乏有关产品的可靠性数据时,可按照几种因素进行评分,这种评分可以由有经验的工程师用投票方法给出。根据评分情况可以给每个分系统分配可靠性指标。

这种方法主要考虑复杂程度、技术水平、环境条件和工作时间等因素。每一个因素的分数在 1~10。

① 复杂程度:根据组成分系统的元器件数量,以及组装它们的难易程度来决定。最简单的评 1 分,最复杂的评 10 分。

② 技术水平:根据分系统目前的技术水平和成熟程度来决定。水平最低的评 10 分,水平最高的评 1 分。

③ 环境条件:根据分系统所处的环境条件来评定。分系统在工作过程中经受极其恶劣而严酷的环境条件的评 10 分,环境条件最好的评 1 分。

④ 工作时间:根据分系统工作的时间来决定。系统工作时,分系统一直工作的评 10 分,工作时间最短的评 1 分。

这样分配给每个分系统的故障率 λ_i^* 为

$$\lambda_i^* = C_i \lambda_s^* \tag{8-42}$$

其中，λ_s^* 是系统规定的故障率指标；C_i 是第 i 个分系统的评分因数，即

$$C_i = \frac{\omega_i}{\omega} \tag{8-43}$$

其中，ω 是分系统的评分数；ω_i 是第 i 个分系统的评分数，即

$$\omega_i = \prod_{i=1}^{4} r_{ij} \tag{8-44}$$

其中，r_{ij} 是第 i 个分系统，第 j 个因素的评分数；$j=1$ 代表复杂程度；$j=2$ 代表技术水平；$j=3$ 代表环境条件；$j=4$ 代表工作时间，即

$$\omega = \sum_{i=1}^{n} \omega_i, \quad i=1,2,\cdots \tag{8-45}$$

其中，n 为分系统个数。

例 8.10　假设某水下航行器由结构系统、动力系统、控制系统、导航系统、电路系统、推进系统和监测系统等 7 个系统组成，各系统之间构成可靠性串联模型。该水下航行器航行时间定为 10h，工作可靠度为 0.80。

按照上述评分准则，专家评分结果如表 8-4 所示。根据表中的各系统综合评分，各系统可靠性指标分配结果如表 8-5 所示。

表 8-4　系统评分结果

分系统名称	评分结果					
	复杂程度 r_{i1}	技术水平 r_{i2}	环境条件 r_{i3}	工作时间 r_{i4}/h	各系统评分数 ω_i	各系统评分因素 C_i
结构系统	8.06	3.5	7.06	9.56	1903.9945	0.1548
动力系统	7.29	3.82	6.65	9.65	1787.063	0.1453
控制系统	8.15	4.12	6.06	9.5	1933.0855	0.1572
导航系统	9.15	4.65	6.29	9.59	2566.512	0.2087
电路系统	7.41	4.21	5.76	9.59	1723.223	0.1401
推进系统	7.62	5.18	6.44	3.82	971.033	0.079
监测系统	7	4	6	8.41	1414.88	0.1149
总计					12297.79045	1

表 8-5　各可靠性指标分配结果

可靠性指标		可靠性指标分配						
		结构系统	动力系统	控制系统	导航系统	电路系统	推进系统	监测系统
可靠度	0.80	0.966047	0.968097	0.96553	0.954498	0.969221	0.982526	0.974687
失效率	0.022314	0.003454	0.003242	0.003508	0.004657	0.003126	0.001763	0.002564

8.2.6　工程加权法

组成系统的各个单元所处的环境并不一定相同,各单元所采用的元器件质量,标准件的程度和维修的难易也有所不同。工程加权分配法就是除考虑各单元重要性和复杂性外,还考虑多种因素,并将各种因素的影响用不同的加权因子来反映的一种分配方法。

对于服从指数分布的串联结构模型系统的可靠性分配指标,分配公式为

$$\text{MTBF}_j = \frac{\sum\limits_{j=1}^{N}\prod\limits_{i=1}^{n}K_{ji}}{\prod\limits_{i=1}^{n}K_{ji}}\text{MTBF}_s \tag{8-46}$$

其中,MTBF_j 为第 j 个单元平均故障时间间隔,MTBF_s 为系统平均故障时间间隔,K_{ji} 为第 j 个单元第 i 个分配加权因子。

通常考虑的加权因子有复杂因子、重要因子、环境因子、标准化因子、维修因子和元器件的质量因子等,根据研制产品的具体情况,还可以引进其他一些因子(表 8-6)。因子的种类也不宜过多,应选取那些对系统可靠性有重大影响的,且便于定量表示的项目。其中,重要性因子、复杂因子的定义和确定方法与 AGREE 方法中的相同,并分别以 K_{j1} 和 K_{j2} 表示第 j 个单元的重要因子和复杂因子。

其次要考虑的是环境因子,除了温度、气候条件以外,还有一些机械的环境条件,如振动、冲击等。不同的环境条件,对可靠性的影响也是不同的。显然,恶劣环境条件的设备,分配的可靠性指标应该低一些,若用 K_{j3} 表示环境因子,则 K_{j3} 应大一些。

下面通过一个实例来说明工程加权分配的方法。

例 8.11　假设某系统由电源、发射、接收、显示、反馈及伺服 6 个分机组成,可靠性指标 MTBF 为 40h。按总的指标要求,采用工程加权分配法对各分机进行可靠性分配。

分配中以电源作为标准单元,其各项分配加权因子取为 1,其他部分与电源分机比较,各加权因子取值见表。按分配公式和表中列出的加权因子取值,可得分配

结果如下。

电源：MTBF＝11.435÷1×40h≈457h。

发射：MTBF＝11.435÷1.125×40h≈407h。

接收：MTBF＝11.435÷4.8×40h≈95h。

显示：MTBF＝11.435÷3.6×40h≈127h。

反馈：MTBF＝11.435÷0.16×40h≈2859h。

伺服：MTBF＝11.435÷0.75×40h≈610h。

表 8-6　某系统各分机分配加权因子取值表

项目 ＼ 分机	电源	发射	接收	显示	反馈	伺服
	分配加权因子取值					
复杂因子	1	0.5	2	3	0.2	0.5
重要因子	1	1	1	1	1	1
环境因子	1	1	2	2	2	1.5
标准化因子	1	3	2	2	2	1
维修因子	1	0.5	0.6	0.6	0.4	0.5
元器件质量因子	1	1.5	1	1	0.5	2
$\prod_{i=1}^{6}$	1	1.125	4.8	3.6	0.16	0.75
$\sum_{i=1}^{6}$	11.435					

8.2.7　阿林斯分配法

阿林斯分配法是考虑产品中单元重要度的一种分配方法。该方法假设系统是由 n 个单元组成的串联系统，且它们的失效分布均为指数分布。

阿林斯分配法的具体步骤如下。

① 根据过去积累、观察和估计得到的数据，确定单元失效率 λ_i。

② 根据分配前系统失效率 λ_s，确定各单元的重要度分配因子 W_i，即

$$W_i = \lambda_i / \lambda_s \tag{8-47}$$

其中，λ_s 是系统的失效率（h^{-1}）。

③ 计算分配的单元失效率 λ_i^*，即

$$\lambda_i^* = W_i \lambda_s^* \tag{8-48}$$

其中，λ_s^* 是系统要求的失效率（h^{-1}）。

④ 计算分配单元的可靠度 R_i^* ,即

$$R_i^* = R_s^{*\,W_i} \tag{8-49}$$

其中,R_s^* 是系统要求的可靠度。

例8.12　某串联系统由 5 个单元组成,现已知各单元的失效率分别为 $\lambda_1 = 7 \times 10^{-6}$/h,$\lambda_2 = 10^{-6}$/h,$\lambda_3 = 2 \times 10^{-6}$/h,$\lambda_4 = 2.5 \times 10^{-6}$/h,$\lambda_5 = 1.5 \times 10^{-6}$/h,现要求该系统失效率降低到 10^{-6}/h,各单元的失效率应为多少? 如果希望系统工作到 1000h 的可靠度达到 0.99,各单元的可靠度又为多少?

解　① $\lambda_s = \sum_{i=1}^{5} \lambda_i = (7+1+2+2.5+1.5) \times 10^{-6} = 1.4 \times 10^{-5}$/h。

② 求各单元的重要度分配因子 W_i,即

$$W_1 = \lambda_1 / \lambda_s = 0.5$$

同理,可求得 $W_2 = 0.0714$,$W_3 = 0.1429$,$W_4 = 0.1786$,$W_5 = 0.1071$。

③ 计算分配的单元失效率 λ_i^*,即

$$\lambda_i^* = W_1 \lambda_s^* = 0.5 \times 10^{-6}\text{/h}$$

同理,可求得 $\lambda_2^* = 7.14 \times 10^{-8}$/h,$\lambda_3^* = 1.429 \times 10^{-7}$/h,$\lambda_4^* = 1.786 \times 10^{-7}$/h,$\lambda_5^* = 1.071 \times 10^{-7}$/h。

④ 计算分配单元的可靠度 R_i^* ,即 $R_1^* = R_s^{*\,W_1} = 0.99^{0.5} = 0.9950$。同理,可求得 $R_2^* = 0.9993$,$R_3^* = 0.9986$,$R_4^* = 0.9982$,$R_5^* = 0.9989$。

⑤ 检验分配结果

$$\begin{aligned}
\lambda_s &= \sum_{i=1}^{5} \lambda_i^* \\
&= (0.5+0.0714+0.1429+0.1786+0.1071) \times 10^{-6} \\
&= 10^{-6}\text{/h}
\end{aligned}$$

$$R_s = \prod_{i=1}^{5} R_i = \prod_{i=1}^{5} R_i^* > 0.99$$

经检验满足要求。

8.2.8　最优化方法

1. 花费最小的最优化分配方法

若串联系统 n 个单元的预计可靠度(现有可靠度水平)按非减序列排列为 R_1,R_2,$\cdots$,R_n,则系统的预计可靠度为

$$R_s = \prod_{i=1}^{n} R_i$$

　　如果要求的系统可靠度指标 $R_{sd} > R_s$，则系统中至少有一个单元的可靠度必须提高，即单元的分配可靠度 R_{id} 要大于单元的预计可靠度 R_i。为此，必须花费一定的研制开发费用。令 $G(R_i, R_{id})$，$i = 1, 2, \cdots, n$ 表示费用函数，即为使第 i 个单元的可靠度由 R_i 提高到 R_{id} 需要的花费总量。显然，$(R_{id} - R_i)$ 值越大，即可靠度值提高的幅度越大，则费用函数 $G(R_i, R_{id})$ 值也就越大，费用也就越高；另外，R_s 值越大，则提高 $(R_{sd} - R_i)$ 值所需的费用也越高。

　　使系统可靠度由 R_s 提高到 R_{sd} 的总花费则为

$$\sum_{i=1}^{n} G(R_i, R_{id}), \quad i = 1, 2, \cdots, n$$

希望总花费为最小，于是构成一个最优化设计问题，其数学模型如下，即

$$\min \sum_{i=1}^{n} G(R_i, R_{id}), \quad \text{目标函数}$$

$$\prod_{i=1}^{n} R_{id} \geqslant R_{id}, \quad \text{约束条件} \tag{8-50}$$

　　令 j 表示系统中需要提高可靠度的单元序号，显然应从可靠度最低的单元开始提高其可靠度，即 j 从 1 开始，按需要可递次增大。

　　令

$$R_{0j} = \left[R_{sd} \Big/ \prod_{i=j+1}^{n+1} R_i \right]^{1/j}, \quad j = 1, 2, \cdots, n \tag{8-51}$$

其中，$R_{n+1} = 1$，则有

$$R_{0j} = \left[R_{sd} \Big/ \prod_{i=j+1}^{n+1} R_i \right]^{1/j} > R_j \tag{8-52}$$

上式表明，想要获得所要求的系统可靠度指标 R_{sd}，则 $j = 1, 2, \cdots, n$ 各单元的可靠度均应提高到 R_{0j}。若继续增大 j，当达到某一值（如 $j+1$）后使得

$$R_{0,j+1} = \left[R_{sd} \Big/ \prod_{i=j+2}^{n+1} R_i \right]^{1/j+1} < R_{j+1} \tag{8-53}$$

即第 $(j+1)$ 号单元的预计可靠度 R_{j+1} 已比提高到 $R_{0,j+1}$ 值为大，因此 j 为需要提高可靠度的单元序号的最大值，设为 k_0，则说明为使系统可靠度指标达到 R_{sd}，令 $j = k_0$，$i = 1, 2, \cdots, k_0$ 的各单元的分配可靠度 R_{id} 均应提高到

$$R_{k_0} = \left[R_{sd} \Big/ \prod_{i=k_0+1}^{n+1} R_i \right]^{1/k_0} = R_d \tag{8-54}$$

即序号为 $i = 1, 2, \cdots, k_0$ 的各单元的分配可靠度皆为 R_d，而序号为 $i = k_0 + 1, \cdots, n$

的各单元的分配可靠度可各保持原预计可靠度值($i=k_0+1,k_0+2,\cdots,n$)不变,即最优化问题的唯一最优解为

$$R_{id}=\begin{cases}R_d, & i\leqslant k_0 \\ R_i, & i>k_0\end{cases} \qquad (8\text{-}55)$$

提高有关单元的可靠度后,系统的可靠度指标为

$$R_{sd}=R_d^{k_0}\prod_{i=k_0+1}^{n+1}R_i \qquad (8\text{-}56)$$

例 8.13　汽车驱动桥双级主减速器第一级螺旋锥齿轮主从动齿轮的预计可靠度为 $R_A=0.85,R_B=0.85$;第二级斜齿圆柱齿轮的预计可靠度为 $R_C=0.96,R_D=0.97$,若它们的费用函数相同,要求齿轮系统的可靠度指标为 $R_{sd}=0.80$,试用花费最小的原则对四个齿轮作可靠度分配。

解　① 系统的预计可靠度为 $R_S=R_AR_BR_CR_D=0.85\times0.85\times0.96\times0.97=0.67279<0.8$,故应提高系统的可靠度,为此必须重新分配齿轮的可靠度。

② 将各单元(齿轮)的预计可靠度按非减顺序排列为

$R_1=R_A=0.85$,　$R_2=R_B=0.85$,　$R_3=R_C=0.96$,　$R_4=R_D=0.97$

③ 求 j 的最大值 k_0。

当 $j=1$ 时,有

$$R_{01}=\left[R_{sd}\Big/\prod_{i=1+1}^{4+1}R_i\right]^{1/1}=\left[\frac{0.80}{0.85\times0.96\times0.96\times1}\right]^1=1.01071>0.85=R_1$$

当 $j=2$ 时,有

$$R_{02}=\left[R_{sd}\Big/\prod_{i=2+1}^{4+1}R_i\right]^{1/2}=\left[\frac{0.80}{0.96\times0.97\times1}\right]^{1/2}=0.92688>0.85=R_2$$

当 $j=3$ 时,有

$$R_{03}=\left[R_{sd}\Big/\prod_{i=3+1}^{4+1}R_i\right]^{1/3}=\left[\frac{0.80}{0.97\times1}\right]^{1/3}=0.93779<0.96=R_3$$

因此,$k_0=2$,而以上各其中取 $R_s=1$。

④ 由式(8-52),得

$$R_d=\left[R_{sd}\Big/\prod_{i=k_0+1}^{n+1}R_i\right]^{1/k_0}=\left[\frac{0.80}{0.96\times0.97\times1}\right]^{1/2}=0.92688$$

因此,四个齿轮的分配可靠度分别为 $R_{1d}=R_d=R_{Ad}=0.92688,R_{2d}=R_d=R_{Bd}=0.92688,R_{3d}=R_3=R_{Cd}=0.96,R_{4d}=R_4=R_{Dd}=0.97$。

⑤ 验算系统可靠度指标 R_{id},由此知道满足要求,即

$$R_{sd} = R_d^{k_0} \prod_{i=k_0+1}^{n+1} R_i = 0.92688^2 \times 0.96 \times 0.97 \times 1 = 0.800000004 > 0.80$$

2. 拉格朗日(Lagrange)乘子法

拉格朗日乘子法是一种将约束最优化问题转换为无约束最优化问题的求优方法。由于引进一种待定系数拉格朗日乘子,则可利用这种乘子将原约束最优化问题的目标函数和约束条件组合成一个称为拉格朗日函数的新目标函数,使新目标函数的无约束最优解就是原目标函数的约束最优解。

当约束最优化问题为

$$\min f(X) = f(x_1, x_2, \cdots, x_n)$$
$$\text{s. t.} \quad h_v(X) = 0, \quad v = 1, 2, \cdots, p$$

时,则可构造拉格朗日函数为

$$L(X, \lambda) = f(X) - \sum_{v=1}^{p} \lambda_v h_v(X) \tag{8-57}$$

其中,$X = [x_1, x_2, \cdots, x_n]^T$,$\lambda = [\lambda_1, \lambda_2, \cdots, \lambda_n]^T$。

也就是,把 p 个待定乘子 $\lambda_v(v=1,2,\cdots,p<n)$ 作为变量,此时拉格朗日函数 $L(X,\lambda)$ 的极值点存在的必要条件为

$$\begin{cases} \dfrac{\partial L}{\partial x_i} = 0, & i = 1, 2, \cdots, n \\ \dfrac{\partial L}{\partial \lambda_v} = 0, & v = 1, 2, \cdots, p \end{cases} \tag{8-58}$$

求解上式可得原问题的约束最优解,即

$$X^* = [x_1^*, x_2^*, \cdots, x_n^*]^T$$

而 $\lambda^* = [\lambda_1^*, \lambda_2^*, \cdots, \lambda_n^*]^T$ 是个向量,其分量为

$$\lambda_v = \frac{\partial f(X^*)}{\partial h_v(X^*)}, \quad v = 1, 2, \cdots, p \tag{8-59}$$

当拉格朗日函数为高于二次的函数时,用公式难于直接求解,这是拉格朗日乘子法在应用上的局限性。

例 8.14　某系统由 n 个子系统串联而成,子系统的可靠度 $R_i(i=1,2,\cdots,n)$ 和制造费用 $x_i(i=1,2,\cdots,n)$ 之间的关系为

$$R_i = 1 - e^{-\alpha_i(x_i - \beta_i)}, \quad i = 1, 2, \cdots, n$$

其中，α_i 和 β_i 为常数。试用拉格朗日乘子法将系统的可靠度指标 R_s 分配给各子系统，并使系统的费用为最小。

解　这是一个在 $R_s = \prod\limits_{i=1}^{n} R_i$ 的约束条件下求使 $f(X) = \sum\limits_{i=1}^{n} x_i$ 为最小的问题。

引入拉格朗日乘子 λ，构造拉格朗日函数，即

$$L(X, \lambda) = \sum_{i=1}^{n} x_i - \lambda \Big(R_s - \prod_{i=1}^{n} R_i \Big)$$

若将费用 x_i 表达成显式，则有

$$x_i = \beta_i - \frac{\ln(1 - R_i)}{\alpha_i}, \quad i = 1, 2, \cdots, n$$

代入拉格朗日函数，并用设计变量 R_i 代替 x_i，则拉格朗日函数又可改写为

$$L(R, \lambda) = \sum_{i=1}^{n} \Big[\beta_i - \frac{\ln(1 - R_i)}{\alpha_i} \Big] - \lambda \Big(R_s - \prod_{i=1}^{n} R_i \Big)$$

求解方程组，即

$$\begin{cases} \dfrac{\partial L}{\partial R} = 0 \\[2mm] \dfrac{\partial L}{\partial \lambda} = 0 \end{cases}, \quad i = 1, 2, \cdots, n$$

即可求得系统费用为最小时各子系统的分配可靠度，即

$$R^* = [R_1^*, R_2^*, \cdots, R_n^*]^{\mathrm{T}}$$

3. 动态归纳法

动态规划求最优解的思路完全不同于求函数极值的微分法和求泛函极值的变分法，由于动态规划是利用一种递推关系依此作出最优决策，其计算逻辑较为简单，在可靠性工程中已取得广泛的应用。

若系统可靠度 R 是费用 x 的函数，并且可以分解为

$$R(x) = f_1(x_1) + f_2(x_2) + \cdots + f_n(x_n) \tag{8-60}$$

则在费用 x 为

$$x = x_1 + x_2 + \cdots + x_n \tag{8-61}$$

的条件下使得系统的可靠度 $R(x)$ 为最大的问题，就称为动态规划。其中费用 x_i（$i =$

$1,2,\cdots,n)$是任意正数,n 为整数。

因为 $R(x)$ 的最大值决定于 x 和 n,所以可用 $\varphi_n(x)$ 表达,则

$$\varphi_n(x)=\max_{x\in\Omega}R(x_1,x_2,\cdots,x_n) \tag{8-62}$$

其中,Ω 为满足式(8-61)的解的集合。

如果在第 n 次活动中分配到的费用 x 的量 $x_n(0\leqslant x_n\leqslant x)$ 得到的效益为 $f_n(x_n)$,则由 x 的其余部分 $x-x_n$ 得到的效益最大值由式(8-62)知应为 $\varphi_{n-1}(x-x_n)$,这样在第 n 次活动中分到的费用 x_n 及在其余活动中分到的费用 $x-x_n$ 带来的总效益为

$$f_n(x_n)+\varphi_{n-1}(x-x_n)$$

因为求使这一总效益为最大的 x_n 是与使 $\varphi_n(x)$ 为最大有关,所以有

$$\varphi_n(x)=\max_{0\leqslant x_n\leqslant x}\left[f_n(x_n)+\varphi_{n-1}(x-x_n)\right] \tag{8-63}$$

也就是说,虽然要对 $i=1,2,\cdots,n$ 共 n 个进行分配,但没有必要同时对所有组合进行研究;$\varphi_{n-1}(x-x_n)$ 已为最优分配之后考虑总体的效益为最大,也必须使费用 $x-x_n$ 带来的效益为最大。这种方法通常称为最优性原理。

现在通过下面的例题进一步阐明动态规划的用法。

例 8.15　由子系统 A、B、C、D 组成的串联系统,各子系统的成本费用和工作 2000h 的预计可靠性如表 8-7 所示。要使此系统工作 2000h 的可靠性指标 $R_{sd}>0.99$,而成本费用又尽量小,问各子系统应有多大的贮备量?

表 8-7　各子系统的预计可靠性与成本

项目 \ 子系统	可靠性	成本/万元	贮备量	贮备子系统的可靠性
A	0.85	6	3	0.99663
B	0.75	4	4	0.99609
C	0.80	5	3	0.99200
D	0.70	3	4	0.99190

解　这是一个以成本建立目标函数并取最小,以系统可靠性指标 $R_{sd}\geqslant0.99$ 为约束条件的最优化问题。若不附加贮备件,则系统的预计可靠度为

$$R_s=\prod_{i=1}^4 R_i=0.85\times0.75\times0.80\times0.70=0.357$$

显然,不符合系统可靠度指标的设计要求,因此应提高各子系统的可靠度指标使之在 0.99 以上。为此,应将各子系统改为由几个并联分支组成的贮备系统。各子

系统的最小贮备度,即并联分支数及贮备子系统的可靠度 R' 值也分别列入表 8-7。

为满足 $R_{sd} \geqslant 0.99$,且总成本最低,就要具体确定各子系统的最佳贮备度。为此,首先应按式(8-63)给出的递推式进行计算,且要先从两个单个子系统开始。例如,子系统 A 与子系统 B 间的组合算起,以求出 $\varphi_2(x-x_3)$。因为要求得 $\varphi_3(x)$,就得先求出 $\varphi_2(x-x_3)$。子系统 A 和 B 的贮备度分别取为 3~6 和 4~6,则共有 12 种组合,每种组合的成本和可靠度的计算结果如表 8-8 所示。

将表 8-8 中的数据绘成线图 8-6。图中括号内的先后两个数字,分别表示子系统 A 与子系统 B 的贮备度。由成本最低的组合(3,4)开始逐渐向成本高的组合移动时,如果成本升高而可靠度反而下降,则对这种设计组合应予以舍弃,并将剩下的各组合点顺序用直线连接,即可得到图 8-6 中的折线,就是函数 $\varphi_2(x-x_3)$,$x-x_3$ 是这一部分系统的成本,$\varphi_2(x-x_3)$ 是与此成本相应的可靠性。

表 8-8 子系统 A,B 不同贮备度组合下的成本与可靠度

子系统及贮备度		子系统B		
子系统及贮备度	项目	4	5	6
3	成本/万元	34	38	42
3	可靠度	0.99274	0.99566	0.99639
4	成本/万元	40	44	48
4	可靠度	0.99559	0.99852	0.99925
5	成本/万元	46	50	54
5	可靠度	0.99601	0.99894	0.99967
6	成本/万元	52	56	60
6	可靠度	0.99608	0.99901	0.99974

（左侧纵列合并表头为"子系统 A"）

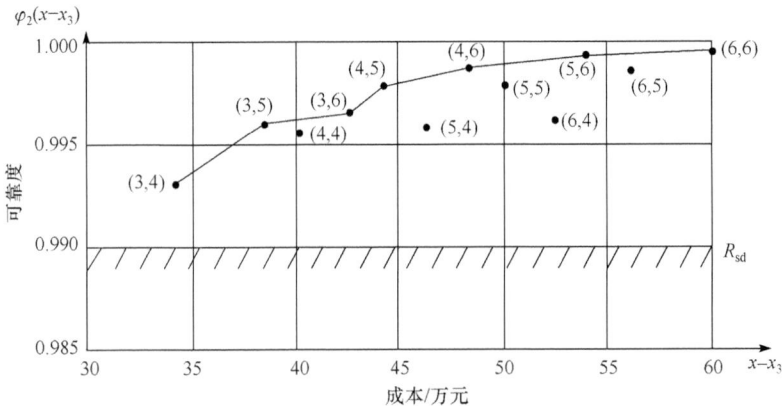

图 8-6 成本 $x-x_3$ 与可靠度 $\varphi_2(x-x_3)$ 折线图

如图 8-7 所示,线条一定是越向右越向上,再者可靠度低于 0.99(系统的可靠度指标值)的组合点也不可取(本例没有),取出折线上的各点数据如表 8-9 所示。

表 8-9　子系统 A 与 B 初选组合的成本和可靠度

N_0	贮备度		可靠度	成本/万元
	A	B		
1	3	4	0.99274	34
2	3	5	0.99566	38
3	3	6	0.99639	42
4	4	5	0.99852	44
5	4	6	0.99925	48
6	5	6	0.99967	54
7	6	6	0.99974	60

然后,再将表 8-9 中所列的子系统 A 与 B 的 7 种组合方案与子系统 C 的 4 种贮备度(3~6)方案组合,可得到 28 种方案,其成本及相应的可靠度如表 8-10 所示。用上述相同的办法绘出成本 $x-x_4$ 与可靠度 $\varphi(x-x_4)$ 折线图,如图 8-7 所示。图 8-7 中括号内的三个数,分别表示子系统 A、B、C 的贮备度。同样,取出折线上的各点数如图 8-7 所示。

表 8-10　子系统 A,B,C 不同组合时的成本与可靠度

子系统及贮备度	子系统及贮备度	项目	子系统C			
			3	4	5	6
子系统(A+B)	3,4	成本/万元	49	54	59	64
		可靠度	0.98480	0.99115	0.99242	0.99268
	3,5	成本/万元	53	58	63	68
		可靠度	0.98769	0.99406	0.99534	0.99559
	3,6	成本/万元	57	62	67	72
		可靠度	0.98842	0.99479	0.99607	0.99633
	4,5	成本/万元	59	64	69	74
		可靠度	0.99053	0.99692	0.99820	0.99845
	4,6	成本/万元	63	68	73	78
		可靠度	0.99126	0.99765	0.99893	0.99918
	5,6	成本/万元	69	74	79	84
		可靠度	0.99167	0.99807	0.99935	0.99960
	6,6	成本/万元	75	80	85	90
		可靠度	0.99174	0.99814	0.99942	0.99967

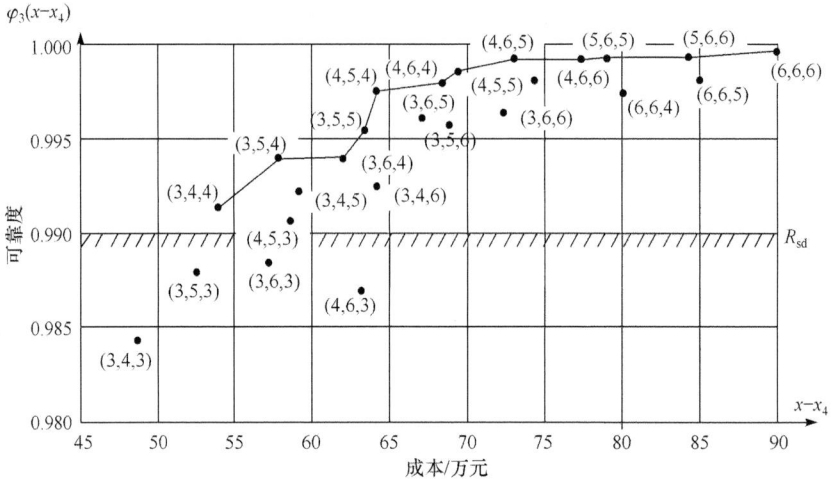

图 8-7　成本 $x-x_4$ 与可靠度 $\varphi_3(x-x_4)$ 折线图

将表 8-11 中所列的子系统 A、B、C 的 12 种组合方案与子系统的 3 种贮备度 (4-5)方案组合,可得 36 种方案,即利用 $\varphi_3(x-x_4)$ 再求 $\varphi_4(x)$。最后算得的结果

表 8-11　子系统 A,B,C 初选组合的成本和可靠度

N_0	贮备度			可靠度	成本/万元
	A	B	C		
1	3	4	4	0.99115	54
2	3	5	4	0.99406	58
3	3	6	4	0.99479	62
4	3	5	5	0.99534	63
5	4	5	4	0.99692	64
6	4	5	4	0.99765	68
7	4	5	5	0.99820	69
8	4	6	5	0.99893	73
9	4	6	6	0.99918	78
10	5	6	5	0.99935	79
11	5	6	6	0.99960	84
12	6	6	6	0.99967	90

是子系统 A、B、C、D 的贮备度分别应是 3、4、4、6。这时系统的可靠度 $R_{sd}=$ 0.99043,成本 $x=72$ 万元。

一般地,动态规划方法有五个特点。

① 在策略变量较多时,与策略穷举法相比可降低维数。

② 在给定的定义域或限制条件下很难用微分方法求极值的函数,可用动态规划方法求极值。

③ 对于不能用解析形式表达的函数,可给出递推关系求数值解。

④ 动态规划方法可以解决古典方法不能处理的问题,如两点边值问题和隐变分问题等。

⑤ 许多数学规划问题均可用动态规划方法来解决,如含有随时间或空间变化的因素的经济问题、投资问题、库存问题、生产计划、资源分配、设备更新、最优搜索、马尔可夫决策过程,以及最优控制和自适应控制等,均可用动态规划方法来处理。

8.3　本 章 小 结

在设计产品时,要进行系统的可靠性设计和可靠性分析,以使所设计的产品能保证达到规定的可靠性指标,因此要进行可靠性预计和可靠性分配。如果说系统的可靠性预计是根据系统中最基本单元的可靠度来推测系统可靠性的顺过程,则可靠性分配是根据系统要求的总指标由上而下规定最基本单元可靠度的逆过程。

本章首先明确了可靠性预计与可靠性分配的概念内涵,随后详细分析了可靠性预计与分配的常见方法。在工程上常用的预计方法有相似产品法、元器件计数法、应力分析法、故障率预计法、评分预计法和上下限法等;常用的分配方法有等分配法、再分配法、相对失效率与相对失效概率法、AGREE 分配法、评分分配法、阿斯林分配法和最优化方法等,不同的产品、不同的研制阶段应使用不同的可靠性预计和可靠性分配方法。最后结合不同预计和分配方法展开案例分析,增进读者对书中方法的学习与掌握。

习题及思考题

1. 电视机的中频系统由 8 种元器件组成,其数量及单件故障率见表 8-12 ($\pi_Q=1.0$)。试用元器件计数法预计该中频系统的平均故障间隔时间。

表 8-12　习题 1 的数据

元器件名称	数量 N	故障率 $\lambda_G \times 10^{-6}/h$
第一、二中放管	2	4.0
第三中放管	1	16.2
电解电容	1	0.5
一般电容	24	0.15
电阻	18	0.1
线圈	1	0.38
中周	8	0.48
接插件	1	0.24

2. 一种新设计的飞机,其供氧抗荷系统的组成相似系数如表 8-13 所列。用相似产品法预计飞机供氧抗荷系统的基本可靠性。

表 8-13　习题 2 的数据

产品名称	单机配套数	相似产品的 MTBF	相似系数
氧气开关	3	1192.8	3.0
氧气减压阀	2	6262.0	1.0
氧气示流器	2	2087.3	1.0
氧气调节器	2	863.7	1.0
氧气面罩	2	6000.0	1.5
氧气瓶	4	15530.0	1.0
跳伞氧气调节器	2	6520.0	1.2
氧气余压指示器	2	3578.2	1.3
抗荷分系统	2	3400.0	1.0

3. 某一系统由 5 个单元组成,各单元的 4 个因数评分如表 8-14 所列,其可靠性框图如图 8-8 所示。其中单元 C 的可靠度 $R_C = 0.92$,计算系统的可靠度。

表 8-14　习题 3 的数据表

分系统名称	复杂程度 r_{i1}	技术水平 r_{i2}	工作时间 r_{i3}	环境条件 r_{i4}
A	8	1	10	8
B	3	2	8	4
C	5	2	10	8
D	5	2	8	7
E	4	5	8	3

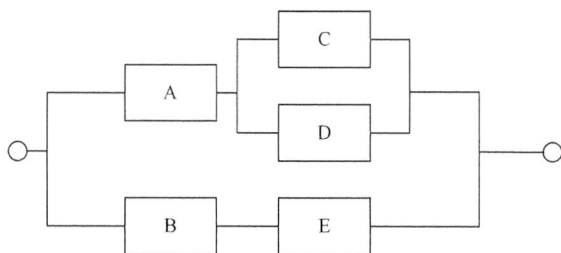

图 8-8　习题 3 的可靠性框图

4. 雷达系统是由天线阵、雷达、数据处理和其他设备等 4 个分系统串联组成，其平均故障间隔时间分别为：18125h、35244h、15944h、49293h。预计该系统的平均故障间隔时间。

5. 已知某系统的可靠性框图如图 8-9 所示，其元件故障率都为 $\lambda = 0.0005h^{-1}$，预计该系统工作 100h 的可靠度。

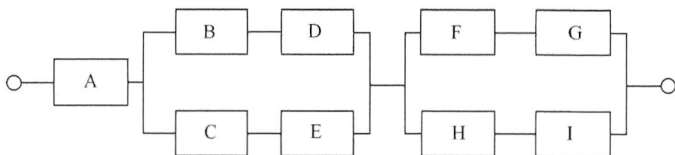

图 8-9　习题 5 的可靠性框图

6. 有三台重要度相同的设备组成的串联系统，当系统可靠度 $R_s^* = 0.9$ 时，各设备的可靠度应如何分配？ 如果其中一台设备的可靠度 $R_1 = 0.99$，其余设备的可靠度应是多少？

7. 某一液压系统，其故障率 $\lambda_{老} = 265 \times 10^{-6} h^{-1}$，各分系统故障率如表 8-15 所列。现设计一个新的液压系统，其组成与老的系统相似，只是油泵和油滤仍沿用老产品。要求新液压系统故障率为 $\lambda_{新} = 200 \times 10^{-6} h^{-1}$，试将指标分配给各分系统。

表 8-15　习题 7 的数据

序号	分系统名称	$\lambda_{老} \times 10^{-6}/h^{-1}$
1	油箱	4.0
2	油泵	70.0
3	电动机	40.0
4	止回阀	30.0
5	安全阀	25.0
6	油滤	8.0
7	启动器	60.0

8. 飞行器由动力装置、武器、制导装置、飞行控制装置、机体及辅助动力装置等分系统组成。已由专家进行了评分(表 8-16),系统的可靠性指标 $R_s^* = 0.95$,工作时间为 150h,试给各分系统分配可靠性指标。

表 8-16　习题 8 的数据

单元名称	复杂程度 r_{i1}	技术水平 r_{i2}	工作时间 r_{i3}	环境条件 r_{i4}
动力装置	5	6	5	5
武器	7	6	10	2
制导装置	10	10	5	5
飞行控制装置	8	8	5	7
机体	4	2	10	8
辅助动力装置	6	5	5	5

9. 通信设备由发射机、接收机和天线三部分串联组成,每一部分工作是相互独立的,寿命分布为指数分布,每一部分在 10h 的可靠度为 $R_1 = 0.95$,$R_2 = 0.93$,$R_3 = 0.98$,如要求通信设备 10^3 h 的可靠度为 0.9,试按照可靠度和故障率进行分配。

10. 某飞机装有反雷达干扰发射机、无线电通信系统、雷达和敌我识别器,其工作时间为 4h,各分系统(设备)的构成部件数和重要度见表 8-17,若规定的可靠度指标 $R_s^* = 0.9$,试给各分系统(设备)分配可靠度。

表 8-17　习题 10 的数据

序号	分系统(设备)名称	构成部件数	重要度	工作时间/h
1	反雷达干扰发射机	20	0	4.0
2	无线电通信系统	30	0	3.0
3	雷达	200	0.8	4.0
4	敌我识别器	50	0.2	2.0

参 考 文 献

[1] 梁开武. 可靠性工程. 北京：国防工业出版社，2014.

[2] IEEE. IEEE Approved Draft Guide for the Definition of Reliability Program Plans for Nuclear Generating Stations and Other Nuclear Facilities. IEEE P933/D6，2014：1-63.

[3] IEEE. IEEE Draft Guide for the Definition of Reliability Program Plans for Nuclear Generating Stations and Other Nuclear Facilities. IEEE P933/D4，2011：1-62.

[4] IEEE. IEEE Draft Guide for the Definition of Reliability Program Plans for Nuclear Generating Stations and Other Nuclear Facilities. IEEE P933/D6，2013：1-63.

[5] IEEE. IEEE Guide for the Definition of Reliability Program Plans for Nuclear Generating Stations and Other Nuclear Facilities. IEEE Std 933-2013 (Revision of IEEE Std 933-1999)，2014：1-65.

[6] 王金武，张兆国. 可靠性工程基础. 北京：科学出版社，2013.

[7] Orisamolu I R，Lou X，Lichodziejewski M. Development of probabilistic optimal strategies for inspection/monitoring/maintenance/repair and life extension. Halifax：Martec，1999.

[8] 曹晋华，程侃. 可靠性数学引论. 北京：高等教育出版社，2012.

[9] GJB1378-92. 装备预防性维修大纲的指定要求与方法.

[10] 康锐. 可靠性维修性保障性工程基础. 北京：国防工业出版社，2012.

[11] 谢干跃，宁书存，李仲杰. 可靠性维修性保障性测试性安全性概论. 北京：国防工业出版社，2012.

[12] 陈希儒. 数理统计引论. 北京：科学出版社，1982.

[13] 郭永基. 可靠性工程原理. 北京：清华大学出版社，2002.

[14] 高社生，张玲霞. 可靠性理论与工程应用. 北京：国防工业出版社，2002.

[15] 劳利斯，濮晓龙，等. 寿命数据中的统计模型与方法. 北京：中国统计出版社，1998.

[16] Bury KV. Statistical Models in Applied Science. New York：John Wiley，1991.

[17] Boeschoten S G J. Reliability and accuracy of estimates AACE international transaction// 2005 AACE International Transaction-AACE International 49th Annual Meeting，2005：1-5.

[18] Tan L，Yang J，Cheng Z J，et al. Optimal replacement policy for cold standby system. Chinese Journal of Mechanical Engineering，2011，24(2)：316-322.

[19] Serkan E，Fatih T. On reliability analysis of a two-dependent-unit series system with a standby unit. Applied Mathematics and Computation，2012，218(15)：7792-7797.

[20] Michlin Y H，rabarnik G. Sequential testing for comparison of the mean time between failures for two systems. IEEE Transactions on Reliability，2007，(2)：321-331.

[21] Smotherman M，Zemoudeh K. A non-homogeneous Markov model for phased-mission reliability analysis. Reliability，IEEE Transactions on，1989，38(5)：585-590.

[22] Meshkat L，Xing L，Donohue S K，et al. An overview of the phase-modular fault tree approach to phased mission system analysis//SMC-IT，Paladena，2003.

[23] Sawyer J P，Rao S S. Faulttree analysis of mechanical system. Microelectronics and Reliabili-

ty,1994.

[24] Tanaka H,Fan L T,Lai F S,et al. Fault-tree analysis by fuzzy probability. IEEE Transactions on Reliability,1983.

[25] Alyson G W,Aparnavh. Bayesian networks for multilevel system reliability . Reliability Engineering and System Safety,2007,92(10):1413-1420.

[26] Marcot B G,Penman T D. Advances in Bayesian network modelling:Integration of modelling technologies. Environmental Modeling & Software,2019,111:386-393.

[27] Yu D,Nguyen T,Haddawy P. Bayesian network model for reliability assessment of power systems . IEEE Transactions on Power Systems,1999,14(2):426-432.

[28] Walter G G,Hamedani G G. Bayes empirical Bayes estimation for discrete exponential families . Annals of the Institute of Statistical Mathematics,1989,41(1):101-119.

[29] Helge L,Luigi P. Bayesian networks in reliability. Reliability Engineering and System Safety,2007,92(1):92-108.

[30] 王双成. 贝叶斯网络学习、推理及应用. 上海:立信会计出版社,2010.

[31] 明志茂,陶俊勇,陈循,等. 动态分布参数的贝叶斯可靠性分析. 北京:国防工业出版社,2011.

[32] 演田. 贝叶斯可靠性. 曾志国,译. 北京:国防工业出版社,2014.

[33] 尹晓伟,钱文学,谢里阳. 系统可靠性的贝叶斯网络评估方法. 航空学报,2008,29(6):1482-1489.

[34] 郭波等. 系统可靠性分析. 北京:国防科技大学出版社,2002.

[35] 孙有朝,樊蔚勋. 系统模糊性能的功能树分析方法. 机械强度,1998,20(2):131-133.

[36] 陈宝生. 试论模糊可靠性. 系统工程理论与实践,1991,11(6):42-50.

[37] 李廷杰. 模糊可靠性的概念和方法探讨. 系统工程理论与实践,1989,9(3):26-31.

[38] 李正,宋保维,姜军,等. 长贮装备模糊可靠性检测周期优化模型. 机械设计,2004,21(5):53-54.

[39] 赵艳萍,贡文伟. 模糊故障树分析及其应用研究. 中国安全科学学报,2001,11(6):31-35.

[40] 冯静,周经伦. 小子样复杂系统可靠性信息融合方法与应用研究. 国防科技大学博士学位论文,2004.

[41] Cooray D,Kouroshfar E,Malek S,et al. Proactive self-adaptation for improving the reliability of mission-critical,embedded,and mobile software. IEEE Transactions on Software Engineering,2013,39(12):1714-1735.

[42] 原菊梅. 复杂系统可靠性 Petri 网建模及其智能分析方法. 北京:国防工业出版社,2011.

[43] Bayramoglu I. Reliability and mean residual life of complex systems with two dependent components per-element. IEEE Transactions on Reliability,2013,62(1):276-285.

[44] Kim K,Park K S. Phased-mission system reliability under Markov environment. Reliability, IEEE Transactions on,1994,43(2):301-309.

[45] Wang Z,Kang R,Xie L Y. Reliability modeling of systems with dependent failure when the life measured by the number of loadings. Chinese Journal of Mechanical Engineering,2010,46(6):188-194.

[46] Nelsen R B. An Introduction to Copulas (2nd Ed). New York:Springer,2006.

[47] Eryilmaz S. Estimation in coherent reliability systems through Copulas. Reliability Engineering and System Safety,2011,96:564-568.

[48] Jia X,Cui L,Yan J. A study on the reliability of consecutive k-out-of-n:Systems based on Copula. Communications in Statistics-Theory and Methods,2010,39:2455-2472.

[49] Navarro J,Spizzichino F. Comparisons of series and parallel systems with components sharing the same Copula. Applied Stochastic Models in Business and Industry,2010,26:775-791.

[50] Tang X S,Li D Q,Rong G,et al. Impact of Copula selection on geotechnical reliability under incomplete probability information. Computers and Geotechnics,2013,49:264-278.

[51] 张永进,孙有朝. 基于 Copula 函数的单冷贮备串联结构可靠性分析. 航空学报,2014,35(8):2207-2216.

[52] 孙永波. 基于 Copula 的关联系统可靠性研究. 重庆:重庆大学数学与统计学院,2010.

[53] 于波,陈希镇,杜江. Copula 函数的选择方法与应用. 数理统计与管理,2008,27(6):1027-1033.

[54] 张宏强,杨月诚. 导弹武器系统储存可靠性评定方法研究//2000 年全国固体火箭发动机设计技术学术交流会,2000:261-266.

[55] Esary J D,Ziehms H. Reliability analysis of phased missions. Naval Postgraduate School Monterey Calif,1975.

[56] Bechta D J. Automated analysis of phased-mission reliability. IEEE Transactions on Reliability,1991,40(1):45-52,55.

[57] Ou Y,Bechta D J. Modular solution of dynamic multi-phase systems. IEEE Transactions on Reliability,2004,53(4):499-508.

[58] Ou Y,Meshkat L,Bechta Dugan J. Multi-phase reliability analysis for dynamic and static phases. Reliability and Maintainability Symposium,2002:404-410.

[59] Somani A K,Ritcey J A,Au S H L. Computationally-efficient phased-mission reliability analysis for sy stems with variable configurations . IEEE Transactions on Reliability,1992,41(4):504-511.

[60] Wang C N,Xing L D,Gregory L. Competing failure analysis in phased-mission systems with functional dependence in one of phases. Reliability Engineering & System Safety,2012,108(11):90-99.

[61] Xing L,Bechta D J. Analysis of generalized phased-mission system reliability,performance,and sensitivity. IEEE Transactions on Reliability,2002,51(2):199-211.

[62] 陈玉波,于永利,封会娟,等. 阶段任务系统可靠性建模及仿真研究. 系统仿真学报,2006,18(2):294-296.

[63] 莫毓昌. 高可靠实时多阶段系统可靠性分析. 哈尔滨工业大学博士学位论文,2008.

[64] B·S·迪隆. 人的可靠性. 牟志忠译. 上海:上海科学技术出版社,1990.

[65] Misra K B. Reliability Analysis and Prediction. Amsterdam:Elsevier,1992.